Karl Weierstraß (1815–1897)

Wolfgang König · Jürgen Sprekels
Herausgeber

Karl Weierstraß (1815–1897)

Aspekte seines Lebens und Werkes –
Aspects of his Life and Work

Herausgeber

Wolfgang König
Jürgen Sprekels
Weierstraß-Institut für Angewandte Analysis und Stochastik
Berlin, Deutschland

ISBN 978-3-658-10618-8   ISBN 978-3-658-10619-5 (eBook)
DOI 10.1007/978-3-658-10619-5

Die Deutsche Nationalbibliothek verzeichnet diese Publikation in der Deutschen Nationalbibliografie; detaillierte bibliografische Daten sind im Internet über http://dnb.d-nb.de abrufbar.

Springer Spektrum
© Springer Fachmedien Wiesbaden 2016

Planung: Ulrike Schmickler-Hirzebruch
Fotonachweis Umschlag: © Universitätsbibliothek der Humboldt-Universität zu Berlin, Porträtsammlung: Weierstraß, Karl
Textgestaltung: Micaela Krieger-Hauwede

Gedruckt auf säurefreiem und chlorfrei gebleichtem Papier.

Springer Fachmedien Wiesbaden ist Teil der Fachverlagsgruppe Springer Science+Business Media (www.springer.com)

Vorwort

Wolfgang König und Jürgen Sprekels

Mit diesem Band würdigt das Weierstraß-Institut für Angewandte Analysis und Stochastik (WIAS) seinen Namenspatron, den großen Mathematiker Karl Theodor Wilhelm Weierstraß (31. Oktober 1815 bis 19. Februar 1897) aus Anlass seines 200. Geburtstags.

Karl Weierstraß war eine der hervorragendsten Mathematikerpersönlichkeiten Deutschlands und trug viel zu einer der Glanzzeiten der Berliner Mathematik bei, die im Nachhinein eine Goldene Zeit genannt wurde und fest mit den Namen Ernst Eduard Kummer und Leopold Kronecker und eben Karl Weierstraß verknüpft ist. Nach allgemeiner Auffassung fallen Beginn und Ende dieser Goldenen Zeit mit dem Antritt der Professur durch Weierstraß am Berliner Gewerbeinstitut 1856 bzw. mit seinem Tode 1897 zusammen, was seine außerordentliche Bedeutung für die Mathematik Berlins unterstreicht. Diese Bedeutung fiel ihm zu durch eine Reihe fundamentaler Forschungsergebnisse, aber auch durch eine außerordentliche Hinwendung zur Vorlesungstätigkeit und zur Ausbildung und Förderung junger Talente und nicht zuletzt auch durch die Ausübung seiner Funktionen in der Wissenschaftspolitik, etwa als Dekan der Philosophischen Fakultät und als Rektor der Berliner Universität in den 1870er Jahren. Seine Berufung nach Berlin – zunächst 1856 an das Gewerbeinstitut, acht Jahre später als ordentlicher Professor an die Berliner Universität – verdankte er einem Artikel aus dem Jahre 1854 im renommierten Crelle'schen Journal, den er noch als Lehrer am Gymnasium in Braunsberg verfasst hatte.

Zur Orientierung seien hier die wichtigsten Lebensdaten von Karl Weierstraß aufgeführt. Geboren 1815 in Ostenfelde bei Warendorf im Regierungsbezirk Münster, besuchte er von 1829 bis 1834 das Gymnasium in Paderborn und studierte anschließend auf Wunsch des Vaters Kameralistik in Bonn, brach dann jedoch das Studium ohne Examen ab, um für zwei Jahre ein Lehramtsstudium der Mathematik in Münster aufzunehmen. Anschließend arbeitete er als Gymnasiallehrer, zunächst in Münster, später in Deutsch-Krone in Westpreußen und in Braunsberg in Ostpreußen. Gleichzeitig entwickelte er nebenher aber seine Theorie der analytischen Funktionen, und zwar schon ab 1841. Mit einem wissenschaftlichen Fachartikel mit dem Titel *Zur Theorie der Abelschen Funktionen* im angesehenen Crelle'schen Journal im Jahre 1854 wurde er in mathematischen Kreisen schlagartig bekannt. Als Folge erhielt er 1854 die Ehrendoktorwürde der Universität Königsberg, und man versuchte ihn für Berlin zu gewinnen. Ab 1856 unterrichtete er am Königlichen Gewerbeinstitut Berlin (1879 in die Technische Hochschule integriert, dem Vorgängerinstitut der Technischen Universität). Der Berliner Universität schon seitdem durch eine Außerordentliche Professur verbunden, erhielt er erst acht Jahre später dort eine Ordentliche Professur. Seit seiner Ankunft in Berlin scharten sich zahlreiche Schüler um ihn und verbreiteten die Inhalte seiner Vorlesungen durch viele Mitschriften (über deren Qualität er nicht in jedem Fall erfreut war). Ende 1861 erlitt er einen Zusammenbruch und musste die Vorlesungstätigkeit für ein Jahr ruhen lassen, trieb aber seine Forschungen weiter. Anfang der 1870er Jahre bekleidete er nacheinander die Ämter des Dekans der Philosophischen Fakultät und des Rektors der Berliner Universität. Er heiratete nie. 1875 erhielt er den Orden „Pour le Mérite", 1892 die Helmholtz-Medaille und 1895 die Copley-Medaille der Royal Society of London, zu seinem 70. Geburtstag 1885 wurden Feierlichkeiten abgehalten. Seine letzte Vorlesung hielt er im Sommersemester 1889. Am 19. Februar 1897 starb er in Berlin an einer Lungenentzündung.

Weierstraß' Bedeutung für die Weltmathematik ist fundamental. Sein Streben nach Strenge in den Grundlagen der Analysis wurde schon zu Lebzeiten legendär. Er setzte damit neue Maßstäbe und zwang die mathematische Gemeinschaft zu einer neuen Qualität der Behandlung grundlegender Eigenschaften reeller Funktionen. Mit seinen gefürchteten Gegenbeispielen bei Vernachlässigung dieser hohen Genauigkeit erwarb er sich einen Ruf als ein Erneuerer der Analysis. Berühmt ist das Aufsehen, das er 1872 in der mathematischen Gemeinschaft erregte, als er eine stetige, aber nirgends differenzierbare Funktion explizit konstruierte; war man doch bis anhin allgemein davon ausgegangen, dass die Menge der Nichtdifferenzierbarkeitsstellen einer jeden stetigen Funktion im allgemeinen eine sehr kleine Menge sein sollte. Den großen Eindruck, den dieses Gegenbeispiel machte, kann man an dem ehrfürchtigen Namen Monsterfunktion ablesen. Ähnlichen Eindruck hatte schon 1870 seine Kritik am Dirichlet'schen Prinzip gemacht, indem er die Unlösbarkeit der Dirichlet'schen Randwertaufgabe zeigte, wenn die Lösung eine gewisse Regularität aufweisen soll.

Auf Grund der großen Bedeutung vieler seiner Ergebnisse und Neuerungen hat der Name Weierstraß an vielen Stellen in der Mathematik einen festen Platz im allgemeinen mathematischen Sprachgebrauch erhalten. Außer der sprichwörtlichen Weierstraß'schen Strenge sind dies diverse Bezeichnungen von mathematischen Sätzen. In der Tat gibt es mehrere „Sätze von Weierstraß", etwa den berühmten Approximationssatz (auch nach Stone benannt) oder den Satz von Bolzano-Weierstraß oder den Satz von Casorati-Weierstraß. Ferner tragen von ihm konstruierte Objekte seinen Namen wie die Weierstraß'sche $\wp$-Funktion aus der Theorie der elliptischen Funktionen oder der Begriff des Elementarteilers in der Algebra, und es gibt nach ihm benannte Funktionen, Punkte, Tests und Transformierte. Weiterhin wurden mehrere Dinge durch ihn wenn nicht erfunden, aber doch in die wissenschaftliche Praxis in Forschung und Lehre eingeführt und bekamen dort ihren festen Platz bis heute. Man denke nur an die allseits bekannte Epsilon-Delta-Definition der Stetigkeit, die heutzutage wieder aus den Schulplänen entfernt wird, oder den Begriff einer analytischen Funktion.

Aber auch in der Vorlesungstätigkeit leistete Weierstraß Außerordentliches. Seine Vorlesungen übertrugen seine neuen Vorstellungen über die Fundamente der Analysis direkt in die Ausbildung und waren daher Attraktionen erster Art. Oft berichtet wurde die Aussage, dass seine Vorlesungen bis zu 250 (!) Hörer anzogen, gerade weil man in ihnen die neuesten Entwicklungen der Analysis sozusagen hautnah mitverfolgen konnte. (Im Ge-

gensatz dazu ließ sein – ebenfalls hochberühmter – Kollege Ernst Eduard Kummer seine Vorlesungen ausschließlich auf lange bekanntem und gesichertem Material basieren.)

Auch sein Eintreten für die Förderung neuer Talente ging über ein übliches Maß weit hinaus. Insbesondere die Förderung der Sofja Kowalewskaja (1850–1891) ging in die Wissenschaftsgeschichte ein. In einer Zeit, die sich noch nicht der Ausbildung von jungen Frauen geöffnet hatte, erkannte er ihr großes Talent und erteilte ihr ab 1870 Privatvorlesungen. Sie nahm auch eine große Entwicklung und wurde zur ersten Professorin der Mathematik weltweit, und zwar zu Zeiten, in denen Frauen in manchen Wissenschaftsnationen der Besuch von Vorlesungen verwehrt war. Sie blieb ihrem Mentor ein Leben lang eng verbunden; tatsächlich gehörte sie zu den ganz wenigen Menschen, mit denen sich Karl Weierstraß duzte. Weitere bekannte Schüler sind Georg Cantor, Ferdinand Georg Frobenius, Hermann Amandus Schwarz und Gösta Mittag-Leffler.

Eine große Popularität außerhalb der Welt der Mathematik erlangte Karl Weierstraß nie, auch wenn man sich 1976 entschloss, einen Mondkrater mit einem Durchmesser von 33 Kilometern und einer Tiefe von 2,4 Kilometern nach ihm zu benennen. Ein Asteroid aus dem Gürtel zwischen Mars und Jupiter, der 1997 entdeckt wurde, erhielt den Namen „14100 Weierstraß". Eine Grundschule in seinem Geburtsort Ostenfelde wurde nach Karl Weierstraß benannt, trägt mittlerweile allerdings nicht mehr diesen Namen. Weierstraßwege gibt es in Ostenfelde, Münster und Paderborn. Sein Grab auf dem Sankt-Hedwig-Friedhof I in Berlin-Mitte wurde im Jahre 1961 zu einem Opfer des Baus der Berliner Mauer, die den Ort seines Grabes beanspruchte. Daher wurde einige Meter entfernt eine Grabstätte eingerichtet, die bis 2014 den Status eines Ehrengrabes hatte, der ihm allerdings dann bedauerlicherweise wieder aberkannt wurde.

Als das mathematische Institut der Akademie der Wissenschaften der Deutschen Demokratischen Republik in den 1970er Jahren nach einem geeigneten Patron für einen Ehrennamen des Instituts suchte, setzte sich auch – trotz oder gerade wegen einiger Diskussionen auch über andere Vorschläge – die Person Weierstraß durch, nachdem man übereingekommen war, eine Persönlichkeit der Mathematik des Berliner Raumes zu wählen. Da dieses Institut die gesamte Mathematik vertrat, spiegelte diese Namensgebung schon eine bemerkenswerte historische Einschätzung von Karl Weierstraß wider. Nach der Auflösung der Akademie nach der Wende und der Entscheidung für die Neugründung eines neuen außeruniversitären mathematischen Forschungsinstituts an gleicher Stelle stand natürlich auch die Frage des Namens wieder zur Disposition. Diesmal sollte es ein Institut der Angewandten Mathematik sein, und aus formalen Gründen musste es eine kurze Übergangszeit ohne Kontinuität geben, aber Anfang der 1990er Jahre gab es eine starke Übereinstimmung über die Namensgebung: Das neue Angewandte Institut sollte natürlich auch nach Karl Weierstraß benannt werden. Die starke Ausrichtung in der Analysis tat ein Übriges für diese Entscheidung. Zwar kann man Weierstraß nicht als einen Angewandten Mathematiker par excellence bezeichnen, doch ist eine seiner Leistungen, das grundlegende Weierstraß-Theorem, das besagt, dass jede stetige Funktion auf einem Kompaktum ihr Minimum und ihr Maximum annimmt, einer der wichtigsten Eckpfeiler der heutigen nichtlinearen Optimierung. Das Weierstraß-Institut ist sich dieser Ehre bewusst und tut sein Bestes, sich ihrer würdig zu zeigen.

Weierstraß war einer der renommiertesten Mathematiker, deren Wirken mit dem Berliner Raum wesentlich verbunden war. Es ist dem Weierstraß-Institut eine große Ehre, das Andenken an ihn und seine Leistungen hoch zu halten. Aus diesem Grunde und aus dem Anlass seines 200. Geburtstags am 31. Oktober 2015 initiierte es die Erarbeitung des vorliegenden Bandes und besorgte seine Herausgabe. Ferner organisiert es eine Festveranstaltung am Geburtstag in der Berlin-Brandenburgischen Akademie der Wissenschaften, auf der dem mathematisch interessierten Publikum Vorträge der acht Autoren geboten werden und Grußadressen hochrangiger Vertreter der Berliner und der deutschen Wissenschaftslandschaft gehalten werden.

Im vorliegenden Band widmen sich acht hervorragende Mathematikhistoriker zentralen Aspekten des Lebens und des Werks des Jubilars in neuen, hier erstmals veröffentlichten Aufsätzen. Im Zuge der Vorbereitung wurde der Nachlass Weierstraß', der immer noch die eine oder andere kleine Überraschung birgt, gründlich durchgesehen und ausgewertet, und einige Dinge wurden in ein neues Licht gerückt oder neu bewertet. Alle acht Artikel wurden für eine breite wissenschaftlich interessierte Öffentlichkeit verfasst.

Jürgen Elstrodt entwirft ein Bild der frühen Jahre im Leben Weierstraß', in denen er durch sein Aufwachsen und seine Ausbildung an verschiedenen Orten im Westen Deutschlands und durch seine Jahre als Lehrer in Deutsch-Krone und Braunsberg geprägt wurde und seine ersten mathematischen Studien entwickelte. Reinhard Bölling unterzog den Nachlass Weierstraß' einer genaueren Untersuchung, um ein gesamtes Panorama eines biographischen Überblicks zu entwerfen, insbesondere seine Kontakte mit Sofja Kowalewskaja und Leopold Kronecker und Äußerungen Anderer über ihn sowie die frühesten Spuren einiger seiner berühmtesten Sätze und Konzepte. Eberhard Knobloch berichtet an Hand von Archivmaterial, das zum Teil hier zum ersten Mal ausgewertet wird, von vielen Facetten der Zusammenarbeit Weierstraß' mit der Preußischen Akademie der Wissenschaften, wie Herausgabetätigkeiten seiner und anderer Werke, seine Vorschläge für neue Akademiemitglieder und seine Publikationen in den Organen der Akademie. Ausgangspunkt und zentrales Thema für Weierstraß' mathematisches Schaffen war die Theorie der elliptischen und, insbesondere, der Abelschen Funktionen, worüber Peter Ullrich berichtet.

Umberto Bottazzini gibt einen Überblick über die Weierstraß' Entwicklung der analytischen Funktionentheorie ab den frühen 1860er Jahren an Hand seiner Forschungen und Vorlesung(smitschrift)en. Fabrizio Catanese diskutiert Zusammenhänge zwischen den Auffassungen von Weierstraß und Legendre von Normalformen für elliptische Kurven und Quadrikenbündel. Reinhard Siegmund-Schultze untersucht die Hintergründe des Zustandekommens einer Vorlesung, die Weierstraß im Sommer 1886 über die Grundlagen der Theorien der reellen und komplexen Funktionen gehalten hat. Hierin spielte insbesondere sein berühmter Approximationssatz eine zentrale Rolle. An Hand von Weierstraß' berühmter Kritik am Dirichlet-Prinzip entwickelt Tom Archibald eine Untersuchung der Rolle von Gegenbeispielen in der Mathematik für die Schärfung der Strenge.

Karl Weierstraß' Nachlass wurde bekanntlich von Weierstraß' Schüler Gösta Mittag-Leffler nach Schweden verbracht und wird dort von dem gleichnamigen, renommierten Institut in Djursholm, einem Vorort Stockholms, gepflegt. Auch und gerade für die Vorbereitung der Forschungen, die einigen der Beiträge dieses Bandes zugrunde liegen, wurde dieses Archiv zu Rate gezogen und neueren, tiefer als bisher gehenden Untersuchungen unterworfen. Als Auftakt dieses Festbandes erzählt der Bibliothekar des Mittag-Leffler-Instituts, Mikael Rågstedt, die spannende Geschichte dieses Archivs und des Nutzens, der daraus gezogen wurde.

Das Weierstraß-Institut hofft, mit diesem Festband einen neuen Beitrag zur Weierstraß-Forschung und zur ehrenden Würdigung der Verdienste des Jubilars zu leisten.

Wolfgang König und Jürgen Sprekels   Berlin, im Mai 2015

Preface

Wolfgang König and Jürgen Sprekels

With this volume, the Weierstraß Institute for Applied Analysis and Stochastics (WIAS) honors the man that inspired its name, the famous mathematician Karl Theodor Wilhelm Weierstraß (born: October 31, 1815, died: February 19, 1897), on the occasion of his 200th birthday.

Karl Weierstraß was one of Germany's most prominent mathematicians. He contributed greatly to one of the heydays of Berlin mathematics, a period that was later called the 'Golden Era' and is associated with the names of Ernst Eduard Kummer, Leopold Kronecker and, especially, Karl Weierstraß. His outstanding importance for mathematics in Berlin is underlined by the commonly held view that the beginning and end of this 'Golden Era' are marked respectively by Weierstraß's acceptance of a professorship at the 'Gewerbeinstitut' in Berlin in 1856 and his death in 1897. This importance was not only due to his numerous fundamental scientific results, but also his extraordinary commitment to lecturing, his education and promotion of promising young talents, and last, but not least, his functions in science policy in the 1870s as the Dean of the Faculty of Philosophy and as the Rector of the Berlin University. He owed his assignment to professorships in Berlin – first in 1856 at the 'Gewerbeinstitut', eight years later as a full professor with the Berlin University – to a research paper that appeared in 1854 in the renowned Crelle's Journal and was written when he still was working as a teacher at the gymnasium in Braunsberg.

As an orientation, let us briefly recall Weierstraß's timeline. Born 1815 in Ostenfelde near Warendorf in the district of Münster, he attended from 1829 to 1834 the gymnasium in Paderborn. Afterwards, at the request of his father, he took up a study of Administrative Sciences in Bonn, which he cut short without examination. In the following two years, he studied mathematics in order to begin a career as a secondary school teacher, first in Münster and thereafter in Deutsch-Krone in West Prussia and Braunsberg in East Prussia. At the same time, beginning already in 1841, Weierstraß developed his theory of analytic functions. With his research paper '*Zur Theorie der Abelschen Funktionen*', which appeared in 1854 in Crelle's Journal, he suddenly became known to the general mathematical community. Consequently, in 1854 he was awarded an honorary doctorate by the University of Königsberg, and Berlin made an attempt to win him over. From 1856, he taught at the Königliches Gewerbeinstitut Berlin (which was in 1879 integrated into the Königliche Technische Hochschule Charlottenburg, the predecessor of today's Technische Universität Berlin). Although he also held an extraordinary professorship at the Berlin University, it took eight years until he obtained a full professorship at the Berlin

University. Upon Weierstraß's arrival in Berlin, many students gathered around him and disseminated the contents of his lectures through numerous lecture notes (whose quality sometimes did not please him). In late 1861, he suffered a breakdown and had to stop his teaching activities for one year, while however continuing his scientific work. In the early 1870s, Weierstraß subsequently served as the Dean of the Faculty of Philosophy and as the Rector of the Berlin University. He never married. In 1875, he was awarded the order 'Pour le Mérite', in 1892 the Helmholtz Medal, and in 1895 the Copley Medal of the Royal Society of London. His 70th birthday was celebrated in 1885. He gave his last lecture in the summer semester 1889. Weierstraß died on February 19, 1897, from pneumonia.

Weierstraß' work was of fundamental importance for the worldwide development of mathematics. His insistence on rigor in the foundation of analysis became highly renowned already during his lifetime. He set new standards and made the mathematical community adopt a higher quality of treating the fundamental properties of real functions than what was believed necessary before. With his formidable counterexamples in cases when this degree of rigor was not met, he earned his fame as a renovator of analysis. Fame led to concern from the worldwide mathematical community, when in 1872 he succeeded in the explicit construction of a continuous function which is nowhere differentiable; before this, the common belief was that the set of points of non-differentiability of a continuous function should generally be 'small'. The great impact that his counterexample made can be recognized by the term 'monster function' sometimes given to this function. A similar impact was made in 1870 with his criticism of 'Dirichlet's principle', when he showed that Dirichlet's boundary value problem may be unsolvable if the solution has to meet certain regularity requirements.

Due to the importance of many of his results and innovations, the name 'Weierstraß' has received in many mathematical fields a firm status in the general linguistic usage. Besides the proverbial 'Weierstrassian rigor', numerous theorems are named after him. Indeed, there are several 'Theorems of Weierstraß', for instance, the famous result from approximation theory (which is also named after Stone) known as the Bolzano-Weierstraß and Casorati-Weierstraß theorem. Moreover, several mathematical objects introduced by Weierstraß bear his name, such as the Weierstraß $\wp$ function from the theory of elliptic functions, the notion of elementary divisors in algebra; also certain functions, points, tests and transforms bear his name. In addition, there are a number of techniques and notions that, if not invented by him, became popular through him to find their way into the scientific practice of research and teaching ever since. Typical such cases are the familiar epsilon-delta definition of continuity (which nowadays is disappearing from the curricula in German secondary schools) or the notion of analytic functions.

Furthermore, Weierstraß's achievements in teaching were truly outstanding. His classroom lectures, in which his new concepts for the foundation of analysis were directly transferred into scientific education, were a prime attraction. A popular fact is that his lectures attracted an audience of up to 250 (!) attendants, because there the latest developments of analysis could be followed closely. (In contrast, his – equally famous – colleague Eduard Kummer based his lectures exclusively on material that had been well-established and well-known for a long time.)

Also his support for new talents exceeded the usual extent by far. In particular, his support of Sofia Kovalevskaya (1850–1891) was duly recorded in the history of science. In a society that had not opened yet to the idea of educating young women, he recognized her outstanding talent and, from 1870 on, gave her private. Sofia Kovalevskaya had an extraordinary career, becoming the world's first female professor of mathematics, during a time when many nations barred women from attending university lectures. She maintained a close connection with her mentor for the rest of her life, and, in fact, was one of the very few persons ever with whom Weierstraß was on first-name terms. Other renowned students of Weierstraß included Georg Cantor, Ferdinand Georg, Hermann Amandus Schwarz, and Gösta Mittag-Leffler.

Karl Weierstraß never became very well-known outside of the mathematical community. However, in 1976 it was decided to name after him a moon crater having a diameter of 33 km and a depth of 2.4 km. Moreover, an asteroid located in the belt between Mars and Jupiter, which was discovered in 1997, was given the name "14100 Weierstraß". Also an elementary school in his birthplace Ostenfelde was named after him, but does not bear this name anymore. A "Weierstraßweg" each exists in Ostenfelde, Münster and Paderborn. Karl Weierstraß was buried on the graveyard Sankt-Hedwig-Friedhof I in the center of Berlin. In 1961, his grave fell victim to the erection of the Berlin Wall, which crossed its location. Consequently, a new gravesite, a few metres away, was established for Weierstraß, which, until 2015, had the official status of an honorary grave of the Senate of Berlin; unfortunately, this status was not further maintained.

When, during the 1970s, the institute of mathematics of the Academy of Sciences of the then German Democratic Republic was looking for an eligible person to become the institute's patron, and after it had been decided that this should be someone from the Berlin area, the name of Karl Weierstraß was finally chosen among several proposed candidates. Since this institute represented the entire field of mathematics, this naming meant a remarkable historical appreciation of Karl Weierstraß. After the reunification of the two German states, the Academy of Sciences of the GDR was dissolved; however, it was decided to found a new non-university research institute for mathematics at the same place, which had to be named. The new institute was intended to be an institute for applied mathematics, and for formal reasons there had to be a short period of transition without name. However, in the early 1990s there was a strong consensus in the institute: the newly-founded applied institute should of course be named after Karl Weierstraß again. The strong focus on analysis was important for this decision. And although Weierstraß was certainly not an applied mathematician par excellence, one of his main results, namely, the Weierstraß theorem stating that every continuous function attains its maximum and minimum on a compact set, is still one of the most important cornerstones of modern nonlinear optimization. The Weierstraß Institute honors this legacy and tries its best to prove worthy of its name.

Weierstraß was one of the most renowned mathematicians whose works were essentially linked to the Berlin area. It is thus a great honor for the Weierstraß Institute to pay tribute to his legacy. For this reason, and on the occasion of his 200th birthday on October 31, 2015, WIAS took the initiative to create and edit this monograph. WIAS is also organizing for his birthday a commemorative event in the Berlin-Brandenburg Academy of Sciences, during which the mathematically interested audience will be given lectures by the nine authors as well as addresses by several high-ranking representatives of the scientific communities of Berlin and Germany.

In the present book, eight outstanding historians of mathematics shed light on central aspects of Karl Weierstraß's life and work in original articles that are published here for the first time. During the preparation, Weierstraß's unpublished works, which can still hide some small surprises, were thoroughly revised and analyzed, and certain facts were brought to a different light or given a new interpretation. These eight articles were written for the general public.

Jürgen Elstrodt outlines a panorama of the early years in Weierstraß's life, during which he was shaped by his adolescence and education at different locations in West Germany and by his years as a Gymnasium teacher in Deutsch-Krone and Braunsberg, where he developed his first mathematical studies. Reinhard Bölling made a detailed study of Weierstraß's unpublished works in order to develop the full panorama of his biographic survey, with special reference to his contacts with Sofia Kovalevskaya and Leopold Kronecker, to statements of others about him, as well as to the earliest traces of some of his most famous theorems and concepts. By means of material from archives, which was partially evaluated here for the first time, Eberhard Knobloch reports on various facets of the cooperation between Weierstraß and the Prussian Academy of Sciences, such as the edition of his and others' works, his proposals for new academy members, and his publications in the journals of the academy. The starting point and central topic of the mathematical research of Weierstraß was the area of elliptic and, in particular, Abelian functions. Peter Ullrich reports on this. By using his investigations and classroom scripts, Umberto Bottazzini gives an overview of Weierstraß's development of analytic function theory, beginning with the early 1860s. Fabrizio Catanese discusses the connections between the concepts of Weierstraß and Legendre for normal forms of elliptic curves and quadric bundles. By mainly invoking the viewpoints of others, Reinhard Siegmund-Schultze investigates the background of the lecture that Weierstraß gave in Summer 1886 on the basics of the theories of the real and complex functions. Here, his famous approximation theorem played an important role. By means of Weierstraß's famous criticism of the Dirichlet principle, Tom Archibald investigates the role of counterexamples for the improvement of rigor in mathematics.

As is commonly known, Karl Weierstraß's unpublished works were brought to Sweden by his student Gösta Mittag-Leffler, where they are cultivated at the renowned Mittag-Leffler Institute in Djursholm, a suburb of Stockholm. Specifically for the preparation of the research reported in this volume, this archive was consulted and subjected to new and deeper investigations than previously. In the prelude of this commemorative volume, Mikael Rågstedt, the librarian of the Mittag-Leffler Institute, reports on the exciting history of this archive and the benefits due to its use.

The Weierstrass Institute hopes that this commemorative volume will contribute both to the historical research on Weierstraß and to the honoring of his truly impressive achievements and merits.

Wolfgang König and Jürgen Sprekels   Berlin, in May 2015

Inhaltsverzeichnis/Contents

Prelude: Gösta Mittag-Leffler and his quest for the Weierstraß legacy

Mikael Rågstedt

Institut Mittag-Leffler, Djursholm, Sweden

Abstract

The article gives an account of how it happened that a substantial part of the *Nachlass* of Karl Weierstraß ended up in a villa outside Stockholm in Sweden. The private residence, which included many library rooms and large archive facilities, was built by the Swedish mathematician Gösta Mittag-Leffler. His intention became clear in 1916 when he founded the mathematical research institute which now bears his name. Ever since Mittag-Leffler first attended Weierstraß's lectures in Berlin he had felt a great admiration for the master and his mathematical ideas. They formed a lifelong friendship, and after Weierstraß's death it became a growing concern for Mittag-Leffler to collect and preserve as much as possible of the scientific material and biographical information related to Weierstraß. Through letters and documents at Institut Mittag-Leffler we may follow his modus operandi for achieving these ends.

1 Introduction

Since more than a century a large part of the known documents bearing witness to the life and work of Karl Weierstraß is located at Institut Mittag-Leffler in Djursholm outside Stockholm. Sources from the collections at the Institute tell us that this did not happen by chance. It is the story of Weierstraß's most fervent disciple and dedicated admirer, the Swedish mathematician Gösta Mittag-Leffler (1846–1927).

2 Contact and friendship

According to Mittag-Leffler the name of Weierstraß and his mathematics were virtually unknown in Uppsala when he took his doctor's degree there in 1872. The sporadic international influences came from the French school, notably Cauchy. The unimpressive dissertation gave him, however, the opportunity for a three-year travelling stipend. He

1

initially set off for Paris. At the first meeting with Charles Hermite, the leading French mathematician suddenly said to his new student:

> You have made a mistake, monsieur. You should have gone to Weierstraß in Berlin. He is the master of us all.

But Mittag-Leffler stayed in Paris for six months, and after a period of preparation in Göttingen, guided by Ernst Schering, he finally arrived in Berlin for the autumn semester of 1874. A few weeks later he wrote home that he was totally absorbed by the new mathematical world Weierstraß's lectures had opened for him. He neglected regular meals and sleep, and, yes, he had forgotten his mother's birthday. Never had he learned as much as here during the advertised lectures and an unofficial lecture for a smaller group, as well as from numerous private tutorials and discussions. Impressed by Weierstraß's rigorous analytical development of function theory from basic concepts, and in general by his mentor's clarity and acuity of mind, Mittag-Leffler had found his future mathematical path. Needless to say, he also profited from other influential lectures in Berlin, especially those by Leopold Kronecker in algebra and number theory.

With his characteristically strong opinions, Mittag-Leffler throughout his life showed a special fascination with an exclusive group of mathematicians where he saw exceptional talent. He had noticed that these gifts also made their lives vulnerable in various ways. Perhaps he thought that they were in need of a knight who stood up for them and tried to restore them to their rightful scientific position. In addition to Weierstraß there were Niels Henrik Abel, whose life was cut short on the verge of proper recognition; Sofia Kovalevskaya, where so many gifts had to struggle with the contemporary views on women; Henri Poincaré, recognized as the leading mathematician of his generation, but Mittag-Leffler fought as well for a Nobel Prize in Physics to the versatile scientist. Besides, our Swedish knight was worried that Poincaré's usual intuitive style of exposition put him at a disadvantage. It was, of course, Weierstraß whom he held up as the model. But Mittag-Leffler became increasingly concerned about the precarious health of his Berlin teacher. There was furthermore the problem that Weierstraß published so little of the results he presented in his lectures. Mittag-Leffler was always ready to come out strongly in defence of his master's discoveries, when claimed by others. Even the young Poincaré was given proof of this, just as a friendly preventive measure. But chivalry is not the only qualification of a knight, and Mittag-Leffler also knew how to make use of his idols as armour and lances for his own ambitions. And he was to couch the lance many times against his opponents.

After three semesters in Berlin, Mittag-Leffler made a distinguished career, first in Helsinki then as the architect of the school of mathematical analysis at *Stockholms Högskola*, the newly founded university college in the Swedish capital. He managed to break new ground by recruiting Kovalevskaya, first as lecturer and later as full professor of mathematics. On the international mathematical and scientific scene he was one of the most important and energetic figures through his wide circle of contacts.[1] Weierstraß and his

---

1   For a full biography of Mittag-Leffler, see *Gösta Mittag-Leffler: A Man of Conviction* by Arild Stubhaug. The English translation appeared in 2010.

ideas continued to be essential for Mittag-Leffler. By diplomatic skill his new journal *Acta Mathematica*, founded in 1882, got the support of the master, who at that time was editor of the competing *Crelles Journal*, jointly with Kronecker. Also in other projects we can see that Mittag-Leffler took advantage of his close relations with Weierstraß, notably in the famous and dramatic Prize Competition endowed by King Oscar II, where Weierstraß served on the jury together with Hermite and Mittag-Leffler. Here again, and later in the 1890s, Mittag-Leffler felt that he had to pay much attention to the fragile health of the grand old man in Berlin, which forced him to refrain from working.

Karl Weierstraß lived for many years together with his two younger sisters, Clara (born in 1823) and Elise (born in 1826). Mittag-Leffler, and particularly Kovalevskaya, was treated as one of the family (but only she was addressed informally with *Du*). Although four years younger than Mittag-Leffler, Kovalevskaya had just completed her studies with Weierstraß when he arrived in Berlin. Ten years later when she between school terms visited Berlin and a sick Weierstraß, Mittag-Leffler wrote to her in a melancholy mood that the two of them were the only students of Weierstraß who personally and without ulterior motives were truly fond of him.[2] When instead Kovalevskaya unexpectedly died in 1891, the two men this time turned to each other for consolation. Mittag-Leffler later found out that Weierstraß had destroyed all his letters from Kovalevskaya. He did not want to see them sullied by searching looks.

3 The *Nachlass*

On 19 February 1897 also Karl Weierstraß passed away, a few months before the First International Congress of Mathematicians (ICM) in Zürich. A year earlier he had lost his sister Clara. Only Elise Weierstraß was now left in the flat on Friedrich-Wilhelm-Straße 14. It soon became clear that his will contained no provision for the disposition of the mathematical *Nachlass*. As a colleague and friend of the family, Johannes Knoblauch was entrusted with the practical matters of this estate. He had been a Weierstraß student, and attended lectures together with Mittag-Leffler in 1874–75 (their notes are preserved). In 1889 he was appointed extraordinary professor at the University of Berlin, and subsequently editor of Weierstraß's *Mathematische Werke*, of which the first two volumes had already appeared by 1897.

Mittag-Leffler knew that he would be commissioned by the Royal Society in London to write a biography of Weierstraß and intended to go to Berlin as soon as possible to collect biographical material and meet Knoblauch and Fräulein Weierstraß. In a letter to Knoblauch he inquired about the status of the manuscripts and begged his colleague not to sell or give away anything (to "certain gentlemen") before his arrival. Owing to illness and teaching duties he only reached Berlin in May. Before that, Knoblauch reported that he had surveyed the library and found it in a state of disorder. As a result of their meeting we understand that Mittag-Leffler could borrow a longer manuscript on differential

---

2   But there were certainly also other mathematicians who cared for Weierstraß. Carl Itzigsohn is an example in the background. See e. g. Reinhard Siegmund-Schultze's contribution to this volume.

equations and a number of separate sheets of paper, and that he also ordered a copy to be made of a manuscript, again on differential equations. Yet other manuscripts were not to be found, as Knoblauch informed him later in July, and already Weierstraß had tried to get them back from other borrowers. It is also clear that Knoblauch himself had temporarily taken out a number of manuscripts for his editorial work. The following year Mittag-Leffler visited Knoblauch twice in Berlin. But in the summer he could not meet the sick and feeble Elise Weierstraß, and the youngest sister died soon after. When Mittag-Leffler informed Hermite about the Berlin events, he also mentioned that he now felt that he ought to devote himself to the Weierstraß biography. He wrote that he was after all in possession of much unknown biographical material. Perhaps he also had in mind the papers he had collected after Kovalevskaya's death. In any case they gave him the idea for a talk about Weierstraß's relation to Kovalevskaya, as one of the plenary speakers at the Second ICM in Paris (1900). In 1902 Knoblauch was engaged in the final editing of the third volume of the *Mathematische Werke*. He had to remind Mittag-Leffler several times to return the manuscript and the sheets, borrowed in 1897, and he finally received them.

What happened to the Weierstraß *Nachlass*? There was still one member of the Weierstraß family alive, Karl's brother Peter (born in 1820). He had served as *Gymnasialprofessor* of languages and philology, and now lived in Breslau (Wrocław today). Like his deceased brother and sisters he never married. At some point after 1897 the disordered *Nachlass* must have been moved from Berlin to his house. Mittag-Leffler wanted to visit the brother in Breslau and sent him a letter regarding some biographical issues which had emerged, but without response. He had to proceed with caution. We get a picture of the 83-year-old man through Mittag-Leffler's notes after midsummer 1903 from Bad Cudowa where Peter was a recurrent visitor during his final years. After the loss of his brother and sisters he suffered from a nervous disorder, which grew worse when he had to talk about his family. Nevertheless, when the opportunity for a meeting eventually arose, Mittag-Leffler seized it. The major part of these notes was later presented at the Fourth Scandinavian Congress of Mathematicians (1916), and printed in Volume 39 of *Acta Mathematica* (1923). We are told how the oil portrait of a young Karl Weierstraß in corps student dress ended up in Mittag-Leffler's villa. It is supposed to date from Karl's Bonn period (1834–38), and was sent anonymously to the surprised Peter shortly after the death of his brother. During their conversation Mittag-Leffler was then offered the painting. The transfer should be arranged later.[3] A few things from Karl's early career were new to Mittag-Leffler: the unfortunate love affair of 1846, and how Peter had emphasized Karl's "Ehrgeiz" (ambition).

Mittag-Leffler met Peter Weierstraß a last time in Breslau. This was in February 1904 when Peter's health was rapidly declining. In the household Mittag-Leffler talked to Klara Lazar, the young daughter of the former loyal housekeeper who had passed away a few months ago. She promised to keep him posted about the state of the old man's health. In April a telegram notified Mittag-Leffler that the last brother's long life had come to an end. He wrote to Fräulein Lazar emphasizing at the end that he was interested in letters,

---

3   For more information and a photograph of the painting, see the section "*Jugendbildnis*" of Reinhard Bölling's contribution to this volume.

documents and portraits left by Peter's brother Karl. At this point both Mittag-Leffler and Klara Lazar were of the belief that she was the general heir.

A reply arrived a few days later, but this time from a certain *Oberpostassistent* H. Schulz. He thanked Mittag-Leffler for the funeral wreath and introduced himself as *Hausgenosse* of Peter Weierstraß. The background was not clarified in more detail, but it seems that his wife had been engaged as the new housekeeper after Frau Lazar's death. The impression is that he had taken care of practical matters and continued to do so now, also unofficially acting as contact man for the estate of the deceased. Anyway, Mittag-Leffler soon found out that this conscientious *Oberpostassistent* served his purpose perfectly. Already in his first letter Herr Schulz informed Mittag-Leffler that the former housekeeper Frau Lazar had been appointed sole heir, but she died before Peter Weierstraß and no further provision had been made. So apart from a smaller legacy to the daughter Klara Lazar, the inheritance would now pass to the Crown, if no distant relatives appeared. Mittag-Leffler acted swiftly as usual. He made an account of the typical objects he wished to acquire and enclosed 100 Mark to cover costs and a suitable commission. Everything regarding Karl Weierstraß and the parents was interesting. Mittag-Leffler also put a good word for Fräulein Lazar by testifying that Peter wanted to pay for her upcoming wedding, and even to leave his fortune to her. He concluded by writing that his efforts were likely to be of importance for science.

Shortly afterwards an executor arrived at the house in Breslau to estimate the value of the estate. Herr Schulz, his wife and Klara Lazar succeeded in convincing him not to put most of the personal assets on record for further uncertain disposal. They told him about the Swedish professor who took an interest in these things. Among them were various portraits, including a large bust of Karl, official documents, diplomas, "a small mountain" of letters and other original writings, not only relating to Karl but also to the rest of the Weierstraß family: the parents, Peter, Clara, Elise and little Franz, Karl's adopted son. On Mittag-Leffler's behalf, Herr Schulz bought some parts, while other parts were simply given to him since they were considered to be of no value to anyone else. According to a note found, most books from Karl Weierstraß's library had been sold earlier, and Herr Schulz reported that no larger manuscripts had been discovered so far. In the family letters they also looked for names of distant heirs to the Weierstraß family, who, if found, could simplify the legal situation. In a longer letter Herr Schulz then gave an account of the last few months and the final hours of Peter Weierstraß's life, as well as of the funeral. He was thankful to Mittag-Leffler for being the only one outside the household who had shown concern and devotion, but surely also for a liberal gratuity.

On one of his regular health trips, this time in May to the medical clinic of Dr. Boas in Berlin, Mittag-Leffler arranged a meeting with Schulz. He wanted to collect additional information about the Weierstraß family, and he wrote, with his typical sense of drama, that there was another issue of scientific interest involving the Academy of Sciences in Berlin that he wanted to bring up. From the next letter by Herr Schulz, we learn that the executor had now requested Professor Hermann Schwarz to immediately return all written documents in his possession deriving from Karl or Peter Weierstraß. That Schwarz had several Weierstraß manuscripts was generally known in Berlin, according to Mittag-Leffler, and Schulz added that Peter Weierstraß had often complained about this in conversation. After a month with no reply and a repeated request, Schwarz finally notified the executor that he had no manuscripts from Weierstraß that he was obliged to give back. Between him and Karl Weierstraß there was an understanding by which Schwarz should make fair copies of the original manuscripts. He could then keep the originals if he in return gave Weierstraß the fair copies. He assured the executor that he had done so. Even though their case against Schwarz already at this point seemed weak from a legal point of view without a corroborating witness, Mittag-Leffler nonetheless retorted that none of the copies mentioned by Schwarz had been found in the present remains, except for a small number already published before 1897. He was particularly looking for the manuscript on *Variationsrechnung*, which Weierstraß himself had urged to be published.

Mittag-Leffler now saw a chance to move the battle scene from the legal to the scientific arena. At the Third ICM held in Heidelberg in August 1904, his friend Paul Painlevé made a public appeal for the Weierstraß manuscripts. Schwarz gave an evasive answer and stood out in an unfavourable light, according to Mittag-Leffler. We must, however, remember that Mittag-Leffler had been at feud with Schwarz over the years, earlier only moderated out of respect for their teacher Weierstraß. In Mittag-Leffler's notes from the conversation at Bad Cudowa, Peter Weierstraß made some allegations that the Weierstraß family had become increasingly suspicious of Schwarz and his intentions. These lines from the notebook never got into print.

But apparently neither legal nor scientific efforts led to any result. The search for heirs and manuscripts came to an end with the close of 1904. It seems that Mittag-Leffler during the events of the past year was never in contact with Knoblauch concerning the *Nachlass*.

Twelve years later Mittag-Leffler once more wrote to Herr Schulz. He wanted to follow up what had happened to the people around Peter Weierstraß. And he got a reply, this time from the Eastern Front where Schulz and his son served. A few letters were exchanged during the next three years. Mittag-Leffler could not refrain from mentioning that also he had relatives serving in the war, namely the two German generals Oskar von Hutier and Erich Ludendorff! In 1925, Mittag-Leffler opened up the exchange for the last time, now with a request for information from the archives concerning the parents and the early lives of Karl and Peter Weierstraß. For the first time he came in direct contact with the executor of 1904, *Rechtsanwalt* Hermann Rogosinski, who now made a real effort to help. Most likely this had to do with what Rogosinski wrote in his first letter: that his son Werner was actually a mathematician, a lecturer at the University of Königsberg (from which Weierstraß had been awarded an honorary doctorate in 1854). The son soon got interested and took over the case from his father. He visited Ostenfelde, the village where Karl was born, and he got the parish priest to write an account of what was locally known about the Weierstraß family. Werner Rogosinski was later rescued from the Nazis by an invitation to Cambridge from Hardy and Littlewood, and ended his days in Aarhus, Denmark, in 1964.

Did Mittag-Leffler or Schulz ever find a Weierstraß heir? We find a letter from a certain Margarete Weierstraß in Mönchengladbach, who wrote back to Mittag-Leffler that Karl Weierstraß was her *Uronkel*. It is not clear exactly what this means in the present case. Most likely her paternal grandfather was Karl's cousin. When the letter arrived in early 1927, it was probably too late for the old and infirm Mittag-Leffler to follow up.

4   Other Weierstraß material at Institut Mittag-Leffler

To collect lecture notes of the highly esteemed, innovative courses that Weierstraß regularly gave in Berlin was very important for Mittag-Leffler. It began with the lectures he himself attended in the 1870s and continued for the rest of his life. Since much of what Weierstraß presented in his lectures was not published, many in his audience tried to make transcripts and notes to the best of their ability. This was not easy work. Despite the brilliant deductions and reasoning power of their master, Weierstraß could not write on the blackboard when he lectured. If he happened to forget it in a glow of enthusiasm, it could lead to fainting and collapse. Instead a student of his choice was assigned this task. (In Paris Mittag-Leffler had experienced similar lectures by Hermite. Due to severe pain in a leg Hermite sat at the teacher's desk reading his lectures, formulas and all.) It is therefore no surprise to find that the resulting lecture notes are very different and sometimes wanting in true understanding. Consequently Mittag-Leffler was always on the lookout for new versions to buy or make copies of, and he discussed with former students and colleagues of Weierstraß about new editions of undeveloped lecture notes in their possession. Today at his institute the number of lecture notes, from 1860 to 1887, amounts to around 50. They appear in the form of original transcripts, handwritten, typed or flimsy copies, and lithographs. Lists of these, with information and remarks added, have been compiled and handed down by earlier visitors at the Institute: Ivor Grattan-Guinness (1971), Bernd Bekemeier (1983) and Umberto Bottazzini (1987).

Mittag-Leffler was also engaged in collecting and taking care of letters from Weierstraß to other mathematicians. They could serve as source material for his intended biography, and he offered to publish them in *Acta Mathematica* (see e.g. Volume 39). Several mathematicians, or subsequent relatives and friends, readily entrusted him with their letters or granted permission for publication. Some examples are Paul du Bois-Reymond, Leo Koenigsberger, Eugen Netto and Georg Cantor. When Ludwig Schlesinger in 1921 brought the Netto letters to Mittag-Leffler he gave a new argument:

> Die Originalbriefe unseres Meisters Weierstraß weiß ich bei Ihnen in bester Obhut; wir haben ja bis jetzt leider keine Stelle in Deutschland, an der man solche Schriftstücke niederlegen könnte […].

A collection containing many scientific letters in the other direction, written to Weierstraß, was found in 1980 by Gert Schubring. It seems that Weierstraß shortly before his death entrusted Friedrich Althoff with the letters. They are now in *Geheimes Staatsarchiv Preußischer Kulturbesitz* in Berlin-Dahlem.

The large correspondence between Weierstraß and Mittag-Leffler is preserved. After Kovalevskaya's death Mittag-Leffler acted quickly to safeguard the letters Weierstraß had written to her.[4] There are also other documents connected to Weierstraß in her *Nachlass* at Institut Mittag-Leffler.

Preserved at the Institute is a letter of early December 1919 addressed to Mittag-Leffler and written by Johannes Knoblauch's widow Luise. Due to the economic hardships, she had now decided to put up many objects from the Weierstraß *Nachlass* for sale. Apparently they had been in the possession of her husband. First of all she turned to Mittag-Leffler and asked him to offer a price for the items on an enclosed list of six pages. There are, for example, many letters here to Weierstraß, or connected to him, which must have interested Mittag-Leffler. But no reply, or further correspondence, is found. At the time, Mittag-Leffler was on a health journey to Egypt for six months, and he is known to have been very ill in December. The regular correspondence went through his secretary in Stockholm. From the records at Institut Mittag-Leffler it is not known what happened to the objects on Luise Knoblauch's list.

In addition to the portrait of young Weierstraß and the marble bust (in two copies) from 1885, there is also at Institut Mittag-Leffler today a copy made by Rudolf von Voigt-länder of the large oil painting from 1895.[5] Mittag-Leffler had been active in procuring both the bust (for the 70th birthday) and the oil painting (for the 80th birthday).

5   The inheritance from Mittag-Leffler

When Mittag-Leffler conceived his private villa in the new garden village of Djursholm between 1890 and 1906, he always had in mind a mathematical institute of the future. Large library rooms and ample storage facilities indicated his intention to create a mathematical centre where collections of all kinds of items related to mathematics should form the basis; not only books and periodicals, but also manuscripts, offprints, letters and photographs. The Weierstraß material fits well into this context. Mittag-Leffler's activities during his lifetime ensured that this *Nachlass* was not forgotten, even though he was disappointed with the waning enthusiasm for his master's mathematics.

On his 70th birthday in 1916 Gösta Mittag-Leffler, together with his wife Signe, founded the Institut Mittag-Leffler. Given the difficult times in Europe, the dream of an active institute in the villa for visitors could not be realized until 1969 when Lennart Carleson managed to make the original plans into a reality.

When Mittag-Leffler died in 1927, much of the historical material in his villa sank into a deep sleep and lay dormant for the next 40 years. At the time of Weierstraß's 150th anniversary the distinguished Weierstraß scholar K.-R. Biermann gave an account of the available sources and archives. Institut Mittag-Leffler was listed, but chiefly the letters from Weierstraß to Kovalevskaya. In the late 1960s, around the time when the modern

---

4   A commented edition by R. Bölling was published in 1993.
5   For photographs and more details about the two versions, see the section "80. *Geburtstag*" of R. Bölling's contribution to this volume.

Institute was launched, Ivor Grattan-Guinness visited the villa in order to examine the historical collections. This led to an important article where he made a preliminary description of the content and his findings. He also carried out a first sorting of the Weierstraß collection. For the present orderly arrangement thanks are due to Reinhard Bölling who in the 1990s thematically collected and documented the material in detail. An index gives an outline of the archive with references to copies made of the documents.

It was always Mittag-Leffler's wish to make his collections available to the mathematical community, and this still remains a guiding principle for Institut Mittag-Leffler today.

Acknowledgements. I would like to thank Reinhard Bölling, Reinhard Siegmund-Schultze and Arild Stubhaug for helpful discussions and good advice.

Die prägenden Jahre im Leben von Karl Weierstraß

1

Jürgen Elstrodt
Mathematisches Institut, Universität Münster, Münster, Deutschland

Abstract

This essay deals with the first 40 years, the formative years in the life of the renowned mathematician Karl Weierstraß (1815–1897) beginning with his family background and school education. We describe his studies in Bonn and Münster and his activities as a secondary school teacher in some out-of-the-way places in the former state of Prussia. There, despite his isolation and lack of access to mathematical research literature he single-mindedly succeeded with the solution of a crucial case of the so-called Jacobi inversion problem for Abelian integrals. This sensational success earned him an honorary doctor's degree from the University of Königsberg, and he was soon appointed to a professorship in Berlin where he began a second life as one of the greatest analysts of all time.

Einleitung

In der zweiten Hälfte des 19. Jahrhunderts war die Friedrich-Wilhelms-Universität zu Berlin führend auf dem Gebiet der Mathematik, und zwar nicht nur in Preußen und den übrigen deutschsprachigen Ländern, sondern in internationalem Maßstab. Diese herausragende Stellung der Berliner Universität wurde bereits im zweiten Viertel des 19. Jahrhunderts angebahnt durch das Wirken des großen Naturforschers Alexander von Humboldt (1769–1859) und des Bauingenieurs, Mathematikers und Wissenschaftsorganisators August Leopold Crelle (1780–1855), der im Jahre 1826 die erste deutsche mathematische Fachzeitschrift von internationaler Bedeutung gründete, das *Journal für die reine und angewandte Mathematik* (das sog. *Crelle'sche Journal*). Crelle und von Humboldt verfügten über ein bewundernswert sicheres Gespür bei der Bewertung junger Talente. Ihrem Einfluss ist es wesentlich mit zu verdanken, dass mit Johann Peter Gustav Lejeune Dirichlet (1805–1859), Jakob Steiner (1796–1863), Carl Gustav Jacob Jacobi (1804–1851) und Gotthold Eisenstein (1823–1852) eine erste Blüte der Mathematik an der Berliner Universität sich entfalten konnte, die mit dem Wirken von Ernst Eduard Kummer (1810–1893),

Karl Theodor Wilhelm Weierstraß (1815–1897) und Leopold Kronecker (1823–1891) in der zweiten Hälfte des 19. Jahrhunderts zu der eingangs erwähnten Spitzenstellung führte (Biermann 1988).

Selbst im Kreise der zuletzt genannten drei hervorragenden Mathematiker war die Ausstrahlung von Weierstraß einzigartig: Seine mit sprichwörtlicher „Weierstraß'scher Strenge" entwickelten Vorlesungen über Analysis zogen – nach damaligen Maßstäben – riesige Auditorien von Studenten, Graduierten und selbst Professoren nach Berlin, und seine Hörer verbreiteten seine Ideen, die in authentischer gedruckter Form nirgends zugänglich waren, weltweit. Im neu gegründeten Mathematischen Seminar von Kummer und Weierstraß, dem weltweit ersten Seminar, das nur der Mathematik gewidmet war, schlug Weierstraß uneigennützig Erfolg versprechende Forschungsthemen vor und zeigte Wege zu ihrer Bearbeitung auf. Dadurch ebnete er zahlreichen Nachwuchswissenschaftlern den Weg zu einer Hochschullehrerlaufbahn. Ein Blick auf den Inhalt heutiger Vorlesungen über Analysis lehrt, dass sein Einfluss bis zum heutigen Tag unvermindert fortbesteht – und das wird zweifellos auch in Zukunft so bleiben.

Das alles klingt nach einer großartigen Erfolgsgeschichte und ist zweifellos auch eine solche. Aber Weierstraß musste seine Erfolge mühsam erringen. Es bedurfte rund zweier Jahrzehnte langer harter Arbeit in der Isolation und der Überwindung quälender Leiden, die ihn immer wieder für längere Zeit arbeitsunfähig machten, bis Karl Weierstraß ein phänomenaler wissenschaftlicher Durchbruch gelang, der ihn endlich im Alter von 41 Jahren in eine ihm angemessene Stellung brachte – gegen den Preis einer angeschlagenen Gesundheit. Aber trotz seiner labilen Gesundheit entfaltete Weierstraß in den folgenden über 30 Jahren eine ganz außerordentlich fruchtbare Tätigkeit als Hochschullehrer in Berlin, so dass er zu den größten deutschen Mathematikern des 19. Jahrhunderts zählt.

Im Folgenden behandeln wir vornehmlich die ersten 40 Jahre von Weierstraß' Leben, die eng verbunden sind mit den Orten Ostenfelde, Paderborn, Bonn, Münster, Westernkotten, Deutsch-Krone und Braunsberg. Insbesondere werden dabei bislang wenig herangezogene Archivalien aus Westfalen ausgewertet. Erst im letzten Abschnitt geben wir einen kurzen unvollständigen Ausblick auf Weierstraß' Wirken in Berlin.

1.1   Familie

Karl[1] Theodor Wilhelm Weierstraß wurde am 31. Oktober 1815 im Dorf Ostenfelde (Kreis Warendorf, heute Ortsteil von Ennigerloh, etwa 11 km südöstlich von Warendorf) geboren. Im Taufeintrag vom 2. November 1815 (Ostenfelde, St. Margareta, Taufen 1810–1859, 34/34a) ist als „Stunde der Geburt" vermerkt: „Morgens 8 Uhr".[2] Als Vater benennt das

---

1   Wir benutzen die heutige Rechtschreibung des Rufnamens „Karl" anstelle von „Carl"; analog bei „Klara".
2   Weierstraß selbst erzählte nach (Bölling 1994b, 2) am 26. Oktober 1875 „mit einem Augenzwinkern": „…
      ich bin in der Nacht vom 31sten Oktober zum 1 November um die Mitternachtsstunde geboren; meine
      Mutter behauptete, einige Minuten nach 12 Uhr – damit ich ein Sonntagskind sei – mein Vater, der davon
      nichts wissen wollte, hat den 31sten Oktober in's Kirchenbuch eintragen lassen." Da der damalige Pastor
      Sandfort in Ostenfelde ein sehr gewissenhafter Mann war und eine Geburt sich in dem kleinen Ort kaum
      einen ganzen Tag lang geheim halten ließ, dürfte diese Mitteilung wohl als Scherz aufzufassen sein.

Kirchenbuch Wilhelm Weierstraß (16.07.1789–24.08.1869), „Sekretair beym Herrn Bürgermeister in Ostenfelde", und als Mutter Theodora Vonderforst[3] (getauft am 5.3.1791, gest. am 21.10.1827). Seinen Rufnamen erhielt der Täufling von seinem Patenonkel Carl Joseph Vonderforst (1782–1842) aus Münster, einem Bruder seiner Mutter, die beiden übrigen Vornamen von seinen Eltern. Die Ehe der Eltern wurde am 16. Mai 1815 in Ostenfelde geschlossen (Ostenfelde, St. Margareta, Trauungen 1811–1878, 6). Ostenfelde ehrte den größten Sohn des Dorfes mit der Benennung „Weierstraßweg" für den Weg, an dem sein Geburtshaus[4] stand, und mit Gedenktafeln[5] an der Stelle seines Geburtshauses und in der Pausenhalle der früheren Karl-Weierstraß-Schule.[6]

Karl Weierstraß wurde geboren in eine historische Zeit des Neuanfangs: Napoléon Bonaparte wurde 1815 endgültig besiegt bei Waterloo. Auf dem Wiener Kongress (1815) wurde Europa im Sinne der einsetzenden Restauration neu geordnet: Westfalen und das Rheinland kamen unter preußische Herrschaft. Die europäischen Länder waren nach einer schier endlosen Kette von Kriegen total erschöpft. Die von der Landwirtschaft dominierte Wirtschaft litt unter katastrophalen Missernten, die vermutlich durch die globale Verschmutzung der Atmosphäre infolge der verheerenden Explosion (1815) des Vulkans Tambora in Indonesien hervorgerufen wurden. Aber in Preußen eröffneten auch die inneren Reformen günstige Bedingungen für einen Neuanfang. An dieser Stelle interessieren besonders die Reformen im Bildungswesen: Das Abitur war fortan die Voraussetzung für die Aufnahme eines Hochschulstudiums, das Staatsexamen wurde Voraussetzung für die Übernahme eines gymnasialen Lehramts, Universitäten wurden gegründet (bzw. wiederbegründet) zu Berlin (1810), Breslau (1811), Bonn (1818), Halle (1813) und Greifswald (1815), die Universität Duisburg wurde geschlossen, und die Universitäten zu Münster und zu Paderborn wurden nur noch in verkleinerter Form als Ausbildungsstätten für katholische Theologen weitergeführt (Kraus 2008).

---

3   Der Name wird auch oft in der Schreibweise „von der Forst" angegeben.
4   Das Geburtshaus (früher Dorfstr. 13, heutige Adresse Weierstraßweg 2) wurde bis September 1824 von der Familie Weierstraß bewohnt, danach 1825 vom Besitzer August Freiherr von Nagel-Doornick verkauft, aber 1841 von der Witwe des inzwischen verstorbenen Freiherrn zurückgekauft, 1843 abgebrochen und durch einen Neubau ersetzt, der ca. 10 m vom Straßenrand entfernt errichtet wurde. Der Neubau diente 1845–1848 als Krankenhaus, danach als Schloss-Kaplanei, Dienstwohnung und Diensthaus. Er steht noch heute und wird seit 2009 von einem Erbbaupächter bewohnt.
5   An der Stelle des Geburtshauses befand sich seit 1901 (Flaskamp 1961, Fußn. 3) eine Gedenktafel mit der Inschrift:

> „An dieser Stätte wurde am 31.X.1815 Karl Weierstrass, der berühmte Mathematiker, eine Leuchte der Berliner Universität, geboren."

Ein Hinweis auf diese Tafel findet sich im Jahresber. Dtsch. Math.-Ver. 24 (1915) unter „Mitteilungen und Nachrichten", 117. Ein Bild dieser Tafel steht in der Zeitung *Westfälische Nachrichten* Nr. 256 vom 3.11.1965. Diese Gedenktafel wurde in den achtziger Jahren des 20. Jh. ersetzt durch eine Bronzetafel mit einem Porträt von Weierstraß und gleichem Text wie oben. Eine Bronzetafel mit demselben Porträt und der Inschrift

> „Karl Weierstraß, geboren am 31.10.1815 in Ostenfelde, gestorben am 19.2.1897 in Berlin"

befindet sich in der Pausenhalle der früheren Karl-Weierstraß-Schule.
6   Am 5.6.1985 wurde die katholische Grundschule in Ostenfelde umbenannt in „Karl-Weierstraß-Schule". Wegen sinkender Schülerzahlen verlor die Schule ihre Eigenständigkeit; seit dem 1.8.2014 ist sie Teilstandort der Mosaik-Schule Ennigerloh.

Von Karl Weierstraß' Mutter Theodora wissen wir fast nichts. Ihr Vater war Fürst-
bischöflich-Paderborner Hoflakai auf Schloss Neuhaus (Flaskamp 1961, 236 f.). Die be-
stimmende Rolle in der Familie spielte zweifellos Karls Vater Wilhelm Weierstraß, und es
ist angezeigt, dessen Lebenslauf hier genauer zu verfolgen. Wilhelm Weierstraß stammte
aus dem bergischen Ort Mettmann; dort lässt sich die Familie Weierstraß bis etwa 1600
zurückverfolgen (Flaskamp 1961). Nach eigenem Zeugnis hat Wilhelm in seiner Jugend
als Lehrer gearbeitet. Das entnehmen wir seinem Antwortbrief vom 13. Oktober 1853 an
seinen Sohn Peter, in dem er sich für Peters vorzeitige Glückwünsche zu seinem offiziell
noch nicht erreichten 50. Dienstjubiläum bedankt (Archiv Institut Mittag-Leffler):

> „Bei der 50jährigen Dienstzeit ist meine eigentliche Lehre oder vielmehr Pro-
> bezeit im Lehrfach nämlich mit gerechnet. Selbständige Wirksamkeit als Leh-
> rer hatte ich erst vom 21. October 1808 und muß daher noch 5 Jahr warten,
> ich war ja auch damals erst 19 Jahr alt."

Vor diesem Hintergrund ist gut verständlich: Wilhelm Weierstraß war ein wissbegieri-
ger, kluger und gebildeter Mann, beherrschte Französisch in Wort und Schrift, besaß gute
Kenntnisse in Natur- und Geisteswissenschaften, und er verfügte über einen ausgezeich-
neten Briefstil und eine sehr gut lesbare Handschrift, was ihm bei seinen späteren beruflichen Tätigkeiten gewiss zustatten kam.

Wo Wilhelm Weierstraß unterrichtet hat und wie er nach Ostenfelde kam, wissen wir
nicht. In einem Dokument, das im Archiv von Schloss Vornholz zu Ostenfelde aufbewahrt
wird (Archiv Schloss Vornholz, Bestand B, Nr. 1481, 222–227), schreibt er über sich selbst:

> „Ich war vom März 1813 bis Ende September 1824 in Ostenfelde als Privat-
> Secretair des damaligen Maires[7], nachherigen Bürgermeisters Lieut. Harrier[8]
> engagiert, auch 1819 unter Beibehaltung dieser Privat-Stellung Einnehmer
> der indirecten Steuern daselbst."

Weiter weist Wilhelm Weierstraß im gleichen Brief darauf hin, dass mitunter seine
„Dienste auch für die Familie v. Nagel auf kürzere oder längere Zeit, und in allerhand Angelegenheiten ebenfalls in Anspruch genommen wurden". Im Rahmen dieser Tätigkeit
erwarb er sich offenbar das Vertrauen des Freiherrn August von Nagel-Doornick, und das
war später von entscheidender Bedeutung, als Wilhelm Weierstraß eine Kaution stellen
musste, um in eine besser besoldete Stelle aufrücken zu können, wodurch er seinen Söhnen Karl und Peter das Studium ermöglichte.

Besondere Hochachtung hegte Wilhelm Weierstraß für den damaligen Ostenfelder
Pastor Benedikt Sandfort; er schreibt loc. cit.:

---

7   Den Maires oblag zu napoleonischer Zeit die gesamte Gemeindeverwaltung.
8   Dieser schrieb seinen Namen in der Form „Harier", und wir benutzen im Folgenden diese Schreibweise.
    – Franz Josef Harier (ca. 1758–1826) hatte als Offizier in der Fürstbischöflich-Münsterschen Kavallerie ge-
    dient und übernahm nach dem Ende des Fürstbistums Münster (1802) die Verwaltung der Güter der Familie
    von Nagel-Doornick, die auf Schloss Vornholz zu Ostenfelde residierte. Nach Gründung des Großherzog-
    tums Berg (1808) leitete er die Mairie zu Ostenfelde; 1815 wurde er in den preußischen Verwaltungsdienst
    übernommen. Das Bürgermeisteramt wurde 1823 nach Freckenhorst verlegt. Harier blieb Rentmeister auf
    Schloss Vornholz mit Wilhelm Weierstraß als Renteisekretär. Erst am 9. Juni 1824 wurde Harier – inzwi-
    schen erkrankt – offiziell als Bürgermeister in den Ruhestand versetzt; er starb am 20. Januar 1826.

„Während meines Aufenthalts in Ostenfelde habe ich in den ersten Jahren an seinem Tische gegessen und stets mit ihm in einem sehr freundlichen Verkehr gestanden, wodurch ich nicht nur den edlen und uneigennützigen Charakter dieses Mannes … zur Genüge kennen lernte."

Überdies stand er zu dieser Zeit in engem Kontakt mit Pierre („Peter") Dubut, einem emigrierten frz. Geistlichen, der „bei der Freifrau v. Nagel das Gnadenbrod" genoss. Die Bekanntschaft mit diesen Geistlichen veranlasste Wilhelm Weierstraß dazu, vom Protestantismus zum Katholizismus zu konvertieren (Dugac 1973, 166 f.). Daher gab es keinerlei konfessionelle Probleme, als er Theodora Vonderforst heiratete. Die katholische Konfessionszugehörigkeit spielte später eine wichtige Rolle beim Einsatz von Karl Weierstraß als Gymnasiallehrer.

In rascher Folge wurden dem Ehepaar Weierstraß insgesamt sieben Kinder geboren (Flaskamp 1961), (Ostenfelde, St. Margareta, Taufen 1810–1859), (Bölling 2015), (Gütersloh, St. Pankratius, Taufbuch 1826), (Gütersloh, St. Pankratius, Totenbuch 1827):

Karl	* 31.10.1815	Ostenfelde,	† 19.2.1897	Berlin;
Franz	* 12.1.1817	Ostenfelde,	† 29.4.1826	Gütersloh;
Pauline	* 25.11.1818	Ostenfelde,	† 28.2.1843	Westernkotten;
Peter	* 24.10.1820	Ostenfelde,	† 7.4.1904,	Breslau;
Antonetta	* 20.8.1822	Ostenfelde,	† 25.4.1826	Gütersloh;
Klara	* 11.9.1823	Ostenfelde,	† 23.3.1896	Berlin;
Elisabeth	* 12.11.1826	Gütersloh,	† 9.7.1898	Berlin.

Nach Verlegung der Bürgermeisterei von Ostenfelde nach Freckenhorst (1823) blieb Wilhelm Weierstraß zunächst als „Sekretair"[9] des Rentmeisters Harier auf Schloss Vornholz, trat aber bald danach vollbeschäftigt in die preußische Steuerverwaltung ein. Die wirtschaftliche Lage der Familie muss um diese Zeit ausgesprochen ärmlich gewesen sein, wie aus einem Brief von Klara Weierstraß an ihren Bruder Peter vom Herbst 1853 hervorgeht (Mittag-Leffler 1923a, 3). Spätestens ab April 1826[10] arbeitete Wilhelm Weierstraß als „Obercontrolleur" in Gütersloh. Die kurze Zeit seiner Tätigkeit an diesem Ort wurde von herben Schicksalsschlägen verdunkelt: Im April 1826 starben die Kinder Franz (9 J.) und Antonetta (3 1/2 J.) innerhalb von 4 Tagen an den Masern. Im November 1826 wurde das siebte Kind Elisabeth geboren, und im Oktober 1827 starb Theodora Weierstraß am sog. „Nervenfieber" (Typhus) (Flaskamp 1961). Wilhelm Weierstraß war nun Witwer mit fünf Kindern, darunter ein einjähriges Kleinkind. Im Mai 1828 wurde er als Steuerassistent an die Provinzialhauptverwaltung in Münster versetzt (Flaskamp 1961). Nach dem Eintrag im Personenregister der Stadt Münster (Stadtarchiv Münster, Augias-Archiv B. 2) gehörten außer den Kindern damals zu seinem Haushalt Clara Kleine (geb. 1754 in Osnabrück), eine Tante mütterlicherseits der verstorbenen Theodora Weierstraß und Nebenpatin von Karl Weierstraß, und die Magd Elisabeth Heine (geb. 1808 in Gütersloh). In der Lambertikirche zu Münster heiratete Wilhelm Weierstraß dann am 5. Juli 1828 (Münster,

---

9 Berufsbezeichnung von Wilhelm Weierstraß im Taufeintrag der Tochter Klara (Ostenfelde, St. Margareta, Taufen 1810–1859).

10 Tod der Kinder Franz und Antonetta bezeugt in (Gütersloh, St. Pankratius, Totenbuch 1827).

St. Lamberti-Pfarrei, Hochzeiten 1828) erneut, und zwar die Bauerntochter Maria Anna Clementina[11] Hölscher (21.11.1783–29.6.1858) aus Herbern (Kreis Lüdinghausen).[12]
Wie sich all diese tief greifenden Veränderungen auf den heranwachsenden Karl Weierstraß ausgewirkt haben – darüber wissen wir nichts. Aber offenbar war Clementine
den Kindern in herzlicher Liebe zugetan und gewann umgekehrt die dankbare Zunei-
gung der ganzen Familie. Das wird beispielhaft deutlich an dem von Wilhelm Weierstraß
eigenhändig geschriebenen „Drehbuch" zur Feier von Clementines 50. Namenstag am
14.11.1833 (Archiv Institut Mittag-Leffler). Der Vater und alle fünf Kinder überreichten
Clementine einzeln ihre Geschenke und trugen dazu (vermutlich unter Federführung von
Wilhelm Weierstraß geschmiedete) Verse vor, in denen Clementine gelobt wird mit den
Worten: „Du beste der Mütter, Du Perle der Frauen". Freilich muss man feststellen, dass
Clementine Weierstraß nur eine sehr rudimentäre schulische Bildung besaß. In einem
undatierten Brief aus dem Jahre 1846 an Elisabeth Weierstraß bedauert sie, dass sie sich
an gehobenen Unterhaltungen nicht beteiligen kann:[13]

> „… was wirst du und Clärchen plautern, wenn ihr mal bej sammen seit. ich
> muß … es auch noch lärnen, das ich mit plautern kann. nun bedaure ich noch
> nur, das ich es in meiner Jugend nicht gelärnt habe."

Kurze Skizzen des weiteren Lebenswegs der Familie Weierstraß werden wir in die
nächsten Abschnitte aufnehmen. Indem wir dem zeitlichen Ablauf vorgreifen, bemerken
wir an dieser Stelle bereits einige Eckdaten: Auch die Tochter Pauline starb bereits 1843 im
Alter von nur 24 Jahren in Westernkotten. Die vier überlebenden Geschwister Karl, Peter,
Klara und Elisabeth waren alle unverheiratet. Nach dem Tod von Clementine Weierstraß
im Jahre 1858 und dem Eintritt in den Ruhestand (1859) verbrachte Wilhelm Weierstraß
die letzten zehn Jahre seines Lebens in Berlin mit Karl, Klara und Elisabeth.

1.2   Schulausbildung

Karl Weierstraß wurde bereits schulpflichtig, als die Familie noch in Ostenfelde wohnte,
aber es sind keine Dokumente bekannt, die seinen dortigen Schulbesuch belegen. Es ist
aber bekannt, dass er während des Aufenthalts der Familie in Gütersloh von einem jüdischen Lehrer unterrichtet wurde (Dugac 1973, 167 f.). In der fraglichen Zeit gab es in Gütersloh nur den jüdischen Lehrer Levi Bamberger (1769–1851) (Allgemeine Zeitung des
Judenthums 1839); (Herzberg 1974). Dieser wirkte von 1799 bis 1851 am Ort und formte
die ursprünglich nur auf Religionsunterricht und das Erlernen der hebräischen Sprache
fokussierte traditionelle jüdische Schule unter dem Einfluss der geistigen Aufklärungs-
bewegung unter den Juden des 18. Jahrhunderts um zu einer Elementarschule im Sinne
der preußischen Schulgesetzgebung. Sein nach fortschrittlichen pädagogischen Prinzipi-
en erteilter Unterricht u. a. in Französisch, Rechnen, Geographie und Geschichte zielte
daraufhin ab seine Schüler auf den Kaufmannsberuf vorzubereiten. Dadurch erwarb er

---

11   Rufname „Clementine".
12   Aus dieser Ehe gingen keine Kinder hervor.
13   (Archiv Institut Mittag-Leffler), Rechtschreibung unverändert, im Original ohne Satzzeichen.

sich ein hohes Ansehen sowohl bei der Bevölkerung von Gütersloh und Umgebung als
auch bei den zuständigen preußischen Behörden. Regelmäßig besuchten neben den etwa 20 Kindern jüdischer Familien auch etwa 20–40 Kinder christlicher Familien seinen
Unterricht. In Weierstraß' Lebenslauf in (Jahresbericht 1843, 22 f.) ist zu lesen, er habe seinen ersten Unterricht durch Privatlehrer erhalten, und damit ist wohl insbesondere der
Unterricht bei Levi Bamberger gemeint. Von ihm erhielt Karl auch bereits einen guten Unterricht im Lateinischen (Dugac 1973, 168). Offenbar zeigte Karl eine vielversprechende
geistige Entwicklung, denn nach dem Umzug der Familie nach Münster (1828) besuchte
er ein Jahr lang die dortige Trivialschule des Gymnasiums Paulinum, eine Vorbereitungsschule für den Gymnasialbesuch, die in etwa den später lange Zeit üblichen Klassen Sexta
und Quinta entsprach.

Im Frühjahr 1829 eröffnete sich für Wilhelm Weierstraß die Möglichkeit einer deutli-
chen beruflichen Verbesserung: Am Hauptzollamt in Paderborn war die Buchführung in
Unordnung geraten, und Wilhelm Weierstraß wurde die Stelle des Haupt-Zollamtsren-
danten (d. h. des Rechnungsführers im Hauptzollamt) zu Paderborn angeboten. Er übte dieses Amt zunächst kommissarisch aus und erwarb sich durch tadellose Geschäfts-
führung die Aussicht auf eine Übernahme dieser Stelle. Vor der endgültigen Übernahme stand aber eine hohe Hürde: Da Wilhelm Weierstraß eine Kasse zu verwalten hatte,
für die er dem Staat persönlich haftete, musste er als Sicherheit eine Amtskaution zum
enorm hohen Betrag von 3000 Rth. stellen. Die beengten finanziellen Verhältnisse der Familie Weierstraß ließen die Beschaffung einer so hohen Summe nicht zu. Die Amtskaution
wurde im September 1830 vom Freiherrn August von Nagel-Doornick für Wilhelm Weierstraß in Form von Staatsschuldscheinen[14] gestellt. Das erhöhte Jahreseinkommen von
800 Rth. bedeutete eine erfreuliche Verbesserung der wirtschaftlichen Lage der Familie
Weierstraß und ermöglichte später den Söhnen Karl und Peter ein Universitätsstudium
und der Tochter Klara eine Ausbildung als Lehrerin und Gouvernante. Aber die Ausbil-
dungskosten der Kinder, die Abzüge für Miete und die „Pensions-Wittwen-Kasse" und
die Beträge für die Abwicklung der Kaution bedeuteten für die 7-köpfige Familie auch
eine erhebliche Belastung. Mehrfach mussten Zahlungen gestundet werden. Auch gab es
offenbar keinen schriftlichen Vertrag, in dem die Konditionen der Kaution festgelegt worden wären. Nach dem frühen Tode des Freiherrn gab es daher unerfreuliche Auseinander-
setzungen. Der umfangreiche Briefwechsel in dieser Sache erstreckte sich über 20 Jahre
und wird im Archiv von Schloss Vornholz aufbewahrt (Archiv Schloss Vornholz, Bestand
B, Nr. 2774). Er gewährt u. a. interessante Einblicke in das Leben der Familie Weierstraß
insbesondere im Hinblick auf die Ausbildungzeit der Söhne Karl und Peter.

Im März 1829 zog die Familie Weierstraß von Münster nach Paderborn um. Karl trat
Ostern 1829 zu Beginn des zweiten Schulhalbjahres in die damalige sechste Klasse des
Gymnasiums Theodorianum[15] zu Paderborn ein. Man könnte erwarten, dass die mit den
mehrfachen Umzügen verbundenen Schulwechsel und der um ein halbes Jahr verspätete

---

14 Da bei Bereitstellung der Kaution der Kurswert der Papiere unter dem Nominalwert lag, zu dem die Kauti-
     onssumme zu tilgen war, ergab sich für den Freiherrn ein Kursgewinn.
15 Im Jahre 1827 wurde dort die Dauer des Gymnasiumsbesuchs von sechs auf sieben Jahre verlängert; hinzu
     kamen zwei Jahre auf der angegliederten Trivialschule. Abiturprüfungen wurden seit 1821 abgenommen.

Eintritt in das Theodorianische Gymnasium negative Auswirkungen auf seinen schulischen Erfolg gehabt hätten. Doch trotz dieser widrigen Umstände erwies Karl sich als ein überragender Schüler. Regelmäßig wurde er für seine hervorragenden Leistungen durch Preise belohnt. Dabei waren seine Leistungen durchaus nicht einseitig, sondern er gewann insgesamt zehn Preise in den Fächern Deutsch, Latein, Griechisch, Mathematik, und im sog. „Ehrenkampfe" am Schuljahresende gewann er sechsmal den ersten Platz und mehrfach weitere vordere Plätze (Ahrens 1907b); (Hohmann 1966). Auffällig war sein Interesse für Mathematik: Differential- und Integralrechnung gehörten damals noch nicht zum Schulstoff, sondern wurden erst etwa ab dem zweiten Studienjahr an Universitäten gelehrt. Karl beschäftigte sich jedoch bereits als Schüler mit Integralrechnung, und er las Arbeiten von Jakob Steiner (1796–1863) über synthetische Geometrie im *Journal für die reine und angewandte Mathematik*, das in der Schulbibliothek vorhanden war (Stäckel 1906, 323).[16]

Im Schuljahr 1831/32 übersprang Karl die Tertia, die damals etwa der späteren Untersekunda[17] entsprach, und er bestand das Abitur im August 1834 als *primus omnium*[18] nach nur 5 1/2 Jahren Gymnasialzeit statt der regulären 7 Jahre. – Eine Gedenktafel am Aulagebäude des Gymnasiums Theodorianum[19] ehrt Karl Weierstraß als einen der bedeutendsten Alumni des Gymnasiums. Der „Weierstraßweg" in Paderborn wurde zu Ehren von Karl Weierstraß benannt.

1.3   Studium in Bonn

Wilhelm Weierstraß war ein außergewöhnlich kluger und gebildeter Mann, aber er besaß keinen höheren Schulabschluss und kam demnach für einen höheren Beamtenposten im Staate Preußen nicht in Betracht. Aber er war bereit, erhebliche Summen für die Ausbildung seiner Kinder aufzuwenden. Natürlich war er auch bestrebt, sich der Belastung durch die Amtskaution zu entledigen. In einem Brief vom 12. Februar 1834 an den Freiherrn August von Nagel-Doornick schreibt er (Archiv Schloss Vornholz, Bestand B, Nr. 2774):

> „Sobald sich eine schickliche Gelegenheit dazu darbietet, werde ich jedoch
> darnach trachten, einen andern, nicht mit Kautionsleistung verbundenen,
> Posten zu erhalten; mir wäre am liebsten eine Versetzung nach Berlin, hauptsächlich der Kinder wegen, von denen der älteste im Herbst universitätsreif

---

16   Das Theodorianische Gymnasium zu Paderborn erhielt eines der 20 Exemplare des *Journals für die reine und angewandte Mathematik*, welche das preußische Kultusministerium ab 1827 ankaufte, um dem Herausgeber Crelle zu helfen, die wegen unzureichenden Absatzes entstehenden Verluste zu tragen (Lorey 1927, 7); (Eccarius 1975, 43); (Eccarius 1976, 235).

17   D. h. der Klasse 10 zu der Zeit, als die Schulzeit 13 Jahre betrug.

18   Außer Karl Weierstraß erhielten noch zwei weitere Abiturienten das Zeugnis „№I" (Ahrens 1907b); (Hohmann 1966). Im Matrikelbuch (Matrikelbuch der Königlichen Akademie Münster, 1833–1867) der Akademie zu Münster ist unter dem Eintrag Nr. 552 von Karl Weierstraß vermerkt: „Abit[ur] P[rüfungs] Attest von Paderborn v[om] 23. Aug. 1834 №I".

19   Die erste Ehrentafel wurde 1930 gestiftet, 1945 zerstört und 1962 erneuert. Die jetzt (2015) vorhandene dritte Tafel wurde im September 2009 angebracht.

wird. Dieser hat sich vorzugsweise den mathematischen und physicalischen Wissenschaften gewidmet, und ich darf hoffen, daß er, wenn ich noch etwas an ihn wenden kann, ein in seiner Sphäre tüchtiger Mensch werden wird."

Aber obgleich Wilhelm Weierstraß die wissenschaftlichen Neigungen seines Sohnes Karl bekannt waren, wünschte er, dass dieser „Kameralistik"[20] studierte, eine Kombination von Finanz-, Rechts-, Verwaltungs- und Wirtschaftswissenschaft. Ein Abschluss in diesem Fach war nötig, um eine höhere, gut bezahlte Position im staatlichen Finanzwesen zu erlangen. Nach drei Jahren Studium, so Wilhelm Weierstraß' Wunsch, sollte sein Sohn Karl es in zehn Jahren bis zum Regierungsrat gebracht haben (Weierstraß 1923, 209). Man hat den Eindruck, dass Wilhelm Weierstraß seine eigenen unerreichbaren beruflichen Träume in der Karriere seines Sohns Karl verwirklicht sehen wollte.

Karl folgte dem Wunsch seines Vaters aus Pflichtgefühl, nicht aus Neigung, und immatrikulierte sich am 25. Oktober 1834 an der Universität Bonn für das Fach Kameralistik. Er trat der Studentenverbindung „Saxonia" bei und genoss nach der häuslichen Enge sein Studentenleben bei der Mensur auf dem Paukboden (ohne eine Schramme davonzutragen) und bei reichlich Bier. Während der ersten drei Semester belegte er die für Kameralisten empfohlenen Vorlesungen. Offenbar betrieb er sein Studium durchaus mit einigem Erfolg, denn bei der Promotionsprüfung seines Korpsbruders, des Juristen Johann Friedrich Budde[21], bestritt er als Opponent „seinem lieben Freunde und Bruder" energisch „die Erlangung der juristischen Doktorwürde", um sich am Ende von diesem in „liebenswürder Weise … besiegen [zu] lassen", wie Weierstraß am 6. Juni 1875 voller Ironie an P. du Bois-Reymond schrieb (Weierstraß 1923, 210); (Biermann 1966a, 195). Aber nach etwa 3 Semestern rang Karl Weierstraß sich zu der Überzeugung durch, dass Kameralistik nicht das richtige Fach für ihn war. Er belegte ab dem Sommersemester 1836 keine Vorlesungen mehr, blieb aber noch zwei weitere Jahre in Bonn. Ob man im Familienkreise ahnte, dass sich in Bonn ein Unheil anbahnte? Die folgenden Zeilen aus einem Brief der damals dreizehnjährigen Klara Weierstraß vom 11. Dezember 1836 an ihren Bruder Karl scheinen die unsichere Gefühlslage der Familie widerzuspiegeln (Archiv Institut Mittag-Leffler):

„Was waren wir alle ärgerlich auf Dich, daß Du nicht schriebest; und zweimal habe ich ganz sonderbar von Dir geträumt: Einmal kamst [Du] in ganz alten Kleidern des Nachts wieder, und sie hatten Dich von der Universität weg gejagt. Ein andermal kommst Du in die Stube gestürmt und schüttest einen großen Beutel voll Gold auf den Tisch aus."

---

20 Von lat. *cameralius* = Kämmerer.
21 Johann Friedrich Budde (1815–1894) aus Herford studierte 1836/37 Jura in Bonn, wurde dort 1837 promoviert, habilitierte sich 1838, wurde 1844 zum außerordentlichen Professor ernannt und 1847 an die Universität Halle berufen. Er folgte 1850 einem Ruf nach Rostock, nahm 1853 seine Tätigkeit als „Oberappellationsrath" am Großherzoglich Mecklenburgischen Oberappellationsgericht in Rostock auf und war von 1879 bis zum seinem Tode 1884 Präsident des Oberlandesgerichts Rostock (Bölling 1993, 155). Wie (Bölling 1993, 152) und (Weierstraß 1923, 210) zu entnehmen ist, war Weierstraß von der späteren Entwicklung seines ehemaligen Korpsbruders tief enttäuscht.

Als sich abzeichnete, dass Karl im Fach Kameralistik kein Examen ablegen werde, überzeugte ihn sein Korpsbruder Budde (Biermann 1966a, 195) davon, dass es notwendig sei, sich der Familie zu offenbaren. Auf einer späteren Reise suchte Weierstraß 1874 noch einmal die Orte seiner Jugend in Bonn auf und berichtete darüber in einem Brief an Sofja Kowalewskaja (1850–1891) (Bölling 1993, 152):

> „Seltsam war es mir zu Muthe, als ich einen Spazierweg wieder aufsuchte, den ich vor vielen Jahren mit einem Freunde durchwanderte, der mich da- mals bestimmte, endlich einen schon längst in's Auge gefaßten Entschluß, „Mathematiker zu werden", zur That werden zu lassen. Denn nur auf diesem Wege werde ich eine Zukunft haben, – er selbst hoffe als wissenschaftlicher Jurist einen Platz in der Gelehrten-Republik sich zu erringen."

Im Frühjahr 1838 kehrte Karl Weierstraß nach sieben Semestern Studium in Bonn ohne Examen nach Paderborn zurück – in physisch und psychisch denkbar schlechter Verfassung (Mittag-Leffler 1923a, 15). Die Familie muss verzweifelt gewesen sein. Schlimme Szenen müssen sich abgespielt haben. Die mühsam ersparten Mittel schienen nutzlos verschwendet zu sein.

Aber Karl war in Bonn nicht untätig gewesen. Während seine Familie glaubte, er studiere Kameralistik, betrieb er „körperlich wie geistig leidend … lange Zeit" ein intensives Selbststudium der Mathematik (Killing 1897, 713). Über sein mathematisch-naturwissenschaftliches Begleitstudium war er mit Karl Dietrich von Münchow (1778–1836) in Kontakt getreten. Dieser vertrat in Bonn die Fächer Astronomie, Mathematik und Physik und ermutigte Weierstraß zu weiteren mathematischen Studien. Aber von Münchow starb 1836 und Weierstraß nahm zu seinem Amtsnachfolger, dem Mathematiker und Physiker Julius Plücker (1801–1868), keinen Kontakt auf – ein unglücklicher Fehler, wie sich später zeigte, als Plücker um ein Gutachten über Weierstraß gebeten wurde. (Man kann spekulieren, wie anders Weierstraß' Leben verlaufen wäre, wenn damals Christoph Gudermann (1798–1851) aus Münster nach Bonn berufen worden wäre – siehe Abschnitt 1.4!)[22]

---

22 Bereits 1835 war Adolf Diesterweg (1782–1835), der erste Bonner Ordinarius für Mathematik, gestorben. Crelle schlug mit großem Nachdruck den münsterschen a.o. Professor Christoph Gudermann als Nachfolger vor (Eccarius 1972, 33–35); (Eccarius 1977, 156 f.). Es wurde jedoch Julius Plücker zum Nachfolger berufen. Gudermann verlieh seiner Enttäuschung auf ungewöhnliche Weise Ausdruck: „… Gudermann … ist in Münster, wollte nach Bonn, u. ist so wüthend, dass Plücker hinkommt, dass er unter seinem Namen in die Cölner u. Münsterzeitung mehrere Male die Anzeige hat rücken lassen, dass die Studierenden der Rheinprovinzen u. Westphalens in Zukunft nur in Münster über höhere Mathematik Vorlesungen werden hören können." Das schrieb Carl Gustav Jacob Jacobi aus Königsberg am 20. November 1835 an seinen Bruder Moritz in Dorpat (= Tartu) (Ahrens 1907a, 21). In der Tat ist im *Münsterischen Intelligenzblatt* Nr. 121 vom 8. Oktober 1835 auf S. 1005 zu lesen:

> „Den Studirenden im Rheinlande und in Westfalen die Anzeige, daß akademische Vorlesungen über die neuesten Zweige der Mathematik: Niedere und höhere Sphärik und Theorie der elliptischen Funktionen, für sie n u r zu Münster werden gehalten werden.
> Münster, den 2. October 1835.   Dr. G u d e r m a n n n, Professor."

Nach dem Tode von Münchows übernahm Plücker mit den Fächern Mathematik und Physik auch einen Teil von dessen Aufgaben. Für das Fach Astronomie wurde Friedrich Wilhelm August Argelander (1799–1875) berufen.

Im Rahmen seines Selbststudiums las Weierstraß u. a. die anspruchsvolle *Mécanique céleste* von P.S. Laplace (1749–1827) und die *Fundamenta nova theoriae functionum ellipticarum* von C.G.J. Jacobi. Die *Fundamenta* waren eine Monographie über damals neueste Forschungen auf dem aktuellen Gebiet der Theorie der elliptischen Funktionen. Der Autor setzte dementsprechend die Kenntnis der einschlägigen Literatur, insbesondere der Bücher von Adrien-Marie Legendre (1752–1833), voraus. Hier erwiesen sich Weierstraß' vertiefte Schulkenntnisse verständlicherweise als unzureichend. Ein glücklicher Zufall kam ihm zu Hilfe: Im Wintersemester 1837/38 setzte sein früherer Klassenkamerad stud. phil. et theol. Karl Roeren (1816–1881) aus Paderborn, der ebenfalls 1834 bei der Abiturprüfung am Gymnasium Theodorianum eine „№1" erzielt hatte, sein Studium in Bonn fort. Roeren hatte vom Wintersemester 1835/36 bis zum Sommersemester 1837 in Münster Philologie und Theologie studiert. Unter vielen anderen Lehrveranstaltungen hatte er vier Semester lang „unausgesetzt und mit regster Theilname" (Universitätsarchiv Münster, Bestand 3, Nr. 755) Vorlesungen beim Mathematiker Gudermann gehört, zuletzt im Sommer 1837 zwei Vorlesungen über elliptische Funktionen[23] und analytische Sphärik. Nach Jacobi war Gudermann der zweite Hochschullehrer weltweit, der Vorlesungen über elliptische Funktionen anbot. Das ist zweifellos höchst überraschend, denn die damalige „Akademische Lehranstalt" in Münster gehörte durchaus nicht zu den auf dem Gebiet der Mathematik führenden Hochschulen. Mit an Sicherheit grenzender Wahrscheinlichkeit war Karl Roeren[24] der Kommilitone, der Weierstraß sein Kollegheft von Gudermanns Vorlesung lieh, und nun verstand dieser nicht nur Jacobis Werk, sondern schritt gleich zu eigenen Untersuchungen.

Ihn reizte ein Brief von Niels Henrik Abel (1802–1829) an Legendre, der in Crelle's Journal abgedruckt worden war.[25] Dieser Brief war für Weierstraß' wissenschaftliche Entwicklung „von der allergrößten Bedeutung", wie er selbst am 10. April 1882 in einem Brief an Sophus Lie (1842–1899) schrieb (Abel 1902, Abschnitt „Correspondance d'Abel", 108 f.). In dem Brief teilt Abel ohne Beweis mit, dass die Umkehrfunktion $y = \lambda(x)$ des elliptischen Integrals

$$x = \int_0^y \frac{dy}{\sqrt{(1-y^2)(1-c^2y^2)}}$$

sich als Quotient zweier bemerkenswerter beständig konvergenter Potenzreihen schreiben lässt, deren Koeffizienten Polynome in c^2 sind. Weierstraß wollte seine mathematischen Fähigkeiten erproben und stellte sich „als erste wichtigere Aufgabe", die behaupte-

---

23 Gudermann sprach von „Modularfunktionen" statt von elliptischen Funktionen, um die „irrige Meinung" zu vermeiden, „als wäre diese ganze Theorie nur da, um die Ellipse rectificiren zu können" (Gudermann 1844, IV). – Die Vorlesung war im Sommersemester 1837 mit fünf Wochenstunden angekündigt.

24 Von Lilienthal (von Lilienthal 1931, 172) übernimmt aus dem Roman (Hofer 1928, 135) den Namen „Brunnemann" als Leihgeber des Kolleghefts. Dieser Name ist offenbar frei erfunden, denn er taucht weder im Matrikelbuch der Akademie zu Münster noch in Gudermanns Hörerlisten noch im Verzeichnis der Studierenden an der Universität Bonn auf.

25 Der Brief wurde von Abel am 25. November 1828 geschrieben, wenige Monate vor seinem frühen Tod. Er wurde erneut abgedruckt in (Abel 1881b, 271–279). – Nach Crelles Tod kaufte Weierstraß den Originalbrief bei einem Berliner Antiquar und schenkte ihn 1882 der Universitätsbibliothek von Christiania (Oslo) (Abel 1902, Abschnitt „Correspondance d'Abel", 107–109).

te Darstellung von $\lambda(x)$ unmittelbar aus der Differentialgleichung für λ herzuleiten.[26] Er löste diese Aufgabe erfolgreich, und die „glückliche Lösung" führte ihn in seinem siebten Semester zu dem Entschluss, sich fortan „ganz der Mathematik zu widmen", wie es im oben erwähnten Brief an Lie heißt. Aber wie sollte er dazu die Einwilligung seines Vaters erhalten? Dieser hatte in einem Brief vom 3. Januar 1838 an den Freiherrn August von Nagel-Doornick bedauert, dass er bei „aller Sparsamkeit" noch immer kein Geld für die Tilgung der Amtskaution habe zurücklegen können, „indem einer meiner Söhne sich noch auf der Universität befindet, und der zweite im laufenden Jahre sie erst beziehen wird" (Archiv Schloss Vornholz, Bestand B, Nr. 2774).

1.4   Studium in Münster

Das Sommersemester 1838 verbrachte Karl Weierstraß bei seiner Familie in Paderborn in physisch und psychisch kranker Verfassung. Am liebsten hätte er das ersehnte Mathematikstudium bei Jacobi in Königsberg absolviert. Noch in seiner Ansprache bei der Übernahme des Rektorats der Universität Berlin im Jahre 1873 kommt seine tiefe Enttäuschung über die Unerfüllbarkeit dieses Herzenswunschs zum Ausdruck, wenn er sagt: „Jacobi, der große Mathematiker, dessen persönlichen Unterricht nicht genossen zu haben ich niemals aufhören werde zu bedauern …" (Weierstraß 1903, 336). Aber Karls Bruder Peter legte im August 1838 sein Abitur am Gymnasium Theodorianum ab und war im Begriff, im Wintersemester 1838/39 sein Studium der Philologie zu beginnen – und die Studien- und Lebenshaltungskosten für zwei auswärts studierende Söhne waren aus dem Familieneinkommen nicht zu bezahlen.

Zum Glück half ein Freund der Familie, der Königliche Oberlandesgerichts-Chef-Präsident Diedrich Friedrich Carl von Schlechtendal[27] (1767–1842), eine tragbare Lösung zu finden: Er riet Wilhelm Weierstraß, er möge seinen Sohn nach Münster[28] schicken, um ihn Gymnasiallehrer werden zu lassen. Bei Berücksichtigung der in Bonn verbrachten Studienzeit sei es wohl möglich, rasch das Staatsexamen abzulegen.[29]

---

26 Das Thema fand seine Fortsetzung in Weierstraß' Staatsexamensarbeit (Weierstraß 1894, 1 ff.).

27 Präsident von Schlechtendal war selbst an Mathematik interessiert und hatte bei Karls Abiturprüfung den Vorsitz geführt. – Zur Person von Schlechtendals s. Jahrbücher für die Preußische Gesetzgebung, Rechtswissenschaft und Rechtsverwaltung, Bd. 51, H. 101/102, 266–270, Berlin 1838.

28 Die 1780 gegründete Universität Münster verlor 1818 den Universitätsrang und wurde zu einer „Akademischen Lehranstalt" zur Ausbildung katholischer Geistlicher zurückgestuft mit einer Theologischen und einer Philosophischen Fakultät, an der das Fach Mathematik vertreten war.

29 In vielen Darstellungen wird behauptet, es sei in Münster damals möglich gewesen, rascher das Staatsexamen abzulegen als an einer Volluniversität. Das ist sicher unzutreffend, denn für die Prüfungen für das Lehramt an Gymnasien gab es einheitliche Bestimmungen an allen preußischen Hochschulen. – Eigentlich war für die Zulassung zum Staatsexamen neben einem mindestens einjährigen Studium in Münster ein mindestens zweijähriges Studium an einer voll ausgebauten Universität nachzuweisen. Diese Bestimmung wurde aber locker gehandhabt; z.B. hat Peter Weierstraß seine gesamte Studienzeit in Münster verbracht und dort das Staatsexamen abgelegt. Die Zulassung zum Staatsexamen wurde in „unklaren Fällen" von einer Kommission in Berlin erteilt. Diese konnte bei irregulärem Studiengang die zu erbringenden Prüfungsleistungen *ad personam* festlegen. Von diesem Recht machte sie bei Karl Weierstraß Gebrauch.

Am 22. August 1838 legte Peter Weierstraß das Abitur ab, und am 19. Oktober immatrikulierten sich die Brüder Karl und Peter Weierstraß an der Akademischen Lehranstalt in Münster, Karl mit „väterlichem Attest[30] vom 16. Oct. 1838", aber ohne das vorgeschriebene Abgangszeugnis der Universität Bonn. Karl und Peter wohnten bei Verwandten, und zwar bei Familie Wynen.[31] Auf diese Weise konnten die Kosten offenbar in tragbaren Grenzen gehalten werden.

Das fehlende Abgangszeugnis der Universität Bonn war allerdings ein höchst heikler Punkt. Studenten standen auf Grund der Karlsbader Beschlüsse mit dem Verbot der Burschenschaften (1819) unter aufmerksamer Beobachtung. Nur mit einem Abgangszeugnis, das auch die politische Unbedenklichkeit bescheinigte, konnte man die Universität wechseln und sich an einer anderen Universität immatrikulieren – und Karl war in Bonn aktives Mitglied des Korps Saxonia gewesen. Die erste Eintragung von Karl Weierstraß im Matrikelbuch wurde daher wieder gestrichen. Erst mit Datum vom 11. März 1839 stellte die Universität Bonn für ihn ein Abgangszeugnis aus mit dem Bemerken (Schubring 1989, 19):

> „Diese Untersuchung [der Verbindungsaktivitäten] ist jedoch durch allerhöchste Kabinettsordre vom 12. Jan. c. [= currentis, d. h. des laufenden Jahres 1839] niedergeschlagen worden, mit dem Zusatze, daß eine Theilnahme an obigen Verbindungen der Anstellung im Staatsdienste nicht hinderlich seyn soll."

Da Karl die letzten vier Semester in Bonn keine Vorlesungen mehr belegt hatte, wird im Abgangszeugnis ausdrücklich bemängelt, es sei „zu rügen, daß er sich über seinen Fleiß in den letzten vier Semestern nicht hat ausweisen können" (Schubring 1989, 19). Erst am 22. Mai 1839 wurde Karl Weierstraß erneut, und zwar vom damaligen Rektor Schlüter persönlich *praescripto modo* immatrikuliert unter Vorlage des „Abgangszeugnis d[er] Univ[erstität] Bonn vom 11. März 1839 u[nd] Abit[ur] P[rüfungs] Attest von Paderborn v[om] 23. Aug[ust] 1834 №I" (Matrikelbuch der Königlichen Akademie Münster, 1833–1867, №552). Diese Immatrikulation ist der letzte Eintrag vom Sommersemester 1839 im Matrikelbuch – Gudermann hatte seine Vorlesungen bereits am 29. April aufgenommen. Nach den „Disciplinar-Gesetzen für die Königlich Preußische Academie zu Münster" von 1836 war der „letzte Immatrikulations-Termin" eigentlich „vierzehn Tage nach dem Anfange der Vorlesungen".

Karl hörte in jedem seiner zwei Studiensemester in Münster je zwei Vorlesungen, und zwar alle bei Gudermann. In allen diesen vier Vorlesungen war Weierstraß einziger Hörer. Im Wintersemester 1838/39 las Gudermann insgesamt 17 Wochenstunden, darunter elliptische Funktionen fünfmal, höhere Sphärik[32] viermal wöchentlich nur für Weierstraß.

---

30 Volljährigkeit trat damals erst mit 25 Jahren ein. Darum war bei der Immatrikulation eine schriftliche Einverständniserklärung des Vaters vorzulegen.

31 Eine Unterkunft bei Karls Patenonkel Carl Vonderforst (1782–1842) war offenbar nicht möglich, denn dieser hatte sein geräumiges Haus am Alten Fischmarkt im Jahre 1835 verkauft (s. Münsterisches Intelligenzblatt Nr. 122 von Samstag, den 10. Oktober 1835, 1016).

32 Elliptische Funktionen und Sphärik waren die Forschungsgebiete von Gudermann.

Dabei waren diese Vorlesungen nicht einmal im Vorlesungsverzeichnis angekündigt (Universitätsarchiv Münster, Bestand 3, Nr. 940). Im Sommersemester 1839 las Gudermann zunächst 13 Wochenstunden, nach den Pfingstferien 8 Wochenstunden, darunter 3 Wochenstunden elliptische Funktionen mit Anwendungen und 2 Wochenstunden Nachträge zur analytischen Sphärik nur für Weierstraß. Von den letzteren beiden Vorlesungen war nur diejenige über elliptische Funktionen im Vorlesungsverzeichnis angekündigt (Universitätsarchiv Münster, Bestand 3, Nr. 941). Dieses außerordentliche Entgegenkommen zeigte Gudermann nicht nur Weierstraß gegenüber, sondern ebenso etlichen anderen Studenten. Zu Recht heißt es daher 1852 im Nekrolog auf Gudermann (Esser 1852, 7):

> „Etenim dici vix potest, quam diligenter et religiose scholas suas habuerit: saepe uni tantum alterive discipulo sublimiorem quandam doctrinae suae partem explicabat, docebat saepe per tres continuas horas sine ulla remissione … Discipulis suis enim vivebat totus....“[33]

Das Studium bei Gudermann war für Weierstraß' weitere wissenschaftliche Entwicklung von prägender Bedeutung: Möglicherweise hat er hier die erste Anregung für den Begriff der *gleichmäßigen Konvergenz* erhalten. Gudermann bemerkte nämlich in seiner Arbeit (Gudermann 1838, 251 f.) = (Gudermann 1844, 119 f.), es sei „ein bemerkenswerter Umstand, daß … die soeben gefundenen Reihen einen im Ganzen gleichen Grad der Convergenz haben". Die gleiche Bezeichnung benutzte Weierstraß später zunächst in seinen Vorlesungen (Dugac 1973, 47, 92, 123 und 136). Nach G. H. Hardy (Hardy 1918) war es allein Weierstraß, der die fundamentale Bedeutung des Begriffs der gleichmäßigen Konvergenz erkannte und nutzbar machte; bereits 1841 oder 1842 war er mit der angemessenen allgemeinen Definition vertraut.

Ferner bemühte sich Gudermann um größtmögliche *Strenge in der Analysis* und arbeitete vielfach mit *Potenzreihen*. Auch Weierstraß stützte sich später beim Aufbau seiner Funktionentheorie maßgeblich auf Potenzreihen. Seine arithmetische Begründung der Analysis ermöglichte ihm eine vorher unerreichte Strenge der Beweisführung.

Gudermann arbeitete bereits 1830 intensiv über *elliptische Funktionen* (Eccarius 1977, 156) und veröffentlichte ab 1835 zahlreiche Arbeiten darüber in Crelle's Journal, von denen er später etliche in Buchform zusammenfasste (Gudermann 1844). Auf allen oben genannten Gebieten sind Gudermanns Beiträge heute weitgehend vergessen, da das Werk seines Schülers Weierstraß das des Lehrers Gudermann in den Schatten stellt. Aber Weierstraß selbst hat seinem Lehrer stets große Verehrung und Dankbarkeit entgegengebracht und bei mehreren Gelegenheiten[34] dessen Leistungen nachdrücklich gewürdigt.

Wilhelm Weierstraß bemühte sich derweil, eine andere nicht kautionspflichtige Stelle zu erhalten, und er hatte im November 1839 zumindest teilweise Erfolg: Er konnte im We-

---

33 Und in der Tat lässt sich kaum in Worte fassen, wie sorgfältig und gewissenhaft er seine Vorlesungen hielt: Oft erklärte er nur einem oder zwei Schülern einen höheren Teil seiner Wissenschaft, unterrichtete oft drei Stunden ununterbrochen ohne irgendeine Pause … In der Tat, er lebte ganz für seine Schüler....

34 So z. B. bei seiner Anmeldung zum Staatsexamen (Killing 1897, 713), beim Antritt seiner Stelle in Deutsch-Krone (Jahresbericht 1843, 23), beim Antritt seiner Stelle in Braunsberg (Jahresbericht 1849, 30), bei seiner Antrittsrede aus Anlass der Aufnahme in die Berliner Akademie (Weierstraß 1894, 224) und in seinen Dankesreden bei den Feiern zu seinem 70. (Bölling 1994b, 16) und 80. Geburtstag (Mittag-Leffler 1923a, 18).

ge eines Ämtertauschs die ungeliebte Kassenführung in Paderborn gegen die Stelle eines „Salzfactors" und „Administrators des Landesherrlichen Anteils an der Saline zu Westernkotten" eintauschen. Der Tausch war mit einer Verringerung der Kaution auf 2000 Rth. verbunden (Archiv Schloss Vornholz, Bestand B, Nr. 2774); (Acta Westernkotten, Dienstanweisung); (Acta Westernkotten, Personal). In einem Brief an die Freifrau Huberta von Nagel-Doornick vom 20. März 1840 musste Wilhelm Weierstraß dennoch erneut bitten, die ratenweise Tilgung der Amtskaution bis zum Jahre 1842 auszusetzen, denn er „habe 5 erwachsene Kinder, wovon noch kein einziges versorgt ist" (Archiv Schloss Vornholz, Bestand B, Nr. 2774). Im Februar 1840 zog die Familie Weierstraß um nach Westernkotten (heutiger Name: Bad Westernkotten).

1.5 Staatsexamen und Probezeit in Münster

Im Wintersemester 1839/40 besuchte Weierstraß keine Vorlesungen mehr; vermutlich nutzte er die Zeit zur Vorbereitung auf das Staatsexamen. Am 13. Februar 1840 wurde er in Münster exmatrikuliert, und am 29. Februar 1840 meldete er sich von Westernkotten aus zur Staatsprüfung[35] für das Lehramt an Gymnasien an. Um die Zulassung zu erhalten, legte er in einem längeren Begleitschreiben die Gründe für seinen irregulären Studienverlauf[36] dar. Darin heißt es: „Als ich Bonn verließ, glaubte ich wohl, manches gelernt und mir angeeignet zu haben; aber ich konnte mich nicht darüber täuschen, wie gar manches mir noch abging; erst nachdem ich ein halbes Jahr zu Hause zugebracht hatte, war es mir vergönnt, in Münster unter günstigen Umständen, ungestört von äußeren Einflüssen und ein festes Ziel im Auge behaltend, meine Studien fortzusetzen, und ich hoffe, diese Zeit nach bestem Vermögen benutzt zu haben. Gern würde ich noch längere Zeit auf meine weitere Ausbildung verwenden, ehe ich mich zur Prüfung meldete; aber einerseits gestatten dies die Umstände nicht wohl, und dann ermuntert mich auch die Versicherung meines verehrten Lehrers, des Herrn Professors Gudermann, daß ich wohl fähig sei, das Examen zu bestehen, schon jetzt auf Zulassung zu demselben anzutragen" (Killing 1897, 713).

Am 2. Mai 1840 wurden Weierstraß von der Wissenschaftlichen Prüfungskommission in Münster die Themen der schriftlichen Hausarbeiten mitgeteilt, nachdem die zuständige Ministerial-Kommission in Berlin die Zulassung erteilt hatte. Die lange Dauer des Zulassungsverfahrens lässt vermuten, dass man in diesem ungewöhnlichen Fall die Zulassung besonders sorgfältig prüfte und sich auf eine ausnehmend umfangreiche Anforderung von Prüfungsleistungen einigte. Die genaue Liste der Prüfungsaufgaben wird von Mittag-Leffler (Mittag-Leffler 1923a, 20 f.) reproduziert; vgl. auch (Killing 1897, 710). Weierstraß musste drei schriftliche mathematische Arbeiten vorlegen. Das Thema der wichtigsten dieser Arbeiten lautete: „Über die Entwicklung der Modular-Functionen". Gudermann bemerkte dazu, dass diese „Aufgabe... im allgemeinen für einen jungen Analytiker viel

---

35 Damals gab es noch kein zweites Staatsexamen, sondern der Direktor des Gymnasiums stellte für den Schulamts-Kandidaten ein Zeugnis über das abgehaltene Probejahr aus.

36 Bis auf Einleitung und Schluss ist das Schreiben in voller Länge abgedruckt in (Killing 1897, 712 f.)

zu schwierig" sei und „dem Kand[idaten] nur auf dessen ausdrücklichen Antrag mit Bewilligung der Kommission gestellt worden" sei. Die im Sommer 1840 in Westernkotten angefertigte Arbeit stellte einen bedeutenden Fortschritt in der Theorie der elliptischen Funktionen dar und war der Ausgangspunkt für Weierstraß' spätere tiefgreifende Umgestaltung des Gebiets, die bis auf den heutigen Tag Bestand hat (Koenigsberger 1917); (Weierstraß 1915a); (Weierstraß 1915b); (Weierstraß 1893). Entsprechend begeistert war Gudermanns Gutachten, das mehrfach in leicht voneinander abweichenden Versionen (aber nicht im Original) überliefert worden ist (Ahrens 1916); (Killing 1897, 711); (Lampe 1915, 423); (Lorey 1915, 601 f.); (Mittag-Leffler 1923a, 21 f.); (Sturm 1910). Das Gutachten gipfelt in den Worten: „Der Candidat tritt somit ebenbürtig mit in die Reihe der ruhmgekrönten Erfinder …. Für ihn selbst und die Wissenschaft ist es aber gar nicht zu wünschen, daß er Gymnasiallehrer werde, sondern daß günstige Umstände es dereinst ihm gestatten möchten als akademischer Docent zu fungieren." (Zitat nach der Fotokopie in (Ullrich 1997).)

Warum wurde diese hervorragende Arbeit nicht gleich als Dissertation eingereicht? Der Grund ist rein formal-rechtlicher Art. Im Jahr 1841 hatte die „Akademische Lehranstalt" in Münster noch kein Promotionsrecht im Fach Mathematik. Erst nach neuer Festlegung der Statuten und der Umbenennung in „Königliche Theologische und Philosophische Akademie" erhielt die Einrichtung 1844 auch für das Fach Mathematik das Promotionsrecht – zu spät für Weierstraß. Wie Weierstraß selbst im ersten Band seiner Mathematischen Werke (Weierstraß 1894, 50) schreibt, sollte die Arbeit gedruckt werden, doch sei dies „aus Gründen, auf die ich hier nicht näher eingehen mag, unterblieben". Damit wurde eine gute Gelegenheit versäumt, Weierstraß' Namen frühzeitig in Fachkreisen bekannt zu machen. Die Arbeit wurde 1856 zum Teil in Weierstraß' Arbeit „Zur Theorie der Abel'schen Functionen" aufgenommen, siehe Crelle's Journal 52 (1856), 285–380 und (Weierstraß 1894, 297–355 und Anm., 356). Sie wurde aber erst 1894 im ersten Band von Weierstraß' Werken in vollem Umfang veröffentlicht (Weierstraß 1894, 1–49). Außer dieser Hausarbeit hatte Weierstraß noch zwei weitere mathematische Themen zu bearbeiten, und zwar eine Aufgabe aus der elementaren Geometrie und eine aus der höheren Mechanik. Zusätzlich musste er eine pädagogische Arbeit abliefern und zwei philologisch-historische Themen in lateinischer Sprache abhandeln. Der Gesamtumfang der verlangten schriftlichen Hausarbeiten war damit erheblich größer als die von der Prüfungsordnung vorgeschriebenen „zwei bis drei" Arbeiten. In Anbetracht dieser vielen schriftlichen Hausarbeiten wird dem Kandidaten kaum ausreichend Zeit für eine gründliche Vorbereitung auf die mündlichen Prüfungen verblieben sein.

Die mündlichen Prüfungen begannen am 23. April 1841 morgens von 8–10 Uhr mit zwei Probelektionen in der Prima des Gymnasiums Paulinum. Anschließend wurde der Kandidat am gleichen Tage von 10–13 Uhr und von 15–20 Uhr geprüft und weiter am 24. April 1841 von 15 bis 18 Uhr (Killing 1897, 712). Die Ergebnisse der schriftlichen und mündlichen Prüfungen waren insgesamt durchaus zwiespältig (Schubring 1989): Hervorragende Leistungen in Mathematik, „ganz befriedigende" Kenntnisse in der mathematischen Physik, ein „vorzügliches Lehrtalent" im Probeunterricht, hinreichende Fähigkeiten in Deutsch, Latein und Griechisch mindestens für den Unterricht in den unteren Klassen standen einer weitgehenden Unkenntnis in den Fächern „Chemie und chemische

Physik" und „Naturgeschichte" gegenüber. Da die angestrebte sog. „bedingte facultas docendi"[37] nur bei „*zurücktretender* naturwissenschaftlicher Bildung" hätte zuerkannt werden dürfen, hätte die Prüfungskommission den Kandidaten eigentlich durchfallen lassen
müssen. Zwar hatte man wohl in der Vergangenheit bisweilen über lückenhafte Kenntnisse
in den Naturwissenschaften hinweggesehen oder gar nicht intensiv geprüft, aber im Jahre
1839 waren die Bestimmungen präzisiert und verschärft worden (Schubring 1989, 17).
Daher wandte sich die Prüfungskommission am 15. Mai 1841 unter genauer Darlegung
des Problemfalls an das Ministerium in Berlin mit der Bitte um eine entsprechende Erläu-
terung der Prüfungsordnung und um eine Entscheidung im vorliegenden Fall (Schubring
1989, 27 f.). Das Ministerium entschied am 18. Juni 1841, dass in der Tat „bei strenger
Anwendung der Bestimmungen" dem Kandidaten das Zeugnis der „bedingten facultas
docendi gar nicht erteilt werden" könne. In Anbetracht des außergewöhnlichen speziellen
Falls könne aber „wohl von dem Mangel seiner naturwissenschaftlichen Bildung abgesehen und ihm ausnahmsweise die bedingte facultas docendi in der Art erteilt werden, daß
ihm in der Mathematik und mathematischen Physik der Unterricht auf allen Gymnasial-
Klassen, in der lateinischen, griechischen und deutschen Sprache dagegen nur auf der
unteren Bildungsstufe anvertraut wird" (Schubring 1989, 28). Zusätzlich seien die man-
gelhaften Kenntnisse in den genannten naturwissenschaftlichen Fächern im Zeugnis zu
vermerken.

Bei dieser Sachlage fiel die zusammenfassende Bewertung der Leistungen im Prü-
fungszeugnis verständlicherweise deutlich weniger enthusiastisch aus als Gudermanns
Gutachten über die Staatsexamensarbeit. Man hat daher dem Vorsitzenden der Prüfungskommission in Unkenntnis des genauen Sachverhalts Inkompetenz vorgeworfen, doch
ist der Vorsitzende durch Schubrings Untersuchung (Schubring 1989) zweifelsfrei rehabilitiert. Leider hat Weierstraß den vollständigen Wortlaut von Gudermanns Gutachten
erst 1853 nach Gudermanns Tod (1851) kennengelernt, sonst hätte er wohl eher genügend
Selbstvertrauen entwickelt, seine Ergebnisse zu veröffentlichen.

Nach dem Staatsexamen absolvierte Weierstraß sein Probejahr am Gymnasium Paulinum in Münster vom Herbst 1841 bis zum Herbst 1842. Während dieser Zeit schrieb er
drei Arbeiten über komplexe Analysis, entdeckte den Cauchy'schen Integralsatz erneut,
entdeckte die Laurent-Entwicklung (eher als Laurent), konzipierte die Idee der analytischen Fortsetzung – und publizierte davon nichts. Diese frühen Untersuchungen waren
der Beginn der später berühmten Weierstraßschen Funktionentheorie, aber die Fachwelt
erfuhr nichts davon. Weierstraß selbst dienten diese Untersuchungen lediglich als Vorarbeiten für sein großes Ziel, die Theorie der Abel'schen Funktionen. Die oben genannten
frühen Arbeiten wurden erst über 50 Jahre später im ersten Band der Mathematischen
Werke (Weierstraß 1894) veröffentlicht.

Weierstraß hegte höchste Bewunderung für das Werk Abels. Bereits die Anregung zu
seiner „ersten wichtigeren Aufgabe" in Bonn verdankte er Abel (s. o.), ebenso das Thema
seiner Staatsexamensarbeit (Weierstraß 1894, 1), und Zeit seines Lebens hat er seiner besonderen Wertschätzung für Abel beredten Ausdruck verliehen (Biermann 1966a, 218).

---

37 Die „unbedingte facultas docendi" gab es für Kandidaten mit voller Lehrbefähigung in mehr als einem
    Hauptfach.

Bereits 1842 besaß er sein eigenes Exemplar der 1839 erschienenen ersten Ausgabe von Abels Werken und schrieb Verse aus einer Ode von Klopstock hinein, die man als Leitmotiv für sein eigenes Lebenswerk deuten kann (Rothe 1916); (Biermann 1966a, 218). Kein Wunder, dass Weierstraß später zu den ersten Mathematikern gehörte, die ihren norwegischen Kollegen die Anregung zu einer neuen Ausgabe von Abels Werken gaben, als die erste Ausgabe schon lange vergriffen war (Abel 1881a, I).

Die 75 Schüler der Quarta, der untersten Klasse des Gymnasiums Paulinum, wurden in zwei „Coetus" (Parallelklassen) unterrichtet. Der „Schulamts-Kandidat Weierstraß" unterrichtete in einem Coetus wöchentlich 4 Stunden Mathematik und 4 Stunden Griechisch. Im Sommerhalbjahr 1842 gab er zusätzlich je eine Wochenstunde „Mathematische Geographie" in Ober- und Untersekunda (Jahresbericht 1842).

Nach seinem blamablen Versagen in der naturwissenschaftlichen mündlichen Prüfung im Staatsexamen bemühte Weierstraß sich seine diesbezüglichen Lücken zu füllen. Daher besuchte er im Wintersemester 1841/42 die Vorlesungen von Franz Caspar Becks (1805–1847), der ihn im Staatsexamen geprüft hatte. Becks hatte die Professur für Naturgeschichte an der Akademischen Lehranstalt in Münster inne und erteilte zusätzlich auch Unterricht in Naturgeschichte am Gymnasium Paulinum (Jahresbericht 1842). Weierstraß besuchte Becks' Vorlesungen über „Geognosie[38], Versteinerungen und Feuerberge" und „Zoologie und vergleichende Anatomie". Im Hörerverzeichnis beider Vorlesungen (Universitätsarchiv Münster, Bestand 3, Nr. 946) sind außer dem Teilnehmer „Weierstraß, Schulamts-Candidat aus Westernkotten" auch aufgeführt Hermann Heilermann aus Waltrop und Bern[h]ard Féaux aus Münster. Hermann Heilermann (1820–1899) studierte auch Mathematik bei Gudermann, stand offenbar mit Weierstraß im Meinungsaustausch, tauschte Bücher mit ihm und teilte ihm später, als Weierstraß bereits in Berlin eine angemessene Wirkungsstätte gefunden hatte, brieflich mit, welch hohe Wertschätzung Gudermann schon 1842 nach Weierstraß' Abschied aus Münster öffentlich ausgesprochen hatte: „unser verehrter Lehrer Gudermann [sagte]: ‚In Zeit von wenigen Jahren wird der Herr Weierstraß Professor der Mathematik an einer der ersten Universitäten Deutschlands sein.' In Bezug auf die Zeit hat sich freilich Gudermann geirrt." (Schubring 1998, 426 f.) Auch diese Bewertung Gudermanns wurde Weierstraß erst zu spät bekannt, als dass er daraus frühzeitig hätte Mut schöpfen können, mit seinen Arbeiten an die Öffentlichkeit zu treten. Wie er 1884 an Hermann Amandus Schwarz (1843–1921) schrieb, hätte er seine Staatsexamensarbeit veröffentlicht und vielleicht früher einen Platz an einer Universität erhalten, wenn er Gudermanns Meinung beizeiten gekannt hätte (Biermann 1966b, 41). – Der oben genannte Bernhard Joseph Féaux de Lacroix (1821–1879) war der erste Student, der an der Königlichen Theologischen und Philosophischen Akademie zu Münster im Fach Mathematik promoviert wurde (Féaux de Lacroix 1844); (Ullrich 2007). Er wurde ein hoch angesehener Lehrer und trat als Verfasser zahlreicher viel benutzter Schulbücher hervor.

Nach Karls Staatsexamen hatte die Familie Weierstraß zunächst noch keine finanzielle Entlastung, denn der Staat zahlte Lehramtsanwärtern keinen Beitrag zum Unterhalt, und die Väter mussten während des Probejahrs für einen standesgemäßen Unterhalt ihrer

---

38   Geognosie = Geologie

Söhne sorgen. So musste Wilhelm Weierstraß in einem an Huberta Freifrau von Nagel-Doornick gerichteten Brief vom 16. November 1841 erneut um eine Ermäßigung der Tilgungsraten seiner Amtskaution bitten, „weil noch kein einziges meiner sämmtlich erwachsenen 5 Kinder versorgt ist. Meine beiden Söhne, welche sich dem Lehramt gewidmet haben, sind in Münster; der ältere hat eben sein Probejahr angetreten, der zweite wird erst künftigen Herbst mit seinen academischen Studien fertig. Eine meiner Töchter,[39] welche ebenfalls Talent und Neigung zum Lehrfach hat, habe ich zu ihrer fernern Ausbildung diesen Herbst in das Institut der Fräulein Költgen[40] zu Münster geschickt, worin sie, wenn ich es möglich machen kann, zwei Jahre bleiben soll, um alsdann sich examinieren lassen, und entweder als Lehrerin an einer höhern Töchterschule oder als Gouvernante bestehen und ihren Unterhalt erwerben zu können. Nur bei der größten Sparsamkeit ist es mir bisher möglich gewesen, so viel, als geschehen, an die Erziehung und Ausbildung meiner Kinder zu wenden, und es würde mir sehr schmerzlich sein, wenn ich verhindert wäre, denselben wenigstens noch für ein Paar Jahre dieselbe Fürsorge zu widmen." Es spricht für die fortschrittlichen Ansichten von Wilhelm Weierstraß über Erziehung und Ausbildung, dass er auch seinen Töchtern eine durchaus kostspielige Ausbildung ermöglichen wollte.

1.6 Tätigkeit als Gymnasiallehrer in Deutsch-Krone

Gleich nach Beendigung seines Probejahres wurde Karl Weierstraß laut „Verfügung des Königlichen Ministerii der Geistlichen-, Unterrichts- und Medicinal-Angelegenheiten vom 20. September 1842 mit der Ertheilung des mathematischen und physicalischen Unterrichts" (Jahresbericht 1843, 23) am Progymnasium[41] zu Deutsch-Krone[42] (heute poln. Wałcz) im vormaligen Westpreußen beauftragt. Dort war im Zuge des allmählichen Aus-

---

39 Es ist unklar, ob es sich um die 1818 geborene und schon 1843 gestorbene Tochter Pauline oder um die 1823 geborene Tochter Klara handelt, die 1853 am Költgenschen Institut ihre Prüfung ablegte.

40 Das „Institut der Fräulein Költgen" war eine Vorläufer-Institution des heutigen Annette-von-Droste-Hülshoff-Gymnasiums.

41 Das Progymnasium in Deutsch-Krone ging zurück auf eine von Jesuiten gegründete Lateinschule. Nachdem die zuvor als Gymnasium geführte Schule durch die napoleonischen Kriege schwer in Mitleidenschaft gezogen worden war, wurde sie 1823 als Progymnasium, d. h. als planmäßige Vorbereitungsschule für den Besuch der oberen Klassen eines Gymnasiums, neu konstituiert. Bei Weierstraß' Dienstantritt hatte die Schule 5 Klassen, welche die Namen „Quinta, Quarta, Tertia, Secunda, Prima" trugen. Insgesamt gab es nur 109 Schüler. Die oberen Klassen entsprachen in etwa den mittleren Klassen eines voll ausgebauten Gymnasiums. Im Zuge des planmäßigen Ausbaus des Progymnasiums setzte man sich zunächst zum Ziel, die Absolventen für den Eintritt in die Obersekunda oder Prima eines voll ausgebauten Gymnasiums vorzubereiten. Dieses Ziel wurde mit der Anstellung des „der Mathematik und Physik kundigen" Lehrers Weierstraß im Herbst 1842 erreicht. Daher wurden die Namen der Klassen des Progymnasiums ein Jahr später den am Gymnasium üblichen Benennungen angepasst. Fortan gab es die 5 Klassen „Sexta, Quinta, ..., Secunda". – Auch Peter Weierstraß erhielt nach dem Staatsexamen in Münster, dem Probejahr am Progymnasium in Rheine (1844/45), zweijähriger Vertretung eines „Ordinarius" (= Klassenlehrers) in Rheine und mehrjähriger Tätigkeit als „Hülfslehrer" am Gymnasium Nepomuceianum in Coesfeld (ab Oktober 1847) eine Anstellung am Progymnasium in Deutsch-Krone, und zwar zunächst ab 1850 als Kandidat des höheren Schulamtes und Hilfslehrer, danach ab Oktober 1851 als fest angestellter Gymnasiallehrer. Nach Erhebung des Progymnasiums zum Vollgymnasium (1855) wurde er ab September 1860 Oberlehrer, erhielt später den Professorentitel und blieb bis zum Eintritt in den Ruhestand am Gymnasium tätig.

42 Der Name „Krone", auch „Crone", „Cron" oder „Crona", wird gedeutet als Abwandlung von „Kraina", was „Land" oder „Grenzstreifen" bedeutet.

baus der Schule eine sechste Lehrerstelle für Mathematik und Physik neu gegründet worden, und der „Candidat" Weierstraß durfte seiner „definitiven Anstellung" entgegensehen. Weierstraß traf am 30. Oktober 1842 in Deutsch-Krone ein und übernahm sofort in den oberen Klassen den Unterricht in Mathematik, Physik und Geographie, ferner in den unteren Klassen in Naturgeschichte (Botanik und Zoologie), Deutsch (Lesen) und für kurze Zeit auch in „Zeichnen nach Vorlegeblättern und Schönschreiben" (Jahresbericht 1843). Hermann Amandus Schwarz kolportierte in seiner Rede beim Weierstraßkommers des Berliner Mathematischen Vereins am 31. Oktober 1895 das Gerücht, dass der spezielle Buchstabe $\wp$ für die Weierstraß'sche $\wp$-Funktion auf jenen Unterricht im Schönschreiben zurückzuführen sei (Lorey 1915, 602).

Gleich im Jahresbericht 1842/43 (Jahresbericht 1843) stellte Weierstraß sich auch als Wissenschaftler vor und publizierte seine erste gedruckte Arbeit mit dem Titel „Bemerkungen über die analytischen Facultäten" (Weierstraß 1894, 87–103). Die Theorie dieser Funktionen ordnet sich im wesentlichen in den Themenkreis der Gammafunktion ein und wurde damals in etlichen Arbeiten extensiv behandelt, namentlich auch in Arbeiten von Martin Ohm[43] (1792–1872) und Crelle. Dabei waren allerdings Missverständnisse und Widersprüche aufgetreten. Weierstraß hatte Crelle[44] mündlich auf diese Diskrepanzen aufmerksam gemacht, und Crelle hatte Weierstraß zur Publikation seiner „Bemerkungen" angeregt (Weierstraß 1894, 90). Der Aufsatz wurde im August 1843 in Deutsch-Krone geschrieben, und „da die Grenzen dieses Aufsatzes keine grössere Ausführlichkeit gestat[te]ten", behielt der Autor sich vor, „bei einer andern Gelegenheit auf die analytischen Facultäten zurückzukommen" (Weierstraß 1894, 101). Dieses Vorhaben konnte er erst 1854 ausführen.

Obgleich das Thema der „analytischen Fakultäten" damals durchaus zeitgemäß war, wurde Weierstraß' Arbeit von der Fachwelt nicht beachtet. Offenbar hatte kein Fachmann eine Arbeit dieser Qualität im Jahresbericht eines Progymnasiums vermutet; auch wurden nur 220 Exemplare des Jahresberichts nach auswärts versandt. Lediglich in der münsterschen Dissertation von Bernhard Joseph Féaux (Féaux de Lacroix 1844, 8) findet man einen Hinweis auf Weierstraß' Publikation.

Die Arbeitsbedingungen in Deutsch-Krone waren für Weierstraß durchaus bescheiden. Die Schule war finanziell schlecht ausgestattet, erst in den 1830er Jahren konnte mit dem allmählichen Aufbau der Bibliothek und der Sammlungen der Unterrichtsmittel begonnen werden, aber da Weierstraß der erste Lehrer für Mathematik und Physik im Kollegium war, fehlten entsprechende Bücher und die Ausstattung für den Physikunterricht. Ein vom Direktor Franz Heinrich Malkowsky (1803–1870) nachhaltig unterstützter Antrag auf Sondermittel für den Physikunterricht hatte Erfolg. Zusätzlich beantragte der Direktor, der Schule das Crelle'sche Journal zur Verfügung zu stellen, da der Mathematiklehrer Weierstraß dieses notwendig brauche, um die Schüler für die Prima eines voll ausge-

---

43 Martin Ohm, Professor für Mathematik an der Berliner Universität, war ein Bruder des bekannten Physikers Georg Simon Ohm (1787–1854).

44 Es scheint nicht bekannt zu sein, bei welcher Gelegenheit Crelle und Weierstraß dieses Gespräch geführt haben. Da Weierstraß seine Arbeit im August 1843 in Deutsch-Krone vollendete, hätte die Möglichkeit zu einem Zusammentreffen am ehesten im Oktober 1842 bestanden, als Weierstraß zum Dienstantritt nach Deutsch-Krone reiste und in Berlin Station machte.

bauten Gymnasiums vorbereiten zu können. Dieser Antrag wurde abschlägig beschieden, da die vom Ministerium angekauften 20 Exemplare bereits alle anderweitig vergeben seien (Lorey 1916a, 186 f.). Vergessen wurde aber auch dieser Antrag offenbar nicht, denn am 16. Februar 1848 richtete das Provinzial-Schulkollegium zu Königsberg an das Progymnasium zu Deutsch-Krone die „Anfrage, ob das Progymnasium das in Berlin herauskommende Journal der Mathematik von Crelle noch nicht besitze und ob die Mittel der Anstalt die Anschaffung für die Bibliothek gestatte[te]n" (Jahresbericht 1848, 18).[45] – Wissenschaftlichen Meinungsaustausch konnte Weierstraß am Ort in Deutsch-Krone nicht pflegen, und auch einen wissenschaftlichen Briefwechsel konnte er sich angesichts des teuren Portos bei seinem niedrigen Monatsgehalt von zunächst nur 29 Talern nicht leisten.

Vom 10. bis zum 14. August 1843 wurde das Progymnasium einer Schulrevision durch den Königsberger „Königlichen Provinzial-Schulrath" Dr. Lucas unterzogen. Der ausführliche Bericht über den Unterricht des Kandidaten Weierstraß fiel ausgesprochen positiv aus und gipfelte in den Worten (Lorey 1916a, 186): „Obwohl er erst seit drei Vierteljahren an der Anstalt unterrichtet und sehr wenig vorgearbeitet und begründet fand, hat er doch die Schüler für seine Lehrgegenstände gewonnen und einen recht tüchtigen Anfang des Wissens in ihnen zu begründen gewußt. Es wäre sehr zu wünschen, daß seine definitive Anstellung bald erfolgte."

Im (Jahresbericht 1843, 21) wird eine wichtige schulische Neuerung mitgeteilt: „Des Königs Majestät haben … mittelst Allerhöchster Ordre vom 6. Juni c. [= currentis, d. h. des laufenden Jahres 1842] zu bestimmen geruht, daß die Leibesübungen als ein nothwendiger und unentbehrlicher Bestandtheil der männlichen Erziehung förmlich anerkannt und in den Kreis der Volkserziehungsmittel aufgenommen werden." Natürlich war es in einem Kollegium mit fachlich nicht ausgebildeten älteren Lehrern nicht leicht, diese Bestimmung umzusetzen. So schreibt das Königsberger Provinzialschulkollegium mit Datum vom 16. Juli 1844 an den Minister in Berlin (Lorey 1916a, 186):

> „Weierstraß eignet sich unter den vorhandenen Lehrern in allen Beziehungen durch sein Lebensalter wie durch seine pädagogische Anlage am besten als Turnlehrer. Er hat früher selbst geturnt und ist auch mit den über Einrichtung und Leitung von Turnübungen erschienenen Schriften, namentlich mit ‚Eulers deutscher Turnkunst nach Jahn und Eiselen' bekannt. Er bedarf aber für die weitere Befestigung noch der näheren Anleitung in der gymnastischen Anstalt des dortigen Universitätsfechtlehrers Eiselen, bei welchem er in drei Wochen die nötigen Fertigkeiten sich aneignen zu können glaubt."

Schon am 16. August 1844 bewilligte das Ministerium für Weierstraß einen Reisekostenzuschuss von 70 Talern und gewährte den benötigten Sonderurlaub für die Teilnahme am Kursus für Sportlehrer. Den Aufenthalt in Berlin benutzte Weierstraß auch zu einem Besuch beim Geometer Steiner, dessen Arbeiten in Crelle's Journal er schon als Schüler auf dem Gymnasium Theodorianum gelesen hatte. Steiners Neffe Geiser hat folgende Konversation überliefert (Geiser und Maurer 1901, 329):

---

45 Im Jahre 1848 beschloss das Kultusministerium den ständigen Ankauf von 50 Exemplaren von Crelle's Journal für die Höheren Bildungseinrichtungen Preußens (Eccarius 1976, 235 f.). Es scheint nicht bekannt zu sein, ob das Progymnasium in Deutsch-Krone in den Verteilerkreis des Ministeriums einbezogen wurde.

S t e i n e r : „Sie kommen wohl hauptsächlich nach Berlin, um Ohm[43] kennen zu lernen?"

W e i e r s t r a ß : „Nein, ich wollte zu Ihnen und Dirichlet."

S t e i n e r : „Dann haben Sie Grütze im Kopf; wer Grütze hat, kommt zu
Dirichlet und mir, die anderen gehen zu Ohm."

Das Treffen mit Dirichlet kam nicht zustande, weil dieser auf seiner Italienreise ernsthaft
erkrankt war und erst im Frühjahr 1845 nach Berlin zurückkehren konnte. – Ab dem
Frühjahr 1845 wurde dann der Turnunterricht erteilt, und zwar „Mittwochs und Sonn-
abends von 6–8 Uhr Abends unter der regsten Theilnahme aller Schüler", wie es in (Jahresbericht 1845, 18) heißt.

Mit Schreiben vom 18. Oktober 1844 wurde Weierstraß sodann nach zwei Jahren in-
terimistischer Tätigkeit die Lehrerstelle in Deutsch-Krone definitiv übertragen mit einem
Jahresgehalt von 400 Talern. Die mit Karls Anstellung verbundene Verbesserung der finanziellen Lage der Familie hatte zur Folge, dass Wilhelm Weierstraß seine Amtskaution
zumindest einige Jahre lang planmäßig tilgen konnte.

Weierstraß' zweite gedruckte Arbeit „Über die Sokratische Lehrmethode und deren
Anwendbarkeit beim Schul-Unterricht" erschien ebenfalls im Jahresbericht des Progymnasiums Deutsch-Krone (Jahresbericht 1845, 1–11). Es handelt sich um den pädagogischen Aufsatz, den er der Prüfungskommission in Münster im Frühjahr 1841 vorgelegt
hatte. Ursprünglich hatte ein Kollege von Weierstraß eine wissenschaftliche Abhandlung
für den Jahresbericht schreiben wollen, war aber an der Fertigstellung gehindert, so dass
Weierstraß seinen Artikel in der Eile ohne nochmalige Überarbeitung in den Druck geben musste. Der Beitrag wurde später in Weierstraß' Werke (Weierstraß 1903, 315–329)
aufgenommen.

Auch gesellschaftlich war Weierstraß in Deutsch-Krone offenbar integriert. In der Familie eines befreundeten Rechtsanwalts lernte er eine junge Frau kennen und verlobte sich
mit ihr. Aber die Frau setzte eine frühere Beziehung fort, so dass die Verlobung wieder ge-
löst wurde (Dugac 1973, 167 f.). Die damit verbundenen Aufregungen setzen Weierstraß'
Gesundheit so sehr zu, dass er in den Sommerferien 1846, die er bei seiner Familie in
Westernkotten verbrachte, heftig erkrankte und erst in der zweiten Oktoberhälfte seine
Lehrtätigkeit in Deutsch-Krone wieder aufnehmen konnte (Jahresbericht 1847, 21).

Die politische Atmosphäre der Zeit war weitgehend geprägt durch die in Verfolg der
„Karlsbader Beschlüsse" (1819) ergriffenen Maßnahmen zur sogenannten „Demagogen-
verfolgung". Freiheitliche Bestrebungen, erst recht „revolutionäre Umtriebe", waren zu
unterdrücken, Universitäten und höhere Schulen unterlagen strenger Überwachung,
Druckerzeugnisse wurden scharf zensiert. Nach der Julirevolution von 1830 wurden die
Überwachungsmaßnahmen verschärft und in Preußen besonders streng gehandhabt. Mit
ausgesprochenem Vergnügen erzählte Weierstraß daher anlässlich der Feier[46] seines
70. Geburtstags folgende Episode aus seiner Zeit in Deutsch-Krone: Der Zensor der lo-
kalen Zeitung hatte eine Aversion gegen schöngeistige Literatur und delegierte die Kon-
trolle der entsprechenden Seiten an den Lehrer Weierstraß, während er selbst sich auf

---

46   Es ist nicht bekannt, an welchem Tage der mehrtägigen Feierlichkeiten Weierstraß die folgende Geschichte
     zum Besten gab (Bölling 1994b, 16).

die Überwachung der politischen Seiten der Zeitung beschränkte. In jener Zeit erschienen nun die (in Preußen natürlich verbotenen) mitreißenden Freiheitslieder von Georg Herwegh (1817–1875), die als Wegbereiter der Revolution von 1848 eine starke Wirkung entfalteten. Weierstraß machte sich ein Vergnügen daraus, diese Verse unter den Augen seines Zerberus zum Abdruck zu bringen – bis die vorgesetzte Zensurbehörde dem Treiben ein Ende setzte, ohne den wahren Urheber zu belangen (Lampe 1915, 436); (Biermann 1966a, 197).

Auch im heutigen Polen hält man die Erinnerung an Weierstraß' ehemalige Wirkungsstätte wach: Am Gebäude des vormaligen Progymnasiums in Deutsch-Krone wurde eine Gedenktafel für Weierstraß in polnischer Sprache angebracht, die darauf hinweist, dass Weierstraß von 1842 bis 1848 hier unterrichtete.

1.7 Tätigkeit als Gymnasiallehrer in Braunsberg

Karl Weierstraß unterrichtete sechs Jahre lang am Progymnasium zu Deutsch-Krone. Als im Herbst 1848 am „Königlichen Katholischen Gymnasium zu Braunsberg"[47] (heute poln. Braniewo) im Ermland[48] eine Gymnasiallehrerstelle für Mathematik und Physik wiederzubesetzen war, sorgte Dr. Lucas für Weierstraß' Versetzung nach Braunsberg (Schreiben vom 16. September 1848). Dort fand dieser deutlich bessere Arbeitsbedingungen vor als in Deutsch-Krone, hatte aber immer noch gut 20 Stunden Lehrverpflichtung in der Woche und beteiligte sich im Sommerhalbjahr „jeden Mittwoch und Samstag von 5 bis 7 Uhr" am Übungsbetrieb im Turnen (Jahresbericht 1849, 29). Er unterrichtete überwiegend in den oberen Klassen, und zwar fast ausschließlich Mathematik und Physik. Besonders zustatten kamen ihm die relativ gut bestückten Bibliotheken des Gymnasiums, des benachbarten Königlichen Lyceums Hosianum, einer Ausbildungsstätte für katholische Geistliche[49], und des am Ort vorhandenen Königlichen Lehrerseminars. Endlich hatte Weierstraß auch freien Zugang zu den neuesten Ausgaben von Crelle's Journal[45]: „An Geschenken erhielt die Anstalt ... durch die hohen vorgesetzten Behörden ... Crelle, Journal für Mathematik, 36., 37. und 38. Band ..." (Jahresbericht 1849, 32).

---

[47] Zur wechselvollen Geschichte dieser traditionsreichen Bildungsstätte siehe (Wiese 1864, 57–59) und (Rosenberg 1965).

[48] Das Ermland bildete eine katholische Enklave im ansonsten protestantischen Ostpreußen.

[49] In etlichen Lebensbeschreibungen von Weierstraß ist zu lesen, er sei Lehrer am Lyceum Hosianum in Braunsberg gewesen. Das ist falsch: Weierstraß war Lehrer am Katholischen Gymnasium zu Braunsberg. Die Priesterausbildung war in Braunsberg mit dem Katholischen Gymnasium und dem benachbarten Lyceum Hosianum ganz ähnlich organisiert wie in Münster mit dem Gymnasium Paulinum und der Theologischen und Philosophischen Akademie und in Paderborn mit dem Gymnasium Theodorianum und der Philosophisch-Theologischen Lehranstalt. – Die Gefahr einer Verwechslung zwischen dem Katholischen Gymnasium und dem Lyceum Hosianum zu Braunsberg wurde vergrößert durch die 1923 erfolgte Umbenennung des Gymnasiums in „Gymnasium Hosianum", wodurch die Erinnerung an den Gründer, den Humanisten und Kardinal Stanislaus Hosius (1504–1579) hochgehalten werden sollte.

Der Direktor des Gymnasiums, Dr. Ferdinand Schultz[50] (1814–1893), arbeitete selbst wissenschaftlich und ermutigte seine Lehrer, ebenfalls wissenschaftlich zu arbeiten.[51] Gleich nach seinem Amtsantritt in Braunsberg veröffentlichte Weierstraß im „Jahres bericht über das Königliche Katholische Gymnasium zu Braunsberg in dem Schuljahre 1848/49" die Arbeit „Beitrag zur Theorie der Abel'schen Integrale" (Jahresbericht 1849, 3–23); (Weierstraß 1894, 111–131)), vollendet zu „Braunsberg, 17. Juli 1849". In der Einleitung schreibt der Autor: „Ich beschäftige mich seit längerer Zeit mit dieser Theorie und namentlich mit der Hauptaufgabe, die von Jacobi eingeführten umgekehrten Functionen der Abel'schen Integrale erster Art wirklich darzustellen. Es ist mir gelungen, diese Aufgabe vollständig zu lösen ..." Dies also war das Ziel, das Weierstraß in jahrelanger zäher Arbeit in der Isolation konsequent verfolgt hatte. Im Prinzip ähnelte das Problem der „ersten wichtigeren Aufgabe", deren „glückliche Lösung" ihn in Bonn bewogen hatte, sich „fortan ganz der Mathematik zu widmen". Allerdings war das Problem hier ganz wesentlich viel schwieriger. Bei den elliptischen Funktionen handelt es sich um die Umkehrfunktionen von Integralen rationaler Funktionen $R(x, y)$, wobei y die Quadratwurzel aus einem Polynom dritten oder vierten Grades in der Variablen x mit lauter verschiedenen Nullstellen ist. Bei den Abel'schen Funktionen betrachtet man hingegen die Umkehrfunktionen entsprechender Integrale, bei denen Polynome höheren Grades unter dem Wurzelzeichen auftreten („hyperelliptischer Fall"), und wo im „allgemeinen Fall" für y eine beliebige algebraische Funktion von x zugelassen wird (s. hierzu den Beitrag (Ullrich 2015) von Peter Ullrich im vorliegenden Band). Jacobi hatte bereits erkannt und öffentlich gemacht, dass die Umkehrung derartiger Abel'scher Integrale im allgemeinen nicht mit Hilfe meromorpher Funktionen einer Variablen möglich ist. Ferner hatte Jacobi dem Problem eine neue Wendung gegeben, indem er geeignete n-Tupel solcher Integrale mit n variablen oberen Grenzen einführte und das Umkehrproblem (im hyperelliptischen Fall) formulierte als Problem der expliziten Umkehrung einer solchen Funktion von n Variablen. Die Akademien zu Berlin und Paris hatten dieses Problem zum Gegenstand von Preisaufgaben erho-

---

50 Dr. Ferdinand Schultz wurde 1814 in Recklinghausen geboren, wirkte nach seiner Ausbildung zunächst ab 1839 als Gymnasiallehrer in Recklinghausen und Arnsberg, ab 1844 als Oberlehrer in Konitz (ehemals Westpreußen, heute poln. Chojnice) und von 1846 bis 1856 als Direktor des Gymnasiums zu Braunsberg. Im Jahre 1856 wurde er als Direktor an das Gymnasium Paulinum zu Münster versetzt. In den Jahren 1862–1866 war er Abgeordneter im Preußischen Landtag. Im März 1866 wurde er dann als Provinzial-Schulrat in das Provinzial-Schulkollegium zu Münster berufen. Er führte viele Jahre lang den Vorsitz in der wissenschaftlichen Prüfungskommission und erhielt hohe Auszeichnungen für seine verdienstvolle Tätigkeit. Seine Laufbahn ist – neben der vieler anderer bemerkenswerter Persönlichkeiten – ein typisches Beispiel für die engen Beziehungen zwischen Westfalen und dem Ermland in den Jahren 1811–1945. Schultz starb 1893 in Münster.

51 Von 1824 bis 1875 hatten die Lehrer des Gymnasiums zu Braunsberg die Verpflichtung, wissenschaftliche Abhandlungen für den Jahresbericht zu schreiben. – Bei Franz Hipler (Hipler 1879, 274 u. 279 f.) und in der Allgemeinen Deutschen Biographie, Bd. 55 (1909), 11–13 findet sich folgende „kleine Geschichte aus jener Zeit. Die Knaben in Weierstraß' Classe lärmten eines Morgens über die Gebühr, da ihr Lehrer ausgeblieben war. Der Director dadurch aufmerksam gemacht, eilt persönlich in Weierstraß' Wohnung [die sich beim Schulgebäude befand] und findet ihn im durch geschlossene Läden verdunkelten Zimmer bei tief heruntergebrannter Lampe am Schreibtische sitzend. Weierstraß hatte die Nacht durchgearbeitet und den Wechsel von Tag und Nacht nicht bemerkt. Auch der Eintritt des Directors vermochte ihn nicht zu stören. Er könne, erwiderte er, jetzt nicht Schule halten, er sei einer wichtigen Entdeckung auf der Spur und dürfe seine Arbeit nicht verlassen, worauf der Director ihn gewähren ließ."

ben. Daher bedurfte es zur Lösung des Jacobi'schen Umkehrproblems[52] intensiver harter Arbeit, und Weierstraß' Bemühungen war endlich ein entscheidender Durchbruch beschieden. Nach ihrem wissenschaftlichen Wert hätte seine Arbeit größte Aufmerksamkeit erregen müssen. Aber wegen der eingeschränkten Verbreitung des Jahresberichts blieb die erhoffte Aufmerksamkeit aus, da der Artikel die Fachleute nicht erreichte. Das wird deutlich ausgesprochen in Dirichlets Gutachten vom Juni 1855 für die Wiederbesetzung der zuvor von ihm selbst bekleideten Stelle an der Universität Berlin; darin heißt es (Biermann 1959, 60): „H[er]r Weierstraß, dessen seltenes Talent die Mathematiker schon vor 6 Jahren in einem vortrefflichen Schulprogramm [– gemeint ist (Jahresbericht 1849) –] hätten erkennen können, wenn diese Schrift nicht leider ganz unbekannt geblieben wäre, …"

Daher war es Weierstraß' Bestreben, seine Ergebnisse möglichst zeitnah auch in Crelle's Journal der Fachwelt bekannt zu machen. Über seine Situation und seine Absichten unterrichtete er seinen Bruder Peter in einem Brief vom 6. Mai 1850 (Bölling 1994a, 61 f.):

> „… Man hat mich hier schmählich hingehalten. Statt der 580 Thaler, die [ich] als Gehalt bekommen sollte, habe ich 475 erhalten… Jetzt endlich habe ich die Zusicherung, vom 1. Juli an 600 R[eichs]t[ha]l[er] zu bekommen. Darauf aber warte ich nur, um zu machen, daß ich fortkomme. Denn fort von hier muß ich, trotzdem, daß meine dienstlichen Verhältnisse hier ganz befriedigend sind… Aber seit neun Monaten ein fast ununterbrochenes Siechthum – 4mal lebensgefährliche Zufälle – das hat mich hart mitgenommen. Bleibe ich noch lange hier, so geht meine Gesundheit ganz zu Grunde… Seit Jahren habe ich Vieles vorbereitet, um auch als mathem. Schriftsteller mit Erfolg auftreten zu können. Ich habe damit nicht geeilt, weil ich erst zu einem bestimmten Abschluß kommen wollte. Seit einem Jahr habe ich nunmehr das mir zunächst gesteckte Ziel erreicht, und könnte nun mit einer Reihe von Arbeiten auftreten, von denen ich mir sichern Erfolg verspreche, wenn ich zur Redaktion meiner Papiere, die nur für mich verständliche Hieroglyphen en[t]halten, Kraft und Muße finden könnte …"

In der Tat hatten sich Weierstraß' Gesundheitsprobleme bedrohlich verschärft. Dazu könnte auch das schlecht beleumundete Klima an der ostpreußischen Ostseeküste beigetragen haben, das nach zeitgenössischen Äußerungen geprägt war durch „feuchte Kellerluft" und „9 Monate Winter und 3 Monate Mücken" (Ahrens 1907a, 116, Anm. 18). Im Jahresbericht (Jahresbericht 1851, 27) heißt es: „Durch Verfügung vom 21. Dezember pr. [=praeteriti, d. h. des vergangenen Jahres, hier 1850] wurde Herr Gymnasiallehrer Weierstraß wegen Krankheit zunächst auf 12 Wochen, und späterhin durch Ministerial-Reskript vom 1. Mai und Verfügung vom 9. Mai c. [= currentis, d. h. des laufenden Jahres,

---

52 Die folgenden Arbeiten und Bücher sind nur eine Auswahl aus der umfangreichen Literatur über das Jacobi'sche Umkehrproblem: (Forster 1977, §20–21); (Freitag 2014, Chap. VII); (Griffiths 1989, Chap. IV, V); (Jacobi 1882, Arbeiten Nr. 1, 4 und historische Anmerkungen, 516–521); (Jacobi 1895) = deutsche Übersetzung von (Jacobi 1882, Nr. 4); (Jost 1997, Sect. 5.9); (Klein 1979, Teil I, 100–115, 276–295); (Reyssat 1989, Chap. 10–12); (Rosenhain 1895); (Siegel, Kap. 4, 5); (Springer 1957, Sect. 10–8); (Ullrich 1997); (Weierstraß 1902); (Weyl 1955, 121 ff., §18). Insbesondere verweisen wir auf den Beitrag (Ullrich 2015) von Peter Ullrich im vorliegenden Band und auf die Darstellung der Geschichte der Abel'schen Integrale in (Houzel 1985, 496–540).

hier 1851] bis August d[es] J[ahres] beurlaubt. Derselbe verließ Braunsberg am 1. Januar, um zunächst bei den Seinigen der Pflege seiner Gesundheit zu leben und alsdann dem ärztlichen Rathe gemäß zu Kissingen eine Badekur zu gebrauchen." Offenbar musste der Genesungsurlaub verlängert werden, denn im Jahresbericht (Jahresbericht 1852, 30) ist zu lesen: „Herr Gymnasiallehrer Weierstraß, dessen Erkrankung und Beurlaubung bereits im vorjährigen Programme angezeigt worden, trat nach genügend hergestellter Gesundheit um Ostern d[es] J[ahres] [hier: 1852] wieder in Funkzion."

Aber auch diese Mitteilung sollte nicht darüber hinwegtäuschen, dass Weierstraß weitere drei Jahre lang gesundheitlich nur sehr eingeschränkt in der Lage war, wissenschaftlich konzentriert zu arbeiten (Biermann 1966b, 42). Seine Krankheit äußerte sich in quälenden, langen Schwindelanfällen, die erst nach heftigem Erbrechen zurückgingen und den Patienten arbeitsunfähig machten. Dirichlet (Biermann 1965, 312) führt aus, dass „der Gesundheitszustand des H[errn] Weierstraß leider großer Schonung bedarf...", und er fährt fort: „H[err] Weierstraß leidet, wie ich von ihm erfahren habe, nicht selten an Anfällen von Gehirnkrampf, die ihn, so oft sie eintreten, für kürzere Zeit zu jeder geistigen Anstrengung unfähig machen."

Als Gudermann 1851 starb, zog man in Münster auch Weierstraß als Nachfolger in Betracht und bat Plücker in Bonn um seine Meinung dazu. Aber Plücker antwortete nur (wahrheitsgemäß): „Weierstraß ist mir unbekannt, sogar dem Namen nach." (Schubring 1989, 22) Somit zerschlug sich diese Möglichkeit, noch ehe sie ernsthaft diskutiert werden konnte. Es ist nicht bekannt, ob Weierstraß etwas davon mitbekommen hatte, dass er in Münster in Betracht gezogen worden war. Wie dem auch sei – als er 1853 seine Sommerferien im Kreise der Familie in Westernkotten verbrachte, war er entschlossen, endlich seine Ergebnisse über Abel'sche Funktionen für eine Publikation aufzuschreiben. Seine fragile Gesundheit erlaubte ihm nur kurze Zeitabschnitte angestrengter geistiger Arbeit, und er musste sich auf eine „kurze Übersicht" (ohne ausführliche Beweise) seiner Resultate beschränken. Wilhelm Weierstraß hat in seinem schon in Abschnitt 1.1 erwähnten Brief vom 13. Oktober 1853 an seinen Sohn Peter beschrieben, wie dieser Aufenthalt aus der Sicht der Familie verlief: „... Karl ist am 7. August[53] gekommen, und am 10. September wieder abgereiset, er ist während der Ferien mit Klärchen 8 Tage nach Münster gewesen, wo letztere ihr Examen[54] gemacht hat, und außerdem war er 3 Tage nach Arnsberg.[55] Nebenbei hat er wirklich viel gearbeitet und wenigstens 2 Buch[56] Papier verschrieben..." Da Karl Weierstraß sich bekanntermaßen das vollständige Gudermannsche Gutachten über seine Staatsexamensarbeit im Jahre 1853 kopierte, kann man mit einiger Sicherheit davon ausgehen, dass er in der oben genannten Prüfungswoche seiner Schwester Klara die Ge-

---

53   Die zunächst eingetragene Datumsangabe „9." ist durchgestrichen.
54   Klara Weierstraß legte damals am Költgenschen Institut in Münster ihr Examen ab. Am 21. April 1854 schrieb Wilhelm Weierstraß an Peter „die Nachricht, daß Klärchen vom 1. Mai ab als Gouvernante bei 2 Mädchen zu Namür in Belgien mit 800 Francs Salair und freier Station incl. Wäsche, Reisekosten und 1 Monat Vacanz angestellt ist ... Vorher war sie als deutsche Lehrerin in einem belgischen Institute zu Limbourg mit 300 Francs einige Zeit." (Archiv Institut Mittag-Leffler).
55   Der Zweck der Reise nach Arnsberg ist anscheinend nicht bekannt.
56   Im deutschen Papierhandel war ein Buch damals eine Lage von 24 Bogen Schreib- oder 25 Bogen Druckpapier. Der beidseitig bedruckte (Druck-)Bogen bestand aus 8 Quart- oder 16 Oktavbuchseiten.

legenheit zur Akteneinsicht nutzte.[57] Der Wortlaut des Gutachtens dürfte ihn zusätzlich motiviert haben, seine Ergebnisse endlich zu Papier zu bringen. Die Arbeit trägt den Titel „Zur Theorie der Abel'schen Functionen"; sie schließt mit der Angabe „Saline Westernkotten in Westfalen, 11. September 1853".[58] [59]

Weierstraß' Ergebnisbericht erschien in Crelle's Journal 47 (1854), 289–306. Der Erfolg war überwältigend: Carl Wilhelm Borchardt (1817–1880), seinerzeit Dozent in Berlin und ab 1856 Herausgeber von Crelle's Journal, eilte nach Braunsberg, um Weierstraß persönlich kennenzulernen, und die beiden wurden enge Freunde (Lampe 1899, 29).[60] Während der zurückliegenden 12-jährigen Tätigkeit als Gymnasiallehrer hatte Weierstraß keine Möglichkeit zu persönlichem intensivem wissenschaftlichem Meinungsaustausch gehabt. Nun gab ihm Borchardts Besuch dazu erstmals wieder die Gelegenheit, und Weierstraß freute sich außerordentlich darüber.

Der größte Erfolg der Arbeit ist noch eindrucksvoller: Friedrich Richelot (1808–1875), Jacobis Nachfolger in Königsberg ab 1844, trat mit Weierstraß in Briefwechsel (Schubert 1897, 229) und reiste als Leiter einer Delegation der Universität Königsberg zum nahe gelegenen Braunsberg, um Weierstraß die Ehrendoktorwürde zu überbringen. Der Direktor des Gymnasiums organisierte ein Festessen, und bei dieser Gelegenheit tat Richelot den oft zitierten denkwürdigen Ausspruch (Killing 1897, 718); (Lampe 1915, 425); (Mittag-Leffler 1923a, 51): „Wir alle haben in Herrn Weierstraß unseren Meister gefunden." Diese ganz außergewöhnliche Ehrung wurde Weierstraß am 31. März 1854 zuteil – gerade mal ein halbes Jahr nach Fertigstellung des Manuskripts der Arbeit(!). Der Erfolg muss Weierstraß beflügelt haben, denn schon am 20. Mai 1854 vollendete er das Manuskript der ausführlichen Version seiner Arbeit „Über die Theorie der analytischen Facultäten", erschienen in Crelle's Journal 51 (1856), 1–60 = (Weierstraß 1894, 153–221).

---

57 Weierstraß' eigenhändige Abschrift von Gudermanns Aufgabenstellung und „Beurtheilung der gelieferten Arbeiten" wird im Archiv des Instituts Mittag-Leffler aufbewahrt. Eine Kopie dieser Abschrift ist in (Ullrich 1997) reproduziert.

58 Weierstraß schloss das Manuskript also unmittelbar vor seiner Rückreise nach Braunsberg ab. Es scheint nicht bekannt zu sein, ob er das Manuskript bei seinem Zwischenaufenthalt in Berlin evtl. persönlich bei Crelle einreichte.

59 Noch aus einem ganz anderen Grund ist Weierstraß' Aufenthalt im Sommer 1853 in Westernkotten bemerkenswert: Wilhelm Weierstraß hatte Ende 1849 durch Tilgungszahlungen das Kapital seiner Amtskaution in seinen Besitz gebracht und schrieb im oben zitierten Brief vom 13. Oktober an seinen Sohn Peter:

> „Bei Karls Anwesenheit haben Mutter und ich mit demselben unsere letztwillige Verfügung in Form eines Erbvertrags verabredet, dessen Haupt-Stück darin besteht, daß wir beiderseits wünschen, es möge Deinen beiden Schwestern mein Kautions-Kapital von 2000 Rth. vorab vererbt und gesichert, und der Rest zu gleichen Theilen vertheilt werden, und damit dieserhalb nach unserm Absterben keine Zweifel und Streitigkeiten entstehen haben wir für angemessen erachtet, euch beide Söhne zu bewegen, eure Zustimmung zu jener Bestimmung zu geben.
>
> Karl hat bei seiner Anwesenheit dies schriftlich gethan, und Dich ersuche ich, gleichfalls, mir die Deinige auf einen besondern halben Bogen geschrieben, baldigst zukommen zu lassen."

60 Nur mit Borchardt und später mit seiner Schülerin Sofja Kowalewskaja (1850–1891) hat Weierstraß sich geduzt. Nach Borchardts Tod sorgte Weierstraß gegen den Widerstand Kroneckers für die Edition der mathematischen Werke Borchardts durch die Preußische Akademie der Wissenschaften. Ferner übernahm er die Vormundschaft über Borchardts 6 Kinder, unterstützte Frau Borchardt bei der Verwaltung ihres bedeutenden Vermögens (Bölling 1993, 237–239) und half ihr in einer delikaten Angelegenheit (Biermann und Schubring 1996).

Die Anerkennung seitens des Ministeriums ließ nicht lange auf sich warten: Schon vor der Ernennung zum Ehrendoktor der Universität Königsberg hatte Direktor Schultz sich um den Titel eines Oberlehrers für Weierstraß bemüht. Nach der Ehrenpromotion unterstützte auch das Provinzialschulkollegium zu Königsberg den Antrag (Lorey 1916a, 187). Am 30. Juni 1854 wurde daraufhin Weierstraß zum Oberlehrer befördert.[61]

Weierstraß' Abhandlung stieß auch in Frankreich auf lebhaftes Interesse, wie aus den folgenden Zeilen aus Dirichlets Gutachten vom 19. Mai 1855 über Weierstraß hervorgeht (Biermann 1965, 311): „Denselben Eindruck, welchen die Abhandlung auf mich gemacht hat und den mein persönlicher Verkehr mit H[errn] Weierstraß noch verstärkt hat, hat sie auch bei anderen Fachgenossen hervorgebracht, von welchen ich namentlich H[errn] [Joseph] Liouville [(1809–1882)] anführe, der unstreitig unter allen jetzt lebenden französischen Mathematikern die umfassendste Kenntniß der mathematischen Literatur besitzt. H[err] Liouville hat nicht nur die Arbeit des H[errn] Weierstraß in einer auf seine Veranlassung von H[errn] Dr. [Franz] Woepcke [(1826–1864)] gemachten französischen Übersetzung in die von ihm herausgegebene Zeitschrift [*Journal de mathématiques pures et appliquées*] aufgenommen, sondern hat auch vorigen Herbst [1854] während meiner Anwesenheit in Toul, wo ich ihn besuchte, H[errn] Weierstraß seine Anerkennung in den wärmsten Ausdrücken brieflich ausgesprochen."

Zweifellos bestärkte der Erfolg seiner Arbeit „Zur Theorie der Abel'schen Functionen" Weierstraß in seinem Bestreben Braunsberg zu verlassen. Dabei wurde das Terrain für ihn durch Crelles Fürsprache vorbreitet: Mit Datum vom 27. November 1854 reichte Crelle turnusmäßig seinen Antrag auf finanzielle Unterstützung seines Journals beim Kultusministerium ein. Wie schon in früheren Anträgen benutzte er auch diese Gelegenheit, auf vielversprechende Talente aufmerksam zu machen, die hervorragende Beiträge zu seinem Journal geliefert hatten. Seine Ausführungen zu Weierstraß zeugen von Crelles sicherem Gespür für hervorragende Forschung (Biermann 1960b, 219): „Besonders zeigen sich in den Arbeiten des Herrn Weierstraß, der jetzt bei dem Gymnasio zu Braunsberg in Ostpreußen als Oberlehrer angestellt ist, wie es auch sofort anerkannt wurde, so tief eindringende mathematische Einsichten und eine solche Begabung zu Forschungen, die mit Erfolg die Wissenschaften erweitern, daß er gleichsam die Reihe der berühmten zu früh dahingeschiedenen Forscher Abel, Jacobi und Eisenstein[62] fortsetzt, und gewiß noch Vieles, sehr Bedeutendes liefern würde, wenn er mit seinem seltenen Talent in eine Stellung kommen sollte, wo er sich weniger entfernt vom litterarischen Verkehr befände und in welcher das Unterrichtgeben ihm mehr Muße zu seinen Forschungen übrig ließe…"

Am 4. Januar 1855 wiederholte Crelle in einer weiteren Eingabe an den Minister mit großem Nachdruck sein Eintreten für Weierstraß (Biermann 1966b, 44 f.). Daraufhin bat

---

61 Mit erkennbarem Stolz wurde anschließend in (Jahresbericht 1854, 25) mitgeteilt: „Der Lehrer der Mathematik Herr K a r l W e i e r s t r a ß wurde von der philosophischen Fakultät der Universität zu Königsberg unter dem 31. März c[urrentis] ‚i n A n e r k e n n u n g s e i n e r a u s g e z e i c h n e t e n E n t-
d e c k u n g e n i n d e r T h e o r i e d e r A b e l s c h e n F u n k z i o n e n' *honoris causa* zum Doktor der Philosophie ernannt. Demselben wurde durch Reskript S[eine]r Exzellenz des Herrn Ministers der Geistlichen und Unterrichts-Angelegenheiten vom 30. Juni c[urrentis] das Prädikat ‚Oberlehrer' beigelegt."

62 Im Hinweis auf die krankheitsbedingt früh verstorbenen Abel, Jacobi und Eisenstein kann man eine indirekte Aufforderung Crelles an das Ministerium erkennen, etwas für Weierstraß zu tun, da dessen Gesundheitsprobleme dem Ministerium bekannt waren.

Johannes Schulze (1786–1869), Direktor der Unterrichtsabteilung und Wirklicher Geheimer Oberregierungsrat im Preußischen Kultusministerium, Dirichlet um ein Gutachten über Weierstraß' wissenschaftliche Arbeiten. Aber noch bevor Dirichlets meisterliches Gutachten (Biermann 1965) vom 19. Mai 1855 einging, ergriff Weierstraß selbst die Initiative, schrieb am 1. Februar 1855 an den Minister Karl Otto von Raumer (1805–1859), wies auf die überaus positive Resonanz hin, die seine Arbeiten gefunden hatten, fügte die entsprechenden Sonderdrucke bei und bat unter Hinweis auf seinen labilen Gesundheitszustand entweder um Einweisung in eine Stelle, in der ihm mehr Zeit für seine wissenschaftlichen Arbeiten zur Verfügung stünde, oder aber um einen Urlaub von sechs bis neun Monaten zur Wiederherstellung seiner Gesundheit und zum Abschluss einer bereits weit vorangeschrittenen Arbeit (Biermann 1966b, 45); (Lorey 1916a, 187). Dem Schreiben beigefügt war eine Stellungnahme des Braunsberger Gymnasialdirektors Schultz vom 3. Februar 1855. Dieser wies ebenfalls auf Weierstraß' wissenschaftliche Leistungen hin und empfahl einen Einsatz als akademischer Lehrer.[63] In dieser Ansicht wurde Schultz vom Provinzialschulkollegium unterstützt. Weierstraß wandte sich mit seinem Anliegen am 27. März 1855 erneut an das Ministerium, diesmal an Johannes Schulze, der ihn bei Weierstraß' Besuch in Berlin (um Ostern 1855) seiner Unterstützung versicherte (Biermann 1966b, 46). (Ein Auszug aus dem Brief an Schulze ist im Abschnitt „Befinden leidlich" des Beitrags (Bölling 2015) von Reinhard Bölling enthalten.) Bei diesem Berlin-Besuch lernte Weierstraß auch Dirichlet kennen, der daraufhin am 19. Mai 1855 sein Gutachten erstattete (Biermann 1965). Aber bereits vor Eingang dieses Gutachtens wurde Weierstraß' Antrag genehmigt (Jahresbericht 1855, 33): „Durch Reskript S[eine]r Exzellenz des Ministers der Geistlichen und Unterrichts-Angelegenheiten Herrn v. Raumer vom 19. April c[urrentis (hier 1855)] wurde dem Herrn Oberlehrer Dr. Weierstraß zur Vollendung eines bereits begonnenen wissenschaftlichen Werkes für das ganze Schuljahr 1855–56 unter Belassung seines vollen Gehaltes ein Urlaub erteilt, den derselbe im August c[urrentis] anzutreten gedenkt."[64]

Statt der beantragten sechs bis neun Monate war Weierstraß also Forschungsurlaub für ein volles Jahr bewilligt worden. Er nutzte diese Chance, um durch die ausführliche Fassung seiner Arbeit „Theorie der Abel'schen Functionen" in Crelle's Journal 52 (1856), 285–380 seinen Ruf in Fachkreisen weiter zu festigen. Besonderen Wert legte Weierstraß in dieser Arbeit auf „die Thatsache ..., daß sich die elliptischen und die Abel'schen Functionen nach einer für alle Ordnungen gleich bleibenden und zugleich direkten Methode behandeln lassen," wie er in seiner Einleitung schrieb. Um diesen Aspekt klar hervortreten zu lassen, ging er im zweiten Kapitel in § 7 zunächst auf „einige allgemeine Betrachtungen über die Darstellung eindeutiger analytischer Functionen durch Reihen" ein

---

63 Das Urlaubsgesuch konnte Schultz aus seiner Sicht als Schulleiter nicht unterstützen wegen der damit verbundenen Probleme einer angemessenen Vertretung – schließlich waren schon während Weierstraß' langer Erkrankung ausgedehnte Vertretungen notwendig geworden.

64 In (Lorey 1916a, 187 f.) wird mitgeteilt, der Urlaub für Weierstraß sei erst genehmigt worden, nachdem der für katholische Schulen und Universitäten zuständige Vortragende Rat im Kultusministerium Dr. Theodor Brüggemann (1796–1866) das Gymnasium in Braunsberg vom 5. bis 9. Juni 1855 revidiert und einen günstigen Bericht über Weierstraß erstellt habe, s. dazu auch (Jahresbericht 1855, 33). Der Urlaub wurde aber bereits am 19. April 1855 erteilt, s. auch (Biermann 1966b, 46).

und ließ in §§ 8, 9 eine „Digression über die elliptischen Transcendenten" folgen, mit
dem Ziel, „bei dieser Gelegenheit noch ein anderes Verfahren anzudeuten, welches ich
in einer bereits im Jahre 1840 verfaßten Prüfungsarbeit zur Entwicklung derselben [el-
liptischen Funktionen] angewandt habe, und das mir so einfach und elementar zu sein
scheint als man nur wünschen kann"(s. S. 346). Dieser 40 Druckseiten lange Auszug aus
Weierstraß' Staatsexamensarbeit wurde nicht erneut in (Weierstraß 1894) abgedruckt, da
er inhaltlich bereits in der in (Weierstraß 1894, 1–49) publizierten Prüfungsarbeit enthalten ist. Die „Theorie der Abel'schen Functionen" endet ohne Datumsangabe mit den
Worten: „Fortsetzung folgt."

Indem wir dem zeitlichen Ablauf etwas vorgreifen, führen wir aus, warum die Fortsetzung nicht wie geplant erschien: Der bereits publizierte Teil von Weierstraß' Abhandlung
behandelte die spezielle Klasse der hyperelliptischen Abel'schen Funktionen. Als Krönung
des Werks sollte die Fortsetzung den noch schwierigeren Fall der allgemeinen Abel'schen
Funktionen abhandeln. Dazu heißt es in der Einleitung zu (Weierstraß 1902, 9 f.): „Eine
directe Lösung dieses Problems habe ich bereits im Sommer 1857 in einer ausführlichen
Abhandlung der Berliner Akademie vorgelegt. Das schon der Druckerei übergebene Manuscript wurde aber von mir wieder zurückgezogen, weil wenige Wochen später Riemann
eine Arbeit über dasselbe Problem veröffentlichte [s. „Theorie der Abel'schen Functionen", Borchardt's (zuvor „Crelle's) Journal 54 (1857), 115–155], welche auf ganz anderen
Grundlagen als die meinige beruhte und nicht ohne Weiteres erkennen liess, dass sie in
ihren Resultaten mit der meinigen vollständig übereinstimme. Der Nachweis hierfür er-
forderte einige Untersuchungen hauptsächlich algebraischer Natur, deren Durchführung
… viel Zeit in Anspruch nahm. … erst gegen Ende des Jahres 1869 [konnte ich] der Lösung des allgemeinen Umkehrungsproblems diejenige Form geben …, in der ich sie von
da an in meinen Vorlesungen vorgetragen habe."

David Hilbert (1862–1943) würdigte 1897 in seinem Nachruf (Hilbert 1897) auf Weierstraß dessen Arbeiten über Abel'sche Funktionen mit den Worten:

> „Die Lösung des Jacobi'schen Umkehrproblems, die Weierstraß in diesen Ar-
> beiten für die hyperelliptischen Integrale zum erstenmal gegeben hat und die
> für beliebige Abel'sche Integrale nachher zuerst durch Riemann auf einem
> anderen Wege und dann von Weierstraß selbst in seinen Vorlesungen ausge-
> führt worden ist, gilt mit Recht als eine der größten Errungenschaften in der
> Analysis."

Nach Ablauf seines Forschungsurlaubs kehrte Weierstraß nicht mehr an das Gymnasium zu Braunsberg zurück, denn seine weitere Karriere verlief in Berlin. Aber auch in
Braunsberg hat man seiner nicht vergessen. Bereits nach dem Ersten Weltkrieg wurde
eine Gedenktafel unter den Kolonnaden des Gymnasiums angebracht, in der Nähe von
Weierstraß' früherer Dienstwohnung. Diese Tafel ging – vermutlich im Chaos des Zusam-
menbruchs im Zweiten Weltkrieg – verloren. Aber am 24. Juli 2008 wurde im Namen der
Polnischen Mathematischen Gesellschaft und der Deutschen Mathematiker-Vereinigung
eine neue Tafel enthüllt mit der in polnischer und deutscher Sprache gehaltenen Inschrift:

> „Zur Erinnerung an die berühmten Mathematiker
> Karl Weierstraß (1815–1897) und
> Wilhelm Killing (1847–1923)
> welche hier am Katholischen Gymnasium
> und am Lyceum Hosianum lehrten."

Weierstraß' eigenes Andenken an seine Zeit als Gymnasiallehrer war offenbar zwiespältig: Einerseits erinnerte er sich an seinem achtzigsten Geburtstag froh und dankbar seiner Zeit als Gymnasiallehrer und tadelte diejenigen, welche sich in diesem Amte nicht wohl fühlten. Freilich wurden in seiner Erinnerung die angenehmen Aspekte wieder zurückgedrängt durch unzureichende Arbeitsmöglichkeiten, eine mangelhaft ausgestattete Bibliothek und fehlende kompetente Fachkollegen für fruchtbare wissenschaftliche Diskussionen (Lampe 1899, 38). Diesen vielleicht durch den festlichen Anlass und durch Altersmilde entschärften Äußerungen steht die Enttäuschung gegenüber, die er 1875 in einem Brief an Paul du Bois-Reymond (1831–1889) unverblümt zum Ausdruck brachte, s. (Archiv Institut Mittag-Leffler)[65]: „Als ich einst … den Entschluß faßte, fortan Mathematik als Lebensberuf zu treiben, … , mußte ich diesen Entschluß zunächst mit vierzehnjähriger Verbannung in das Land der Velaten und Obotriten[66] büßen. Das war eine schlimme Zeit, deren unendliche Oede und Langweile unerträglich gewesen wäre ohne die harte Arbeit, die sie brachte, welche aber jedenfalls einen jungen Mann, der bis dahin ein Leben voll reichbekränzter Tage geführt hatte, zum Einsiedler machen mußte, was ich innerlich blieb, wenn ich auch in dem mich umgebenden Kreise von Gutsbesitzern, Referendarien und jungen Offizieren als ein ziemlich guter Kamerad galt …"

1.8 Ausblick: Weierstraß in Berlin

Als Gauß 1855 starb, begann eine Kette neuer Ernennungen: Dirichlet verließ Berlin und wurde Gauß' Nachfolger in Göttingen für das Fach Mathematik, Kummer wurde als Dirichlets Nachfolger von Breslau nach Berlin berufen. Weierstraß entschloss sich zu einem ungewöhnlichen Schritt, schrieb am 10. August 1855 an Minister v. Raumer und bewarb sich „um die mathematische Professur an der Breslauer Universität" (Biermann 1966b, 48). Kummer trug Bedenken vor, ob es Weierstraß „auch gelingen werde, den gesamten mathematischen Unterricht der Studierenden [in Breslau] zu übernehmen …", was in Anbetracht der einseitigen Ausbildung Weierstraß' nicht unbegründet erscheint. Vielleicht trug sich Kummer aber auch schon früh mit dem Gedanken, Weierstraß nach Berlin zu

---

65 Die folgende Transkription von Reinhard Bölling gibt den korrekten Text des Briefs wieder; der Text in (Weierstraß 1923, 209) ist nicht wortgetreu.

66 Die Velaten und Obotriten waren slawische Stämme, die im Gebiet des früheren West- und Ostpreußen siedelten.

holen (Biermann 1966b, 49). Weierstraß wurde nicht nach Breslau berufen.[67] Aber im ersten Halbjahr 1856 eröffnete sich eine neue Möglichkeit, als Alexander von Humboldt erfuhr, dass Österreich Weierstraß gewinnen wollte. Von Humboldt sorgte rasch dafür, dass Weierstraß am 14. Juni 1856 als Professor an das Königliche Gewerbe-Institut (eine der Vorläufer-Institutionen der Technischen Hochschule und späteren Technischen Universität) zu Berlin berufen wurde – mit dem attraktiven Jahresgehalt von 1500 Talern. Aber Österreich gab seine Bemühungen nicht auf: Während Weierstraß' Teilnahme an der Versammlung Deutscher Naturforscher und Ärzte in Wien im September 1856 bot ihm der österreichische Kultusminister Leopold Graf von Thun und Hohenstein (1811–1888) eine für ihn persönlich einzurichtende Professur an einer frei zu wählenden Universität an bei 2000 Gulden Jahresgehalt – ein verlockendes Angebot. Aber Berlin reagierte umgehend: Weierstraß erhielt im Oktober 1856 zusätzlich eine außerordentliche Professur an der Friedrich-Wilhelms-Universität zu Berlin mit einem weiteren Jahresgehalt und lehnte das österreichische Angebot ab (Biermann 1966b). Am 19. November 1856 wurde Weierstraß zusätzlich als ordentliches Mitglied in die Königliche Akademie der Wissenschaften zu Berlin aufgenommen (Biermann 1960a) – wahrlich ein atemberaubender Aufstieg für einen Gymnasiallehrer aus der ostpreußischen Provinz. Aber als Weierstraß sich später seiner Ehrenpromotion erinnerte, bemerkte er: „Alles im Leben kommt leider doch zu spät." Erst mit 41 Jahren hatte er eine seinen Fähigkeiten angemessene Stelle errungen. Die bei Mathematikern üblicherweise fruchtbarsten Jahre hatte er in weitgehender Isolation verbracht, konnte sich nur in seiner knapp bemessenen Freizeit seiner Forschung widmen, und dabei hatte seine Gesundheit ernsten Schaden genommen.

Weierstraß hatte eine relativ hohe Lehrverpflichtung an der Gewerbeschule, zusätzlich las er an der Universität, wirkte in der Akademie mit und als Mitarbeiter für Crelle's Journal, pflegte intensiven wissenschaftlichen Kontakt mit Kummer, Kronecker und Borchardt – die Überlastung führte 1861 zu einem ernsten gesundheitlichen Zusammenbruch.[68] Er musste ein Jahr Erholungsurlaub nehmen, wurde danach von den Pflichten an der Gewerbeschule befreit und erhielt schließlich 1864 ein Ordinariat an der Universität Berlin. Dort entfaltete er dann trotz seiner gesundheitlichen Einschränkungen 25 Jahre lang seine geradezu legendäre Tätigkeit als einer der größten Lehrer aller Zeiten auf dem Gebiet der mathematischen Analysis. An die 100 spätere Professoren besuchten seine Vorlesun-

---

67   In einem undatierten Brief von Ende 1855 (oder Anfang 1856 (?)) schrieb Klara Weierstraß aus Westernkotten an ihren Bruder Peter in Deutsch-Krone (Archiv Institut Mittag-Leffler): „... Karl scheint sich nicht besonders hier zu amüsiren, er ochst [= schuftet] den ganzen Tag. Es soll mich wundern wo er noch bleiben wird, in Breslau ist, wie Du weißt, die Professur besetzt ... – Elischen und ich sind jetzt ganz gern in W[esternkotten], auch machen wir uns um die Zukunft gar keine Sorgen, sondern wir leben leichtsinnig in den Tag hinein, lassen es uns stets gut schmecken, sorgen zärtlich für d[en] gr[oßen] B[ruder], der so gerne etwas Süßes ißt, ..." Wie es scheint, war Klara Weierstraß zu dieser Zeit schon nicht mehr als Erzieherin in Belgien tätig (s. Fußn. 54).

68   Weierstraß' familiäre Situation stellte sich gegen Ende der 1850er Jahre wie folgt dar: Die Schwester Klara war nach Berlin gezogen und führte Karl den Haushalt. Clementine Weierstraß starb am 29. Juni 1858. Wilhelm Weierstraß schrieb am 7. Juni 1859 aus Westernkotten an seinen Sohn Peter in Deutsch-Krone (Archiv Institut Mittag-Leffler): „... ich werde vom 1. September ab nach Berlin ziehen und mit Elischen bei Karl wohnen; ich habe nämlich, da ich mein 71. Lebensjahr erreicht und das 40ste Steuer-Dienstjahr zurück gelegt, auf Pensionierung angetragen, werde daher im Monat August alle meine Mobilien hier verkaufen..."

gen. Im Jahre 1869 hatte er 107 Hörer in der Vorlesung über Abel'sche Funktionen, später nahmen bis zu 250 Hörer an seinen Vorlesungen teil. (Zum Vergleich: Die Maximalzahl von Studenten in Riemanns Vorlesungen war 13(!). Riemann starb bereits mit 40 Jahren – Weierstraß begann seine Tätigkeit als Hochschullehrer erst mit 41 Jahren.)

Im Laufe der Jahre vervollkommnete Weierstraß seinen berühmten Vorlesungszyklus immer mehr: Er begann mit der Theorie der analytischen Funktionen, behandelte anschließend die Theorie der elliptischen Funktionen und ihre Anwendungen, danach die Theorie der Abel'schen Funktionen und am Ende die Variationsrechnung.[69] Mit dem Erreichten war er nie ganz zufrieden, sondern er arbeitete beständig weiter daran, seinen Aufbau zu verbessern. Zahlreiche Vorlesungsausarbeitungen, z.T. von Schülern, die später namhafte Hochschullehrer wurden, sind erhalten und zeugen von seiner unermüdlichen Arbeit an Verbesserungen. Überdies flocht Weierstraß ständig die Früchte seiner neuesten Forschungen in die Vorlesungen ein. Nur dort konnte man Dinge lernen, die in gedruckter Form nicht existierten. – Besondere Wirksamkeit als akademischer Lehrer entfaltete Weierstraß auch im gemeinsam mit Kummer ab den 1860er Jahren veranstalteten Mathematischen Seminar, dem ersten Seminar im deutschen Sprachraum, das ausschließlich dem Fach Mathematik gewidmet war, s. (Biermann 1966a, 205 f.); (Biermann 1988, 97 ff.).

Mit seinem Kollegen Borchardt war Weierstraß eng befreundet, mit Kummer entwickelten sich rasch freundschaftliche Beziehungen, auch mit Kronecker bestand zunächst ein sehr gutes Einvernehmen, das sich leider in späteren Jahren bis zu einem vollständigen Bruch verschlechterte, der Weierstraß schwer belastete, s. hierzu (Bölling 2015, Abschnitt „Kontroverse mit Kronecker"). Sogar zum als schwierig bekannten Kollegen Steiner entwickelte er ein erträgliches Verhältnis, versprach diesem vor dessen Tod sogar, für die weitere Pflege der von Steiner vertretenen Fachrichtung „synthetische Geometrie" Sorge zu tragen und hielt Wort: Weierstraß hat siebenmal Vorlesungen über synthetische Geometrie gehalten und nach Steiners Tod dessen gesammelte Werke herausgegeben. Ebenso sorgte er für die Herausgabe der Werke Borchardts und übernahm nach Borchardts Tod – Borchardt war ein Schüler Jacobis – dessen Aufgaben als Herausgeber der Werke Jacobis.[70]

---

[69] Im 23. Abschnitt seines berühmten Vortrags über „Mathematische Probleme" gehalten auf dem Internationalen Mathematiker-Kongress zu Paris 1900 bezeichnet David Hilbert die Variationsrechnung als „eine Disziplin, die trotz der erheblichen Förderung, die sie in neuerer Zeit durch Weierstraß erfahren hat, dennoch nicht die allgemeine Schätzung genießt, die ihr meiner Ansicht nach zukommt ..."

[70] Am 25. Oktober 1891 schrieb Weierstraß an Jacobis Witwe Marie, geb. Schwinck (1807–1901) (Koenigsberger 1904, 522): „Es gereicht mir zur besonderen Freude, Ihnen mittheilen zu können, daß nunmehr auch der letzte Band der von der Academie veranstalteten Gesammtausgabe der Werke Ihres verewigten Gatten fertig geworden ist. In 7 stattlichen Bänden ist jetzt, systematisch nach Gegenständen geordnet und möglichst correct gedruckt, alles vereinigt und den weitesten Kreisen zugänglich gemacht, was der große Mathematiker auf dem Gebiete seiner Wissenschaft als Forscher geleistet hat ... Meine nach dem Tode Borchardt's übernommene Aufgabe betrachte ich aber jetzt als erledigt. Daß sich dies aber hat machen lassen, trotzdem ich in den letzten Jahren fast immer leidend war und auch Schwierigkeiten anderer Art mir in den Weg gelegt wurden, ist hauptsächlich das Verdienst meines Collegen G[eorg Hermann] Hettner [1854–1914] ... Sie dürfen es mit mir als das schönste Monument betrachten, welches seinem unsterblichen Urheber hätte gesetzt werden können."

Eine besonders herzliche mathematische Seelenverwandtschaft entwickelte Weierstraß zu seiner Schülerin Sofja Kowalewskaja, die er ab 1870 privat unterrichtete, da die Universität Berlin ihr nicht einmal den Status einer Gasthörerin einräumen wollte. Auf Weierstraß' Fürsprache hin wurde Sofja Kowalewskaja von der Universität Göttingen im Jahre 1874 mit einer Arbeit zur Theorie der partiellen Differentialgleichungen *in absentia* promoviert, s. hierzu (Bölling 2015, Abschnitt „Sofja Kowalewskaja"). Der Briefwechsel zwischen Karl Weierstraß und Sofja Kowalewskaja (Bölling 1992b, Bölling 1993) ist ein eindrucksvolles Dokument der Freundschaft zwischen diesen beiden Mathematiker-Persönlichkeiten. – Ein Höhepunkt in Weierstraß' Laufbahn als Hochschullehrer war seine Wahl zum Rektor der Universität Berlin im akademischen Jahr 1873/74.

Weierstraß beendete seine Vorlesungstätigkeit nach dem Sommersemester 1889, blieb aber noch lange wissenschaftlich aktiv und hielt engen Kontakt zu seinen zahlreichen Schülern. Die ersten beiden Bände seiner Mathematischen Werke (Weierstraß 1894, Weierstraß 1895) konnte er noch selbst auf den Weg bringen, der siebte Band (Weierstraß 1927) erschien erst 30 Jahre nach Weierstraß' Tod. Insgesamt ist die Edition der Werke nicht im ursprünglich vorgesehenen Umfang zustande gekommen. Karl Weierstraß wurde geehrt durch die Mitgliedschaft in zahlreichen in- und ausländischen Akademien, und er war Träger des Ordens *Pour le mérite* (1875), der zuvor Gauß (1842), Jacobi (1842) und Dirichlet (1855) verliehen worden war und den er allen anderen Auszeichnungen vorzog.

Karl Weierstraß starb[71] am 19. Februar 1897 in Berlin nach langer schwerer Krankheit, ein Jahr nach seiner Schwester Klara und ein Jahr vor seiner Schwester Elise, die ihm vier Jahrzehnte lang den Haushalt geführt hatten. Seine ursprüngliche Grabstelle auf dem Friedhof der Berliner St.-Hedwigs-Gemeinde existiert nicht mehr; sie befand sich im ehemaligen Todesstreifen an der Berliner Mauer. Sein Grabstein hat jedoch unversehrt die wechselhaften Zeiten überdauert, und die heutige Grabstätte wurde bis zum Jahre 2014 als Ehrengrab des Landes Berlin auf dem St.-Hedwigs-Friedhof I geführt.

Danksagung.   Ich spreche den beteiligten Archiven (s. u.) meinen herzlichen Dank aus für ihre Hilfe. Ganz besonders danke ich der Archivarin von Schloss Vornholz, Frau Maria Kalthöner (Ostenfelde), für ihre Bereitstellung der Archivalien (Archiv Schloss Vornholz, Bestand B, Nr. 2774), (Archiv Schloss Vornholz, Bestand B, Nr. 1481) und Herrn Oberstudienrat i. R. Wilhelm Sternemann (Lüdinghausen) für seine großzügige Hilfe bei der Beschaffung und Erschließung der Archivalien (Archiv Institut Mittag-Leffler), (Archiv Schloss Vornholz, Bestand B, Nr. 2774), (Archiv Schloss Vornholz, Bestand B, Nr. 1481),

---

71   Das Königliche Gymnasium zu Braunsberg widmete seinem wohl berühmtesten Oberlehrer folgenden Nachruf (Jahresbericht 1897, 39): „Am 19. Februar verschied in Berlin Professor Dr. Karl Weierstrass, Jahrzehnte lang eine Zierde der Berliner Universität. Nach Vollendung seiner Universitätsstudien in Münster wirkte er zuerst als Lehrer der Mathematik und Physik an dem Gymnasium in Deutsch-Krone, von wo er im September 1848 an die hiesige Anstalt überging. Hier beschäftigten ihn in aller Stille die höchsten Probleme seiner Wissenschaft. Seine epochemachenden Arbeiten ‚über die analytischen Fakultäten' und die ‚Beiträge zur Theorie der Abel'schen Integrale' (1849), die er in Gymnasialprogrammen von Deutsch-Krone und Braunsberg veröffentlichte, erregten das Staunen der gelehrten Welt durch die Strenge der Beweisführung und die Eleganz der gewonnenen Resultate. Seit 1856 ausserordentlicher Professor in Berlin wurde er 1864 ordentlicher Professor. Unsere Anstalt wird seiner mit Stolz und Treue allzeit gedenken."

(Münster, St. Lamberti-Pfarrei, Hochzeiten 1828), (Ostenfelde, St. Margareta, Trauungen 1811–1878), (Ostenfelde, St. Margareta, Taufen 1810–1859), (Gütersloh, St. Pankratius, Taufbuch 1826), (Gütersloh, St. Pankratius, Totenbuch 1827), (Stadtarchiv Münster, Augias-Archiv B. 2) sowie für viele nützliche Diskussionen. Herrn Sternemann verdanke ich auch die Hinweise auf Pierre Dubut und Levi Bamberger. – Herrn Dr. Reinhard Bölling (Institut für Mathematik, Universität Potsdam) danke ich für die überaus sorgfältige Lektüre des Manuskripts, die insbesondere zu mehreren Berichtigungen der Transkriptionen führte.

Archivalien

Acta Westernkotten, Personal. Betreffend die Anstellung der Beamten und Arbeiter beim landesherrlichen Salinen-Antheil zu Westernkotten, 1819 bis (?). Staatsarchiv Münster, Bestand: Saline Westernkotten, (Dep) Nr. 30. Landesarchiv NRW, Abt. Westfalen, Münster, Bohlweg 2.

Acta Westernkotten, Dienstanweisung. Betreffend die Administrator-Stelle zur Verwaltung des Landesh[errlichen] Antheils an der Saline zu Westernkotten, in sp. Dienstanweisung, Caution, Stellenwechsel, 1819–1864. Staatsarchiv Münster, Bestand: Oberbergamt Dortmund, Nr. 1689. Landesarchiv NRW, Abt. Westfalen, Münster, Bohlweg 2.

Archiv Institut Mittag-Leffler, Djursholm, Schweden.

Archiv Schloss Vornholz, Bestand B, Nr. 1481. Ostenfelde, Schloss Vornholz.

Archiv Schloss Vornholz, Bestand B, Nr. 2774. Acta betreffend die für den Haupt-Zoll-Amts-Rendanten Weierstraß zu Paderborn geleistete Amts-Caution zum Betrag von 3000 Thaler 1830–1849. Ostenfelde, Schloss Vornholz.

Gütersloh, St. Pankratius, Taufbuch. Geborene und Getaufte 1826, 28. Diözesanarchiv Paderborn, Domplatz 15.

Gütersloh, St. Pankratius, Totenbuch 1827. Bd. 10, 24. Diözesanarchiv Paderborn, Domplatz 15.

Matrikelbuch der Königlichen Akademie Münster, 1833–1867. Universitätsarchiv Münster, Bestand 3, Nr. 743. Universitätsarchiv Münster, Leonardo-Campus 21.

Münster, St. Lamberti-Pfarrei, Hochzeiten 1828. Bistumsarchiv Münster, Georgskommende 19.

Ostenfelde, St. Margareta, Kirchenbuch Nr. 6: Taufen 1810–1859. Bistumsarchiv Münster, Georgskommende 19.

Ostenfelde, St. Margareta, Kirchenbuch Nr. 7: Trauungen 1811–1878. Bistumsarchiv Münster, Georgskommende 19.

Stadtarchiv Münster, Augias-Archiv B. 2, Karteikarte in Dok. P-Theissing, Vorl. Nummer 28677. Personenregister der Stadt Münster, Hausbuch Lamberti-L[eischaft] 134 ad (= Sonnenstr. 43, Hinterhaus). Stadtarchiv Münster, An den Speichern 8.

Universitätsarchiv Münster, Bestand 3, Nr. 755, Blatt 1146. Acta der Königlichen Akademie zu Münster wegen der ertheilten Abgangs- und Decan-Zeugnisse. Universitätsarchiv Münster, Leonardo-Campus 21.

Universitätsarchiv Münster, Bestand 3, Nr. 758, Blatt 1329. Acta der Königlichen Akademie zu Münster wegen der ertheilten Abgangs- und Decan-Zeugnisse. Universitätsarchiv Münster, Leonardo-Campus 21.

Universitätsarchiv Münster, Bestand 3, Nr. 761, Blatt 1574. Acta der Königlichen Akademie zu Münster wegen der ertheilten Abgangs- und Decan-Zeugnisse. Universitätsarchiv Münster, Leonardo-Campus 21.

Universitätsarchiv Münster, Bestand 3. Acta der Königlichen Akademie zu Münster, Listen. Nr. 928 (Wintersemester 1832–1833) fortlaufend nummeriert bis Nr. 947 (Sommersemester 1842). Universitätsarchiv Münster, Leonardo-Campus 21.

Literaturverzeichnis

Abel, N. H. (1881a). Œuvres complètes de Niels Henrik Abel. Nouvelle édition. Publiée … par MM. L. Sylow et S. Lie. Tome pemier. Christiania: Grøndahl & Søn.

Abel, N. H. (1881b). Œuvres complètes de Niels Henrik Abel. Nouvelle édition. Publiée … par MM. L. Sylow et S. Lie. Tome second. Christiania: Grøndahl & Søn.

Abel, N. H. (1902). Mémorial publié à l'occasion du centenaire de sa naissance. Kristiania: Jacob Dybwad; Paris: Gauthier-Villars; Londres: Willams & Norgate; Leipzig: B. G. Teubner.

Ahrens, W. (Hrsg.) (1907a). Briefwechsel zwischen C. G. J. Jacobi und M. H. Jacobi. In: Abhandlungen zur Geschichte der mathematischen Wissenschaften mit Einschluss ihrer Anwendungen, begründet von Moritz Cantor, Heft 22, 282 S. Leipzig: B. G. Teubner.

Ahrens, W. (1907b). Skizzen aus dem Leben Weierstraß. Mathematisch-naturwissenschaftliche Blätter, 4. Jahrgang, Nr. 3, 41–47.

Ahrens, W. (1916). Gudermanns Urteil über die Staatsexamensarbeit von Weierstraß. Mathematisch-naturwissenschaftliche Blätter 13, 44–46.

Allgemeine Zeitung des Judenthums (1839), III. Jahrgang, No. 56. Leipzig, 9. Mai 1839, 223 f..

Baker, A. C. (1996/97). Karl Theodor Wilhelm Weierstraß. Math. Spectrum 29, 25–29.

Behnke, H. (1965). Carl Weierstraß als Gymnasiallehrer. Mathematisch-physikalische Semesterberichte 12, 129–131.

Behnke, H. (1966). Karl Weierstraß und seine Schule. In: Festschrift zur Gedächtnisfeier für Karl Weierstraß 1815–1965, herausgegeben von Heinrich Behnke und Klaus Kopfermann, 13–40. Köln, Opladen: Westdeutscher Verlag.

Biermann, K.-R. (1959). Johann Peter Gustav Lejeune Dirichlet, Dokumente für sein Leben und Wirken. Abhandlungen der Deutschen Akademie der Wissenschaften zu Berlin, Klasse für Mathematik, Physik und Technik, Jahrgang 1959, Nr. 2. Berlin: Akademie-Verlag.

Biermann, K.-R. (1960a). Vorschläge zur Wahl von Mathematikern in die Berliner Akademie. Abhandlungen der Deutschen Akademie der Wissenschaften zu Berlin, Klasse für Mathematik, Physik und Technik, Jahrgang 1960, Nr. 3. Berlin: Akademie-Verlag.

Biermann, K.-R. (1960b). Urteile A. L. Crelles über seine Autoren. J. Reine Angew. Math. 203, 216–220.

Biermann, K.-R. (1965). Dirichlet über Weierstraß. Praxis der Mathematik 7, 309–312.

Biermann, K.-R. (1966a). Karl Weierstraß. Ausgewählte Aspekte seiner Biographie. J. Reine Angew. Math. 223, 191–220.

Biermann, K.-R. (1966b). Die Berufung von Weierstraß nach Berlin. In: Festschrift zur Gedächtnisfeier für Karl Weierstraß 1815–1965, herausgegeben von Heinrich Behnke und Klaus Kopfermann, 41–52. Köln, Opladen: Westdeutscher Verlag.

Biermann, K.-R. (1966c). K. Weierstraß und A. v. Humboldt. Monatsberichte der Deutschen Akademie der Wissenschaften zu Berlin 8, 33–37.

Biermann, K.-R. (1971). Zu Dirichlets geplantem Nachruf auf Gauß. NTM, Schriftenr. Gesch. Naturwiss., Tech., Med. 8, 9–12.

Biermann, K.-R. (1988). Die Mathematik und ihre Dozenten an der Berliner Universität 1810–1933. Berlin: Akademie-Verlag.

Biermann, K.-R., Schubring, G. (1996). Einige Nachträge zur Biographie von Karl Weierstraß. In: Dauben, Joseph W. (Hrsg.) et al.: History of mathematics: states of the art. Flores quadrivii – Studies in honor of Christoph J. Scriba, 65–91. San Diego, CA: Academic Press.

Bölling, R. (1992a). Zur Biographie von Weierstraß. J. Reine Angew. Math. 429, i–iii.

Bölling, R. (1992b). … Deine Sonia: A reading from a burned letter. Math. Intell. 14 (3), 24–30.

Bölling, R. (Hrsg.) (1993). Briefwechsel zwischen Karl Weierstraß und Sofja Kowalewskaja. Berlin: Akademie-Verlag.

Bölling, R. (1994a). Karl Weierstraß – Stationen eines Lebens. Jahresber. Dtsch. Math.-Ver. 96, 56–75.

Bölling, R. (Hrsg.) (1994b). Das Fotoalbum für Weierstraß. Braunschweig, Wiesbaden: Vieweg.

Bölling, R. (2015). Zur Biographie von Karl Weierstraß und zu einigen Aspekten seiner Mathematik. In diesem Band.

Dugac, P. (1973). Eléments d'analyse de Karl Weierstrass. Arch. Hist. Exact Sci. 10, 41–176.

Eccarius, W. (1972). Die Förderung des Mathematikers Ferdinand Minding durch August Leopold Crelle. NTM, Schriftenr. Gesch. Naturwiss., Tech., Med. 9, H.1, 25–39.

Eccarius, W. (1975). Der Techniker und Mathematiker August Leopold Crelle (1780–1855) und sein Beitrag zur Förderung und Entwicklung der Mathematik im Deutschland des 19. Jahrhunderts. NTM, Schriftenr. Gesch. Naturwiss., Tech., Med. 12, H.2, 38–49.

Eccarius, W. (1976). August Leopold Crelle als Herausgeber wissenschaftlicher Zeitschriften. Ann. Sci. 33, 229–261.

Eccarius, W. (1977). August Leopold Crelle als Förderer bedeutender Mathematiker. Jahresber. Dtsch. Math.-Ver. 79, 137–174.

Esser, W. (1852). Nekrolog auf Christoph Gudermann. In: Index Lectionum … in Academia Theologica et Philosophica Monasteriensi per Menses aestivos A. MDCCCLII, 3–11. Monasterii Westphalorum (= Münster in Westfalen): Typographia Academica Aschendorffiana.

Féaux de Lacroix, B. J. (1844). De functione transcendente quae littera $\Gamma(\ )$ obsignatur: sive de integrali Euleriano secundae speciei. Dissertatio inauguralis mathematica. Monasterii (Münster): Typis Coppenrathianis, 43 S.

Flaskamp, F. (1961). Herkunft und Lebensweg des Mathematikers Karl Weierstraß. Forschungen und Fortschritte 35, 236–239.

Forster, O. (1977). Riemannsche Flächen. Berlin, Heidelberg, New York: Springer.

Freitag, E. (2014). Riemann Surfaces. Self-Publishing.

Geiser, C. F., Maurer, L. (1901). Nekrolog für E. Christoffel. Math. Ann. 54, 329–341.

Griffiths, Ph. A. (1989). Introduction to algebraic curves. Providence, R. I.: American Mathematical Society.

Gudermann, Ch. (1838). Theorie der Modular-Functionen und der Modular-Integrale, III. J. Reine Angew. Math. 18, 220–258.

Gudermann, Ch. (1844). Theorie der Modular-Functionen und der Modular-Integrale. Berlin: G. Reimer.

Hardy, G. H. (1918). Sir George Stokes and the concept of uniform convergence. Proc. Cambridge Philos. Soc. 19, 148–156.

Heffter, L. (1952). Beglückte Rückschau auf neun Jahrzehnte. Freiburg i. Br.: Hans Ferdinand Schulz Verlag.

Herzberg, K. (= Jehuda Barlev) (1974). Levi Bamberger und die jüdische Elementarschule in Gütersloh. Gütersloher Beiträge zur Heimat- und Landeskunde, Heft 36/37, 743–746.

Hilbert, D. (1897). Zum Gedächtnis an Karl Weierstraß. Nachrichten von der Königlichen Gesellschaft der Wissenschaften zu Göttingen 1897, Geschäftliche Mitteilungen, 60–69 (= David Hilbert: Gesammelte Abhandlungen, Bd. III, 330–338. Berlin: Springer 1935, 2. Aufl. 1970).

Hipler, F. (1879). Literaturgeschichte des Bistums Ermland. (Monumenta historiae Warmiensis, Bd. 4.) Braunsberg.

Hofer, K. (1928). Sonja Kowalewsky. Die Geschichte einer geistigen Frau. Stuttgart, Berlin: Cotta.

Hohmann, F. G. (1966). Karl Weierstraß als Schüler des Theodorianischen Gymnasiums zu Paderborn. In: Festschrift zur Gedächtnisfeier für Karl Weierstraß 1815–1965, 57–66. Hrsg. Heinrich Behnke und Klaus Kopfermann. Köln, Opladen: Westdeutscher Verlag.

Houzel, Ch. (1985). Elliptische Funktionen und Abelsche Integrale. In: Jean Dieudonné: Geschichte der Mathematik 1700-1900, 422-540. Berlin: Deutscher Verlag der Wissenschaften.

Jacobi, C. G. J. (1882). Gesammelte Werke, zweiter Band. Berlin: Reimer.

Jacobi, C. G. J. (1895). Über die vierfach periodischen Functionen zweier Variablen. (Ostwald's Klassiker der exakten Wissenschaften, Nr. 64.) Leipzig: Engelmann.

Jahresbericht (1842) über das Königliche Gymnasium zu Münster in dem Schuljahre 1841–1842. Münster: Coppenrathsche Officin.

Jahresbericht (1843) über das Königliche Progymnasium in Deutsch-Crone vom Herbst 1842 bis zum Herbst 1843. Deutsch-Crone: P. Garms.

Jahresbericht (1845) über das Königliche Progymnasium in Deutsch-Crone vom Herbst 1844 bis zum Herbst 1845. Deutsch-Crone: P. Garms.

Jahresbericht (1847) über das Königliche Progymnasium in Deutsch-Crone vom Herbst 1846 bis zum Herbst 1847. Deutsch-Crone: P. Garms.

Jahresbericht (1848) über das Königliche Progymnasium in Deutsch-Crone vom Herbst 1847 bis zum Herbst 1848. Deutsch-Crone: P. Garms.

Jahresbericht (1849) über das Königliche Katholische Gymnasium zu Braunsberg in dem Schuljahre 1848/49. Braunsberg: C. A. Heyne.

Jahresbericht (1851) über das Königliche Katholische Gymnasium zu Braunsberg in dem Schuljahre 1850/51. Braunsberg: C. A. Heyne.

Jahresbericht (1852) über das Königliche Katholische Gymnasium zu Braunsberg in dem Schuljahre 1851/52. Braunsberg: C. A. Heyne.

Jahresbericht (1854) über das Königliche Katholische Gymnasium zu Braunsberg in dem Schuljahre 1853/54. Braunsberg: C. A. Heyne.

Jahresbericht (1855) über das Königliche Katholische Gymnasium zu Braunsberg in dem Schuljahre 1854/55. Braunsberg: C. A. Heyne.

Jahresbericht (1856) über das Königliche Katholische Gymnasium zu Braunsberg in dem Schuljahre 1855/56. Braunsberg: C. A. Heyne.

Jahresbericht (1897) über das Königliche Gymnasium zu Braunsberg, Ostern 1897. Braunsberg: Heynesche Buchdruckerei.

Jost, J. (1997). Compact Riemann surfaces. Berlin, Heidelberg, New York: Springer.

Kiepert, L. (1926). Persönliche Erinnerungen an Karl Weierstraß. Jahresber. Dtsch. Math.-Ver. 35, 56–65.

Killing, W. (1897). Karl Weierstraß. Natur und Offenbarung 43, 705–725.

Klein, F. (1979). Vorlesungen über die Entwicklung der Mathematik im 19. Jahrhundert. (Ausgabe in einem Band.) Berlin, Heidelberg, New York: Springer.

Kochina (= Polubarinova-Kochina), P. Y. (1985). Karl Weierstraß, 1815–1897. (Russ.) Moskau: Nauka.

Koenigsberger, L. (1904). Carl Gustav Jacob Jacobi. Leipzig: B. G. Teubner.

Koenigsberger, L. (1917). Weierstraß' erste Vorlesung über die Theorie der elliptischen Funktionen. Jahresber. Dtsch. Math.-Ver. 25, 393–424.

Koenigsberger, L. (1919). Mein Leben. Heidelberg: Carl Winters Universitätsbuchhandlung.

König, R. (1926). „Weierstraß-Woche" in Münster. Jahresber. Dtsch. Math.-Ver. 34, Mitteilungen und Nachrichten, 106–108.

Kraus, H.-Ch. (2008). Kultur, Bildung und Wissenschaft im 19. Jahrhundert. (Enzyklopädie deutscher Geschichte, Band 82.) München: Oldenbourg Wissenschaftsverlag.

Krazer, A. und Wirtinger, W. (1913). Abelsche Funktionen und allgemeine Thetafunktionen. Encyklopädie der Mathematischen Wissenschaften mit Einschluss ihrer Anwendungen II B 7, 604–873. Leipzig: B. G. Teubner.

Kunz, W. (1962). Karl Weierstraß. In: Festschrift des Gymnasium Theodorianum in Paderborn 1962 aus Anlaß der 350. Wiederkehr der Grundsteinlegung des Schulgebäudes, herausgegeben von Franz-Josef Weber, 130–136. Paderborn: Westfalen-Druck.

Lampe, E. (1899). Karl Weierstraß. Jahresber. Dtsch. Math.-Ver. 6, 27–44.

Lampe, E. (1915). Zur hundertsten Wiederkehr des Geburtstages von Weierstraß. Jahresber. Dtsch. Math.-Ver. 24, 416–438.

von Lilienthal, R. (1931). Karl Weierstraß. Westfälische Lebenbilder 2, 164–179.

Lorey, W. (1915). Karl Weierstraß zum Gedächtnis. Zeitschrift für mathematischen und naturwissenschaftlichen Unterricht 46, 597–607.

Lorey, W. (1916a). Amtliche Urteile über Weierstraß als Lehrer. Zeitschrift für mathematischen und naturwissenschaftlichen Unterricht 47, 185–188.

Lorey, W. (1916b). Das Studium der Mathematik an den deutschen Universitäten seit Anfang des 19. Jahrhunderts. Abhandlungen über den mathematischen Unterricht in Deutschland, veranlasst durch die Internationale Mathematische Unterrichtskommission, herausgegeben von F. Klein. Bd. 3, H. 9. Leipzig, Berlin: B. G. Teubner.

Lorey, W. (1927). August Leopold Crelle zum Gedächtnis. J. Reine Angew. Math. 157, 3–11.

Lorey, W. (1934–1937). Aus der mathematischen Vergangenheit Münsters. Semesterberichte zur Pflege des Zusammenhangs von Universität und Schule 5 (1934), 15–43; 6 (1934/35), 110–120; 8 (1935/36), 70–76; 10 (1937), 124–133.

Mittag-Leffler, G. (1892/93). Sophie Kovalevsky. Acta Math. 16, 385–392.

Mittag-Leffler, G. (1897). Weierstraß. Acta Math. 21, 79–82.

Mittag-Leffler, G. (1902). Une page de la vie de Weierstraß. Compte rendu du deuxième congrès international des mathématiciens, Paris 1900. Procès-verbaux et communications, 131–153. Paris: Gauthier-Villars.

Mittag-Leffler, G. (1912). Zur Biographie von Weierstraß. Acta Math. 35, 29–65.

Mittag-Leffler, G. (1923a). Die ersten 40 Jahre des Lebens von Weierstraß. Acta Math. 39, 1–57.

Mittag-Leffler, G. (1923b). Weierstraß et Sonja Kowalewsky. Acta Math. 39, 133–198.

Poincaré, H. (1899). L'oeuvre mathématique de Weierstraß. Acta Math. 22, 1–18.

Polubarinova-Kochina (= Kochina), P. Y. (1966). Karl Theodor Wilhelm Weierstraß. (On the 150th anniversary of his birth.) Russ. Math. Surv. 21, No. 3, 195–206. (Russ. Original: Usp. Mat. Nauk 21, No. 3, 213–224.).

Reyssat, E. (1989). Quelques aspects des surfaces de Riemann. Boston, Basel, Berlin: Birkhäuser.

Rosenberg, B.-M. (Hrsg.) (1965). Aus der Geschichte des Gymnasiums zu Braunsberg / Ermland 1565 bis 1945 anläßlich der 400. Wiederkehr seiner Gründung. (Beiträge zur ermländischen Kultur- und Schulgeschichte, zusammengestellt von Bernhard-Maria Rosenberg unter Mitwirkung von Dr. Anneliese Triller und Michael Bludau.) Herausgegeben vom Historischen Verein für Ermland e. V., Münster (Westf.). Osnabrück: Verlag A. Fromm.

Rosenhain, G. (1895). Abhandlung über die Functionen zweier Variabler mit vier Perioden, welche die Inversen sind der ultra-elliptischen Integrale erster Klasse. (Ostwald's Klassiker der exakten Wissenschaften, Nr. 65.) Leipzig: Engelmann.

Rothe, R. (1916). Mitteilung auf der 132. Sitzung der Berliner Mathematischen Gesellschaft am 27. Oktober 1915. Sitzungsberichte der Berliner Mathematischen Gesellschaft 15, 1–2.

Runge, C. (1926). Persönliche Erinnerungen an Karl Weierstraß. Jahresber. Dtsch. Math.-Ver. 35, 175–179.

Runge, I. (1949). Carl Runge und sein wissenschaftliches Werk. Göttingen: Vandenhoeck & Ruprecht.

Schubert, H. (1897). Zum Andenken an Karl Weierstraß. Zeitschrift für mathematischen und naturwissenschaftlichen Unterricht 28, 228–231.

Schubring, G. (1985). Das Mathematische Seminar der Universität Münster 1831/1875 bis 1951. Sudhoffs Arch. 69, 154–191.

Schubring, G. (1989). Warum Karl Weierstraß beinahe in der Lehrerprüfung gescheitert wäre. Der Mathematikunterricht 35, 13–29.

Schubring, G. (1992). Zur Modernisierung des Studiums der Mathematik in Berlin, 1820–1840. In: Sergei S. Demidov (Hrsg.) et al.: Amphora. Festschrift für Hans Wußing zu seinem 65. Geburtstag, 649–675. Basel, Boston, Berlin: Birkhäuser.

Schubring, G. (1998). An unknown part of Weierstraß's Nachlaß. Hist. Math. 25, 423–430.

Siegel, C. L. Vorlesungen über ausgewählte Kapitel der Funktionentheorie, Teil I, II, III. Vorlesungsausarbeitungen, Mathematisches Institut der Universität Göttingen.

Springer, G. (1957). Introduction to Riemann surfaces. Reading, Mass.: Addison-Wesley.

Stäckel, P. (1906). Das Archiv der Mathematik und Physik, ein Geleitwort zu den ersten zehn Bänden der dritten Folge. Jahresber. Dtsch. Math.-Ver. 15, 323–329.

Stubhaug, A. (2008). The meeting at Wernigerode. EMS Newsletter 68, 23–26.

Sturm, R. (1910). Gudermanns Urteil über die Prüfungsarbeit von Weierstraß (1841). Jahresber. Dtsch. Math.-Ver. 19, 160.

Ullrich, P. (1989). Weierstraß' Vorlesung zur „Einleitung in die Theorie der analytischen Funktionen". Arch. Hist. Exact Sci. 40, 143–172.

Ullrich, P. (1994). The proof of the Laurent expansion by Weierstraß. In: Knobloch, Eberhard et al. (Hrsg.): The history of modern mathematics, Vol. III: Images, ideas, and communities, 139–153. Boston, MA: Academic Press.

Ullrich, P. (1997). Karl Weierstraß (1815–1897) – Vom Studenten in Bonn und Münster zur „Leuchte der Berliner Universität". Manuskript des Kolloquiumsvortrags in Münster am 19. Juni 1997.

Ullrich, P. (2003). Die Weierstraßschen „analytischen Gebilde": Alternativen zu Riemanns „Flächen" und Vorboten der komplexen Räume. Jahresber. Dtsch. Math.-Ver. 105, 30–59.

Ullrich, P. (2007). Karl Weierstraß und die erste Promotion in Mathematik an der Akademie zu Münster. In: Wolfschmidt, Gudrun (Hrsg.): „Es gibt für Könige keinen besonderen Weg zur Geometrie". Festschrift für Karin Reich. Augsburg: Dr. Erwin Rauner Verlag. Algorismus 60, 145–162.

Ullrich, P. (2015). Karl Weierstraß and the theory of Abelian and elliptic functions. In diesem Band.

von Voit, C. (1898). Karl Theodor Wilhelm Weierstraß. Sitzungsberichte der Bayerischen Akademie der Wissenschaften, mathematisch-physikalische Klasse 27, 402–409.

Weierstraß, K. (1893). Formeln und Lehrsätze zum Gebrauche der elliptischen Functionen. Bearbeitet und herausgegeben von H.A. Schwarz. Zweite Ausgabe. Berlin: Verlag von Julius Springer.

Weierstraß, K. (1894). Mathematische Werke. Bd. 1. Berlin: Mayer & Müller.

Weierstraß, K. (1895). Mathematische Werke. Bd. 2. Berlin: Mayer & Müller.

Weierstraß, K. (1903). Mathematische Werke. Bd. 3. Berlin: Mayer & Müller.

Weierstraß, K. (1902). Mathematische Werke. Bd. 4. Berlin: Mayer & Müller.

Weierstraß, K. (1915a). Mathematische Werke. Bd. 5. Berlin: Mayer & Müller.

Weierstraß, K. (1915b). Mathematische Werke. Bd. 6. Berlin: Mayer & Müller.

Weierstraß, K. (1923). Briefe von K. Weierstraß an Paul du Bois-Reymond. Acta Math. 39, 199–225.

Weierstraß, K. (1927). Mathematische Werke. Bd. 7. Leipzig: Akademische Verlagsgesellschaft.

Weyl, H. (1955). Die Idee der Riemannschen Fläche. 3. Aufl. Stuttgart: B. G. Teubner.

Wiese, L. A. (1864). Das höhere Schulwesen in Preußen. Historisch-statistische Darstellung. Berlin: Verlag von Wiegand und Grieben.

Zur Biographie von Karl Weierstraß und zu einigen Aspekten seiner Mathematik

2

Reinhard Bölling

Institut für Mathematik, Universität Potsdam, Deutschland

Abstract

From unpublished archival material the paper adds new facts concerning Weierstraß' biography, e. g. related to Franz Weierstraß. In regard to this Weierstraß himself, his colleagues, students, and members of his family will be quoted. Some aspects of Weierstraß' treatment of the foundations of analysis in his lectures will be discussed (notion of number, theorem of Bolzano-Weierstraß, mean value theorem of the differential calculus, notion of integral, role of geometry). As early as in his first lecture course of 1863/64 on the theory of analytic functions Weierstraß talked about the existence of continuous, nowhere differentiable functions. The same lectures contained beginnings of his later product theorem. The controversy with Kronecker will be discussed, and some details about Weierstraß' attitude vis-à-vis Cantor and Riemann will be mentioned. Some hitherto neglected sources concerning Sofya Kovalevskaya, her relation to Weierstraß, her move to Berlin and her study at this place will be analyzed.

2.1 Einleitung

Berlin erwarb sich in der zweiten Hälfte des 19. Jahrhunderts den Ruf eines Zentrums der Mathematik von Weltgeltung. Das war das Verdienst vor allem dreier Mathematiker: Ernst Eduard Kummer, Karl Weierstraß und Leopold Kronecker. „Es gab keine deutsche Universität, die auch nur entfernt in jenen Tagen ähnliches bot." (Behnke 1966, 28). Weierstraß, den der Altmeister der französischen Mathematik Charles Hermite als „notre maître à tous" ansah, war zur wissenschaftlichen Autorität ersten Ranges aufgestiegen. Heute begegnet jedem Studierenden der Mathematik sein Name bereits im ersten Semester in der Analysis-Vorlesung. Nach Einführung des Begriffs der reellen Zahl ist der Satz von Bolzano-Weierstraß der ebenso elementare wie fundamentale Ausgangspunkt für die ersten Grenzwertsätze und Sätze über stetige Funktionen. Überhaupt entsprechen die Einführung der Grundbegriffe der Analysis sowie die grundlegenden Sätze in einer solchen Vorlesung an der Universität heute im Großen und Ganzen üblicherweise dem, wie Wei-

Abb. 2.1   „notre maître à tous"

erstraß in seinen Vorlesungen in Berlin vorgegangen ist. Dazu gehört die wohlbekannte ε-δ-Terminologie, die Weierstraß zwar nicht erfunden, aber doch im Laufe der Jahre in seinen Vorlesungen schließlich konsequent verwendet hat. Die „Weierstraß'sche Strenge" wurde geradezu sprichwörtlich. Sein Beispiel einer für alle reellen Zahlen stetigen, aber an keiner Stelle differenzierbaren Funktion erregte die Gemüter seiner Zeitgenossen. Funktionentheorie, zu deren Begründern er neben Cauchy und Riemann gehört, ist für Weierstraß Theorie der Potenzreihen mit dem zentralen Konzept ihrer analytischen Fortsetzung.

Es ist das große Verdienst von Weierstraß, die grundlegende Bedeutung des Begriffs der gleichmäßigen Konvergenz klar erkannt zu haben. Sie führt zu den fundamentalen Aussagen für Folgen von Funktionen, so über die Stetigkeit ihrer Grenzfunktionen, über ihre Differentiation und Integration und ganz entsprechend dann für unendliche Reihen von Funktionen, wie ihre gliedweise Differentiation und Integration. Sein besonders einfaches und häufig angewendetes Majorantenkriterium zur Feststellung der gleichmäßigen Konvergenz gehört ebenfalls hierher. Der Begriff findet sich bereits in einer 1841 noch als Lehramtskandidat in Münster verfassten Schrift über Potenzreihen, die erst 1894 im 1. Band der Werkausgabe erscheint,[1] als der Begriff der gleichmäßigen Konvergenz nicht

---

1   Weierstraß verwendet noch lange den Gudermann'schen Terminus „Konvergenz im gleichen Grade" (von dessen grundsätzlicher Bedeutung Gudermann allerdings nichts bemerkt), so noch in seiner Vorlesung über elliptische Funktionen im WS 1870/71. In der Werkausgabe liest man z. B. in der besagten Schrift zwar „gleichmässig convergirt", doch sind Änderungen am ursprünglichen Text vorgenommen worden, ohne im Einzelnen darauf hinzuweisen.

zuletzt durch Weierstraß' Vorlesungen bereits zum Allgemeingut der Mathematiker geworden war. Aber es hatte gedauert, bis er den ihm gebührenden zentralen Platz in der Analysis einnahm. Noch am 6. März 1881 schreibt Weierstraß an Hermann Amandus Schwarz: „man scheint endlich einzusehn, welche Bedeutung der Begriff der gleichmäßigen Convergenz hat."[2] Das Konzept der (lokal) gleichmäßigen Konvergenz von Reihen bildet die Grundlage der Weierstraß'schen Funktionentheorie, die er bereits in seiner Zeit in Münster 1841/42 entwickelt. Dazu gehören die Existenz der Laurent-Entwicklung analytischer Funktionen (vor Laurent), s. (Ullrich 1994), die Cauchy'schen Ungleichungen für Taylor- (allgemeiner Laurent-) Koeffizienten, s. (Ullrich 1990), sowie die zentrale Idee der analytischen Fortsetzung, s. (Mittag-Leffler 1923a, 37 ff.). Die diesbezüglichen Arbeiten sind erst 50 Jahre später in der Werkausgabe enthalten (Weierstraß 1894–1927, Band 1), nachdem sie insbesondere durch Weierstraß' Vorlesungen längst zum Bestand der Mathematik gehörten.

Durch seine systematische Vorgehensweise, die Gründlichkeit und Klarheit in der Darstellung seiner Ergebnisse, seine kritische Auseinandersetzung mit den überkommenen Grundbegriffen, übte Weierstraß den nachhaltigsten Einfluss auf das Bild der Analysis aus, wie es sich uns heute darbietet.

Als Schwerpunkt seiner Forschungen hat Weierstraß sein Leben lang den Ausbau und die exakte Begründung der Theorie der Abel'schen Funktionen angesehen. Die elliptischen Funktionen bilden einen ersten und wichtigen Spezialfall. Legendre, Abel und Jacobi hatten in grundlegenden Beiträgen die Theorie dieser Funktionen entwickelt. Weierstraß hat dann Anfang der 1860er Jahre einen Neuaufbau der Theorie der elliptischen Funktionen vorgenommen, in dem er sie auf die heute nach ihm benannte $\wp$-Funktion gründete.[3] Zu den fundamentalen Ergebnissen der Analysis gehört der Weierstraß'sche Approximationssatz.[4] In der Variationsrechnung, der Differentialgeometrie und der Theorie der Minimalflächen verdankt man Weierstraß wesentliche Beiträge. Mit den Begriffen Elementarteiler und Nullteiler hat Weierstraß auch in der Algebra Spuren hinterlassen.

Im Folgenden wird hauptsächlich die Person Karl Weierstraß im Mittelpunkt stehen. Mir liegt daran, ein möglichst lebendiges Bild des Mathematikers entstehen zu lassen. Deshalb werden vorzugsweise er, seine Kollegen und Schüler sowie Familienmitglieder selbst zu Wort kommen.

Das in der Abbildung 2.1 wiedergegebene Porträt ist das älteste dem Verf. bekannte Foto von Weierstraß.

2.2 Arbeiten zur Biographie von Weierstraß

Es ist wiederholt mit Unverständnis registriert worden, dass es die Berliner Akademie versäumt hat, Weierstraß wie auch Kummer einen Nachruf zu widmen, eine Pflicht, die sie etwa Jacobi, Dirichlet und Kronecker gegenüber erfüllt hat. Schwarz, Schüler von Weier-

---

2   ABBAW, Nachlass Schwarz, Nr. 1175.
3   Zu den elliptischen und Abel'schen Funktionen siehe den Beitrag von P. Ullrich.
4   Siehe dazu den Beitrag von R. Siegmund-Schultze und den Abschnitt 2.16 unten.

straß und seit 1892 dessen Nachfolger an der Berliner Universität, würde sich als Kandidat für einen Nachruf auf seinen Lehrer anbieten. Ludwig Bieberbach schreibt am 14. März 1925 an Gösta Mittag-Leffler:

> „Es ist leider nicht zu bestreiten, dass Schwarz nach dem Tode von Wei-erstrass es übernommen hatte, auf dem Leibniz-Tag der Akademie die Ge-dächtnisrede zu halten. Er hat aber diese übernommene Verpflichtung, was auch nicht bestritten werden kann, nicht erfüllt. Der Akademie ist dieses Ver-säumnis stets sehr peinlich gewesen. […] Ich würde es nicht für günstig hal-ten, wenn diese peinliche Sache vor der Oeffentlichkeit immer wieder aufge-rührt wird […]. Vielleicht wird es sogar möglich sein, den Weierstrass'schen Werken einen biographischen Band anzufügen." (IML)

Die Idee, Materialien für eine Biographie von Weierstraß zu sammeln und am Schluss der Werkausgabe zu veröffentlichen, findet sich auch in Rudolf Rothes Bericht anlässlich der Publikation des 7. (und letzten) Bandes (über Variationsrechnung) der Werkausgabe. Dazu ist es aber nicht mehr gekommen.

Mittag-Leffler hatte schon 20 Jahre zuvor nicht daran geglaubt, dass Schwarz eine biographische Arbeit über Weierstraß anfertigen wird. In einem Brief vom 5. Juli 1904 schreibt er:[5]

> „Die ganze wissenschaftliche Welt wartet darauf seit 1897 […]. Und sie wer-den immer warten müssen. Schwarz wird es nie thun. Das ist die einstimmige Meinung seiner Berliner Collegen."

Schwarz hat allerdings einige biographische Notizen über Weierstraß gesammelt. Die-se Aufzeichnungen befinden sich in seinem Nachlass im Archiv der Berlin-Brandenbur-gischen Akademie der Wissenschaften (siehe Anhang 2).

Mittag-Leffler hatte im WS 1874/75 und SS 1875 Vorlesungen bei Weierstraß und Kronecker gehört. Seit dieser Studienzeit, die von prägendem Einfluss auf den jungen Schweden ist, steht Mittag-Leffler in ständigem engen Kontakt zu Weierstraß, dem erst der Tod seines verehrten Lehrers ein Ende setzt. Ein Leben lang setzt er sich für die An-erkennung und Verbreitung der Weierstraß'schen Mathematik ein. Er ist es auch, der sich unermüdlich wie kein anderer um den Weierstraß'schen Nachlass bemüht.[6] Es ist ihm zu danken, dass Vieles erhalten geblieben ist, was sonst unwiederbringlich verloren wäre. Mittag-Leffler hatte begonnen, eine wissenschaftliche Biographie über Weierstraß aus-zuarbeiten.[7] Die Akademische Verlagsgesellschaft Leipzig wendet sich am 4. November 1915 an ihn mit der Anfrage, „ob und unter welchen Bedingungen" er eventuell „geneigt wäre", die Bearbeitung einer Weierstraß-Biographie zu übernehmen und nochmals kurz darauf am 10. November mit dem Bemerken, dass „selbstverständlich eine derartig gros-se wissenschaftliche Biographie nicht während des Krieges […] sondern erst nach dem

---

5   An H. Schulz, Oberpostsekretär in Breslau, der sich selbst als „Hausgenosse" von Peter Weierstraß, dem
     Bruder unseres Mathematikers, bezeichnet; von ihm erhält Mittag-Leffler nach Peters Tod (am 7. April
     1904) aus dessen Nachlass zahlreiche Karl Weierstraß betreffende Dokumente.
6   Siehe dazu den Beitrag von M. Rågstedt.
7   Mittag-Leffler an H. Schulz. 24. Oktober 1904. (IML)

Kriege" gedruckt werden kann (in einem späteren Brief vom 5. Oktober 1916: „da das Papier jetzt hier ungemein teuer ist."). Zweifellos wäre Mittag-Leffler gewissermaßen die „natürliche" Person für ein solches Vorhaben gewesen. Jedenfalls ist es bei ungebrochenem Interesse von Seiten des Verlages (soweit mir die Schriftstücke bekannt sind) nicht dazu gekommen, woran Krieg wie auch die gesundheitliche Verfassung Mittag-Lefflers ihren Anteil haben mögen. Allerdings verdankt man ihm die Publikationen (Mittag-Leffler 1902, Mittag-Leffler 1912, Mittag-Leffler 1923a) zur Biographie von Weierstraß.

Eine ganze Reihe von Arbeiten zu einzelnen Aspekten der Biographie und des Werkes von Weierstraß finden sich verstreut in der Literatur. Als ausführlichere Beiträge seien erwähnt: (Behnke und Kopfermann 1966, Biermann 1966a, Bottazzini 1986, Dugac 1973, Klein 1926, Kočina 1985), die Vorlesungseditionen (Weierstraß 1878, Weierstraß 1886) und der Briefwechsel zwischen Weierstraß und Kowalewskaja (Weierstraß und Kowalewskaja 1993).

2.3 Weierstraß über seinen Geburtstag

Über seine Geburt erzählt Karl Weierstraß einmal folgende kleine Geschichte. Als sein 60. Geburtstag herannaht, geben Schwarz und seine Ehefrau Marie zu erkennen, ihm einen Besuch abstatten zu wollen. Weierstraß antwortet Marie Schwarz am 26. Oktober 1875,[8] dass er darin einen Beweis erblicke, ihm eine Freude zu bereiten, fährt dann aber fort:

> „Wollen Sie mir aber gütigst verstatten, den Wunsch auszusprechen, daß mein lieber Freund und College mich zwar so bald als möglich mit seinem Besuche erfreuen möge, nicht aber am künftigen Sonntage und zu dem beabsichtigten Zweck. Das scheint zwar auf den ersten Blick keine sehr artige Antwort auf ein so freundliches Entgegenkommen zu sein – ich bitte aber meine Gründe zu hören. Zunächst gehört es zu meinen […] Eigenthümlichkeiten, daß ich niemals meinen Geburtstag feiere, auch nicht im engsten Familienkreise."

Nach den Erziehungsgrundsätzen seiner Eltern durfte in den Kindern

> „gar nicht die Einbildung geweckt und genährt werden, als ob dem Tage, wo sie das Licht der Welt erblickt, eine besondere Wichtigkeit beizulegen sei."

Mit einem Augenzwinkern fügt er hinzu:

> „Dazu kommt, daß ich eigentlich gar nicht weiß, wann mein Geburtstag ist; ich bin [in] der Nacht vom 31sten Oktober zum 1 November um die Mitternachtsstunde geboren; meine Mutter behauptete, einige Minuten nach 12 Uhr – damit ich ein Sonntagskind sei – mein Vater, der davon nichts wissen wollte, hat den 31sten Oktober in's Kirchenbuch eintragen lassen. Wofür soll ich als pietätvoller Sohn nun mich entscheiden? Ich lasse also besser die Frage ganz fallen."

---

8   ABBAW, Nachlass Schwarz, Nr. 1175 (die folgenden drei Zitate).

Nach dem Eintrag im Kirchenbuch ist Karl Weierstraß also am 31. Oktober 1815 in Ostenfelde, Kreis Warendorf, im Regierungsbezirk Münster geboren worden (der Tag fiel allerdings auf einen Dienstag, so dass in dem vorstehenden Zitat Weierstraß wohl auf den Feiertag Allerheiligen anspielt).

2.4 Jugendbildnis

Im Institut Mittag-Leffler befindet sich das in der Abbildung 2.2 wiedergegebene Jugendbildnis von Weierstraß. Dass dieses Bildnis überhaupt noch existiert, haben wir Mittag-Leffler zu verdanken. Von ihm erfahren wir auch einige Details hierzu. Er berichtet von seinem Besuch bei Peter Weierstraß im Februar 1904 in Breslau:

> „Dieser [Peter] hatte mir bei einem früheren Zusammentreffen, im Sommer des vorhergehenden Jahres, ein Jugendbildnis Karls versprochen, das aus der Bonner Zeit stammte. Dieses Bild hatte eine eigentümliche Vorgeschichte. Kurze Zeit nach Karls Tod war es Peter Weierstrass mit einem Zettel zugegangen, der besagte, daß es von Rechts wegen Peter gehöre. Peter holte nun das Bild heraus, das er in einem Schrank verschlossen verwahrt hielt. [...] er [Peter] war bei meinem Besuch 84 Jahre alt und starb bald darauf im Frühjahr desselben Jahres. [...] Das Porträt, das sich jetzt in meiner Villa, dem zukünftigen mathematischen Institut, in Djursholm befindet, wurde mir gelegentlich dieses Besuches von Peter feierlichst geschenkt."[9]

Abb. 2.2 Jugendbildnis aus Karls Bonner Zeit.

---

9   (Mittag-Leffler 1923a, 15).

(der im Band 6 (1915) der Werkausgabe wiedergegebene Ausschnitt des Jugendbildnisses in schwarz-weiß (ohne jeglichen Hinweis auf die Quelle (!)) stammt von einer Kopie des vorstehend abgebildeten Porträts, die sich im Besitz von Johannes Knoblauch befand).[10]

Mittag-Leffler erwähnt noch, dass das „Ölbild von Weierstrass in seiner blühenden Jugend" aus Berlin abgeschickt wurde und notiert die Frage, ob das Porträt in irgendeinem Zusammenhang mit der Liebesgeschichte von 1846 stehe.[11] Sollte es sich um ein Geschenk für Weierstraß' damalige Verlobte handeln?[12]

2.5 Äußerungen grundsätzlicher Art

In einem am Neujahrstag 1875 geschriebenen Brief an seine Schülerin Sofja Kowalewskaja spricht Weierstraß seine Ansicht zu den Grundsätzen wissenschaftlichen Arbeitens aus:

> „Ich bin mir bewußt, kein wissenschaftlicher Pedant zu sein, und erkenne auch in der Mathematik keine allein seligmachende Kirche an; was ich aber von einer wissenschaftlichen Arbeit verlange, ist, Einheit der Methode, consequente Verfolgung eines bestimmten Plans, gehörige Durcharbeitung des Details und – daß ihr der Stempel selbstständiger Forschung aufgeprägt sei."[13]

Weierstraß nennt die folgende Äußerung, ebenfalls aus dem Jahr 1875, sein „Glaubensbekenntniß".

> „Je mehr ich über die Principien der Functionen-Theorie nachdenke – und ich thue dies unablässig – um so fester wird meine Überzeugung, daß diese auf dem Fundamente einfacher algebraischer Wahrheiten aufgebaut werden muß, und daß es deshalb nicht der richtige Weg ist, wenn umgekehrt zur Begründung einfacher und fundamentaler algebraischer Sätze das „Transcendente", um mich kurz auszudrücken, in Anspruch genommen wird – so bestechend auch auf den ersten Anblick z. B. die Betrachtungen sein mögen, durch welche Riemann so viele der wichtigsten Eigenschaften algebraischer Functionen entdeckt hat. (Daß dem Forscher, so lange er sucht, jeder Weg gestattet sein muß, versteht sich von selbst; es handelt sich nur um die systematische Begründung.)"[14]

---

10 Lampe gibt in einer Rezension an, dass das Bild, das im 6. Band der Werkausgabe wiedergegeben ist, J. Knoblauch von Peter Weierstraß geschenkt wurde (Lampe 1922, 23). Nach Mittag-Lefflers Angaben (Mittag-Leffler 1923a, 17) handelt es sich um eine Kopie des Originals, das er von Peter erhielt.

11 „Har porträtet […] någon sammanhang med Liebesgeschichte af 1846?" (in Mittag-Lefflers Notizen seines Gesprächs mit Peter Weierstraß (Cudowa, 28. Juni 1903 (IML); von diesen Gesprächsnotizen ist ein Teil in die Publikation (Mittag-Leffler 1923a) aufgenommen worden).

12 Weierstraß war in Deutsch-Krone kurze Zeit verlobt. In Aufzeichnungen von Schwarz finden sich Einzelheiten dazu, die auf Mitteilungen von Weierstraß' Bruder Peter beruhen dürften (Datierung: Cudowa, 29. August 1901) und in (Dugac 1973, 167-168) abgedruckt sind.

13 (Weierstraß und Kowalewskaja 1993).

14 Weierstraß an Schwarz. 3. Oktober 1875. ABBAW, Nachlass Schwarz, Nr. 1175.

Er schickt diese Erklärung seinen kritischen Bemerkungen hinsichtlich der Beweismethode in einem Manuskript von Schwarz voraus, dem er mitteilt, dass sein Resultat unter Verwendung „algebraischer Sätze" aus der jüngsten Vorlesung über Abel'sche Funktionen eine „sozusagen selbstverständliche Wahrheit" ist.

Eine weitere Erklärung grundsätzlicher Art finden wir in der von Georg Hettner ausgearbeiteten Vorlesung „Einleitung in die Theorie der analytischen Functionen" vom SS 1874:

> „Wenn wir ein ideales Ziel der Functionentheorie ins Auge fassen, so handelt es sich darum, Functionen, die auf irgend eine Weise, jedoch vollständig definirt sind, auch analytisch darzustellen […] wie es für die algebraischen Curven durch die algebraischen Gleichungen in vollkommenster Weise geschieht. Und ferner muß es gelingen, aus der hinreichenden Definition derselben die Form zu ermitteln, ohne daß wir etwas anderes von der Function kennen, als ihre Definition."[15]

Diesem Grundsatz folgend führt Weierstraß in seinen Vorlesungen elliptische Funktionen nicht etwa, wie heute üblich, als doppeltperiodische meromorphe Funktionen ein, sondern baut einerseits ihre Theorie ausgehend von der Differentialgleichung

$$\left(\frac{dx}{du}\right)^2 = R(x)$$

(mit Polynomen $R(x)$ vom Grad 3 oder 4 ohne mehrfache Nullstellen) auf (so auch in der Werkausgabe (Weierstraß 1894–1927, Band 5) oder geht andererseits von den analytischen Funktionen aus, für die ein algebraisches Additionstheorem besteht. Letzteres sollte den Inhalt eines weiteren Bandes der Werkausgabe ausmachen (Rothe 1928, 440), wozu es aber nie gekommen ist; das ist auch deshalb bedauerlich, weil für diesen Zugang in größerem Umfang als bei dem erstgenannten Sätze der Funktionentheorie erforderlich sind, deren Behandlung durch Weierstraß so zur Darstellung gekommen wäre.

2.6 Die „Weierstraß'sche Strenge": ein Beispiel

Die exakte Begründung der Analysis war Weierstraß ein ständiges Anliegen. Dennoch muss er noch in seinem 70sten Lebensjahr feststellen:

> „Leider finde ich für meine Bemühungen, die Analysis auf fester Basis aufzubauen, bei meinen nächsten Freunden und Collegen kein Verständniß, geschweige denn Unterstützung. Kronecker hat die Abneigung, mit der er Cantors Arbeiten betrachtet, zum Theil auch auf die meinigen übertragen, und Fuchs, dessen Leistungen auf dem Gebiete der linearen Differentialgleichungen in der That bedeutend sind und großen Einfluß ausgeübt haben, […] entwickelt zu viele Ansichten, von denen ich bisher glaubte, daß sie längst widerlegt seien. So hat er kürzlich in der Akademie eine Abhandlung gelesen, worin

---

15 (Weierstraß 1874, 433–434).

er zu zeigen glaubt, daß auch durch gewöhnliche lineare Differentialgleichungen in manchen Fällen Functionen definirt würden, die keine analytische[n] Functionen seien, weil sie für jeden Werth des Arguments jeden beliebigen Werth annehmen könnten. Also immer noch muß wiederholt werden, daß es zwei ganz verschiedene Dinge sind, einen Werth annehmen und einem Werthe beliebig nahe kommen."[16]

Auf diesen Unterschied hat Weierstraß in seinen Vorlesungen immer wieder ausdrücklich hingewiesen, wie beispielsweise in seiner Vorlesung über analytische Funktionen im WS 1865/66 (Mitschrift von Schwarz. 14. November 1865):

> „Es ist ein erheblicher Unterschied, ob eine veränderliche Größe einem Werth beliebig nahe kommen oder ihn wirklich annehmen kann. Dagegen sind oft Versehen gemacht worden, selbst von tüchtigen Mathematikern."[17]

Als Beispiel wird ein Fehlschluss von Legendre angeführt. Hübsch ist auch ein Scheinbeweis der „Parallelen-Theorie". Es ließe sich leicht zeigen, dass die Innenwinkelsumme im Dreieck nicht größer als zwei Rechte sein kann. Aus allen Dreiecken wähle man nun eines mit maximaler Innenwinkelsumme. In der Mitschrift folgt dann nur der Hinweis:

> „Nun kann man den 180° beliebig nahe kommen; – Minimum u. Maximum und untere Grenze u. obere Grenze verwechselt."[18]

In Weierstraß' so folgenreicher Kritik von 1870 der von Riemann als Dirichlet'sches Prinzip bezeichneten und verwendeten Schlussweise geht es genau um diesen Unterschied.

2.7 Pädagogische Grundsätze

Weierstraß' Ansprache bei der Übernahme des Rektorats der Berliner Universität am 15. Oktober 1873 enthält Gedanken zum akademischen Unterricht, die nichts von ihrer Aktualität eingebüßt haben:

> „Der Erfolg des akademischen Unterrichts beruht […] zum großen Theile darauf, daß der Lehrer den Lernenden fortwährend zu eigener Forschung anleitet. Dies geschieht aber nicht etwa durch pädagogische Anweisung, sondern zunächst und hauptsächlich dadurch, daß der Lehrer beim Vortrag einer Disciplin in seiner Darstellung selbst durch Anordnung des Stoffes und Hervorhebung der leitenden Gedanken angemessen den Lernenden erkennen läßt, auf welchem Wege der gereifte und das bereits Erforschte beherrschende Denker folgerichtig fortschreitend zu neuen Ergebnissen oder besserer Begründung schon vorhandener gelangt. Dann versäumt er es nicht, ihm

---

16 Weierstraß an Schwarz. 14. März 1885. ABBAW, Nachlass Schwarz, Nr. 1175.

17 (Weierstraß 1865/66).

18 Sollte die Summe kleiner als zwei Rechte sein, so hätte ein beliebiges Teildreieck (wegen der Additivität des Defektes bezüglich Zerlegungen) einen kleineren Defekt, also größere Innenwinkelsumme, was der Annahme widerspricht. Die maximale Innenwinkelsumme ist daher zwei Rechten gleich und somit ergibt sich die euklidische Geometrie mit dem Parallelenpostulat.

die zur Zeit nicht überschrittenen Grenzen der Wissenschaft zu bezeichnen und diejenigen Punkte anzudeuten, von denen aus ein weiteres Vordringen zunächst möglich scheint. Auch einen tiefern Einblick in den Gang seiner eigenen Forschungen versagt er ihm nicht, verschweigt selbst nicht begangene Irrthümer und getäuschte Erwartungen."[19]

Finden sich diese pädagogischen Grundsätze in seinen Vorlesungen wieder? In der Tat werden wir im Folgenden immer wieder Gelegenheit haben, darauf hinweisen zu können.

2.8 Vorlesungen

Größte Wirksamkeit erreichte Weierstraß durch seine Vorlesungen. Vieles von dem, was dort geboten wurde, war nirgends gedruckt, jüngste eigene Forschungsergebnisse gehörten dazu (s. die Abschnitte „Produktsatz", „Integralbegriff"). Manche empfingen so Anregungen für ihre eigene wissenschaftliche Arbeit, trugen dann ihrerseits zur Verbreitung der Weierstraß'schen Mathematik bei. Auf diese Weise sind Methoden und Forschungsergebnisse Allgemeingut der Mathematiker geworden, auch ohne dass sie in publizierter Form vorlagen. Diese Vorlesungen wurden zu einem Anziehungspunkt für Studenten und bereits ausgebildete Mathematiker des In- und Auslandes. Es wird von bis zu 250 Hörern in seinen Vorlesungen berichtet. Selbst zur anspruchsvollen Vorlesung über Abel'sche Funktionen hat es 200 eingeschriebene Hörer gegeben. Nur Kummer, der allerdings nie Ergebnisse seiner neuesten Forschung einfließen ließ, hatte vergleichsweise derart hohe Hörerzahlen.

Seine erste Vorlesung an der Berliner Universität hielt Weierstraß im WS 1856/57 über „Ausgewählte Kapitel der mathematischen Physik". Über elliptische Funktionen hat er am häufigsten vorgetragen, ziemlich genau alle zwei Jahre (zuerst im SS 1857, zuletzt im SS 1885), denen mit fast gleicher Regelmäßigkeit Vorlesungen über Anwendungen der elliptischen Funktionen in Geometrie und Mechanik folgten (zuerst im WS 1857/58, zuletzt im SS 1879). Über Abel'sche Funktionen, deren Theorie zu begründen und zu entwickeln ein Leben lang im Zentrum seines Schaffens stand, hat er erstmals im SS 1863 vorgetragen, in fast regelmäßigem zweijährigen Zyklus, zuletzt im WS 1881/82. Etwa ebenso oft gehörte die „Einleitung in die Theorie der analytischen Functionen" als Vorbereitung für die elliptischen und Abel'schen Funktionen dazu, erstmals im WS 1863/64, zuletzt im WS 1884/85. Ab SS 1865 kamen die Vorlesungen über Variationsrechnung hinzu, die er nahezu regelmäßig alle zwei Jahre bis zuletzt im SS 1884 gehalten hat.[20] Neben diesen fünf

---

19 (Weierstraß 1894–1927, Band 3, 335–336).

20 In der Werkausgabe [ebd.] ist diese Vorlesung auch noch für das WS 1889/90 angegeben. Weierstraß kann sie aber nicht mehr gehalten haben, da er am 23. Januar 1890 an Schwarz schreibt: „Ich liege nun krank seit Anfang August v[origen] J[ahres]." (ABBAW, Nachlass Schwarz, Nr. 1175), so dass er die Vorlesung im Februar/März 1890 begonnen und abgeschlossen haben müsste, was nach dem im Abschitt „Befinden leidlich" angeführten Briefzitat vom 25. März 1890 ausgeschlossen werden kann (die Vorlesungszeit endete am 15. März 1890; der Januar entfällt wegen eines Briefes von Weierstraß an Kowalewskaja vom 5. Februar 1890 (er habe „seit Ende November das Haus nicht mehr verlassen" (Weierstraß und Kowalewskaja 1993))).

Hauptvorlesungen hat Weierstraß aber auch Vorlesungen zu anderen Themen gehalten, wie z. B. mehrere Male über synthetische Geometrie.

Von der Vorlesung über analytische Funktionen abgesehen, sind die übrigen vier genannten Hauptvorlesungen in der Werkausgabe ediert.

Am 16. Dezember 1861 erleidet Weierstraß während einer Vorlesung einen körperlichen Zusammenbruch. Seine Gesundheit ist so stark angegriffen, dass er erst nach einjähriger Unterbrechung im WS 1862/63 in der Lage ist, seine Vorlesungstätigkeit wieder aufzunehmen. Fortan bleibt er während seiner Vorlesungen sitzen, einer der fortgeschrittenen Studenten übernimmt das Amt des Tafelanschreibers. In der Zeit der Unterbrechung war er nicht untätig gewesen, denn danach

> „überraschte Weierstraß seine Studenten dadurch, daß er in dem angekündigten Kolleg über elliptische Functionen zum erstenmale die Theorie seiner grundlegenden Functionen $\wp(u)$ und $\sigma(u)$ entwickelte."[21]

Der eigentümliche Buchstabe $\wp$, der eine Reminiszenz an Weierstraß' Unterricht sein soll, den er als Gymnasiallehrer kurze Zeit auch im Schönschreiben zu erteilen hatte, tritt übrigens hier noch nicht auf, sondern wird erst ab 1865 verwendet.[22]

Weierstraß war in 27 Promotionsverfahren Erstgutachter. Davon waren 18 Promovierte später als Hochschullehrer oder Wissenschaftler tätig, die übrigen neun gingen ins Lehramt.[23]

2.9 Weierstraß' Konstruktion der reellen Zahlen

Weierstraß' Zahlbegriff basiert (man könnte sagen "ganz stilgetreu") auf dem Konzept der unendlichen Reihe (man kann ja Weierstraß' Funktionentheorie geradezu als Theorie der Potenzreihen ansehen). Eine erste sehr vage Andeutung in dieser Richtung findet sich schon in seiner Vorlesung über Differentialrechnung im SS 1861, die er am Gewerbeinstitut in Berlin (einer Vorläufereinrichtung der späteren Technischen Universität) gehalten hat. Von dieser Vorlesung existiert eine Mitschrift von Schwarz, die zeigt, dass Weierstraß seine Theorie der irrationalen Zahlen vermutlich noch nicht ausgearbeitet hatte, aber bereits Vorstellungen darüber von ihm entwickelt worden waren. Denn in dieser Mitschrift[24] heißt es:

> „Es gibt Größen, die sich durch die Einheit und Theile der Einheit nicht ausdrücken lassen;"[25]

Es existiert zu dieser Vorlesung eine von Schwarz angefertigte maschinegeschriebene (undatierte) Version, die in vielen Details von der Mitschrift abweicht. Er hat den bearbeiteten Text erst sehr viel später im Juni 1888 Weierstraß vorgelegt mit dem Bemerken:

---

21 (Lampe 1899, 40).
22 So Emil Lampe in einer Rezension (Lampe 1922, 25).
23 (Biermann 1966a, 207).
24 (Weierstraß 1861a).
25 d. h. keine rationalen Zahlen sind.

„Meine Ausarbeitung enthält nicht die Anwendungen auf die Untersuchung der Eigenschaften ebener Curven, insbesondere also auch nicht Ihre so befriedigende Theorie der Berührung von Curven. Dagegen wird meine Ausarbeitung wol so manche Ungenauigkeit enthalten; ich bitte Sie, die etwaigen Fehler dem Anfänger zu gute halten zu wollen."[26]

In dieser Version wird dem oben zitierten Satz lediglich hinzugefügt: „bei ihnen wendet man die Form der unendlichen Reihe an" (Weierstraß 1861b, 35). In der Mitschrift wird stattdessen ausführlich am Beispiel der unendlichen geometrischen Reihe $\frac{1}{1-x} = 1+x+x^2+\ldots$ auf den Begriff der Summe einer unendlichen Reihe als Grenzwert der Partialsummen eingegangen. Dabei wird allerdings nirgends ein Zusammenhang zum Zahlbegriff hergestellt. Es sei hinzugefügt, dass Weierstraß in dieser Vorlesung die Existenz des Supremums für nach oben beschränkte Mengen wie selbstverständlich ohne weitere Begründung verwendet. Wie schon erwähnt, kann er nach einem Schwächeanfall während einer Vorlesung im Dezember 1861 erst nach einer einjährigen Pause seine Lehrtätigkeit wieder aufnehmen. Es ist denkbar, dass er in dieser Pause seine Theorie des Zahlbegriffs ausgearbeitet hat. Mittag-Leffler gibt an, dass Weierstraß

„in seinen Berliner Vorlesungen schon zeitiger alles Wesentliche seiner Theorie mitgeteilt haben muss. In jedem Fall muss dieses in den Vorlesungen stattgefunden haben, die er im Winter 1859–60 und im Sommer 1860 über die „Einleitung in die Analysis" hielt [...] und wahrscheinlich schon bei seiner Vorlesung im Sommer 1857 über „Allgemeine Lehrsätze betreffend die Darstellung analytischer Functionen durch convergente Reihen" [...]. Im begrifflichen Besitz seiner Theorie war Weierstrass sicherlich schon in den Jahren 1841 und 1842."[27]

Allerdings führt Mittag-Leffler für seine Behauptungen keinerlei Belege an, sondern belässt es lediglich bei der Bemerkung:

„Indessen dürfte sich jeder, dem die Weierstrasssche Darstellungsweise und die Weierstrassschen Methoden vertraut sind, darüber im Klaren sein [...]." (Ebd.)

Tatsächlich nachweisbar ist die Behandlung des Zahlbegriffs aber erstmals im WS 1863/64 als Weierstraß zum ersten Mal über die Theorie der analytischen Funktionen liest.

Die nachfolgenden Angaben zum Weierstraß'schen Zahlbegriff weichen in der Form von den Originalformulierungen ab, lassen aber die leitenden Gedanken unverändert. Gegenüber den leicht handhabbaren Dedekind'schen Schnitten und den verallgemeinerungsfähigen Cantor'schen Fundamentalfolgen (Cauchyfolgen) ist der Weierstraß'sche Ansatz heutzutage bei der Einführung der reellen Zahlen in den Hintergrund getreten.

Die natürlichen Zahlen werden als gegeben vorausgesetzt. Die positiven rationalen Zahlen werden aus der „Einheit" 1 und formal aufzufassenden „Teilen der Einheit"

---

26   Schwarz an Weierstraß. 17. Juni 1888. ABBAW, Nachlass Schwarz, Nr. 1254. Wiedergabe in originaler Orthographie.

27   (Mittag-Leffler 1920, 206–207).

$e_n = \frac{1}{n}$ für natürliche Zahlen n konstruiert. Dazu wird unter den endlichen Linearkombinationen $\sum a_n \frac{1}{n}$ mit natürlichen Zahlen a_n (incl. 0) eine Äquivalenzrelation eingeführt, die dadurch entsteht, dass zunächst für zwei Summanden in geeigneter Weise $a\frac{1}{n} + b\frac{1}{m} = c\frac{1}{kgV(n,m)}$ festgelegt (a, b, c natürliche Zahlen) wird und sich daraus sukzessive die entsprechende Festlegung für endlich viele Summanden ergibt. Es gilt z. B. für m Summanden $e_{nm} + \ldots + e_{nm} = e_n$. Die positiven rationalen Zahlen sind die Äquivalenzklassen bezüglich dieser Äquivalenzrelation. Das ist aber noch nicht ausreichend. Auch unendliche Linearkombinationen müssen einbezogen werden, um z. B. $2 = 1 + \frac{1}{2} + \frac{1}{4} + \frac{1}{8} + \ldots$ zu erhalten. Das wird allgemein mit der Definition der Gleichheit zweier (auch unendlicher) Linearkombinationen erledigt. Das Vorgehen basiert – wie beim Dedekind'schen Schnitt – auf der alten Idee von Eudoxos, die in heutiger Terminologie als die Charakterisierung der reellen Zahlen durch rationale Zahlen beschrieben werden kann. Die einzelnen Schritte sind:

1. Für rationale Zahlen r soll $r < \sum a_n \frac{1}{n}$ gelten, falls r kleiner als eine gewisse (und damit endliche) Teilsumme ist.

2. Falls $m < \sum a_n \frac{1}{n}$ für alle natürlichen Zahlen m gilt, heißt $\sum a_n \frac{1}{n}$ „unendlich große Zahlgröße". Für solche „führt es zu keinem Resultat [...] den Begriff der Gleichheit anzuwenden." Weierstraß schließt sie in den folgenden Definitionen aus.

3. Es wird definiert $\sum a_n \frac{1}{n} \leq \sum b_n \frac{1}{n}$, falls alle rationalen Zahlen, die kleiner als $\sum a_n \frac{1}{n}$ sind, auch kleiner als $\sum b_n \frac{1}{n}$ sind.

4. Es wird definiert $\sum a_n \frac{1}{n} = \sum b_n \frac{1}{n}$, falls $\sum a_n \frac{1}{n} \leq \sum b_n \frac{1}{n}$ und $\sum b_n \frac{1}{n} \leq \sum a_n \frac{1}{n}$.

5. Die positiven reellen Zahlen können nun als Äquivalenzklassen (bezüglich der Gleichheitsrelation) beschränkter Reihen definiert werden.

Dieser Konstruktion der positiven reellen Zahlen liegt also die Vorstellung zugrunde, dass jede solche Zahl als Summe rationaler Zahlen erhalten werden kann. Weierstraß weist ausdrücklich darauf hin (besonders deutlich in seiner im SS 1886 gehaltenen Vorlesung über „Ausgewählte Kapitel aus der Functionenlehre"), dass es ein logischer Fehler sein würde, die irrationalen Zahlen als Grenzwert von rationalen Zahlen *definieren* zu wollen. Eine solche Grenzwertaussage wird erst dann sinnvoll, wenn man die reellen Zahlen bereits definiert hat:

> „Wenn wir von der Existenz rationaler Zahlgrößen ausgehen, so hat es keinen Sinn, die irrationalen als Grenzen derselben zu definieren, weil wir zunächst gar nicht wissen können, ob es außer den rationalen noch andere Zahlgrößen gebe."[28]

Die Einführung der negativen reellen Zahlen erfolgt in bekannter Weise durch Paarbildung. Die Rechenoperationen mit diesen Reihen werden in geläufiger Weise definiert. Die grundlegenden Sätze, darunter die Vollständigkeit (jede Cauchy-Folge konvergiert)

---

28 (Weierstraß 1886, 58).

der so konstruierten reellen Zahlen, der Satz vom Supremum (Infimum), die ersten Konvergenzkriterien lassen sich ohne Weiteres beweisen.

Weierstraß hat seine Konstruktion nie publiziert. Sie tritt in seiner Vorlesung „Einleitung in die Theorie der analytischen Funktionen" auf, kann also den diesbezüglichen Mitschriften und Ausarbeitungen entnommen werden, z. B. (Weierstraß 1868, Weierstraß 1874, Weierstraß 1878, Weierstraß 1886). Auf den Weierstraß'schen Zahlbegriff ist in der Literatur in voneinander abweichender und qualitativ unterschiedlicher Weise eingegangen worden, in den älteren – noch zu Lebzeiten von Weierstraß publizierten – Arbeiten (Kossak 1872, Pincherle 1880, Stolz 1885, Biermann 1887) (Weierstraß hat die Darstellungen von Kossak, Pincherle und Biermann als nicht authentische Wiedergabe seiner Theorie kritisiert, zu der von Stolz ist dem Verf. keine Äußerung bekannt[29]) sowie danach in (Dantscher 1908) und (Mittag-Leffler 1920) und später in (Dugac 1973, Kopfermann 1966)[30] und (Tweddle 2011).

Neben Weierstraß hatte auch Richard Dedekind eine Theorie der reellen Zahlen seit Jahren entwickelt, ebenso Georg Cantor, die aber erst 1872 im Druck vorlagen, bis auf Charles Mérays Arbeit, die 1869 erschien, jedoch damals kaum Beachtung gefunden zu haben scheint.

2.10   Satz von Bolzano-Weierstraß

Die Angaben in der Literatur zum ersten Auftreten des Satzes von Bolzano-Weierstraß sind in der Regel vage oder unzutreffend. Der Satz von Bolzano-Weierstraß ist nach meiner Kenntnis des Archivmaterials erstmals in Weierstraß' erster Vorlesung zur Theorie der analytischen Funktionen im WS 1863/64 nachweisbar. In der Mitschrift dieser Vorlesung von Schwarz finden sich die in den Abbildung 2.3 und 2.4 wiedergegebenen Notizen[31] (offenbar so von Weierstraß in der Vorlesung formuliert).

Es werden beschränkte unendliche Punktmengen der komplexen Zahlenebene betrachtet. Für sie wird in der vertrauten Weise durch Bildung einer Folge von ineinander geschachtelten beliebig klein werdenden Quadraten das in der Abbildung 2.4 wiedergegebene „Lemma" bewiesen:

> „Gibt es eine ∞ Reihe von Größen, die im Endlichen Bereich liegen, so muß es nothwendig mindestens einen Punkt geben, in dessen Umgebung ∞ viele liegen;"

Das ist der Satz von Bolzano-Weierstraß für jene Punktmengen, wenn auch von Schwarz nicht korrekt formuliert (aber gewiss richtig verstanden; man beachte dabei, dass es sich um eine Mitschrift handelt). Es muss natürlich heißen, dass in jeder Umgebung jenes Punktes unendlich viele Punkte der vorgegebenen Punktmenge liegen (oder man liest „Umgebungen"; die Formulierung „Häufungspunkt" tritt noch nicht auf).

---

29   Siehe dazu den Abschnitt „Mit den gewöhnlichen Ansichten nicht übereinstimmend I".
30   Die vorstehend beschriebene Konstruktion folgt im Wesentlichen der in dieser Publikation gegebenen.
31   Die drei Zitate zu den Faksimiles: Undatiert. ABBAW, Nachlass Schwarz, Nr. 29. Die Wiedergabe der beiden Faksimiles erfolgt mit freundlicher Genehmigung des Archivs der Berlin-Brandenburgischen Akademie der Wissenschaften.

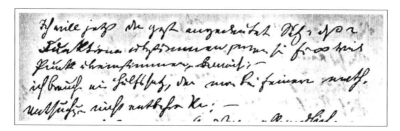

Abb. 2.3 „[…] ich brauche einen Hülfssatz, den man bei feineren mathematischen Untersuchungen nicht entbehren kann;"

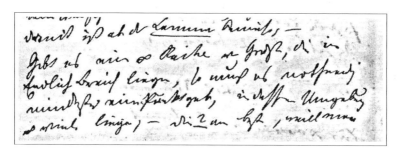

Abb. 2.4 Der Satz von Bolzano-Weierstraß (Wintersemester 1863/64; frühester dem Verf. bekannter Nachweis).

Weierstraß verwendet diesen „Hülfssatz" zum Beweis des Identitätssatzes für Potenzreihen:

> „Ich will jetzt den gestern angedeuteten Satz, daß 2 Funktionen übereinstimmen, wenn sie für ∞ viele Punkte übereinstimmen, beweisen;"[32]

Übrigens gehörte Georg Cantor ebenfalls zu den Hörern dieser Vorlesung. Er war im Herbst 1863 nach Berlin gekommen, wo er bis zum Sommer 1866 blieb. Er war also, wie Schwarz, „von der ersten Stunde an" mit jener Weierstraß'schen Deduktion vertraut.

In späteren Vorlesungen wird die grundsätzliche Bedeutung des „Hülfssatzes" noch stärker hervorgehoben. So in der Vorlesung im Sommer 1886:

> „Wir kommen nun zu der Entwicklung eines Satzes, der nicht nur für einen der wichtigsten der Größenlehre zu halten ist, sondern der überhaupt das notwendige Fundament für die meisten hierher gehörigen Untersuchungen bildet."[33]

Um den Satz von Bolzano-Weierstraß beweisen zu können, ist eine exakte Fassung des Zahlbegriffs Voraussetzung. Und so findet sich folgerichtig in dieser Vorlesung vom WS 1863/64 auch die Einführung des Begriffs der reellen Zahl (wie bereits oben erwähnt,

---

32 Siehe Abbildung 2.3.
33 (Weierstraß 1886, 59).

erstmalig nachweisbar in seinen Vorlesungen).[34] Ob Weierstraß zu diesem Zeitpunkt die in Prag 1817 erschienene Schrift Bolzanos „Rein analytischer Beweis des Lehrsatzes, daß zwischen je zwei Werthen, die ein entgegengesetztes Resultat gewähren, wenigstens eine reelle Wurzel der Gleichung liege" (das entspricht nach heutiger Terminologie dem Nullstellensatz für stetige Funktionen) gekannt hat, ist nicht klar (Bolzanos Name tritt in der Schwarz'schen Mitschrift dieser Vorlesung nicht auf). Der Name Bolzanos in Verbindung mit dem Häufungsstellensatz scheint gedruckt erstmals von Schwarz erwähnt worden zu sein. Man könne „mit Hülfe einer von Bolzano ersonnenen und von Herrn Weierstrass weiter entwickelten Schlussweise" (Schwarz 1872, 221) aus der Stetigkeit (auf kompakten Mengen im $\mathbb{R}^2$) die gleichmäßige Stetigkeit folgern. In der Schrift Bolzanos tritt das damals völlig neuartige Konzept der oberen Grenze, die, falls sie ein Häufungspunkt ist, einen Spezialfall des Satzes von Bolzano-Weierstraß beinhaltet.

Zu weiteren Einzelheiten sei auf (Bölling 2010) verwiesen. Schwarz kannte spätestens 1870 die erwähnte Schrift Bolzanos und hatte sie Cantor zur Einsichtnahme angeboten. Daraufhin schreibt Cantor am 8. April 1870 an Schwarz:

> „Mein lieber Schwarz!
> [...] Du bist so freundlich, mir das Werkchen von Bolzano zum Nachsehen anzubieten; ich danke Dir, aber es wird nicht nöthig sein; ich kenne die darin vorkommende Schlußweise ganz genau, und auf die kommt es ja hauptsächlich an. Ich glaube, daß die Bedenken gegen dieselbe mit der Zeit überwunden werden; sollte das nicht geschehen, so wird mich das nicht bestimmen können, etwas wovon ich durch klare Gründe überzeugt bin, fallen zu lassen, so wenig wie ich irgend einen anderen richtigen und zugleich allgemein anerkannten Satz fallen lassen könnte. – Die Pointe in den Einwänden, welche gemacht werden, scheint darauf gelegt zu werden, daß man bei der Form, in welcher die obere und untere Gränze dargestellt wird, etwa bei der folgenden: $g = c\left(\frac{\lambda_1}{2} + \frac{\lambda_2}{4} + \dots\right)$ (in welcher die λ nur 0 oder 1 sein können, und jedes λ bestimmt ist)[,] die Kenntniß des Gesetzes, welches in der Reihe $\lambda_1, \lambda_2, \lambda_3 \dots$ herrscht, vermißt; daß dieses Gesetz im Allgemeinen unbekannt bleibt[,] daß man sogar in den meisten Fällen nicht im Stande ist, die Reihe der λ bis zu einem gewissen Gliede hin aufzustellen, kann nicht geläugnet werden; es ist aber diese ganze Frage eine fremdartige, nicht zur Sache gehörige. Sobald man nur weiß, daß die Reihe der λ <u>auf irgend eine Weise</u> bestimmt ist, so daß sie nur eine und keine andere ist, so ist damit auch eine bestimmte, von jeder anderen verschiedene Zahlengröße g gegeben, als Gränze jener unendlichen Reihe. Auf die <u>Existenz</u> von g kommt es aber bei Bolzano allein an, nicht auf dessen <u>Berechnung</u>."[35]

Die von Cantor angegebene Reihe entsteht auf folgende Art beim Beweis des Satzes von Bolzano-Weierstraß für das Intervall $[0, c]$: beginnend mit dem Intervall $[0, c]$ halbiere man fortgesetzt jeweils ein Intervall, das unendlich viele Punkte enthält; die Summe der ersten n Summanden ist die kleinste Zahl aus dem nach der n-ten Halbierung vorlie-

---

34 Vgl. Abschnitt „Zahlbegriff".
35 (Bölling 1997a, 57–58).

genden Intervall. Die Summe der unendlichen Reihe liefert gerade einen Häufungspunkt, dessen Existenz nachzuweisen war.

Aus heutiger Sicht mag vielleicht verwundern, dass der Satz von Bolzano-Weierstraß oder die Begriffe Infimum und Supremum (bei Weierstraß „untere" bzw. „obere Grenze") Anlass zu kritischen Äußerungen gaben. Als prominentester Kritiker meldet sich Kronecker zu Wort. Cantor hatte in zwei Arbeiten aus dem Jahr 1870 folgende Eigenschaften der Menge der reellen Zahlen verwendet: 1) Wenn eine beschränkte unendliche Folge reeller Zahlen einen einzigen Häufungspunkt besitzt, so ist sie konvergent. 2) Eine in einem abgeschlossenen Intervall stetige Funktion nimmt ihre obere Grenze an. Cantor referiert diese Aussage als einen in den Vorlesungen des Herrn Weierstraß häufig vorkommenden und bewiesenen Satz.[36]

Hierauf nimmt Kronecker in einem Brief an Schwarz vom 3. Juni 1870 Bezug:

> „Andrerseits beruht beruht die Cantorsche Deduktion auf dem auch von Ihnen angewendeten Weierstraßschen „Beweisverfahren" mit der „oberen oder unteren Grenze", welches ich ebensowenig gelten lasse wie die weit offenbareren Bernard Bolzanoschen Trugschlüsse. […] Alle solche allgemeinen Sätze haben ihre Schlupfwinkel, wo sie nicht mehr gelten. […] Mir ist es – wie gesagt – ganz klar geworden, daß die Weierstraßsche Behauptung der Existenz einer „oberen Grenze" in jener Allgemeinheit unbeweisbar (vielleicht auch nicht wahr) […] ist."[37]

Mehr zu Kroneckers Grundpositionen im Abschnitt „Kronecker".

Man hat sich bei diesen Diskussionen zu vergegenwärtigen, dass zum damaligen Zeitpunkt die von Weierstraß vertretenen Prinzipien beim Aufbau der Analysis nicht im Druck vorlagen. Eben diesem Mangel abzuhelfen veröffentlichte Eduard Heine 1872 „Die Elemente der Functionenlehre", der ersten Publikation über die Grundlagen der Analysis nach Weierstraß überhaupt, in der es heißt:

> „Das Fortschreiten der Functionenlehre ist wesentlich durch den Umstand gehemmt, dass gewisse elementare Sätze derselben, obgleich von einem scharfsinnigen Forscher bewiesen, noch immer bezweifelt werden, so dass die Resultate einer Untersuchung nicht überall als richtig gelten, wenn sie auf diesen unentbehrlichen Fundamentalsätzen beruhen."[38]

Und auch darin folgt er jenem „scharfsinnigen Forscher" (beim Beweis des Nullstellensatzes):

> „Es schien zweckmässig, selbst auf Kosten der Kürze, beim Beweise geometrische Anschauungen auszuschliessen."[39]

Heine unterscheidet präzise zwischen punktweiser und gleichmäßiger Stetigkeit und zeigt die Übereinstimmung beider Begriffe für kompakte Intervalle. Zu den Sätzen über stetige

---

36 Zu mehr Einzelheiten siehe (Bölling 1997a, 54 ff.); vgl. die nachfolgenden Bemerkungen zu Heine.
37 (Bölling 1997a, 55).
38 (Heine 1872, 172).
39 Ebd., 185; vgl. Abschnitt „Rolle der Geometrie".

Funktionen gehört der Extremwertsatz, der häufig als „Satz von Weierstraß" bezeichnet wird (vielleicht gerade aufgrund dieser Publikation), allerdings erstmals schon bei Bolzano auftritt, s. (Bölling 2010). Bolzano verwendet in seinem Beweis die Existenz eines Häufungspunktes, wie er sich aus dem Satz von Bolzano-Weierstraß ergibt; sein Nachweis ist – bis auf die nicht thematisierte Vollständigkeitseigenschaft der reellen Zahlen – einwandfrei.

2.11 Merkwürdiges zum Mittelwertsatz der Differentialrechnung

Bekanntlich nimmt seit Cauchy der Mittelwertsatz beim Aufbau der Differentialrechnung einer reellen Veränderlichen eine zentrale Stellung ein. Im *Calcul infinitésimal* (1823) tritt er in der Form auf, dass für eine im Intervall $[a, b]$ differenzierbare Funktion $f(x)$ der Differenzenquotient $\frac{f(b)-f(a)}{b-a}$ zwischen dem kleinsten Wert A und dem größten Wert B der Ableitung $f'(x)$ in dem Intervall liegt. Falls die Ableitung stetig ist, fügt ein Corollar hinzu, wird der Differenzenquotient von der Ableitung angenommen und der Mittelwertsatz erhält die uns geläufige Form. Der heute übliche Beweis dieser Aussage durch Zurückführung auf den Satz von Rolle für eine auf $[a, b]$ stetige und in (a, b) differenzierbare Funktion findet sich bereits in Joseph Alfred Serrets Buch *Cours de calcul différentiel et intégral*, wo er ihn Pierre Ossian Bonnet zuschreibt (Serret 1868, 17–19). Ausdrücklich hebt Serret hervor, dass die Stetigkeit der Ableitung nicht vorausgesetzt wird (ebd., 19). Genau in dieser Cauchy'schen Formulierung (sogar mit denselben Buchstaben A und B) tritt der Mittelwertsatz als „Hauptlehrsatz" in Weierstraß' Vorlesung im Sommer 1861 auf. Es wird auch der Satz von Rolle (ohne diese Namensnennung) angegeben, ebenfalls unter der (unnötigen) Voraussetzung einer stetigen Ableitung, obwohl der Beweis gar keinen Gebrauch davon macht. Es ist merkwürdig, dass dennoch in beiden Sätzen die Stetigkeit der Ableitung vorausgesetzt wird,[40] zumal sich von der geometrischen Anschauung her der Mittelwertsatz durch Rotation aus dem Satz von Rolle ergibt. Eine Skizze zum Mittelwertsatz (oder Satz von Rolle) hätte das unmittelbar offenbart. Eine solche hat der Verf. in den ihm bekannten Vorlesungsmitschriften allerdings auch nirgends entdeckt (vgl. den Abschnitt „Geometrie").

Zum Beweis des Mittelwertsatzes wird in besagter Vorlesung der Satz von Rolle ebenfalls herangezogen. Die einzelnen Schritte sind: Behauptung 1: Ist $f'(x_0) \neq 0$ für ein $x_0 \in (a, b)$, so gibt es in jeder Umgebung von x_0 Funktionswerte $f(x)$ mit $f(x) > f(x_0)$ und solche mit $f(x) < f(x_0)$. Zum Beweis wird nur die Definition der Ableitung benötigt. Behauptung 2: Satz von Rolle. Der Beweis erfolgt mittels der Behauptung 1. Durch Anwendung des Satzes von Rolle folgt Behauptung 3: Ist $f'(x) > 0$ für alle $x \in (a, b)$, so ist f streng monoton wachsend (analog streng monoton fallend, wenn die Ableitung negativ bleibt). Daraus folgt die Aussage über den oben angegebenen Differenzenquotienten durch Ableitung der Hilfsfunktionen $A(x - a) - (f(x) - f(a))$ und $B(x - a) - (f(x) - f(a))$.

---

40 Hierauf hat Craig Smoryński (Westmont (Illinois)) aufmerksam gemacht, was den Verf. zu seinen Recherchen veranlasste. Das Thema wird auch in einer geplanten Buchpublikation über den Mittelwertsatz von Smoryński aufgegriffen.

Bei der Durchsicht der mir bekannten Mitschriften bzw. Ausarbeitungen von Weierstraß-Vorlesungen hat sich herausgestellt, dass der Mittelwertsatz (sofern er vorkommt) stets mit der Voraussetzung der Stetigkeit der Ableitung auftritt. So auch noch in der Vorlesung vom Sommer 1874. In der Tat merkwürdig. In der Hettner-Ausarbeitung dieser Vorlesung heißt es, Weierstraß will auf den Beweis

> „später zurückkommen, wenn wir zeigen, daß eine stetige Function zwar nicht immer eine Ableitung hat, wohl aber daß sie selbst die Ableitung einer stetigen Function ist."[41]

Es geht also um Cauchys Meisterstück, dass jede stetige Funktion f integrierbar ist (im Sinne Cauchys) und das Integral als Funktion der oberen Grenze eine Stammfunktion von f liefert. In Hettners Ausarbeitung ist der angekündigte Nachweis nicht vorhanden, wie überhaupt Integralrechnung gar nicht vorkommt.

In den Vorlesungen von 1878 (Weierstraß 1878) und 1886 (Weierstraß 1886) tritt der Mittelwertsatz der Differentialrechnung nicht mehr auf.

Ganz allgemein ist festzustellen, dass Weierstraß nach der Vorlesung vom Sommer 1861 keine Vorlesung mehr nur zur reellen Analysis gehalten hat. In der „Einleitung zur Theorie der analytischen Funktionen" werden der Zahlbegriff und der Satz von Bolzano-Weierstraß regelmäßig behandelt, aber schon die sich anschließenden Basissätze wie der Zwischenwertsatz, Extremwertsatz oder Mittelwertsatz werden teilweise nur noch ohne Beweis erwähnt oder kommen gar nicht vor. Weierstraß entwickelt die Grundlagen hauptsächlich im Blick auf die analytischen Funktionen, weniger um des systematischen Aufbaus einer reellen Analysis um ihrer selbst willen. Das schließt natürlich nicht aus, dass er auf Probleme der reellen Analysis eingeht (z. B. Stetigkeit und Differenzierbarkeit, Integralbegriff).

2.12   „Mit den gewöhnlichen Ansichten nicht übereinstimmend"

Noch 1880 hält es Weierstraß für angebracht, in seiner „Functionenlehre" zu bemerken:

> „Ich habe in meinen Vorlesungen über die Elemente der Functionenlehre von Anfang an zwei mit den gewöhnlichen Ansichten nicht übereinstimmende Sätze hervorgehoben, nämlich:
>
> 1. dass man bei einer Function eines reellen Arguments aus der Stetigkeit derselben nicht folgern könne, dass sie auch nur an einer einzigen Stelle einen bestimmten Differentialquotienten, geschweige denn eine – wenigstens in Intervallen – ebenfalls stetige Ableitung besitze;
>
> 2. dass eine Function eines complexen Arguments, welche für einen beschränkten Bereich des letzteren definirt ist, sich nicht immer über die Grenzen dieses Bereichs hinaus fortsetzen lasse; und dass die Stellen, für welche die Function nicht definirbar ist, nicht bloss einzelne Punkte, sondern auch Linien und Flächen bilden können."[42]

---

41   (Weierstraß 1874, 325).
42   (Weierstraß 1894–1927, Band 2, 221); im Original mit Hervorhebungen.

2.13 „Mit den gewöhnlichen Ansichten nicht übereinstimmend" I

Zum ersten angeführten Punkt. Die von Weierstraß in seinem Akademie-Vortrag am 18. Juli 1872 vorgestellte Funktion $f(x) = \sum_{n=0}^{\infty} b^n \cos a^n \pi x$, die für $0 < b < 1$ eine auf $\mathbb{R}$ stetige Funktion definiert, von der er nachweist, dass sie unter der zusätzlichen Bedingung $ab > 1 + \frac{3}{2}\pi$ mit ganzzahligem ungeraden a an keiner Stelle differenzierbar ist, sorgte für großes Aufsehen. Nun war endgültig festgestellt, dass die seinerzeit verbreitete Ansicht, Stetigkeit ziehe – bis auf höchstens isoliert liegende Ausnahmen – Differenzierbarkeit nach sich, unzutreffend ist.

Bei nächster Gelegenheit, in seiner Vorlesung „Einleitung in die Theorie der analytischen Functionen", im Sommer 1874, geht Weierstraß ausführlich auf seine Funktion ein. Es wird auch darauf hingewiesen, dass die Beschränkungen für a in der angegebenen Form nicht notwendig sind, aber den Beweis vereinfachen (es reicht, $ab > 1$ für ungerades a zu fordern (Weierstraß 1874, 267–268). In einem Brief an Leo Koenigsberger vom 10. Februar 1876 weist Weierstraß darauf hin, dass das Ergebnis unter der noch allgemeineren Voraussetzung $a > 1, 1 > b \geq \frac{1}{a}$ (a nicht notwendig ganzzahlig) bestehen bleibt; es sei „der Beweis dann etwas weitläufiger", er besitze aber „keine Aufzeichnung davon" (Weierstraß an Koenigsberger 1923, 231).

Noch Jahre danach muss Weierstraß feststellen, dass der Grundbegriff der Differenzierbarkeit nicht richtig aufgefasst wird.[43] So erscheint 1881 eine Arbeit,[44] in der angegeben wird, dass Weierstraß' Funktion an bestimmten Stellen doch differenzierbar ist. Weierstraß' Kommentar:

> „Ich entnehme daraus, dass ich im Glauben, Jedermann wisse, was erforderlich ist, wenn eine stetige Function an einer bestimmten Stelle einen bestimmen Differentialquotienten besitzen soll, am Schlusse des obigen Beweises mich doch zu kurz gefasst haben muss, weswegen ich die folgenden Erläuterungen hinzufüge, welche freilich für die meisten Leser überflüssig sein werden."[45]

Allerdings hat Weierstraß schon Jahre vor seinem Akademie-Vortrag auf die Existenz stetiger nirgends differenzierbarer Funktionen hingewiesen.[46] So findet sich die früheste mir bekannte diesbezügliche Äußerung schon in einer Mitschrift von Schwarz der ersten Vorlesung zur Theorie analytischer Funktionen im Wintersemester 1863/64 (offenbar eine wörtlich wiedergegebene Bemerkung von Weierstraß). Der Passus ist in Abbildung 2.5 wiedergegeben:

---

43 Vgl. Heines Bemerkung im Abschnitt „Satz von Bolzano-Weierstraß".
44 Sogar im angesehenen Crelle'schen Journal (Band 90); man fragt sich, wie das möglich sein konnte (vielleicht spielt der Tod des langjährigen Herausgebers Carl Wilhelm Borchardt 1880 eine Rolle (die Herausgeberschaft übernahmen Weierstraß und Kronecker; beide hatten aber auch schon zuvor an der Herausgabe mitgewirkt)).
45 (Weierstraß 1894–1927, Band 2, 229).
46 Vgl. dazu Anhang 3.

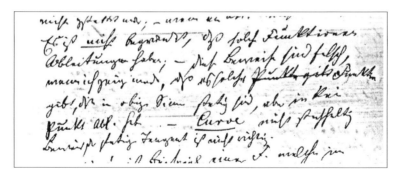

Abb. 2.5 Existenz stetiger, nirgends differenzierbarer Funktionen (Wintersemester 1863/64; frühester dem Verf. bekannter Nachweis).

> „Es ist nicht begründet, daß solche Funktionen Ableitungen haben; – diese Beweise sind falsch, wenn ich zeigen werde, daß es solche Funktionen gibt, die in obigem Sinne stetig sind, aber in keinem Punkt [eine] Ableitung haben."[47]

Abgeschwächte Aussagen findet man in der von Hettner ausgearbeiteten Vorlesung vom Sommer 1874:

> „Functionen, welche die Eigenschaft haben, daß sie an unendlich vielen Stellen Diff[erential]quotienten besitzen, an unendlich vielen dagegen nicht, hat Weierstraß schon sehr lange gekannt."[48]

In dieser Form ist die Aussage allerdings trivial. Ein Beispiel für das wohlbekannte Phänomen unpräziser Formulierungen, mit denen man in Mitschriften, aber auch in Ausarbeitungen stets rechnen muss. Immer wieder äußert sich Weierstraß kritisch über Darstellungen seiner Vorlesungen. In seinem Brief vom 15. April 1871 an Schwarz lesen wir:

> „Beiläufig bemerke ich, daß die von K[iepert] gemachte Bearbeitung meiner Vorlesung über die Elemente der Functionen-Theorie […] viele Ungenauigkeiten enthält, so daß ich deren Verbreitung nicht grade wünschen möchte."[49]

Am 5. April 1885 schreibt Weierstraß an Mittag-Leffler:

> „Sie wissen, wie meine Einleitung in die Functionentheorie von den Herren Kossak und Pincherle verhunzt worden ist."[50]

---

47 Undatiert [in der ersten Lehrveranstaltung]. ABBAW, Nachlass Schwarz, Nr. 29. Die Wiedergabe des Faksimiles erfolgt mit freundlicher Genehmigung des Archivs der Berlin-Brandenburgischen Akademie der Wissenschaften.

48 (Weierstraß 1874, 265).

49 ABBAW, Nachlass Schwarz, Nr. 1175.

50 In (Mittag-Leffler 1920, 206) fehlerhaft datiert (so dass der Verf. den Brief zunächst nicht auffinden konnte und für verschollen hielt) und unvollständig wiedergegeben; ebenso in (Kopfermann 1966, 80) übernommen; im Original: Kossack.

Über das 1887 erschienene Buch „Theorie der analytischen Functionen" von Otto Biermann äußert Weierstraß in einem vom 22. Juni 1888 datierten Brief an Schwarz:

> „Übrigens kann ich das Buch als eine getreue Wiedergabe meiner Vorlesun-
> gen nicht anerkennen."[51]

Aber selbst über die von Hettner und Knoblauch, denen Weierstraß die Abel'schen Funk-
tionen für die Werkausgabe anvertraut hat, vorgenommene Bearbeitung heißt es bei
Mittag-Leffler, dass er weit entfernt war, mit ihrer Abfassung zufrieden zu sein. Mittag-
Leffler traf

> „ihn oft mit der Korrektur der Abelschen Funktionen auf den Knien, tief un-
> glücklich über die nicht zufriedenstellende Art, in der er seinen Vortrag darin
> aufgefaßt und ausgelegt fand."[52]

In dem oben angegebenen Zitat aus der Ausarbeitung von Hettner dürfte gemeint sein,
dass die Stellen der Differenzierbarkeit und die der Nichtdifferenzierbarkeit überall dicht
liegen. Das wird auch durch eine Äußerung von Weierstraß in seinem Brief an Paul du
Bois-Reymond vom 23. November 1873 unterstützt. Weierstraß erwähnt Funktionen $f(x)$
mit der

> „Eigenschaft, für irrationale Werthe von x einen bestimmten D[ifferential]-
> q[uotienten] zu besitzen, nicht aber für rationale [...]" und fügt hinzu „sol-
> che Functionen lassen sich leicht machen, und kenne ich deren schon seit
> langer Zeit."[53]

Noch zwanzig Jahre später klagt Hermite in einem Brief an Stieltjes vom 20. Mai 1893:

> „Aber diese so eleganten Entwicklungen sind mit einem Fluch belegt; [...]
> Die Analysis nimmt mit der einen Hand zurück, was die andere gibt. Ich wen-
> de mich mit Entsetzen und Schrecken von dieser beklagenswerten Wunde
> der stetigen nirgends differenzierbaren Funktionen ab [...]."[54]

An dieser Stelle bietet sich an, über einen „Rettungsversuch" Koenigsbergers zu berichten. Weierstraß' Funktion besitzt in jedem Intervall unendlich viele Maxima und Minima.
Koenigsberger will die Differenzierbarkeit stetiger Funktionen „mit Ausnahme einzelner
Stellen" dadurch retten, dass er sie für stetige Funktionen ausspricht, die in endlichen
Intervallen höchstens endlich viele Maxima und Minima besitzen (so in seinem 1874 erschienenen Buch (Koenigsberger 1874, 13)). Dem widerspricht Weierstraß in seinem Brief
vom 10. Februar 1876 an Koenigsberger durch Angabe einer stetigen Funktion $f(x)$, die
weder Maxima noch Minima besitzt und an allen Stellen einer auf $\mathbb{R}$ überall dicht lie-
genden Menge nicht differenzierbar ist (z. B. für alle algebraischen x (hierfür verwendet
Weierstraß die von Cantor bewiesene Abzählbarkeit der algebraischen Zahlen)) (Weierstraß an Koenigsberger 1923, 231–234).

---

51 ABBAW, Nachlass Schwarz, Nr. 1175.
52 (Mittag-Leffler 1923a, 53).
53 IML; in (Weierstraß an du Bois-Reymond 1923, 200) fehlerhaft transkribiert.
54 Übersetzung; (Bölling 1994a, 69).

Noch besser wäre es, wie Weierstraß bereits ein Jahr zuvor am 16. Dezember 1874 an Schwarz schreibt:

> „eine Function zu erdenken, die stetig und von Maximis und Minimis frei wäre, dabei aber für jeden Werth von x die oben angegebene Eigenschaft besäße [ständig zwischen zwei endlichen Grenzen zu schwanken (und damit nicht differenzierbar zu sein)]. Ich bin überzeugt, es giebt solche Functionen, aber es scheint schwer zu sein, eine aufzufinden."[55]

2.14 „Mit den gewöhnlichen Ansichten nicht übereinstimmend" II

Zum zweiten angeführten Punkt lesen wir in Weierstraß' Vorlesung über analytische Funktionen im Sommer 1864.[56]

> „Man kann nie vorsichtig genug sein; – z. B. ich glaubte früher, daß wenn eine Function durch eine endliche Zahl von Bestimmungen gegeben sei (z. B. algebraische Differentialgleichung) der Bereich des Argumentes ein unbeschränkter ist; z. B. die folgende Function hat diese Eigenschaft nicht $\vartheta(0) = 1 + 2x + 2x^4 + \ldots + 2x^{(n^2)} + \ldots$.[57] Man kommt nicht aus dem Kreise mit Radius 1 heraus (alle Punkte sind Grenzpunkte). Der Beweis ist nicht leicht; er scheint nicht unmittelbar aus dieser Reihe ohne Umständlichkeit abgeleitet werden [zu] können."

Einen Beweis, dass die angegebene Reihe den Rand des Einheitskreises als natürliche Grenze hat (über diesen Rand hinaus also nicht analytisch fortsetzbar ist), publiziert Weierstraß 1880 unter Verwendung von Transformationseigenschaften einer Thetareihe (Weierstraß 1894–1927, Band 2, 201–230); mehr dazu auch in (Ullrich 1997, 253 ff.). Das ist zugleich ein Beispiel zum Thema „getäuschte Erwartungen" des Pädagogen Weierstraß (s. o.).

Nach Notizen von Felice Casorati über ein Gespräch mit Weierstraß am 22. Oktober 1864 ist die obige Funktion von Kronecker als Beispiel dafür angegeben worden, dass die natürliche Grenze eine zusammenhängende Linie sein kann (Neuenschwander 1978, 79–80); (Bottazzini 1986, 263–264).

2.15 Produktsatz

Der Produktsatz ist ein Beispiel dafür, dass Weierstraß jüngste Ergebnisse seiner Forschung unmittelbar in seine Vorlesungen einfließen lässt. Am 16. Dezember 1874 schreibt er seiner Schülerin Sofja Kowalewskaja:

---

55 ABBAW, Nachlass Schwarz, Nr. 1175.

56 Mitschrift von Schwarz (undatiert [erste Lehrveranstaltung]; ABBAW, Nachlass Schwarz, Nr. 31). Dass die Vorlesung vom Wintersemester 1863/64 im Sommersemester fortgesetzt wurde, ist im Vorlesungsverzeichnis der Werkausgabe nicht angegeben.

57 Bezieht sich auf die Jacobi'sche Thetareihe $\vartheta_3(x, q) = 1 + 2q \cos 2x + 2q^4 \cos 4x + 2q^9 \cos 6x + \ldots$ (in Jacobis Bezeichnungsweise).

„Was den Erfolg meiner Arbeit angeht, mit dem ich nicht ganz unzufrieden bin, so will ich Dir Einiges davon mittheilen. Zunächst hatte ich, mit Rücksicht auf meine Vorlesungen, eine Lücke in der Functionen-Theorie auszufüllen. Du weißt, es war bisher folgende Frage unerledigt. „Giebt es, wenn eine unendliche Reihe von Größen $a_1, a_2, a_3, \ldots \infty$ beliebig angenommen wird, stets eine transcendente ganze Function einer Veränderlichen (x) von der Beschaffenheit, daß dieselbe für $x = a_1, a_2, \ldots$ verschwindet – und zwar so, daß die zugehörige Ordnungszahl für jede dieser Größen $= \lambda$ ist, wenn dieselbe λ mal in der Reihe vorkommt – für jeden andern Werth von x aber nicht. Nothwendig für die Beantwortung dieser Frage in bejahendem Sinne ergiebt sich sofort die Bedingung, daß a_n, sobald n eine gewisse Grenze überschreitet, dem absoluten Betrage nach beständig größer sein muß als eine willkürlich gegebene Größe; ich konnte aber bisher nicht beweisen, daß die Erfüllung dieser Bedingung genügend sei. Die Frage erledigt sich jetzt durch folgenden Satz."[58]

Weierstraß formuliert dann seinen Produktsatz. Zu der Folge (a_n) wird eine Folge (ν_n) ganzer Zahlen $\nu_n \geq 0$ so gewählt, dass

$$\sum_{n=1}^{\infty} \left| \frac{x}{a_n} \right|^{\nu_n + 1}$$

für alle x konvergiert (was auf „mannigfaltige Weise" möglich ist). Dann konvergiert das unendliche Produkt

$$\prod_{n=1}^{\infty} \left(1 - \frac{x}{a_n} \right) e^{x + \frac{x^2}{2} + \ldots + \frac{x^{\nu_n}}{n}}$$

und stellt eine auf $\mathbb{C}$ ganze Funktion dar, die genau an den Stellen a_n mit den entsprechenden Ordnungen verschwindet.

Weierstraß bemerkt hierzu, dass es ihm „erst nach manchen vergeblichen Versuchen" gelungen sei, diese Lücke zu schließen.[59] Schon mit Beginn seiner Vorlesungen über analytische Funktionen im WS 1863/64 geht Weierstraß darauf ein, auf $\mathbb{C}$ ganze Funktionen mit unendlich vielen vorgegebenen Nullstellen a_n (vorgegebener Vielfachheit) zu bestimmen. Dort tritt der Satz auf: Wenn

$$\sum_{n=1}^{\infty} \frac{1}{a_n^{\lambda}}$$

für eine gewisse natürliche Zahl λ konvergiert, so definiert das unendliche Produkt

$$\prod_{n=1}^{\infty} \varphi(x|a_n) \quad \text{mit} \quad \varphi(x|a) = \left(1 - \frac{x}{a} \right) e^{\frac{x}{a} + \ldots + \frac{1}{\lambda - 1} \left(\frac{x}{a} \right)^{\lambda - 1}}$$

---

58   (Weierstraß und Kowalewskaja 1993).
59   (Weierstraß 1894–1927, Band 2, 85).

(falls $a \neq 0$; kommt $a_n = 0$ vor, so muss das Produkt mit einem Faktor x^m (entsprechend der Vielfachheit) multipliziert werden) eine auf $\mathbb{C}$ ganze Funktion, die genau die Nullstellen a_n hat (jede Nullstelle tritt dabei so oft auf, wie es ihrer Vielfachheit entspricht).[60]

Und hier können wir erneut an den Pädagogen erinnern, dass der Lehrer nicht versäume, die zur Zeit nicht überschrittenen Grenzen zu bezeichnen. In der nächsten Vorlesung nämlich über analytische Funktionen im WS 1865/66 finden sich in der Mitschrift von Schwarz (unvollständig) formulierte Notizen, die der Verf. so interpretiert, dass nach Weierstraß die Theorie „vollkommen" wäre, wenn auch die Umkehrung zuträfe, d. h. die Existenz der auf $\mathbb{C}$ ganzen Funktion die Konvergenz der angegebenen Reihe (für ein λ) nach sich zöge. Aber, so Weierstraß, „[das ist] nicht der Fall, [und] so kann man noch kein allgemeines Bildungsgesetz angeben."[61] Ergänzend sei hinzugefügt, dass Weierstraß im SS 1878 in seiner Vorlesung doch folgende Umkehraussage bringt:

„Ist $\prod \left(1 - \frac{x}{a_\nu}\right) e^{G_\nu(x)}$ convergent und $G_\nu(x)$ ganze rationale Funktion,

deren Grad die Zahl λ nicht überschreitet, so muß $\sum \left|\frac{1}{a_\nu}\right|^\lambda$ convergent sein."[62]

Die entscheidende Anregung für den Produktsatz scheint Weierstraß aus der Darstellung des Kehrwertes

$$\frac{1}{\Gamma(x)} = x \prod_{n=1}^{\infty} \left(1 + \frac{x}{n}\right) \left(1 + \frac{1}{n}\right)^{-x} = x \prod_{n=1}^{\infty} \left(1 + \frac{x}{n}\right) e^{-x\log\left(1 + \frac{1}{n}\right)}$$

der Gamma-Funktion als unendliches Produkt gewonnen zu haben („diese Function weist auf den Weg hin, der zum Ziele führt"[63]). Ein solches Produkt verwendete bereits Euler (1729) bei seiner Interpolation der Fakultäten. In dem Brief an Kowalewskaja heißt es weiter:

> „Der Beweis des Satzes läßt sich ganz elementar führen; Du wirst ihn nicht verfehlen, wenn Du aus Deinem ellipt[ischen] Heft das Kapitel über die Darstellung ganzer trans[cendenter] Functionen durch unendliche Producte zu Hülfe nimmst."

(Bei dem „Heft" dürfte es sich um eine Vorlesungsmitschrift handeln.) Danach wird das eigentliche Motiv deutlich:

> „Daran knüpft sich weiter der folgenreiche (in meiner Theorie der Abel'schen F[unctionen] noch als bis jetzt unerwiesen hingestellte) Satz: Jede eindeutige analytische Function von x, die für jeden endlichen Werth dieser Größe den Charakter einer rationalen Function besitzt [d. h. in heutiger Terminologie eine meromorphe Funktion ist], läßt sich stets darstellen als Quotient zweier gewöhnlicher, beständig convergirender Potenzreihen."

---

60 Undatiert. ABBAW, Nachlass Schwarz, Nr. 30.
61 ABBAW, Nachlass Schwarz, Nr. 35.
62 (Weierstraß 1878, 151); die Grade sollten kleiner als die ganze Zahl λ sein (ebd., Fußn. 3).
63 (Weierstraß 1894–1927, Band 2, 91).

Weierstraß bemerkt in seinem Brief, dass er darüber „vorgestern" in der Akademie gelesen habe. Eine diesbezügliche Publikation erscheint erst 1877, nachdem er am 16. Oktober 1876 erneut in der Akademie über diesen Gegenstand vortrug. In seine Vorlesung hat er den Produktsatz mit weiteren daraus sich ergebenden Sätzen indessen sofort aufgenommen („[darüber] habe ich bereits im Herbst 1874 in meinen Universität-Vorlesungen ausführlich vorgetragen"[64] (Weierstraß las im WS 1874/75 über elliptische Funktionen.)).

Damit ist ein schöner – Weierstraß würde wohl *befriedigender* sagen – Abschluss erreicht: Ist $p(x)$ die nach Weierstraß konstruierte auf $\mathbb{C}$ ganze Funktion mit den vorgegebenen Nullstellen, so ist jede andere auf $\mathbb{C}$ ganze Funktion mit denselben Nullstellen und dazugehörigen Ordnungen von der Form $e^{g(x)}p(x)$, worin $g(x)$ irgendeine auf $\mathbb{C}$ ganze Funktion ist. Ganz entsprechend ist jede meromorphe Funktion von der Form $e^{g(x)}\frac{p(x)}{q(x)}$, worin $q(x)$ entsprechend genau die Pole der meromorphen Funktion mit ihren Ordnungen als Nullstellen hat (das ist die Darstellung, auf die Weierstraß in seinem Brief hinweist).

Mittag-Leffler ist Hörer jener Vorlesung im Herbst 1874. Der Produktsatz veranlasst ihn, die analoge Aufgabe zu untersuchen, wenn statt der Nullstellen die Hauptteile vorgegeben sind. Das Ergebnis ist sein bekannter Partialbruchsatz.

Jahre später berichtet Weierstraß seiner Schülerin in einem vom 9. Juni 1881 datierten Brief von seinem Besuch in Göttingen:

> „Bei dieser Gelegenheit erfuhr ich ein Curiosum. Herr Betti soll behaupten, der Satz, daß eine transcendente ganze Function mit vorgeschriebenen Nullstellen [existirt], von denen in einem endlichen Bereiche auch nur eine endliche Anzahl enthalten ist, gebühre eigentlich ihm; denn er hätte, um ihn zu beweisen, nur auf den Gedanken zu kommen gebraucht, die ganze Function, welche in der jedem Linearfactor beizugebenden Exponentialgröße vorkommt, nicht für alle Factoren von demselben Grade anzunehmen. Wie traurig, daß die richtigen Gedanken sich nicht immer zur richtigen Zeit einstellen."[65]

Zu Betti in diesem Zusammenhang sei auf (Ullrich 1989, 166) verwiesen.

2.16   Weierstraß' Integralbegriff

Zur Ausdehnung seines berühmten Approximationssatzes (auf kompakten Mengen im $\mathbb{R}^n$ stetige Funktionen können durch Polynome gleichmäßig approximiert werden) auf unstetige Funktionen benötigte Weierstraß eine Erweiterung des Begriffs des bestimmten Integrals für beschränkte Funktionen. Er schreibt am 16. Mai 1885 an Sofja Kowalewskaja:

> „Denke Dir, ich bin [...] in die Theorie der Functionen mit reellen Argumenten gerathen. Es haben sich mir dabei einige interessante Resultate er-

---

64   Ebd., 101.
65   (Weierstraß und Kowalewskaja 1993).

geben, worüber ich im folgenden Monat etwas veröffentlichen werde.[66] [...]
Die Riemann'sche Definition von $\int_a^b f(x)\, dx$, welche man als die allgemeins-
te denkbare angesehen hat, ist <u>unzulänglich</u>. Es ergiebt sich vielmehr Folgen-
des: Es sei $f(x)$ eine in dem Intervall $a \leq x \leq b$ eindeutig definirte Function der reellen Veränderlichen. Dabei wird zugelassen, daß es zwischen a, b
unendlich viele Werthe geben kann, für die $f(x)$ gar nicht definirt ist, ebenso, daß Unstetigkeits-Stellen in abzählbarer oder unabzählbarer Menge vorhanden sein dürfen. Angenommen wird nur, daß in jedem noch so kleinen
Theile des Intervalls $a \ldots b$ Stellen vorhanden sind, an denen die Function
definirt ist, sowie auch, daß der Werth der Function eine angebbare Grenze nirgends übersteige. Dann läßt sich stets eine Definition von $\int_a^b f(x)\, dx$
angeben, bei der alle Eigenschaften des Integrals, die aus der Cauchy'schen
und Riemann'schen Definition sich ergeben, bestehen bleiben. Man kann dies
sehr einfach aus dem von Cantor im 4ten Bande der Acta festgestellten Begriff des <u>Inhalts</u> einer beliebigen Punktmenge folgern."[67]

Weierstraß bezieht sich auf den in (Cantor 1884b) publizierten Auszug aus einem Brief
Cantors an Mittag-Leffler. Cantor hatte in dem sechsten und letzten Teil seiner Aufsatz-
folge über unendliche lineare Punktmannigfaltigkeiten (Cantor 1884b) mit dem Aufbau
einer Theorie des Inhalts (in heutiger Terminologie als „äußerer Inhalt" zu bezeichnen)
begonnen. Weiter heißt es in dem Brief:

> „Ich bin aber ursprünglich durch andere, weitläufigere Betrachtungen dar-
> auf geführt worden." [Weierstraß formuliert dann seinen Approximations-
> satz (auch für unstetige (!) Funktionen der angegebenen Art) nebst Folgerun-
> gen.] „Diese Sätze sehen vielleicht nach etwas aus; sie sind aber sehr <u>trivialer</u>
> <u>Natur</u>."

Mehr zum Hintergrund von Weierstraß' Untersuchungen zum Approximationssatz und
zur Verallgemeinerung des Integralbegriffs in (Siegmund-Schultze 1988).

Einen Eindruck von Weierstraß' Ringen um den Integralbegriff gewähren zwei seiner Briefe an Paul du Bois-Reymond (einer aus dem Jahr 1885 und ein undatierter (wohl
ebenfalls aus dem Jahr 1885)); (Weierstraß an du Bois-Reymond 1923, 214 ff. nebst Anmerkung 15).

Weierstraß' Definition liefert das obere Darboux'sche Integral (siehe die Dissertation (Kleberger 1921)) und ist damit i. a. nicht mehr additiv. Eine Erweiterung des Riemann'schen Integralbegriffs war somit nicht erreicht. In der publizierten Fassung des Approximationssatzes beschränkt sich Weierstraß nur auf stetige Funktionen, benötigt also
keinen erweiterten Integralbegriff, so dass sich nichts von den diesbezüglichen Angaben
in dem Brief an Kowalewskaja in seiner Veröffentlichung findet. Seine Absicht, die Mo-
difikationen für unstetige Funktionen in einer nachfolgenden Arbeit auszuführen, hat er

---

66 Siehe die Sitzungsberichte der Akademie der Wissenschaften Berlin vom 9. und 30. Juli 1885 (mit geringfü-
    gigen Änderungen auch in (Weierstraß 1894/1927, Band 3, 1-37) mit dem Beweis des Approximationssatzes
    für stetige Funktionen.
67 (Weierstraß und Kowalewskaja 1993).

nicht mehr realisiert. Bei nächster Gelegenheit, in seiner im SS 1886 gehaltenen Vorlesung „Ausgewählte Kapitel aus der Functionenlehre", stellt Weierstraß die Grundkonzeption seines Integralbegriffs (ohne Beweise) dar (Weierstraß an du Bois-Reymond 1923, 225).

Das Thema Integrierbarkeit unstetiger Funktionen spielt schon in den Gesprächen Casoratis mit Kronecker und Weierstraß im Oktober 1864 eine Rolle. Dirichlets Funktion, die für rationale Punkte den Wert 1, für irrationale den Wert 0 hat, für die das Riemann-Integral nicht existiert, wird als nicht integrierbar angesehen (Neuenschwander 1978, 76–77); (Bottazzini 1986, 262). Der Durchbruch gelang erst Henri Lebesgue 1901/02, der seinen Integralbegriff mit Hilfe der Inhaltstheorie Jordans und der Maßtheorie Borels einführte. Mit diesem Integralbegriff ist nun auch Dirichlets Funktion integrierbar. Schon im SS 1886 trägt Weierstraß über seinen Approximationssatz vor, so dass sich einmal mehr bestätigt, dass er neueste Forschungsergebnisse in seine Vorlesungen einfließen lässt.

2.17   Bedeutung der Stetigkeit im Wandel oder „wovon man in der Natur nichts wissen kann"

Weierstraß spricht in seinen Vorlesungen in den 60er und 70er Jahren davon, dass sich aus dem Begriff der Stetigkeit noch nichts Wesentliches folgern lässt (vgl. die inhaltlich entsprechenden Aussagen in der im Anhang 3 wiedergegebenen Vorlesung vom WS 1865/66) und er insofern als Basisbegriff einer Funktionentheorie nicht geeignet ist. Deshalb hat er wohl auch keine Notwendigkeit gesehen, eine Theorie der stetigen Funktionen als gesondertes Kapitel in seine Vorlesungen aufzunehmen (Kopfermann 1966, 76). Es ist in (Siegmund-Schultze 1988, 302 f.) darauf hingewiesen worden, dass Weierstraß noch 1882/83 diesen Standpunkt einnimmt, ihn aber spätestens 1885/86 änderte. Dann nämlich tritt ein Wandel ein. Weierstraß schreibt an Schwarz am 14. März 1885:

> „Eine andere Untersuchung, mit der ich mich in der letzten Zeit nicht ohne Erfolg beschäftigt habe, ist die Darstellung eindeutiger Functionen einer reellen Veränderlichen durch trigonometrische Reihen. Ich habe dabei wesentlich die Bedürfnisse der mathematischen Physik im Auge gehabt, welche nur mit Functionen zu schaffen hat, die in ihrem ganzen Verlaufe stetig sind, wenn sie auch an einzelnen Stellen bei kleinen Veränderungen des Arguments sehr bedeutende Werthveränderungen erleiden können, während auf der andern Seite in Betreff der Zahl ihrer Maxima und Minima, sowie der Existenz oder Nichtexistenz von Ableitungen derselben u.s.w. absolut keine Voraussetzung gemacht werden darf.[68] (Wenn man sagt, in der Natur werden Functionen mit unendlich vielen Übergangsstellen vom[69] Wachsen zum

---

68   Weierstraß erhält den Satz: Jede für alle reellen x definierte, durchweg stetige und reell-periodische Funktion $f(x)$ „lässt sich, wenn $2c$ die primitive Periode derselben ist, darstellen in der Form einer Summe, deren Glieder sämmtlich endliche Fourier'sche Reihen mit der Periode $2c$ sind. Diese Reihe convergirt unbedingt und gleichmässig für alle Werthe von x." (Weierstraß 1894–1927, Band 3, 22)).

69   Das vorstehende Wort ist im Original durchgestrichen.

Abnehmen und umgekehrt, oder Functionen ohne Ableitungen nicht vorkommen, so behauptet man etwas, wovon man nichts weiß und nichts wissen kann.)"[70]

Auf den engen Zusammenhang zwischen dem Approximationssatz und der im Brief erwähnten Darstellbarkeit von Funktionen durch trigonometrische Reihen wird in (Siegmund-Schultze 1988) eingegangen. In beiden Sätzen dokumentiert sich nunmehr eine modifizierte Sichtweise auf die Bedeutung der Stetigkeit.

Es sei hinzugefügt, dass Weierstraß an anderer Stelle in dem Brief offen die Erfolglosigkeit seiner früheren Bemühungen erwähnt:

> „Ich habe hier einmal, in meinem dritten Semester, eine Vorlesung über die Anwendung der Fourier'schen Reihen und Integrale auf math. physikal. Probleme gehalten.[71] Der Mangel an Strenge aber, den ich [in] allen mir zugänglichen einschlägigen[72] Arbeiten wahrnahm, und die Fruchtlosigkeit meiner damaligen Bemühungen, diesem Mangel abzuhelfen, haben mich so verdrossen, daß ich niemals das Colleg noch einmal zu lesen mich entschließen konnte. Sie werden aber erstaunt [sein], wie unendlich einfach, ja trivial die Entwicklung der obigen Formel ist, so daß ich mich geniren würde, sie zu veröffentlichen,[73] wenn nicht die Erfahrung lehrte, daß gerade die einfachsten Dinge oft am schwersten allgemeines Verständniß finden."

2.18   Rolle der Geometrie

Carl Runge schildert seine Erinnerungen an die Vorlesungen von Weierstraß:

> „Hier sollten alle Betrachtungen die äußerste Strenge haben, und es wurden daher nur rein mathematische Formulierungen zugelassen. Ja, selbst einen Schluß aus einer geometrischen Figur zu entnehmen, war verpönt. Es mußte alles in arithmetischer Sprache ausgedrückt werden. Ich habe manchmal den Verdacht gehabt, daß er insgeheim sich wohl eine Sache an einer Figur klarmachte, aber gerade wie bei Gauß mußten die Spuren solcher anschaulichen Hilfsmittel sorgfältig verwischt werden."[74]

Schaut man sich die Mitschriften bzw. Ausarbeitungen der Vorlesungen von Weierstraß an, so gewinnt man ein etwas modifizierteres Bild. Zwar lesen wir etwa in der von Hettner ausgearbeiteten „Einleitung in die Theorie der analytischen Functionen", Sommer 1874:

> „Wir bedürfen für die Analysis eine[r] rein arithmetische[n] Begründung [...] da die Analysis von der Geometrie rein erhalten werden muß."

70   ABBAW, Nachlass Schwarz, Nr. 1175.
71   Im WS 1857/58.
72   Im Original wohl: einschlagenden.
73   In der in Fußn. 66 angegebenen Arbeit.
74   (Runge 1926, 178).

oder

> „Wir wollen nicht durch geometrische Anschauung Beweise führen, sondern
> nur durch dieselbe abstracte arithmetische Verhältnisse klar machen."[75]

Weierstraß betrachtet jedoch geometrische Darstellungsweisen durchaus als nützliches Instrument, welches das Verständnis eines Sachverhaltes erleichtern kann. Bei der Behandlung der analytischen Fortsetzung oder von komplexen Wegintegralen finden sich in den mir bekannten Mitschriften seiner Vorlesungen (ich beziehe mich ausdrücklich nicht auf spätere Ausarbeitungen) stets entsprechende Skizzen. Beweise und der systematische Aufbau der Analysis sollten indessen auf arithmetischer Grundlage erfolgen.[76]

Ganz in diesem Sinn heißt es bei der Einführung der komplexen Zahlen in seiner Vorlesung über analytische Funktionen im WS 1865/66:

> „Ich selber halte es für zweckmäßig, diese Theorie der complexen Größen
> ohne Trigonometrie zu begründen."[77]

Gemeint ist die trigonometrische Darstellung, die sich aus der Veranschaulichung komplexer Zahlen als Punkte der Gauß'schen Zahlenebene ergibt.

Bevor Weierstraß in seiner Vorlesung vom Sommer 1886 einen Beweis des Satzes von Bolzano-Weierstraß angibt, bemerkt er:

> „Der Unbefangene wird geneigt sein, diesen Satz für etwas Selbstverständliches zu erklären. In der Tat, nehmen wir zunächst nur an, daß x' zwischen den endlichen Grenzen a und b definiert sei, so ist es evident, wenn man auf die Vorstellung der Geraden zurückgeht und bedenkt, daß auf der endlichen Strecke $a \ldots b$ unendlich viele definierte Stellen sich befinden sollen, daß mindestens an einer Stelle der betrachteten Strecke letztere sich ins Unbegrenzte häufen müssen. Wir wollen aber hier einen strengen Beweis des Satzes geben."[78]

Die Exaktheit des Nachweises besteht darin – und das ist für Weierstraß die „Hauptsache"– dass „diese Zahlgröße eine Existenz im arithmetischen Sinne" hat. Dagegen kann der Bolzano'sche Beweis des Satzes dadurch, dass er in „geometrischer Gestalt" auftritt, „nicht als ganz strenge erachtet werden." (Ebd., 62)

Das bedarf eines Kommentars, um dem Mann aus Böhmen gerecht zu werden.

Bolzano beschreibt in bemerkenswerter Klarheit wie kein anderer zu jener Zeit in seiner Schrift von 1817 ein grundsätzliches Anliegen. Er kritisiert die Berufung auf anschauliche geometrische Sachverhalte in mathematischen Beweisen, wie beispielsweise in Gauß' erstem Beweis des Fundamentalsatzes der Algebra. Bolzano sagt:

> „daß ein geometrischer Beweis [...] ein wirklicher Zirkel sey. Denn ist gleich
> die geometrische Wahrheit, auf die man sich [...] beruft, höchst evident, und

---

75 (Weierstraß 1874, 7 und 141).
76 Vgl. dazu Anhang 3, Fußn. 178.
77 Mitschrift von Schwarz am 4. November 1865 (ABBAW, Nachlass Schwarz, Nr. 32).
78 (Weierstraß 1886, 60).

bedarf sie also keines Beweises als Gewißmachung, so bedarf sie doch nichts desto weniger einer Begründung."[79]

Weierstraß dürfte zufrieden sein. Die Lücke in Bolzanos Argumentation besteht darin, dass er den Zahlbegriff nicht thematisiert und damit die Vollständigkeitseigenschaft der reellen Zahlen nicht zur Verfügung steht. Diese wurde noch bis etwa Mitte des 19. Jahrhunderts als Selbstverständlichkeit angesehen, die keines Beweises bedurfte.

Übrigens, wir erinnern uns: Weierstraß hat Vorlesungen über synthetische Geometrie gehalten (immerhin siebenmal).

Zur Rolle der Geometrie bei Weierstraß mit Blick auf Minimalflächen und Funktionen zweier komplexer Variablen siehe (Ullrich 2002).

2.19   Riemann

Weierstraß und Riemann haben sich 1859 in Berlin persönlich kennengelernt. Der Berliner Mathematiker fand die Untersuchungen des genialen Riemann „bestechend",[80] sah jedoch in dessen Herangehensweise nicht den geeigneten Weg zum systematischen Aufbau einer Funktionentheorie. Hier beharrte er auf seinem arithmetisch ausgerichteten Konzept. Anders als für Weierstraß waren für Riemann Potenzreihen nur Hilfsmittel, die Differentialgleichung stand im Vordergrund. In Vorlesungsmitschriften wird gelegentlich das „Geometrische" bei Riemann als kurze Notiz kritisch erwähnt, z. B. einige Male in seiner erstmals gehaltenen Vorlesung über die „Theorie analytischer Functionen":

> „Bei Herrn Riemann ist das Geometrische wesentlich, weil bei späteren Untersuchungen Hülfsmittel das Geometrische ist."[81]

Den Gebrauch der Riemann'schen Fläche akzeptiert Weierstraß durchaus. Mit Bezug auf das bereits erwähnte Buch Koonigobergers über elliptische Funktionen schreibt Weierstraß am 16. Dezember 1874 an Schwarz:

> „Die Riemann'sche zweiblätterige Fläche dient ihm dazu, die analytische Natur der elliptischen Integrale zu begründen und festzustellen. Daran will ich nicht mäkeln."[82]

In seiner Vorlesung „Ausgewählte Kapitel aus der Functionenlehre" vom Sommer 1886 heißt es zur Riemann'schen Fläche:

> „Es ist dies eine Anschauungsweise, die in vielen Fällen sehr brauchbar ist, aber keineswegs zur Begründung der Funktionentheorie notwendig."[83]

---

79 (Bolzano 1817, 5).
80 Siehe Weierstraß' „Glaubensbekenntnis".
81 Mitschrift von Schwarz (undatiert; nach dem 28. Mai 1864 (Fortsetzung der Vorlesung vom WS 1863/64 im SS 1864; s. Fußn. 56)); ABBAW, Nachlass Schwarz, Nr. 31.
82 ABBAW, Nachlass Schwarz, Nr. 1175.
83 (Weierstraß 1886, 164–165).

Aber – wie Weierstraß nicht versäumt ergänzend hinzuzufügen – im Fall mehrerer komplexer Variablen

> „reicht nun schon die geometrische Vorstellungskraft nicht mehr aus; […]
> man sieht, daß die analytische Darstellung vollkommen ausreicht."

Weierstraß' Schüler übernehmen diese kritische Einstellung:

> „[…] wir jüngeren Mathematiker hatten damals sämtlich das Gefühl, als ob
> die Riemann'schen Anschauungen und Methoden nicht der strengen Mathematik der Euler, Lagrange, Gauß, Jacobi, Dirichlet u. a. angehörten […]."[84]

Aus Casoratis Notizen geht hervor, dass Weierstraß und Kronecker in den Gesprächen im Oktober 1864 häufig über Riemann diskutierten. Weierstraß habe geäußert, so Casorati, Riemanns Schüler begingen den Fehler, alles ihrem Meister zuzuschreiben, während Vieles schon gemacht wurde und Cauchy etc. gebührt; Riemann mache nichts anderes als es in eine neue Form zu kleiden (Neuenschwander 1978, 79); (Bottazzini 1986, 263). Wir können nicht sicher sein, ob Weierstraß sich nur auf die von Riemann verwendeten Arbeiten seiner Vorgänger bezieht oder auf Riemanns Funktionentheorie insgesamt; im letzteren Fall wäre es eine klare Fehleinschätzung (die Korrektheit der Aufzeichnungen Casoratis vorausgesetzt).

Runge erinnert sich, dass Weierstraß in einer Rede einmal sagte, er habe Riemann „wie einen Bruder geliebt" (Runge 1926, 179).

Weierstraß' 1870 vorgetragene Kritik am Riemann'schen Aufbau der Funktionentheorie bewirkte ein Übriges. Riemann verwendet bekanntlich wesentlich eine Schlussweise, die er als „Dirichlet'sches Prinzip" bezeichnet. Diese Thematik wird an anderer Stelle ausführlicher behandelt. Hier nur soviel: Riemann geht von der Existenz von Funktionen $u(x, y)$ mit vorgegebenen Werten auf dem Rand eines Gebietes G aus, für die das Doppelintegral

$$\iint\limits_{G} \left(\left(\frac{\partial u}{\partial x}\right)^2 + \left(\frac{\partial u}{\partial y}\right)^2 \right) dx\, dy$$

minimal wird. Weierstraß kritisiert daran, dass bei nach unten beschränkten Mengen reeller Zahlen zwar immer ein Infimum existiert, aber nicht notwendig ein Minimum, die Existenz von $u(x, y)$ also nicht gesichert ist und illustriert das an einem Integral, das sein Infimum nicht annimmt. Auch später noch beklagt Weierstraß die Nichtbeachtung des Unterschiedes zwischen „einem Wert beliebig nahe kommen" und „ihn erreichen".[85]

Kritik an Riemanns Schlussweise hatte auch Kronecker geübt, wie ebenfalls aus Casoratis Notizen vom Oktober 1864 hervorgeht. Danach nannte Kronecker die Mathematiker ein wenig „hochmüthig" beim Gebrauch ihres Funktionsbegriffs, den er auf einen noch festzulegenden „vernünftigen" einzuschränken Kronecker fordert (Neuenschwander 1978, 74); (Bottazzini 1986, 262).

---

84   (Koenigsberger 1919, 54).
85   Siehe Abschnitt „Weierstraß'sche Strenge" oben.

Erst um die Jahrhundertwende kann Hilbert die Berechtigung der Riemann'schen Schlussweise nachweisen. Riemanns Zugang war rehabilitiert und erwies sich in der weiteren Entwicklung als fruchtbarer und weitreichender gegenüber dem Weierstraß'schen Konzept. Zur Geschichte des Dirichlet'schen Prinzips finden sich interessante Ausführungen in (Bottazzini 1986) und (Neuenschwander 1978).

Felix Klein hat Riemann und Weierstraß einmal verglichen:

> „Riemann ist der Mann der glänzenden Intuition. Durch seine umfassende Genialität überragt er alle seine Zeitgenossen. Wo sein Interesse geweckt ist, beginnt er neu, ohne sich durch Tradition beirren zu lassen und ohne einen Zwang der Systematik anzuerkennen.
>
> Weierstraß ist in erster Linie Logiker; er geht langsam, systematisch, schrittweise vor. Wo er arbeitet, erstrebt er die abschließende Form."[86]

Auf Weierstraß' Bemühungen, den Riemann'schen Integralbegriff zu erweitern, ist oben bereits eingegangen worden.

2.20 Sofja Kowalewskaja

Sofja Wassiljewna Kowalewskaja nahm in Weierstraß' Leben einen besonderen Platz ein. Es ist hier nur möglich, auf wenige Stationen ihres Lebensweges einzugehen, insbesondere auf solche, die mit Weierstraß' Biographie sowie mit ihrem Wechsel nach Berlin und mit ihren Berliner Studienjahren verbunden sind, da hierzu Einzelheiten aus russischen Quellen zu berichten sind, die in der biographischen Literatur bisher scheinbar unbeachtet blieben.

1868 war die 18jährige Sofja pro forma die Ehe mit Wladimir Kowalewski eingegangen, um so, dem elterlichen Einfluss entzogen, im Ausland ein Studium aufnehmen zu können. Sofjas Schritt war gewiss ungewöhnlich, aber doch nicht so exzeptionell, wie es vielleicht erscheinen mag. Im Rahmen der Bewegung des Nihilismus der jungen Intelligenz des Russlands der 60er Jahre des 19. Jh.s war das Modell der „fiktiven Ehe" entstanden und durchaus nicht selten praktiziert worden. Sofja und ihre Schwester Anna träumten von einem selbstbestimmten Leben. Von Anna ist der schöne Satz überliefert, ihr größter Wunsch sei, „etwas zu schreiben, das man ihr zu lesen verbieten würde."[87] Die Beziehung zwischen Sofja und Wladimir ist von dem Idealismus der nihilistischen Bewegung geprägt. Sie reden sich in ihren Briefen mit „Bruder" bzw. „Schwester" an. Sofja denkt zunächst nicht an ein Mathematikstudium, sondern beabsichtigt, Medizin in Zürich oder Wien mit dem Ziel der Promotion als Abschluss zu studieren. Sie hat nie ein Gymnasium besucht, sondern bis dahin ihre Kenntnisse durch Privatunterricht und Selbststudium erworben. Und nach dem Studium möchte sie für zwei Jahre als Ärztin zu den Verbannten nach Sibirien gehen (Kowalewski 1988, 39 f.).

---

86 (Klein 1926, 246).
87 (Adelung 1896, 405).

Vom wahren Charakter der Ehe ihrer Tochter wissen Sofjas Eltern nichts. Auch in den folgenden Jahren wird die Wahrheit vor ihnen verborgen gehalten. In der Zeit bis zum Ende des Jahres 1868 neigt sich die Waagschale immer mehr zugunsten der Mathematik, für die Sofja größere Neigung empfindet. Im darauffolgenden Frühjahr kam sie im April mit ihrer Schwester Anna nach Heidelberg, um ihr Studium zu beginnen. Auf eine generelle Genehmigung für die junge Russin zum Besuch der Universitätsvorlesungen hatte man sich nicht einigen können. Es wurde aber den einzelnen Professoren überlassen, für ihre jeweiligen Vorlesungen selbst eine diesbezügliche Entscheidung zu treffen. So hörte Sofja u. a. mathematische Vorlesungen bei Koenigsberger, dem schon erwähnten Schüler von Weierstraß. Aus einem vom 20. Mai 1869 datierten Brief Koenigsbergers an Weierstraß dürfte der Berliner Mathematiker zum ersten Mal, nichtsahnend natürlich, etwas von jener Dame vernommen haben, die einmal seine Schülerin und vertraute Freundin werden sollte. Koenigsberger schreibt:

> „Sie werden lachen, wenn ich Ihnen mittheile, daß ich in beide[n] Vorlesungen auch eine Zuhörerin habe, eine russische Gräfin[88], die mit ihrem Manne hier ist, sich zwei Jahre hier aufhalten und mathematisch-physikalischen Studien widmen will; sie hört bei Kirchhoff und mir."[89]

Es wird in der Regel angegeben, dass Sofja unter dem Einfluss oder auch auf Anraten ihrer Heidelberger Lehrer den Entschluss fasste, ihre Studien in Berlin bei Weierstraß fortzusetzen. Das ist naheliegend, aber keinesfalls gesichert, was der Verf. einigen Briefen von Wladimir an seinen Bruder Alexandr entnehmen zu können glaubt. Hinweise auf Berlin finden sich dort schon zum Ende des Jahres 1869, ein erster in einem vom 30.11.[1869] datierten Brief Wladimirs. Daraus geht hervor, dass Sofja in Berlin theoretische Mechanik hören wollte, ihre Zulassung aber zweifelhaft sei. Danach ist immerhin denkbar, dass ihre Absichten bezüglich Berlin zunächst gar nicht primär mit Weierstraß verknüpft gewesen waren. Was die Mechanik betrifft, so wird ihr Interesse bereits noch früher, schon im Sommersemester 1869, deutlich. In den Semesterferien arbeitet sie sich im Selbststudium in die Mechanik ein.[90] Kowalewskajas besonderes Interesse an mathematisch-physikalischen Studien, wie es sich später in ihrer wissenschaftlichen Arbeit widerspiegelt, ist also von Beginn an vorhanden, hat vielleicht überhaupt seine Wurzeln in dem mit der nihilistischen Bewegung verbundenen Enthusiasmus der jugendlichen Sofja, die Wissenschaft zum Wohle der Menschheit einsetzen zu wollen. Aus der Literatur ist bekannt, dass Kowalewskaja im Herbst 1870 nach Berlin kam. Tatsächlich wollte sie aber schon ein Semester früher, im Frühjahr zum Beginn des Sommersemesters 1870 nach Berlin kommen. Interessant ist in dem Zusammenhang ein Brief Wladimirs an seinen Bruder vom 22. Februar [1870]. Darin heißt es:

> „Ungeachtet der Bemühungen von Dubois-Reymond hat der Senat der Genehmigung Vorlesungen zu hören nicht zugestimmt; ich rate ihr sehr nach

---

88   Eine Gräfin war Sofja nicht.
89   GStAPK, Nachlass Karl Weierstraß, Nr. 9. Die Kenntnis von der Existenz dieses erst in den 1990er Jahren durch die Archivarin U. Dietsch wieder aufgefundenen Nachlassteiles verdanken wir G. Schubring (Schubring 1998).
90   Briefe vom 2. Juli [1869], 9. Oktober [1869], 30. November [1869] in (Kowalewski 1988).

Paris zu gehen, wo es ihr nicht schlechter gehen wird als in Deutschland; aber sie möchte nicht als einfache Schülerin zu den Franzosen gehen und hat sich in den Kopf gesetzt, nicht eher dorthin zu fahren als nach dem Doktorexamen."[91]

Gemeint ist hier der Berliner Physiologe Emil du Bois-Reymond, der im akademischen Jahr 1869/70 (zum ersten Mal) Rektor der Berliner Universität war. Aus einem weiteren Brief Wladimirs vom 15. April [1870] erfahren wir, dass du Bois-Reymond mitgeteilt hatte, dass sie selbst nach Berlin kommen mögen, wo man einem persönlichen Gesuch nichtoffiziell keine Absage erteilen werde.[92] Man scheute also den Präzedenzfall. Es war geplant, im April nach Berlin zu fahren. Sie hoffen, dass Sofja die Zulassung erhält, da du Bois-Reymond sich sehr dafür einsetze. Aber verschiedene Gründe führten dazu, nicht nach Berlin zu reisen.[93]

Dieses erste Zulassungsgesuch ist in der biographischen Literatur bisher ganz unbekannt geblieben. Leider sind die Rektorats- und Senatsakten aus dieser Zeit nicht mehr vorhanden.

Nach wechselnden Plänen kommen Sofja und Wladimir ziemlich überraschend im Oktober 1870 nach Berlin. Kowalewskaja sucht Weierstraß in dessen Berliner Wohnung auf, in der Hoffnung, durch seine Unterstützung doch noch die Genehmigung zum Besuch der Universitätsvorlesungen zu erlangen. Der Berliner Mathematiker steht ihrem Ansinnen skeptisch gegenüber. Anne Charlotte Leffler, die Schwester Mittag-Lefflers, berichtet in ihrer Kowalewskaja-Biographie die Geschichte von den Aufgaben, die die junge Russin bei jenem ersten Besuch von Weierstraß erhielt und die er als Übungen für fortgeschrittene Studenten vorbereitet hatte. Nach einer Woche habe ihm Sofja die Lösungen übergeben, aus denen er sofort die außergewöhnliche Begabung dieser jungen Frau erkannte.[94]

Von Weierstraß selbst wissen wir, dass er bereit war, in der nächsten Senatssitzung bei der „nochmaligen"[95] Verhandlung über das Gesuch zur Zulassung zu den mathematischen Vorlesungen dasselbe mit der Begründung zu befürworten, dass „die Dame wirklich wissenschaftlichen Beruf" habe. Er bat in einem vom 25. Oktober 1870 datierten Brief Koenigsberger um Auskünfte über Kowalewskajas mathematische Fähigkeiten einschließlich einer politischen „Unbedenklichkeitserklärung". Ein entsprechender Briefauszug ist in Koenigsbergers 1919 erschienenen Selbstbiographie wiedergegeben und außerdem 1923 von Mittag-Leffler publiziert worden, also seit 80 Jahren wohlbekannt.[96] Aus Koenigsbergers Antwort vom 28. Oktober 1870 geht hervor, dass er wie alle Heidelberger Kollegen zunächst misstrauisch war und angenommen hatte, dass Sofjas Ehemann nur ein „adoptirter" sei, man sich aber vom Gegenteil habe überzeugen lassen. Weiter schreibt Koenigsberger:

---

91 (Kowalewski 1988); Zitate aus russischen Quellen sind hier und im Folgenden Übersetzungen des Verf..
92 Ebd..
93 Brief vom 24. April [1870]; ebd.
94 (Leffler 1894, 29–30). Diese Angaben scheinen auf Weierstraß selbst zurückzugehen.
95 So Weierstraß in dem nachfolgend genannten Brief. Diese Formulierung ist nun im Blick auf das erste Zulassungsgesuch verständlich.
96 (Koenigsberger 1919, 115); (Weierstraß an Koenigsberger 1923, 230–231).

„Übrigens besitzt jene Dame Nichts von dem, was man sonst an emancipir-
ten Frauen zu finden gewohnt ist und hat bis jetzt erfahrungsmäßig auf die
Heidelberger Professoren einen ungleich größeren Eindruck gemacht als auf
die Studenten, zu denen sie in keiner Weise in persönliche Beziehungen trat.
Ich glaube daher, daß Ihre Universität durchaus keine Gefahr läuft, wenn sie
dieser Dame die Erlaubniß ertheilt, mathematische Vorlesungen zu hören,
wenn ich auch freilich sowie mehrere andere meiner Collegen der Ansicht
bin, daß man im Allgemeinen dem weiblichen Geschlecht die Berechtigung
Vorlesungen an der Universität zu hören, vorenthalten muß."[97]

Es sei angemerkt, dass Preußen erst 1908 als einer der letzten deutschen Staaten die Immatrikulation von Frauen zuließ. Koenigsbergers Brief enthält genaue Angaben über die
Vorlesungen, die Sofja bei ihm während der drei Semester in Heidelberg gehört hat, die
unsere bisherige Kenntnis darüber vervollständigen. Aber selbst Weierstraß' Fürsprache
richtete nichts aus. Der Senat der Berliner Alma mater blieb unbeugsam. Zu den Professoren, die sich gegen das Gesuch aussprachen, gehörte auch Kummer (Litwinowa 1899, 52).
Weierstraß bot ihr daraufhin an, bei ihm Privatunterricht zu nehmen.[98] Ein absolut ex-
zeptionelles Angebot. Der Berliner Gelehrte stand auf der Höhe seines Ruhmes, war einer
der bedeutendsten und einflussreichsten Mathematiker Europas.

Sofja wurde für vier Jahre seine Schülerin. Sonntags ging sie zu ihm, an einem anderen Tag der Woche kam er zu ihr.[99] Auf diese Weise wurde sie mit den Weierstraß'schen
Vorlesungen bestens vertraut. Zwischen beiden entwickelte sich in dieser Zeit eine in der
Wissenschaftsgeschichte ihresgleichen suchende Beziehung, die weit über den Rahmen
eines Lehrer-Schüler-Verhältnisses hinausreichte. Sie wurde die " Vertraute" seiner " Gedanken und Bestrebungen". Weierstraß schreibt ihr am 17. Juni 1875:

" niemals habe ich Jemanden gefunden, der mir ein solches Verständniß der
höchsten Ziele der Wissenschaft, und ein so freudiges Eingehn auf meine
Ansichten und Grundsätze entgegengebracht hätte wie Du!"[100]

Mittag-Leffler berichtet seinem Lehrer Holmgren am 19. Februar 1875 aus Berlin:

" Gegenwärtig sind in Berlin viele junge und tüchtige Mathematiker, auf welche Weierstraß die größten Hoffnungen setzt. Vorderst von ihnen stellt er "
den besten Schüler, den er je gehabt hat", die junge russische Gräfin Sophie
v. Kowalevsky [...]."[101]

Auch die Schwestern von Weierstraß, die mit ihm zusammen in der gemeinsamen Wohnung lebten, schlossen Sofja in ihr Herz, nannten sie " unsere kleine liebe Russin."

---

97 GStAPK, Nachlass Karl Weierstraß, Nr. 9.
98 Die immer wieder anzutreffende Version, dass Kowalewskaja Weierstraß um Privatunterricht gebeten habe,
    tritt schon bei Anne Charlotte auf (Leffler 1894, 29), ist aber unglaubwürdig und steht überdies im Wider-
    spruch zu Kowalewskajas eigener Aussage (Kowalewskaja 1961, 140).
99 (Weierstraß und Kowalewskaja 1993, 49).
100 (Weierstraß und Kowalewskaja 1993).
101 Zitiert nach (Frostman 1966, 55); Übersetzung (am Original vom Verf. überprüft).

Ein Wendepunkt im persönlichen Verhältnis zueinander wird durch einen Brief von Weierstraß an seine Schülerin vom 26. Oktober 1872 markiert. Er spricht darin von „unserem letzten Zusammensein [am Vortage], das uns einander so nahe gebracht hat", dass seine Gedanken „nach den verschiedensten Richtungen hin und her geschweift", aber „immer wieder zu einem Punkte zurückgekehrt" sind, über den er noch heute mit ihr sprechen muss.[102] Mittag-Leffler hat die Interpretation gegeben, dass Weierstraß erst jetzt, also zwei Jahre nach ihrer Ankunft in Berlin, erfahren hat, wie es um ihre Ehe tatsächlich bestellt war. Selbst Sofjas Eltern sind bis zu diesem Zeitpunkt noch immer nicht über den wahren Charakter der Ehe ihrer Tochter informiert, ahnen aber vielleicht etwas davon. Mittag-Leffler zufolge bestehe kein Zweifel, dass Weierstraß ihr die Promotion vorgeschlagen habe. Das klingt durchaus plausibel. Denn nun ist der Gedanke naheliegend, dass seine Schülerin einen offiziellen Abschluss ihrer Studien anstreben sollte, da sie sehr wahrscheinlich in die Lage käme, für ihren Lebensunterhalt selbst sorgen zu müssen. Mittag-Leffler fügt hinzu, dass der Gedanke an eine Promotion ihr fremd gewesen sein dürfte und sie schließlich aus Achtung vor ihrem Lehrer darauf eingegangen sei.[103] Dem ist jedoch keinesfalls so gewesen. Bereits während der Heidelberger Studienzeit ist vom Doktorexamen die Rede. Einen ersten Hinweis fand der Verf. schon in einem vom 9. Oktober [1869] datierten Brief Wladimirs an seinen Bruder Alexandr:

> „Sofa[104] hat in den Ferien viel gearbeitet und einen Teil der Mechanik durchgenommen, in 1½ Jahren wird sie ihr Doktorexamen in „Mathematik und Mechanik" ablegen."[105]

Auch in seinen folgenden Briefen[106] finden sich immer wieder Hinweise darauf. Als Alexandr sich im April 1870 erkundigt, wann Sofja promovieren wolle, antwortet Wladimir, dass dies wahrscheinlich im Frühling des kommenden Jahres geschehen werde, also geraume Zeit vor unserem Weierstraß-Brief.

Aus den Erinnerungen von Jelisaweta Litwinowa,[107] die, als Kowalewskaja in Berlin bei Weierstraß studierte, in Zürich mathematische Vorlesungen hörte, muss man den Schluss ziehen, dass zu diesem Zeitpunkt bereits eine als Dissertation geeignete Arbeit vorlag. Beide lernten sich persönlich kennen als Sofja im April 1873 ihre Schwester in Zürich besuchte. Auf Litwinowas Frage, ob sie beabsichtige, bald ihre Dissertation vorzulegen und insbesondere welcher Universität, gab Sofja betrübt zur Antwort, dass es damit keine Eile habe solange keine Aussicht auf eine akademische Laufbahn bestehe, obgleich sie schon eine Arbeit hätte, die sofort einer beliebigen Universität eingereicht werden könnte. Sie war bereits im Begriff gewesen, ihre Untersuchungen dem Professor Clebsch in Göttingen zu schicken, der aber zu allem Unglück in dieser Zeit verstarb.

---

102 Der Brief ist in (Weierstraß und Kowalewskaja 1993, 57–58) vollständig wiedergegeben.

103 Mittag-Lefflers Kommentar findet sich in (Mittag-Leffler 1923b, 137–138).

104 In der Korrespondenz mit vertrauten russischen Briefpartnern ist „Софа" eine häufig verwendete Namensform.

105 (Kowalewski 1988).

106 Z. B. in dem bereits erwähnten Brief vom 30. November [1869] wie auch in dem angeführten Zitat aus Wladimirs Brief vom 22. Februar [1870].

107 Nach Kowalewskaja die zweite Frau, die in Mathematik promovierte (Bern 1878).

Das habe sie so getroffen, dass sie sich dieser Arbeit nicht habe wieder annehmen wollen, solange sie dies alles nicht vergessen kann, sie vergesse aber im Allgemeinen nicht so schnell (Litwinowa 1894, 37); (Litwinowa 1899, 45).[108]

Alfred Clebsch war am 7. November 1872 verstorben, also tatsächlich wenige Tage nach unserem Weierstraß-Brief. Zu dieser Zeit war er Prorektor der Göttinger Universität. Bei der von Litwinowa erwähnten Arbeit über „Abel'sche Funktionen" muss es sich um Kowalewskajas Untersuchungen zur Reduktion Abel'scher Integrale auf elliptische Integrale handeln,[109] die sie später als eine ihrer drei Abhandlungen zu ihrer Promotion in Göttingen einreicht, da diese Abhandlung mit Sicherheit die zuerst verfasste ist[110] und außerdem in der Tat von Weierstraß veranlasst wurde.[111] Überdies bemerkt Litwinowa, dass Kowalewskaja " einige Zeit" aufgeschoben habe, die Arbeit der Göttinger Universität vorzulegen (Litwinowa 1894, 37).

Aber, so fragt man sich, war sie denn bereits zu diesem Zeitpunkt überhaupt in der Lage, eine solche Thematik bearbeiten zu können? Sie war es, wie wir einem Brief von Weierstraß vom Juli 1872 entnehmen können. Von seiner im WS 1871/72 gehaltenen Vorlesung über Abel'sche Funktionen sei eine Ausarbeitung angefertigt worden, teils von ihm, „theils von einer hochbegabten Schülerin, die vollständig in die Theorie eingedrungen ist."[112] Weierstraß könnte also an jenem 26. Oktober die Kontaktaufnahme zu Clebsch vorgeschlagen haben.

Kowalewskaja selbst spricht davon, dass sie von Weierstraß mehrere Themenvorschläge erhalten hat (Kowalewskaja 1961, 141). Es haben sich keine Belege auffinden lassen, die sichere Aufschlüsse darüber zuließen, welche Fragestellungen das gewesen sein könnten. Wie dem auch sei, nicht einmal zwei Jahre später reicht Kowalewskaja drei Arbeiten bei der Göttinger philosophischen Fakultät zum Zwecke ihrer Promotion ein (zur Wahl von Göttingen siehe auch Fußn. 117).

Zurück zu unserem Brief von Weierstraß. Nach dieser Offenbarung gewinnt die Beziehung zwischen Weierstraß und Kowalewskaja an Vertrautheit. Sie duzen sich fortan. Auch in den Briefen spiegelt sich die Veränderung wider. Von seinem Urlaubsort auf Rügen im Sommer 1873 schreibt Weierstraß am 20. August:

> „Ich habe während meines hiesigen Aufenthalts sehr oft an Dich gedacht und mir ausgemalt, wie schön es sein würde, wenn ich einmal mit Dir, meiner Herzensfreundin, ein paar Wochen in einer so herrlichen Natur verleben könnte. Wie schön würden wir hier – Du mit Deiner phantasievollen Seele und ich angeregt und erfrischt durch Deinen Enthusiasmus – träumen und schwärmen über so viele Räthsel, die uns zu lösen bleiben, über endliche und unendliche Räume, über die Stabilität des Weltsystems, und alle die andern

---

108 Litwinowa erwähnt Clebsch nur in der ersten Arbeit namentlich, in der späteren ist lediglich der russische Buchstabe K als Initiale angegeben.

109 (Kowalewskaja 1884).

110 Das geht eindeutig aus Kowalewskajas Antrag auf Erlass der mündlichen Prüfung vom 19. Juli 1874 hervor (der Text des Antrags ist abgedruckt in (Tollmien 1997, 112)); (Litwinowa 1894, 37 f.).

111 (Kowalewskaja 1884, 414).

112 Weierstraß an Schwarz. Undatiert [Poststempel: 8. Juli 1872]. ABBAW, Nachlass Schwarz, Nr. 1175.

großen Aufgaben der Mathematik und der Physik der Zukunft. Aber ich habe schon lange gelernt, mich zu bescheiden, wenn nicht jeder schöne Traum sich verwirklicht."[113]

Leider sind Sofjas Briefe an Weierstraß nicht mehr vorhanden. Er hat sie bald nach ihrem Tod verbrannt, getreu seiner Devise, allein die Werke mögen nach dem Tode eines Menschen über ihn reden, alles Persönliche sollte schweigen. Man wird aber in diesem Fall auch annehmen dürfen, dass er die Briefe seiner vertrauten Freundin als sehr persönliche Schriftstücke ansah, die er keinesfalls in dritte Hände gelangen lassen wollte. Allerdings konnte ein handschriftlicher Entwurf aufgefunden werden, der uns wenigstens eine gewisse Vorstellung von der Art ihrer Briefe ermöglicht.[114]

Wie erwähnt, reichte Sofja im Sommer 1874 drei Abhandlungen bei der Göttinger Universität zu ihrer Promotion ein. Die erste betraf den Satz von Cauchy-Kowalewskaja, der sich heute als grundlegende Existenzaussage in den Lehrbüchern über partielle Differentialgleichungen findet. Das ist ihre eigentliche Dissertationsschrift. Das Thema war ihr von Weierstraß gestellt worden. Allerdings hatte er angenommen, dass partielle Differentialgleichungen mit analytischen Koeffizienten und analytischen Anfangsbedingungen auch stets eine analytische Lösung besitzen würden, d. h. der Potenzreihenansatz immer zu lokal konvergierenden Reihen führt.[115] Kowalewskaja entdeckte zur Überraschung von Weierstraß, dass dies im Allgemeinen nicht zutrifft und konnte eine Klasse von Gleichungen herausfiltern, für die dieser missliche Umstand nicht eintritt. Die zweite Abhandlung betraf eine Weiterentwicklung der von Laplace in seiner „Himmelsmechanik" untersuchten Gestalt der Saturnringe. Von der dritten Abhandlung, in der die Reduktion gewisser Abel'scher Integrale auf elliptische Integrale behandelt wird, war schon die Rede. Die damit verbundene Theorie der elliptischen und allgemeiner Abel'schen Funktionen bildete einen Hauptschwerpunkt der Analysis des 19. Jahrhunderts und stand im Zentrum des wissenschaftlichen Lebenswerkes von Weierstraß.

Weshalb *drei* Abhandlungen? Dadurch sollte ihr Antrag auf Befreiung vom examen rigorosum unterstützt werden, der formell durch unvollkommene Beherrschung des mündlichen Gebrauchs der deutschen Sprache und die Zurückgezogenheit ihres Lebens während der Studienjahre begründet wurde.[116] Die dritte Abhandlung ist zur Unterstützung ihres Anliegens überhaupt erst nach ihrem Antrag eingereicht worden. Weierstraß hatte sich in der Promotionsangelegenheit seiner Schülerin ebenfalls zuvor an Göttinger Kollegen mit einer entsprechenden Bitte gewandt.[117] Am 29. August 1874 erfolgte ihre Promotion, ohne dass sie sich in Göttingen vorstellen oder einer Prüfung unterziehen musste. Sie kehrte nach Russland zurück, nach Palibino, dem Gut ihrer Eltern. Sofja Kowalewskaja hatte als erste Frau seit der italienischen Renaissance den Doktorgrad in Mathematik erworben.

---

113 (Weierstraß und Kowalewskaja 1993).
114 Zu diesem Entwurf siehe (Bölling 1993, Weierstraß und Kowalewskaja 1993).
115 Weierstraß an P. du Bois-Reymond. 15.12.1874 (Weierstraß an du Bois-Reymond 1923, 204).
116 Der in Fußn. 110 angegebene Antrag.
117 In Göttingen bestand die Möglichkeit, dass Ausländer unter bestimmten Umständen „in absentia" promoviert werden konnten. Weitere Einzelheiten finden sich in (Weierstraß und Kowalewskaja 1993, 135–146).

Abb. 2.6 Софья Васильевна Ковалевская.

Von dem Wunsch Kowalewskajas, als Dozentin an einer Universität tätig werden zu wollen, erfährt Mittag-Leffler erstmals etwas im Wintersemester 1880/81. Mittag-Leffler schreibt am 23. März 1881 an Kowalewskaja, er habe die vertrauliche Mitteilung erhalten, dass man ihn zum Professor an der neu gegründeten Stockholmer Hochschule berufen werde.[118] Hier fällt zum ersten Mal der Name der Stadt, die für Kowalewskajas Leben von so großer Bedeutung werden sollte.

> „Ich selbst würde es als größtes Glück ansehen, wenn es mir gelingen sollte, Sie als Kollegin für Stockholm zu gewinnen, und ich zweifle nicht, dass, wenn Sie in Stockholm sind, unsere Fakultät auf mathematischem Gebiet eine der ersten in der ganzen Welt sein wird."[119]

Weierstraß ist durch seine Schülerin stets über den aktuellen Stand der Planungen für Stockholm unterrichtet. Er ist skeptisch, hält es für wenig erfolgversprechend, die Berufung einer Frau an die Stockholmer Hochschule anzustreben. Er befürchtet sogar, dass, falls Mittag-Leffler auf der Einführung diesbezüglicher Neuartigkeiten beharren sollte, dies seiner eigenen Stellung in Stockholm abträglich sein könne.

Am 18. November 1883 trifft Kowalewskaja, aus Petersburg kommend, mit einem Schiff in Stockholm ein. Ein neuer Lebensabschnitt beginnt.

Schließlich ist es soweit: 30. Januar 1884 – die erste Vorlesung! Ihr Thema: partielle Differentialgleichungen. Sie spricht deutsch. Die Vorlesungen verlaufen erfolgreich. Mittag-Leffler setzt sich unermüdlich für sie ein. Mit Erfolg: im Juni 1884 wird sie für fünf Jahre zum Professor berufen. Sie war die erste Frau der Neuzeit, die diese Stellung einnehmen konnte, wenn wir von der Italienerin Maria Gaetana Agnesi absehen, die 1750

---

118 IML; russische Übersetzung in (Kowalewskaja und Mittag-Leffler 1984, 24–26).
119 Mittag-Leffler an Kowalewskaja. 19. Juni 1881 (IML).; Übersetzung des Verf. (Originaltext französisch); russische Übersetzung in (Kowalewskaja und Mittag-Leffler 1984, 27).

in Bologna zum Professor ernannt wurde, aber nie Vorlesungen gehalten hat und die Mathematik schon bald zugunsten eines anderen Lebensinhalts aufgab. Kowalewskaja blieb lange Zeit die Ausnahme. In Schweden erfolgte erst nach einem halben Jahrhundert 1938 die nächste Berufung einer Frau.

Aus dieser ersten Zeit in Stockholm muss das in Abbildung 2.6 wiedergegebene Foto stammen. Der Verf. fand es in Berlin in dem Fotoalbum (Bölling 1994b), das Weierstraß zum 70. Geburtstag überreicht wurde, und im Institut Mittag-Leffler. Beide tragen keine Datierung. Dank glücklicher Umstände ließ sich ermitteln, dass es zwischen November 1883 und Mai 1884 entstanden sein muss, also in den ersten Monaten nach ihrer Ankunft in Stockholm. Kowalewskaja ist demnach 34 Jahre alt.[120]

Zu den großen Höhepunkten in Kowalewskajas wissenschaftlichem Leben zählt die Verleihung des Prix Bordin der Pariser Akademie im Dezember 1888 für ihre Untersuchungen zum Rotationsproblem fester Körper. Im Juni fällt in Stockholm die Entscheidung: Berufung zum Professor auf Lebenszeit. Nicht einmal zwei Jahre sollten ihr noch bleiben.

Schwer erkrankt kehrt sie am 4. Februar 1891 von einer Auslandsreise nach Stockholm zurück. Trotzdem hält sie zwei Tage darauf ihre Vorlesung. Niemand ahnt, dass ihr nur noch wenige Lebenstage bleiben sollten. In der Nacht zum 10. Februar 1891 stirbt Sofja Kowalewskaja. Mit 41 Jahren. Weierstraß ist tief erschüttert. Bei ihrer Beisetzung ist unter den vielen Kränzen auch einer aus Lorbeer, mit Kamelien und anderen Blumen geschmückt, und einer Schleife: " Sonja – von Weierstrass".[121]

Unmittelbar nach ihrem Tod beginnt Anne Charlotte die Biographie Sofjas niederzuschreiben.[122] Ganz unter dem Eindruck der persönlichen Erinnerungen stehend. Viel Zeit blieb ihr nicht, denn im September 1892 folgte sie ihrer Freundin ins Grab. Die schwedische Schriftstellerin Ellen Key hat einmal beide Frauen miteinander verglichen. Anne Charlotte hätte gesagt: „Nach den Sternen greift man nicht". Sofja Wassiljewna Kowalewskaja hatte nichts anderes gewollt als die Sterne.[123]

2.21 Weierstraß und Cantors erste mengentheoretische Arbeit

Cantor hatte vom WS 1863/64 bis zum SS 1865 Vorlesungen u. a. von Kummer und Weierstraß besucht. Er promovierte 1867 in Berlin (Erstgutachter der Dissertation war Kummer, Zweitgutachter Weierstraß).

Es ist bereits erwähnt worden, dass Weierstraß Ergebnisse von Cantor verwendet hat (Integralbegriff, auf $\mathbb{R}$ stetige Funktionen ohne Ableitung an allen algebraischen Stellen). Im Folgenden soll nur auf die Abzählbarkeitsthematik mit Blick auf Weierstraß eingegangen werden. Zu weiteren Aspekten der Stellung von Weierstraß zur Mengenlehre Cantors sei auf (Bölling 1997a) verwiesen.

---

120 Weitere Einzelheiten zu diesem Foto finden sich in (Bölling 1991).

121 (Anonym 1891).

122 Die (schwedisch verfasste) Biographie erscheint noch 1892 in Stockholm; zwei Jahre danach folgt die deutsche Übersetzung (Leffler 1894).

123 (Key 1908, 45).

Cantor, inzwischen Extraordinarius in Halle, hatte im Dezember 1873 Weierstraß in Berlin über seine Abzählbarkeits-Resultate berichtet. Dass die Menge der rationalen Zahlen abzählbar ist, war Weierstraß zu dieser Zeit durchaus bekannt (s. u.). Er riet Cantor zur Publikation der Ergebnisse. Die Abhandlung, Cantors erste mengentheoretische Arbeit, erschien 1874 unter dem unpassenden Titel „Über eine Eigenschaft des Inbegriffs aller reellen algebraischen Zahlen"[124]. Als Eigenschaft ist die Abzählbarkeit der Menge der (reellen) algebraischen Zahlen gemeint, die von Cantor in der Abhandlung zunächst bewiesen wird. Die in Bezug auf das Hauptergebnis Cantors (die Nichtabzählbarkeit der Menge der reellen Zahlen) irreführende Wahl der Überschrift liegt nach Ansicht des Verf. nicht darin begründet, dass Weierstraß bei seiner Publikationsempfehlung das prinzipiell Neue als zweitrangig angesehen hätte.[125] Er hatte Cantor geraten, eine „Bemerkung über den Wesensunterschied der Inbegriffe" nicht in die Publikation aufzunehmen (briefliche Mitteilung Cantors an Dedekind vom 27. Dezember 1873 (Bölling 1997a, 66). Cantor befolgt diesen Rat und erklärt Dedekind in dem angegebenen Brief:

> „Die Beschränkung, welche ich meinen Untersuchungen bei der Publication gegeben habe liegt zum Theil in den hiesigen Verhältnissen begründet, über welche ich Ihnen vielleicht später einmal mündlich sprechen werde […]."

Der Grund für die merkwürdige Wahl des Titels dürfte in der Rücksichtnahme auf Kronecker liegen, der zu den Herausgebern des Crelle'schen Journals gehörte.[126] Zu den „hiesigen Verhältnissen" gehören die unterschiedlichen Grundauffassungen bei der Begründung der Analysis zwischen Kronecker und Weierstraß (s. o. die Diskussion zum Satz von Bolzano-Weierstraß und den Abschnitt „Kronecker").

Wie bereits erwähnt, war Weierstraß nicht neu, dass die Menge der rationalen Zahlen abzählbar ist. Arthur Schoenflies hat dazu geäußert:

> „Ich erinnere mich, daß Weierstraß im Winter 1873/74 im Seminar einmal die Frage stellte, wie man alle Brüche in eine fortlaufende Reihe bringen könne, mit dem Bemerken, ein früheres Seminarmitglied habe dies einmal gemacht. Auf das naturgemäß negative Verhalten des Seminars ist meiner Erinnerung nach allerdings weiteres nicht erfolgt."[127]

In handschriftlichen Notizen Mittag-Lefflers heißt es:

> „Alle rationalen Zahlen, kleiner als 1, können in eine abzählbare Zahlenmenge geordnet werden. Weierstrass hat diese Aufgabe zu lösen im mathematischen Seminar Berlin 1873 gestellt. Aber es war nie Weierstrass' Art, Aufgaben zu stellen, früher als er selbst über die Lösung vollständig klar war. Die Aufgabe einmal gestellt, war der Beweis von Cantor, Berlin 23 XII 1873, „daß

---

124 (Cantor 1874).
125 So in (Purkert und Ilgauds 1987, 46).
126 (Dauben 1979, 67–69).
127 (Schoenflies 1922, 99).

der Einbegriff aller reellen algebraischen Zahlen abzählbar ist" […] nicht schwer zu finden."[128]

An anderer Stelle notiert Mittag-Leffler:

> „Weierstrass drückte mehrere Male seine Bewunderung für diesen Satz von Cantor aus. Das bedeutete doch keineswegs, daß er nicht im Besitz dieses Satzes war in allgemeinen Zügen, wenn auch nicht ausdrücklich formulirt. Das war eine Seite von seiner rein menschlichen Größe, daß er sich ebensoviel vielleicht auch mehr freute über eine Entdeckung von einem seiner Schüler als wenn er selbst die Entdeckung gemacht hätte."[129]

2.22 Kontroverse mit Kronecker

Die Kontroverse zwischen Weierstraß und seinem Berliner Kollegen Kronecker ist öffentlich nie ausgetragen worden. Nur aus brieflichen Mitteilungen ist darüber etwas zu erfahren (von Andeutungen in wenigen Publikationen (stets ohne Namensnennung) abgesehen). Sie entwickelt sich allmählich etwa zu Beginn der 80er Jahre, wo sie sich in den Folgejahren bis zur völligen Entfremdung zuspitzt. Davor bestand ein freundschaftliches Verhältnis zwischen beiden Mathematikern, das durch gelegentliche unterschiedliche Ansichten (wie etwa zum Satz von Bolzano-Weierstraß (s. o.)) keinerlei Trübung erfuhr. Weierstraß erinnert sich:

> „ich kann nur sagen, daß mich ein wehmüthiges Gefühl überkommt, wenn ich mir K[ronecker] vorstelle, wie er vor 20 Jahren war und der vielen genußreichen Stunden gedenke, die ich in wissenschaftlichen Gesprächen mit ihm verlebt habe."[130]

Ebenso erinnert sich Kronecker in seinem ausführlichen Brief an Mittag-Leffler vom 16. August 1885, dass er mit Weierstraß „damals aufs Innigste verkehrte", dass sie „täglich mit einander" gesprochen haben (IML).

Einige Bemerkungen zu Kroneckers Auffassungen, die Grundlagen der Mathematik betreffend. Eine mathematische Definition ist für ihn nur dann zulässig, wenn es stets in endlich vielen Schritten möglich ist, zu entscheiden, ob sie zutrifft oder nicht. So würde beispielsweise zur Definition der Irreduzibilität eines Polynoms ein Algorithmus gehören müssen, der nach endlich vielen Schritten die Frage beantwortet, ob ein gegebenes Polynom irreduzibel ist oder nicht. So kritisiert Kronecker Dedekinds Idealtheorie, da z. B. kein Algorithmus angegeben wird, um nach endlich vielen Schritten zu entscheiden, ob ein gegebenes Element eines Ringes einem gegebenen Ideal des Ringes angehört oder

---

128 Entwurf (Fragment) von Mittag-Lefflers Hand. Undatiert (nicht vor 1922); mit einigen orthographischen Änderungen wiedergegeben (IML).

129 Entwurf (Fragment) von Mittag-Lefflers Hand. Undatiert (um 1925 (?)); mit einigen orthographischen Änderungen wiedergegeben (IML). Die Abhängigkeit mit dem davor angegebenen Textfragment muss hier unentschieden bleiben.

130 Weierstraß an Schwarz. 12. August 1885. ABBAW, Nachlass Schwarz, Nr. 1175.

nicht. Der Begriff der *allgemeinen* Potenzreihe wird abgelehnt, es sind nur Potenzreihen zulässig mit einem explizit definierten Bildungsgesetz für deren Koeffizienten. Originalton Kronecker:

> „Selbst der allgemeine Begriff einer unendlichen Reihe, z. B. einer solchen, die nach bestimmten Potenzen von Variablen fortschreitet, ist meines Erachtens nur mit dem Vorbehalte zulässig, daß in jedem speciellen Falle auf Grund des arithmetischen Bildungsgesetzes der Glieder (oder der Coefficienten) [...] gewisse Voraussetzungen als erfüllt nachgewiesen werden, welche die Reihe wie endliche Ausdrücke anzuwenden gestatten, und welche also das Hinausgehen über den Begriff einer endlichen Reihe eigentlich unnöthig machen."[131]

Damit fällt die ganze Weierstraß'sche Funktionentheorie mit ihrer analytischen Fortsetzung. Es ist dann ebenso klar, dass auch die Theorien der reellen Zahlen von Dedekind, Weierstraß und Cantor nicht akzeptabel sind, ebenso wie reine nicht konstruktive Existenzsätze, etwa der Satz von Bolzano-Weierstraß oder der Satz vom Supremum (Infimum).

Es ist bemerkenswert, wie Weierstraß sich auf Kroneckers Standpunkt einlässt und eine „Algebraisierung" seines berühmten Beispiels einer stetigen nirgends differenzierbaren Funktion angibt, wie wir einem (undatierten, aber auf das Jahr 1888 datierbaren) Brief an Paul du Bois-Reymond entnehmen können.[132] Das ist insofern besonders aufschlussreich, da daraus Weierstraß' Sichtweise auf Kroneckers Standpunkt deutlich wird.

Weierstraß erwähnt als „ersten Einwand" Kroneckers, dass „schon jedes einzelne Glied der Reihe nicht für jeden Werth von x eine Bedeutung habe" und fügt hinzu „was ich selbstverständlich nicht zugebe". Für ganzzahlige a^n ist $\cos(a^n \pi x)$ eine ganze Funktion von $\cos(\pi x)$. Durch die Substitution $\cos(\pi x) = \frac{t^2-1}{t^2+1}$ geht die unendliche Reihe, durch die Weierstraß' Funktion $f(x)$ gebildet wird, in eine durch eine unendliche Reihe dargestellte Funktion $F(t)$ über, deren Glieder für rationale b rationale Funktionen von t mit rationalen Zahlkoeffizienten sind. Diese Reihe konvergiert „gleichförmig" für alle t . Damit ist $F(t)$ eine stetige Funktion, die unter den Voraussetzungen für a, b an keiner Stelle t differenzierbar ist. Weierstraß bemerkt jedoch:

> „Dieser Beweis würde allerdings von Kr[onecker] beanstandet werden, weil er den zu t [...] gehörigen Werth von x nicht als hinlänglich definirt betrachtet [...]."

---

131 (Kronecker 1886, 336).
132 Die Transkription dieses Briefes in (Weierstraß an du Bois-Reymond 1923, 207–209) ist an mehreren Stellen fehlerhaft, wie der Verf. beim Vergleich mit dem Originaltext (IML) feststellte. Die Schreibung „Kr." im Original wird inkorrekt mit „Koenigsberger" wiedergegeben. Richtig ist „Kronecker", was sich sowohl aus dem Vergleich mit Parallelstellen als auch aus dem Textinhalt ergibt. Alle folgenden Zitate aus diesem Brief sind Transkriptionen des Verf. vom Original. Die nachträgliche Datierung des Verf. auf das Jahr 1888 beruht darauf, dass der Antwortbrief von P. du Bois-Reymond vom 10. Juni 1888 erhalten ist (GStAPK, Nachlass Karl Weierstraß, Nr. 4).

Als Grund dürfte anzusehen sein, dass es nicht möglich ist, einen Algorithmus anzugeben, um in endlich vielen Schritten von t nach x zu gelangen. Am Schluss seines Briefes schreibt Weierstraß sogar:

> „Auf Kr[onecker] wird freilich das Gesagte keinen Eindruck machen, weil er nicht zugiebt, daß die aufgestellte Reihe, selbst, wenn man der Veränderlichen t nur rationale Werthe beilegt, eine Bedeutung habe, ebenso wenig als er einen unendlichen Decimalbruch, wenn Sie ihm auch ein Gesetz angeben, das bestimmt, welche Ziffer auf jeder bestimmten Stelle stehen soll, als Ausdruck einer wohldefinirten Größe gelten läßt."

Kronecker entwickelt eine Art „Arithmetisierungsvision", in der der Begriff der irrationalen Zahl keinen Platz hat:

> „Und ich glaube auch, dass es dereinst gelingen wird, den gesamten Inhalt aller dieser mathematischen Disciplinen zu „arithmetisiren", d. h. einzig und allein auf den im engsten Sinne genommenen Zahlbegriff zu gründen, also die Modificationen und Erweiterungen dieses Begriffs [*in einer Fußnote:* „Ich meine hier namentlich die Hinzunahme der irrationalen sowie der continuirlichen Grössen."] wieder abzustreifen [...]."[133]

Geometrie und Mechanik werden dabei ausgenommen, Algebra und Analysis ausdrücklich einbezogen. Über seinem Standpunkt äußert sich Kronecker auch in einem Brief an Cantor vom 21. August 1884:

> „Ich bin [...] darauf ausgegangen, Alles in der <u>reinen</u> Mathematik auf die Lehre von den ganzen Zahlen zurückzuführen, und ich <u>glaube</u>, dass dies durchweg gelingen wird. Indessen ist dies eben nur mein <u>Glaube</u>. Aber wo es gelungen ist, sehe ich darin einen wahren Fortschritt, obwohl – oder weil – es ein Rückschritt zum Einfachsten ist, noch mehr aber deshalb, weil es denn beweist, dass die neuen Begriffsbildungen wenigstens nicht <u>nothwendig</u> sind. [...] Dass ich jene Einwendungen nur gelegentlich machen will, beruht darauf, dass ich denselben nur einen höchst secundären Werth beilege. Einen wahren wissenschaftlichen Werth erkenne ich – auf dem Felde der <u>Mathematik</u> – nur in concreten mathematischen Wahrheiten, oder schärfer ausgedrückt, ,nur in mathematischen Formeln'. Diese allein sind, wie die Geschichte der Mathematik zeigt, das Unvergängliche. Die verschiedenen Theorien für die Grundlagen der Mathematik (so die von Lagrange) sind von der Zeit weggeweht, aber die Lagrange'sche Resolvente ist geblieben!"[134]

Kronecker lehnt also die Verwendung von Methoden der Analysis keineswegs einfach ab. Seine Arbeiten sind voll von unendlichen Reihen und bestimmten Integralen, aber eben mit konkret gegebenen Reihen und Integralen (mehr dazu in (Edwards 1989)), die zwar seiner „Arithmetisierungsvision" noch nicht entsprechen, die nichtsdestoweniger

---

133 (Kronecker 1887, 337–338).
134 (Cantor 1991).

als ideales Ziel bestehen bleibt. Mit einem Augenzwinkern schreibt er an Mittag-Leffler in dem schon erwähnten Brief vom 16. August 1885:

> „Es ist Ihnen ja nicht unbekannt, daß früher etwa die Hälfte, jetzt etwa ein Drittel meiner Vorlesungen analytischer Natur waren resp. sind. „Applicati- ons de l'analyse infinitésimale à théorie des nombres" lautet der Titel jener berühmten Dirichlet'schen Abhandlung, welche ich weiter auszubilden, zu verbreiten und auch zu vertiefen nicht erfolglos versucht habe. – Aber noch mehr! Ich habe, geehrter Herr Professor, Scherzes halber, so eben das Ver- zeichniß meiner Publicationen durchgegangen, welches bis jetzt grade bei 101 gekommen ist. Ich denke, Sie gratuliren mir zum Beginn des neuen Hun- derts! Nun, es sind genau 33 darunter, die wirklich als zur „höheren Analysis" gehörig gelten müssen!"

Kroneckers Äußerungen, wie die in seinem Brief an Schwarz vom 25. Dezember 1884, verletzen Weierstraß, müssen ihn verletzen:

> „Wenn mir noch Jahre und Kräfte genug bleiben, werde ich selber noch der mathematischen Welt zeigen, daß nicht bloß die Geometrie, sondern auch die Arithmetik der Analysis die Wege weisen kann – und sicher die strengeren. Kann ich's nicht mehr thun, so werden's die thun, die nach mir kommen und sie werden auch die Unrichtigkeit aller jener Schlüsse erkennen, mit denen jetzt die sogenannte Analysis arbeitet."[135]

Das sind in der Tat starke Worte! Weierstraß, dem Schwarz diesen Passus mitteilt (Brief vom 16. März 1885), kommentiert das in dem Brief an seine vertraute Freundin Sofja vom 24. März 1885 mit den Worten:

> „[…] so ist ein solcher Ausspruch von einem Manne, dessen hohe Begabung für mathematische Forschung und eminente Leistungen von mir sicher eben- so aufrichtig und freudig bewundert werden wie von allen seinen Fachgenos- sen, nicht nur beschämend für diejenigen, denen zugemuthet wird, daß sie als Irrthum anerkennen und abschwören sollen, was den Inhalt ihres unablässi- gen Denkens und Strebens ausgemacht hat, sondern es ist auch ein directer Ap[p]ell an die jüngere Generation, ihre bisherigen Führer zu verlassen und um ihn als Jünger einer neuen Lehre, die freilich erst begründet werden soll, sich zu scharen. Wirklich, es ist traurig und erfüllt mich mit bitterm Schmerz, daß das wohlberechtigte Selbstgefühl eines Mannes, dessen Ruhm unbestrit- ten ist, ihn zu Äußerungen zu treiben vermag, bei denen er nicht einmal zu empfinden scheint, wie verletzend sie für andere sind."[136]

An ein einträgliches Zusammenwirken mit Kronecker ist für Weierstraß nicht mehr zu denken. In dem oben erwähnten Brief an Sofja schreibt er:

---

135 (Bölling 1994a, 72).
136 (Weierstraß und Kowalewskaja 1993) (mit einer Änderung).

„Mein Freund Kronecker, mit dem ich früher in Betreff der wichtigsten Fragen in Übereinstimmung war, und auch Fuchs arbeiten mir entgegen, der eine mit Bewußtsein und Absicht, der andere, theils der Autorität des ersteren sich unterwerfend, theils aus mangelnder Kenntniß der Bedeutung der Fragen, um die es sich handelt. So kommt es nicht selten vor, daß ich in einer Vorlesung einen Satz aufstelle und zu beweisen vermeine, der in einer anderen Vorlesung als unhaltbar und trügerisch bezeichnet wird. Während ich sage, daß eine sog[enannte] irrationale Zahl eine so reale Existenz habe wie irgend etwas anderes in der Gedankenwelt, ist es bei Kronecker jetzt ein Axiom, daß es nur Gleichungen zwischen ganzen Zahlen gebe."

Das ist aber nur eine Seite der Kontroverse. Sie trägt auch sehr persönlich geprägte Züge, wie das in der „Preisfragenangelegenheit" deutlich wird.

Auf Initiative von Mittag-Leffler wurde von König Oscar II von Schweden und Norwegen zu seinem 60. Geburtstag ein mathematischer Wettbewerb veranstaltet. Mit der Durchführung des Vorhabens betraute der König eine Kommission, bestehend aus Weierstraß, Hermite und Mittag-Leffler. Die Veröffentlichung der Ausschreibung mit den vier Preisfragen erfolgte im Band 7 der *Acta mathematica* (1885, S. I-VI). Kronecker war empört und verletzt, nicht hinzugezogen worden zu sein. Er beschwert sich bei Mittag-Leffler:[137]

„[...] daß Sie [...] mir eine Angelegenheit verheimlichten, in welcher ich mindestens ebenso gut wie Weierstraß und Hermite zugezogen werden mußte, wenn erstens [...] wenn zweitens die wissenschaftliche Stellung berücksichtigt worden wäre, die ich in der mathematischen Welt seit lange [sic!] inne habe, und wenn drittens – und das ist die Hauptsache – die Sachkennerschaft den Ausschlag gegeben hätte. Es ist ebenso unzweifelhaft, daß kein lebender Mathematiker auch nur entfernt die Sachkenntniß zur Stellung und Beurtheilung einer algebraischen Frage (wie die No. 4)[138] besitzt, die ich mir durch eine ganze Lebensarbeit erworben habe [...]. Den Schaden, den Sie der Sache zugefügt haben, indem Sie mich nicht zugezogen haben, den werden Sie bald merken. Daß Sie mich persönlich verletzt haben, das werde ich bald verschmerzen. [...] Die Preisangelegenheit betreffend werde ich mich einfach direct an Ihren König wenden. Wenn es wahr ist, was Sie mir früher in seinem Auftrage geschrieben haben, so wird er es gewiß natürlich finden, dass ich mich an ihn wende. Ich werde mein gewichtigeres Gutachten auf die algebraischen Forschungen stützen, die ich in einer großen Reihe meiner Publicationen, namentlich aber in meiner Festschrift niedergelegt habe. Daß die Commission, von deren Mitgliedern keiner diese fundamentale Arbeit kennt, eine algebraische Frage stellen und später eine algebraische Arbeit beurtheilen soll, ist doch eine Anomalie ohne Gleichen. Ihr König soll es von

---

137 Brief vom 29. Juli 1885 (IML).
138 Die 4. Frage des Wettbewerbs, die Hermite gestellt hatte, betraf die Darstellung und die Eigenschaften der algebraischen Relationen zwischen zwei automorphen Funktionen mit gleicher Gruppe.

mir erfahren – was Sie ihm verschwiegen haben – daß ich bereits bei meinem Eintritte in die Akademie vor 25 Jahren das als unmöglich erwiesen habe, was in leicht kenntlicher Weise als Ausgangspunkt zur Frage 4 gedient hat. Aber Ihr König soll dabei noch mehr über den wahren Zustand der Mathematik erfahren, damit sein guter Wille auch wirklich Gutes erreiche."

Welches belastende Ausmaß diese Kontroverse für Weierstraß annahm, wird in seinen Briefen deutlich, wie an seine vertraute Schülerin und Freundin:

> „aber ich beklage es auf das tiefste, daß ein Mann von so eminenter geistiger Begabung und so unbestrittenem wissenschaftlichen Verdienst zugleich so kleinlich eitel und neidisch ist."[139]

> „Herr Kronecker, der täglich mehr und mehr in Selbstanbetung und souveräner Verachtung der „sogenannten" Analysis und deren Vertreter versinkt […]"[140]

An seinen Bruder Peter schreibt er am 6. Oktober 1890:

> „Mit Kr[onecker] habe ich, wie das seit Jahren vorauszusehen war, allen Verkehr abbrechen müssen; seine Anmaßung war nicht mehr zu ertragen und außerdem trat seine Unzuverlässigkeit bei verschiedenen Veranlassungen in empörender Weise zu Tag." (IML)

Wir beschließen diesen Abschnitt mit einem Wort von Henri Poincaré, der sagte, dass Kronecker bei seinen großen mathematischen Entdeckungen den Philosophen in sich vergaß und seine eigenen Prinzipien verließ (Poincaré 1899, 17).

2.23 Franz Weierstraß

Spätestens für den Sommer 1884 ist nachweisbar, dass Weierstraß und seine beiden Schwestern ein Kind bei sich aufgenommen haben,[141] wie aus dem folgenden Brief an Kowalewskaja hervorgeht. Aus diesem Brief von Clara Weierstraß vom 29. Oktober [1884] erfährt Sofja zum ersten Mal etwas von einem „Kind" im Hause Weierstraß'.[142]

> „Nun muß ich Dir noch Einiges über meine Zustände mittheilen, worüber Du Dich vielleicht wundern wirst. – Ich habe nämlich ein kleines, elternloses Kind aus der Verwandtschaft zu mir genommen, um es zu pflegen und aufzuziehen, so weit meine Kräfte reichen. Meine Geschwister waren anfangs mit

---

139 26. März 1886 (Weierstraß und Kowalewskaja 1993).
140 22. Mai 1888 (Weierstraß und Kowalewskaja 1993).
141 Der unten angegebene Passus aus dem Brief von Elise an Clara vom 21. April 1883 ließe die Interpretation zu, dass sich das Kind bereits im Frühjahr 1883 in der Obhut von Clara befand.
142 Das Ende des in Wilhelmshöhe geschriebenen Briefes hat der Verf. nicht auffinden können. Als Absender kommen nur Weierstraß' Schwestern Clara oder Elise in Betracht. Durch Schriftvergleich eindeutig Clara zuzuordnen. Die Jahresangabe fehlt, lässt sich aber auf 1884 datieren (Besuche von Kirchhoff, Hansemann und Schwarz in Wilhelmshöhe, wo sich Weierstraß mit seinen Schwestern aufhält).

meinem Entschluß nicht ganz einverstanden, da jedoch die Verhältnisse so lagen, daß es eine Gewissenssache für uns war, das Kind zu überwachen, so gönnen sie mir diesen Sport, um so mehr, da es ein ganz allerliebster, kleiner Knabe mit blauen Augen und blonden Locken ist, den auch sie furchtbar lieb gewonnen haben. Das Kindchen ist schon längere Zeit bei mir, aber ich habe nicht darüber gesprochen, weil ich nicht wissen konnte, ob die Sache auf die Dauer sich fortsetzen ließe. Da es aber geistig und körperlich ein ganz gesundes, normales Kind zu sein scheint, und auch Mittel vorhanden sind, um für seine künftige Ausbildung zu sorgen, so steht meinem Wunsche, es wenigstens noch einige Jahre in meiner Obhut zu behalten, nichts entgegen. – Das einzig Unangenehme dabei ist, daß unsere Wohnung in Berlin durchaus nicht geeignet ist, um noch ein Kind mit seiner Wärterin darin unterzubringen, überhaupt wird der ganze Haushalt dadurch auf einen etwas unruhigen Fuß gestellt, was für meinen Bruder doch manchmal störend werden könnte. Deshalb haben wir vorläufig den Plan besprochen, daß ich möglichst in der Nähe von Berlin, eine kleine Wohnung mit dem Kinde und etwas Bedienung apart für mich hätte, wenn sich das nach Wunsch erreichen läßt." (IML)

Es müssen schon außergewöhnliche Gründe gewesen sein, die Weierstraß (er ist immerhin fast 69 Jahre alt, als der Brief geschrieben wurde) und seine Schwestern zu diesem Schritt veranlassten. Sie sind sogar des Kindes wegen Ende September 1886 in eine größere Wohnung umgezogen.[143] Die Suche nach einer geeigneten Wohnung war für Weierstraß ein „saures Geschäft", das ihn fast ganz in Anspruch nahm.[144] Ursprünglich wollte Weierstraß mit seinen Schwestern und dem Kind Berlin sogar ganz verlassen und in die Schweiz übersiedeln.[145]

Weierstraß hat bewusst und mit Umsicht die Herkunft des Kindes durch falsche Angaben verschleiert. Am 30. Mai 1886 wird der „heimatlose Knabe" als Franz Weierstraß in der Gemeinde Aussersihl (seit 1893 Stadtteil von Zürich) eingebürgert und mit dem beträchtlichen Barvermögen von 50000 Franken ausgestattet, über das er mit Vollendung des 30. Lebensjahres die Verfügung erhalten sollte. Weierstraß nimmt die Verpflichtung auf sich, den Unterhalt, die Verpflegung und die Erziehung des Knaben auf eigene Kosten zu übernehmen.

Wer sind die Eltern von Franz und warum wurde so ein Geheimnis darum gemacht? K.-R. Biermann hat ausführlich zu Franz Weierstraß recherchiert oder recherchieren lassen.[146] Der Junge wurde am 2. August 1882 geboren. Eine Geburtsurkunde ist nicht aufgefunden worden. Es spricht alles dafür, dass Rosa Borchardt, die Witwe des bereits erwähnten Berliner Mathematikers Borchardt,[147] die Mutter von Franz ist. Sie hat im Februar 1882 Berlin verlassen[148] und hält sich im Sommer 1882 in Italien auf:

---

143 Weierstraß an Mittag-Leffler. 21. September 1886 (IML).

144 Weierstraß an Schwarz. 24. Juli 1886. ABBAW, Nachlass Schwarz, Nr. 1175.

145 Mehr dazu im Abschnitt „70. Geburtstag".

146 (Biermann 1996). Die nachfolgenden Angaben stützen sich zum Teil auf Biermanns Recherchen; Briefe, aus denen im Folgenden zitiert wird, sind vom Verf. im Institut Mittag-Leffler aufgefunden worden.

147 Fußn. 44; Borchardt war der einzige Fachkollege (von Kowalewskaja abgesehen), mit dem sich Weierstraß geduzt hat. Weierstraß war Vormund von Borchardts sechs Kindern.

148 Clara Weierstraß an Kowalewskaja. 3. März 1882 (IML).

„Frau B. ist noch immer in Bagni di Lucca, sie ist aber nicht sehr krank, Hermite braucht sich nicht zu beunruhigen. Sie ist bloß eine ganz charakterlose Person, ohne jedes moralische oder humane Princip. […] Bitte nenne bei andern Leuten ihren Namen nicht mit dem meines Bruders zusammen, auch nicht mit unsern."[149]

Am 21. April 1883 schreibt Elise Weierstraß aus Berlin an ihre Schwester Clara:

„Gestern Abend war R. hier […]. Ob es ihr nun Ernst war oder nicht aber sie sprach jetzt wieder davon, es wäre besser und sicherer die Funze da zu lassen, und sie wollte Euch darüber schreiben. Dann nahm sie es wieder zurück, sie wollte nicht in vielleicht fertige Entschlüsse hineinpfuschen. Redensarten führt sie, daß einem die Haare zu Berge stehen. Das Schlimmste was mir passiren könnte, sagte sie ganz aufgeregt wäre daß man sagte: Wenn der Ehrenmann sie hat sitzen lassen so muß noch etwas anderes gegen sie vorliegen, wer weiß mit was für hergelaufenen Menschen die sich sonst noch abgegeben hat, vielleicht mit irgendeinem Führer in der Schweiz. Wie schrecklich für meine Kinder, eine liederliche Mutter! […] Deine noch fehlenden Sachen werde ich Dir schicken." (IML)

Es könnte also sein, dass Franz, der inzwischen 8 Monate alt ist, sich bereits in der Obhut von Clara befindet. Ist „der Ehrenmann" Karl Weierstraß?

Kowalewskaja kann jedenfalls nach dem oben wiedergegebenen Auszug aus dem Brief Claras vom 29. Oktober 1884 nicht die Mutter sein. Ebenso scheidet der Bruder Peter Weierstraß als Vater aus. Er erfährt sogar erst ein ganzes Jahr später als Kowalewskaja von Franz, was doch merkwürdig wäre, wenn der Pflegesohn wirklich das Kind eines Verwandten wäre:

„[…] aber unser sonst so ruhiger Hausstand hat sich um zwei Personen vermehrt; wir haben einen kleinen Knaben und seine Bonne bei uns, der kleine Knabe ist 3 Jahr alt und ein sehr niedliches und etwas zu lebhaftes Kind. […] Alles Übrige mündlich."[150]

Als Sofja sich nach Frau Borchardt erkundigt, antwortet Clara am 12. November 1888, dass diese im Sommer wochenlang mit 22000 Mark verschwunden war und niemand wusste, wo sie sich aufhielt, dann plötzlich zurückkam und erklärte, dass ihr das Geld gestohlen worden sei. Ihr Vater sah sich veranlasst, die Justiz einzuschalten, um den Rest des Vermögens für ihre Kinder zu retten. Nun sei sie erneut abgereist, dem Vernehmen nach für Jahre. Sie zerstöre, so Clara, im Alter von 46 Jahren ihr Glück und das ihrer Kinder. Wie kann eine Mutter ihre Kinder verlassen?[151] Clara schreibt:

---

149 Clara Weierstraß an Kowalewskaja. 16. Juli [1882] (IML). Zur nachträglichen Datierung auf 1882: Der Brief ist ein Antwortbrief auf einen Brief Sofjas an Clara vom 1. Juni 1882 (man erwartet den Besuch Mittag-Lefflers mit seiner jungen Frau (26.–29. Juli 1882 in Berlin)).

150 Clara Weierstraß an Peter Weierstraß. 23. Oktober 1885 (also kurz vor Weierstraß' 70. Geburtstag) (IML).

151 Clara hatte schon am 22. März 1882 an Sofja geschrieben: „Ich beklage die Kinder, die sind ja eigentlich jetzt schon Waisen." (IML)

Abb. 2.7 „Ich habe nämlich ein kleines, elternloses Kind […] aufgenommen […]“.

> „Tu sais comme moi, quand recherche la dernière cause et la véritable origine de tout cela, c'est son „Grössenwahn“ qui peut être n'est pas tout à fait sa faute […].“ (IML)

Sollte der „Größenwahn“ darin bestanden haben, „den Ehrenmann“ mit dem Kind an sich binden zu wollen?

Im Mittag-Leffler-Institut habe ich das in der Abbildung 2.7 wiedergegebene Foto aufgefunden, von dem ich überzeugt bin, dass es Franz darstellt.

Was spricht dafür? Mittag-Leffler hat sich intensiv darum bemüht, aus dem Nachlass von Peter Weierstraß, der am 7. April 1904 in Breslau starb, alles, was einen Bezug zu Karl Weierstraß hatte, zu erwerben. Ein Brief von H. Schulz (s. Fußn. 5) an Mittag-Leffler vom 17. April 1904 enthält eine Auflistung dessen, was er Mittag-Leffler aus dem Nachlass Peters zuzuschicken beabsichtigt, darunter „1 Bild mit Rahmen des Adoptivsohn[es] Franz“. Das vorstehend abgebildete Foto befindet sich in einem ovalen Rahmen (an gleicher Stelle mit weiteren Fotos, u. a. von Weierstraß), ein weiteres gerahmtes Kinderfoto ist nicht vorhanden. Bei einem zweiten ungerahmten ähnlichen Foto kleineren Formats, gleichzeitig aufgenommen in demselben Berliner Atelier, findet sich auf der Rückseite ein schwedisch geschriebener Hinweis auf Franz, jedoch nicht von Mittag-Lefflers Hand.

Franz wurde nicht alt. Er hat sich am 3. Mai 1898 mit 15 ½ Jahren in (Bad) Freienwalde, wo er sich seit der schweren Erkrankung von Clara in einer Pflegefamilie befand und das dortige Gymnasium besuchte, mit einem Revolver das Leben genommen. Mittag-Leffler berichtet am 21. Juli 1898 Hermite[152] von der Tragödie im Hause Weierstraß und erwähnt einen Abschiedsbrief von Franz an Elise, in dem er schrieb, dass er den Grund für seinen Freitod nicht angeben kann (Mittag-Leffler zitiert Franz: „Je t'assure par Dieu que je ne peux pas te dire la cause."). Elise habe diesen Brief nie gelesen, sie war bereits schwer erkrankt und starb am 9. Juli 1898 (Clara war 1896 und Karl 1897 verstorben). Weiter heißt es bei Mittag-Leffler:

> „Le petit Franz était le fils de Mme Borchardt je le sais, aussi bien que je sais qu'il n'était pas le fils de Weierstrass."

Derselbe Mittag-Leffler schreibt am 8. August 1916 an Carl Friedrich Geiser (Mathematiker in Zürich, der 1861–1863 in Berlin studiert hatte (Organisator und Präsident des 1. Internationalen Mathematiker-Kongresses 1897 in Zürich)), an den unter bestimmten Umständen die Vormundschaft für Franz übergehen sollte:

> „Der kleine Franz war, wie allgemein bekannt ist, ein Sohn von Frau Borchardt. Man behauptet überall, dass Weierstrass der Vater wäre. War es wirklich so? Weierstrass hat mich oft zu Rathe gezogen über die Erziehung von Franz sowohl mündlich wie schriftlich, aber er sagte nie, wer Franz eigentlich war. Es schien mir, als nähme er an, dass ich es wusste. Die Familie Weierstrass sagte zu Aussenstehenden, es wäre ein Verwandter. Zu mir nie. Zu Frau Kowalewski sagten die Schwestern ganz offen er wäre ein Kind von Frau Borchardt."[153]

Geiser antwortet am 2. Oktober 1916, dass die „wirklichen Eltern" bei der Absprache der Einbürgerungsmodalitäten und testamentarischen Verfügungen nie erwähnt wurden (IML).

Das alles spricht dafür, dass Rosa Borchardt die Mutter von Franz ist. Frau Borchardt, Tochter eines wohlhabenden Königsberger Bankiers, war vermögend, so dass sich die Borchardt'sche Herkunft des namhaften Betrages für Franz bei seiner Einbürgerung, den Weierstraß schwerlich hätte aufbringen können,[154] als Erklärung anbietet.

Was ist aus ihr geworden? Weihnachten 1889 heiratet sie in Chambéry den 11 Jahre jüngeren Zahnarzt Alfred Duclos; drei ihrer Kinder leben damals noch bei ihrem Großvater.[155] Auf Anfrage erfährt Mittag-Leffler in einem vom 7. April 1908 datierten Brief von Christian Moser, Direktor des eidgen. Versicherungsamtes in Bern, dass sie dort noch lebt. Das ist das letzte mir bekannte Lebenszeichen.

Wäre Weierstraß nicht der Vater von Franz, so wäre der ganze Aufwand, den die Familie Weierstraß in bereits vorgerücktem Alter auf sich nimmt, ihr aufopferungsvolles Ver-

---

152 Ein Auszug aus diesem Brief, dem die beiden nachfolgenden Zitate entnommen sind, findet sich in (Dugac 1973, 165).

153 IML (maschinegeschriebene Kopie des Originalbriefes); wiedergegeben mit orthographischen Korrekturen.

154 Am 28. Oktober 1880 schreibt Weierstraß an Sofja: „Übrigens nehme ich auch keinen Anstand, Dir zu sagen, daß ich zum Theil auch gezwungen bin, Arbeiten wie die vorhin genannten zu übernehmen, um meine Einkünfte zu vermehren. Denn die Besoldung, die ich als Professor beziehe, reicht nicht mehr aus, um die jährlich sich steigernden Ausgaben zu decken." (Weierstraß und Kowalewskaja 1993).

155 Clara Weierstraß an Kowalewskaja. 8. März 1890; Karl an seinen Bruder Peter. 6. Oktober 1890 (IML).

halten kaum begreiflich. Als „Gewissenssache" für einen anderen „Ehrenmann" jedenfalls nicht vorstellbar, vom Bruder Peter vielleicht abgesehen, aber der scheidet aus (s. o.).

Der Weierstraß-Schüler Ferdinand Rudio (Zürich) hat Heinrich Behnke (Münster) gegenüber geäußert, Weierstraß habe „ein großes Geheimnis mit in das Grab genommen" (Biermann 1996, 66). Die Vaterschaft von Weierstraß jedenfalls wäre in der Tat so ein großes Geheimnis.

Gewiss, letzte Beweise liegen nicht vor. Biermann setzte je ein Fragezeichen hinter Mittag-Lefflers Äußerung, dass Franz ein Sohn von Rosa Borchardt, aber Weierstraß nicht der Vater ist. Ich schließe mich dem an, allerdings ist mein Fragezeichen bzgl. des ersten Teiles kleiner, dagegen bzgl. des zweiten Teiles größer.

2.24   70. Geburtstag

Welches Ausmaß die Kontroverse mit Kronecker angenommen hatte, wird aus einem Brief deutlich, den Weierstraß seiner vertrauten Schülerin am 22. September 1885 schreibt, in dem er ihr – also nur wenige Wochen vor der von seinen Schülern, Kollegen und Freunden vorbereiteten Feier seines 70. Geburtstages – mitteilt, „ganz fortzugehen", d. h. Berlin zu verlassen und (zusammen mit seinen Schwestern und Franz) in die Schweiz überzusiedeln. Weierstraß wollte zur Geburtstagsfeier allein nach Berlin zurückkommen. Tatsächlich reist er erst im Dezember in die Schweiz, wo er sich zwar nicht dauerhaft niederlässt, aber einen langen Aufenthalt plant.[156] Von einem ganz anderen Beweggrund wird noch die Rede sein.

Mit den Vorbereitungen zur Feier des 70. Geburtstages von Weierstraß am 31. Oktober 1885 hatte man bereits 1884 begonnen. Es war dazu ein Festkomitee gebildet worden, dem Lazarus Fuchs vorstand. Das Festkomitee hatte die Anfertigung einer aus Marmor hergestellten Weierstraß-Büste beschlossen. Außerdem sollte eine goldene Medaille geprägt und ein Fotoalbum mit den Bildnissen von Schülern, Freunden und Kollegen des Jubilars zusammengestellt werden. Der Entschluss bezüglich der Büste (sowie der öffentlichen Ehrung für Weierstraß überhaupt) war nicht unumstritten, da einige Mathematiker (darunter Kronecker) darin eine Herabsetzung Kummers sahen, dem zu seinem 70. Geburtstag (im Jahr 1880) keine derartige Ehrung zuteil geworden war. Zur Deckung der Unkosten hatte das Komitee eine Sammlung im In- und Ausland veranstaltet, die ein voller Erfolg wurde: bis Juli 1885 waren über fünftausend Mark zusammengekommen.

Kowalewskaja gehörte ebenfalls dem Festkomitee an. Am 16. Mai 1885 schreibt Weierstraß ihr:

> „Wie ich erfahre, gehörst Du auch zu den Verschworenen, die mich am k[ommenden] 31 October daran erinnern wollen, daß ich bereits zu denen gehöre, welche der Versteinerung anheimfallen."[157]

---

156 Noch am 26. März 1886 schreibt er an Sofja: „Wir bleiben jedenfalls bis zum 1 Oktober in der Schweiz […]" (Weierstraß und Kowalewskaja 1993).

157 (Weierstraß und Kowalewskaja 1993).

Abb. 2.8   Frontansicht des Fotoalbums.

Das dürfte wohl eine scherzhafte Anspielung auf die Marmorbüste sein. An der Geburtstagsfeier nimmt Sofja allerdings nicht teil. Sie wollte als „Schülerin der besonderen Art"
nicht unter dem „großen Haufen" der Gratulanten sein. Diesem Umstand verdanken wir
eine ausführliche Beschreibung des Ablaufs der Feier von Weierstraß selbst in seinem Brief
an Sofja vom 14. Dezember 1885:

> „Zunächst will ich Dir gern und ohne Rückhalt bekennen, daß die Feier mei-
> nes 70sten Geburtstages, wie dieselbe von meinen älteren und jüngeren Zu-
> hörern veranstaltet worden ist, mir wirklich eine große Freude bereitet hat.
> Ohne officiellen Anstrich – nur der Cultus-Minister sandte mir ein halbamt-
> liches Glückwunschschreiben – gestaltete sich dieselbe zu einer – wenn auch
> von Übertreibung nicht ganz freien, doch durch keinen Mißklang getrübten
> Kundgebung, die erkennen ließ, daß die daran sich Betheiligenden mit dem
> Herzen dabei waren."[158]

Das Fotoalbum (Abbildung 2.8) „ist ein Prachtwerk, das allgemeinen Beifall findet." Dieses Album wurde nach 100 Jahren wiederaufgefunden und ist mit seinen 334 Fotos fast ein
Who's Who der Mathematiker jener Zeit (Kummer und Kronecker fehlen allerdings). Als
einzige Frau ist Kowalewskaja vertreten (mit dem im Abschnitt „Sofja" wiedergegebenen
Foto). Das Album wurde mit sämtlichen Fotografien und mit Einzelheiten zu seiner Ent-
stehungsgeschichte sowie Angaben zu den abgebildeten Personen veröffentlicht (Bölling
1994b).[159]

---

158 Ebd.
159 Bei der Gelegenheit sei hinzugefügt, dass von den verbliebenen vier nicht identifizierten Fotos nachträglich
    zwei Fotos bestimmt wurden: Foto 3 aus Band 2: Werner von Siemens (R. Bulirsch), Foto 7 aus Band 2:
    Alfred Enneper.

Weierstraß befindet sich inzwischen in der Schweiz, um dort seinen für das WS 1885/86 und SS 1886 beantragten und genehmigten Urlaub zu verbringen. Er ändert jedoch kurzfristig seinen Plan[160] und kehrt bereits Ende Mai 1886 (allein, d. h. ohne seine Schwestern und Franz) nach Berlin zurück. Mit Bezug auf die gerade erfolgte Einbürgerung von Franz in die Gemeinde Aussersihl schreibt Weierstraß am 8. Juni 1886 an seine Schwestern: „dies zu erreichen war der Hauptzweck, weswegen ich im Dezember in die Schweiz ging." (IML) An Mittag-Leffler schreibt er kurz zuvor am 31. Mai 1886:

> „Ich hatte in der That Gründe, meinen Urlaub abzukürzen und auch noch eine Vorlesung anzufangen: „Ausgewählte Kapitel der Functionenlehre", in der ich den von mir in der Theorie der analytischen Functionen eingenommenen Standpunkt mit Entschiedenheit vertreten werde." (IML)

Nicht zuletzt unter dem Eindruck der Kontroverse mit Kronecker bewegt Weierstraß die Sorge um den Fortbestand seiner wissenschaftlichen Ansichten, seines Lebenswerkes. Diese Sorge erfasst auch seine Schwestern. Clara wendet sich am 29. November 1887 an Sofja: „schreibe mir doch, ob es möglich ist, […] daß mein Bruder widerlegt werden kann." In ihrem (undatierten) Antwortbrief schreibt Sofja:

> „Il n'est pas de chose au monde qui soit plus certaine à mes yeux que celle-ci: les vérités mathématiques trouvées par Weierstrass seront reconnues comme telles aussi longtemps qu'il y aura en général des mathématiciens sur la terre. Son nom ne sera oublié que lorsque l'on oubliera de même les noms de Gauss et d'Abel."[161] (IML)

Die vorzeitige Rückkehr von Weierstraß hatte noch ein bemerkenswertes Nachspiel, wovon er seinen Schwestern in dem schon erwähnten Brief vom 8. Juni 1886 berichtet:

> „Gleich in den ersten Tagen meines Hierseins, nachdem ich meine Vorlesungen begonnen, kam Althoff[162] zu mir, „um mir den Dank des Vaterlandes zu votiren, dafür, daß ich, ohne das Ende meines Urlaubs abzuwarten, zurückgekehrt sei, um wieder der Universität meine unschätzbaren und unentbehrlichen Dienste zu widmen." Dieser Dank müsse aber auch [durch] eine mir zu gewährende äußere Anerkennung bethätigt werden u.s.w. kurz, es lief wieder darauf hinaus, daß er mir den „Geheimrath" offerirte. Getreu meiner oft ausgesprochenen Ansicht habe ich dies aber entschieden abgelehnt – ich habe ihm gesagt, daß eine solche ideale[163] Anerkennung, die zudem für den Professor an der ersten deutschen Universität, dem Mitglied von 16 Akademien, dem einzigen deutschen Mathematiker, der den Orden pour le mérite

---

160 Siehe Fußn. 156.
161 „Für mich ist keine Sache der Welt gewisser als diese: die von Weierstraß gefundenen mathematischen Wahrheiten werden anerkannt sein, solange es überhaupt Mathematiker auf der Erde geben wird. Sein Name wird erst vergessen sein, wenn man ebenfalls die Namen von Gauß und Abel vergessen haben wird." Ein Faksimile der angegebenen Stelle des Briefes ist in (Bölling 1997c) abgebildet.
162 Einflussreicher Dezernent (später Ministerialdirektor) im preußischen Kultusministerium.
163 Soll heißen „ideelle".

trage, den endlich die Mehrzahl der jetzigen Professoren der Mathematik an den höhern Lehranstalten ihren Lehrer nennt, nur einen geringen Werth habe, mich nicht befriedigen könne, so lange ihr die solide materielle Unterlage fehle. Was in dieser Beziehung die Vergangenheit für mich zu wünschen übrig gelassen, wolle ich nicht weiter urgiren, zumal da ich vielleicht selbst Schuld daran sei; für die Zukunft aber müsse ich beanspruchen, daß mein Gehalt angemessen erhöht werde, wenn höheren Orts darauf Werth gelegt würde, daß ich noch länger an der Universität thätig sei." (IML)

Aus dem „Geheimrat" ist nichts geworden; ob eine höhere Besoldung erfolgte, ist dem Verf. nicht bekannt.

2.25   „Befinden leidlich"[164]

In Weierstraß' Leben gab es immer wieder Zeiten erheblicher gesundheitlicher Beeinträchtigungen. Noch als Gymnasiallehrer in Braunsberg schreibt er am 6. Mai 1850 an seinen Bruder Peter:

> „[…] seit neun Monaten ein fast ununterbrochenes Siechthum – 4mal lebensgefährliche Zufälle – das hat mich hart mitgenommen. Bleibe ich noch lange hier, so geht meine Gesundheit ganz zu Grunde".[165]

Auch in handschriftlichen Notizen von Schwarz (ebenfalls mit der Jahresangabe 1850 versehen) lesen wir:

> „Eine Krankheit bestand in einem täglich morgens wiederkehrenden Schwindelanfall, welcher ohne äußere Veranlassung sich einstellte und durch einen Brechanfall nach einigen Stunden sich löste […]"[166]

Auf seinen labilen Gesundheitszustand weist Weierstraß mehrfach in seinem ebenfalls noch in Braunsberg am 27. März 1855 geschriebenen Brief an den Direktor der Unterrichtsabteilung im preußischen Kultusministerium Johannes Schulze hin:

> „Die Ergebnisse meiner Untersuchungen beabsichtigte ich bereits vor fünf Jahren in ausführlicher Darstellung zu veröffentlichen, als mir durch eine langwierige Krankheit alles Arbeiten unmöglich gemacht wurde. Nach zweijähriger Unterbrechung war ich zwar im Stande, den Unterricht wieder zu übernehmen, konnte jedoch nur von Zeit zu Zeit und nicht mit voller Kraft andern wissenschaftlichen Beschäftigungen mich hingeben. […] denn die Erfahrung der letzten Zeit hat es mir fühlbar genug gemacht, daß eine anhaltende Beschäftigung mit meinen Lieblingsstudien bei dem wankenden Zustande meiner Gesundheit unvereinbar ist mit gewissenhafter Erfüllung der

---

164 Weierstraß (letzte erhaltene Mitteilung) an Mittag-Leffler. Telegramm. 13. September 1896 (IML).
165 (Bölling 1994a, 61).
166 ABBAW, Nachlass Schwarz, Nr. 430. Die Datierung „Cudowa, 29. August 1901" legt nahe, dass die Angaben auf Mitteilungen von Peter Weierstraß beruhen.

Pflichten meines nächsten Berufs. [...] Zugleich habe ich den Herrn Minister[167] um Gewährung eines sechs bis neunmonatlichen Urlaubs gebeten, den ich vor Allem benutzen möchte, um zur Befestigung meiner Gesundheit etwas zu thun, und dann vielleicht auch zur Vollendung einer dem Abschlusse nahen größern Arbeit, die mehr als meine bisherigen über meine Befähigung zu wissenschaftlichen Untersuchungen ein entscheidendes Urtheil möglich machen dürfte."[168]

Mittag-Leffler notiert:

„Sein ganzes Leben gestaltete sich auch später nach dieser Krankheit in äußerer Beziehung zu einer wirklichen Tragödie. Wir kennen alle die eigenthümliche Weise, in welcher er seine Vorlesungen hielt. [...] Er konnte nicht gleichzeitig sprechen und Formeln auf die Tafel schreiben. Wenn er sich ausnahmsweise im Eifer dazu verleiten ließ, bekam er einen Schwindelanfall. Er war deshalb gezwungen, das Schreiben an der Tafel immer an einen Vorschreiber abzugeben." (IML)

Aus Weierstraß' Briefen erfahren wir, dass es ihm manchmal aus gesundheitlichen Gründen nicht möglich war, eine Vorlesung rechtzeitig zu beginnen, manchmal muss er sie für längere Zeit aussetzen oder sogar ganz aufgeben. Erkrankungen der Bronchien, Venenentzündungen und Rheumatismus plagten ihn. Seine Schwester Clara schreibt am 8. März 1890 an Sofja:

„er ist seit 2 ½ Jahren ein kranker, gebrochener Mann, dessen Thätigkeit als abgeschlosssen betrachtet werden kann." (IML)

Da es an anderer Stelle als Beleg verwendet wird, zitieren wir aus einem kurz darauf geschriebenen Brief von Weierstraß an Schwarz vom 25. März 1890:

„Leider ist der Zustand meiner Gesundheit noch immer ein so trauriger, dass ich zur Zeit völlig ausser Stande bin, mich mündlich oder schriftlich über wissenschaftliche Dinge mit Ihnen zu unterhalten. Auch ist keine Aussicht vorhanden, dass dies sobald anders werde. Vor drei Wochen noch machte mein Arzt ein recht bedenkliches Gesicht, jetzt hofft er zwar, mich noch einmal durchzubringen, doch werde noch lange Zeit Schonung und Vorsicht nothwendig sein."[169]

Seit dem Herbst desselben Jahres hat Weierstraß für mehr als ein halbes Jahr seine Wohnung nicht mehr verlassen:

---

167 K. von Raumer; preußischer Kultusminister (1850–1858). Ein Auszug aus Weierstraß' Eingabe an den Kultusminister findet sich in (Biermann 1966b, 45).

168 GStAPK, Nachlass Johannes Schulze, Nr. 39; Weierstraß wurde ein einjähriger Urlaub bewilligt. Die erwähnte große Arbeit über Abel'sche Funktionen erschien 1856 im Crelle'schen Journal (Weierstraß 1894–1927, Band 1, 297–355).

169 ABBAW, Nachlass Schwarz, Nr. 1175; vgl. die in Fußn. 20 wiedergegebenen Äußerungen von Weierstraß.

Abb. 2.9 Karl Weierstraß in seinem 80. Lebensjahr; Ölgemälde von R. v. Voigtländer.

„Seit Anfang dieser Woche fahre ich wieder täglich eine Stunde spazieren,
was seit Mitte October v[origen] J[ahres] nicht geschehen ist. Einmal bin ich
auch schon 5 Minuten lang gegangen."[170]

Jüngere Kollegen wechseln sich ab, ihn zu begleiten. An seinen Bruder Peter schreibt Weierstraß am 4. Oktober 1891:

„Mein Leiden steigerte sich fortwährend. Ich habe jede Nacht heftige neural-
gische Schmerzen, die mich aus dem Bette treiben und 2–6 Stunden im Sessel
zuzubringen zwingen." (IML)

Nach Mittag-Leffler ist Weierstraß zuletzt „fast ein Jahrzehnt hindurch an seinen Liege-
stuhl gefesselt" (Mittag-Leffler 1923a, 55).

Seine Briefe aus den beiden letzten Lebensjahren an Mittag-Leffler sind nicht mehr
eigenhändig geschrieben (der Handschrift nach hat Weierstraß sie seiner Schwester Elise
diktiert) und höchstens nur noch am Schluss mit seinem Namenszug versehen.

2.26 80. Geburtstag

An seinem 80. Geburtstag nahm Weierstraß auf ärztlichen Rat nur für zwei Stunden im
Sessel sitzend in seiner Wohnung die Glückwünsche von Schülern, Freunden und Kollegen entgegen, gezeichnet zwar durch körperliche Leiden, doch schlagfertig und passend
in seinen Erwiderungen auf die gehaltenen Ansprachen. Mittag-Leffler, der zu den Gratulanten gehörte, erinnert sich, dass Weierstraß voller Rührung des Besuchs von Friedrich

---

170 Weierstraß an Mittag-Leffler. 21. Mai 1891 (IML).

Abb. 2.10 Kopie des in Abbildung 2.9 wiedergegebenen Gemäldes (für Mittag-Leffler angefertigt).

Richelot in Braunsberg (zur Verleihung des Ehrendoktortitels) gedachte und daran die schmerzliche Bemerkung knüpfte: „Alles im Leben kommt doch leider zu spät." (Mittag-Leffler 1923a, 51)

Anlässlich dieses Geburtstages wurde im Auftrage des preußischen Staates von Rudolf von Voigtländer ein Ölgemälde des Jubilars angefertigt, das in der Porträtsammlung der Berliner Nationalgalerie ausgestellt wurde (Abbildung 2.9). Die Idee zu diesem Werk scheint auf eine Initiative Mittag-Lefflers zurückzugehen. Er schreibt am 14. April 1895 an Elise Weierstraß:

> „Ich hoffe bewirkt zu haben dass der Staat eine Bestellung macht auf ein Portrait von Weierstrass für seinen 80sten Geburtstag."[171]

Die Porträtsammlung der Nationalgalerie gelangte dann 1913 mit anderen Werken in die für Ausstellungszwecke umgebaute ehemalige Schinkelsche Bauakademie. Nach Beendigung des 1. Weltkrieges kam es zur Neuorganisation der Ausstellung. Bei ihrer Neueröffnung im Juni 1929 befand sich das Weierstraß-Gemälde nicht mehr in der Porträtsammlung.[172] Nach wechselvoller Geschichte wurde 1933 die Porträtsammlung geschlossen und vollständig ins Magazin eingelagert. Lediglich zur Olympiade 1936 in Berlin wird sie noch einmal präsentiert und 1937 zur 700-Jahr-Feier Berlins aufgebaut, aber nie eröffnet.[173] Das Porträt hat den 2. Weltkrieg unbeschadet überstehen können und befindet sich heute im Depot der Alten Nationalgelerie Berlin.

---

171 IML, Brefkoncept Nr. 1742.
172 Das Porträt ist in dem aus diesem Anlass erstellten Ausstellungskatalog (Mackowsky 1929), der eine Liste aller Exponate enthält, nicht enthalten.
173 (Grabowski 1994).

Mittag-Leffler hatte noch 1895 bei Voigtländer eine Kopie des Weierstraß-Porträts in Auftrag gegeben. Diese Kopie befindet sich heute im Institut Mittag-Leffler (Djursholm; Abbildung 2.10). Am 12. Dezember 1895 schreibt Mittag-Leffler an Voigtländer:

> „Mit grösster Freude habe ich die Nachricht bekommen, dass Ihr Portrait von Weierstrass jetzt fertig ist und sogar noch besser ausgefallen sei als dasjenige für die Nationalgalerie in Berlin."[174]

Weniger bekannt ist, dass ebenfalls zu Weierstraß' 80. Geburtstag von Conrad Fehr im Auftrage von Schülern und Freunden ein Porträt (Radierung) angefertigt wurde. Dieses Bildnis mit der Geschichte seines Auffindens ist publiziert in (Bölling 1997b).

2.27   Ende einer Ära

Nur 1½ Jahre sollten Weierstraß noch bleiben. Am 19. Februar 1897 stirbt er in Berlin an den Folgen einer Lungenentzündung. Nachdem 1891 Kronecker und 1893 Kummer gestorben waren, ging mit dem Tod von Weierstraß eine Ära der Mathematik in Berlin zu Ende.

Danksagung.   Für die außerordentliche Gastfreundschaft, die überaus großzügige Unterstützung meiner Arbeit sage ich dem Institut Mittag-Leffler meinen aufrichtigsten Dank, insbesondere Herrn Mikael Rågstedt (IML) für seine stets große Hilfsbereitschaft in all den Jahren meiner Aufenthalte in Djursholm. Herrn Reinhard Siegmund-Schultze danke ich für die anregende Kommunikation, die mich zu einigen Präzisierungen veranlasste.

Anhang 1: Lebensdaten

1815 X 31	Geburt in Ostenfelde (Kreis Warendorf im Regierungsbezirk Münster) Vater: Wilhelm W. (1790–1869) – Rendant, Beamter im preußischen Steuerdienst Mutter: Theodora W. geb. von der Forst (1791–1827)
1829	bis 1834 Besuch des Gymnasiums Theodorianum in Paderborn
1834	bis 1838 (auf Wunsch des Vaters) Studium der Kameralistik (Verwaltungswissenschaft) in Bonn (ohne Examen abgebrochen)
1838	bis Februar 1840 Lehramtsstudium an der Akademie in Münster; einziger Hörer der Gudermann'schen Vorlesung über elliptische Funktionen
1841 IV	23. und 24. April mündliche Prüfung (beinahe durchgefallen)
1841	bis 1842 Probejahr in Münster; Weierstraß entwickelt die Grundlagen seiner Funktionentheorie (z. B. die analytische Fortsetzung mittels Potenzreihen)

---

174 IML, Brefkoncept Nr. 1850.

1842	bis 1848 Lehrer in Deutsch-Krone (Westpreußen)
1848	bis 1855 Lehrer in Braunsberg (Ostpreußen)
1854	In Crelles Journal erscheint Weierstraß' bahnbrechende Arbeit zur Theorie der Abel'schen Funktionen, die ihn schlagartig berühmt macht
1854 III 31	Ehrenpromotion durch die Universität Königsberg
1855	Freistellung für ein Jahr zur wissenschaftlichen Arbeit (Ausarbeitung seiner Theorie der Abel'schen Funktionen)
1856 IV 14	Bestätigung als Professor am Gewerbe-Institut in Berlin
1856 X 11	Bestätigung als außerordentlicher Professor an der Berliner Universität
1856 XI 11	Wahl zum ordentlichen Mitglied der Berliner Akademie
1860 VI 6	Gesuch (mit E. E. Kummer) zur Einrichtung eines Mathematischen Seminars an der Berliner Universität
1861 XII 16	Körperlicher Zusammenbruch; nach fast einjähriger Pause hält Weierstraß seine Vorlesungen fortan nur noch sitzend
WS 1862/63	Erste Vorlesung über seine Neubegründung der Theorie der elliptischen Funktionen
WS 1863/64	Erste Behandlung seiner Theorie der reellen Zahlen in der Vorlesung (mit dem Satz von Bolzano-Weierstraß); erste Vorlesung über analytische Funktionen
1864 VII 2	Ernennung zum ordentlichen Professor an der Berliner Universität
1870 VII 14	Akademie-Vortrag zur Kritik des Dirichlet'schen Prinzips
1870 X	Erste Begegnung mit Sofja Kowalewskaja
1872 VII 18	Akademie-Vortrag über sein Beispiel einer auf ganz $\mathbb{R}$ stetigen aber nirgends differenzierbaren Funktion
1873 X	bis Oktober 1874 Rektor der Berliner Universität
1875	Verleihung des Ordens „Pour le mérite"
1885 X 31	und 3. November Feierlichkeiten zum 70. Geburtstag (Büste, Gedenkmünze, Fotoalbum der Schüler, Freunde und Kollegen)
SS 1887	Letzte Vorlesung (über hyperelliptische Funktionen)
1892	Helmholtz-Medaille der Berliner Akademie
1894	Der erste Band von Weierstraß' Werken erscheint (1927 der letzte Band 7)
1895	Copley-Medaille (höchste Auszeichnung der Royal Society of London); Porträt in der Berliner Nationalgalerie
1897 II 19	Tod in Berlin

Anhang 2: Biographische Aufzeichnungen über Weierstraß im Nachlass Schwarz[175]

Die nachfolgend wiedergegebenen Notizen wurden von Schwarz eigenhändig geschrieben, dürften aber wegen der Datierung „Cudowa, 29. August 1901" auf Mitteilungen von Weierstraß' Bruder Peter beruhen.

> „Belehrung aber und bessere Einsicht wies er nicht selten mit einem gewissen Trotz und mit Empfindlichkeit zurück. – Dieses Unpraktische verursachte ihm auch mancherlei Schaden und Verluste. Statt der nothwendigen Lebensklugheit und Vorsicht verfiel er in eine kaum zu erklärende Vertrauensseligkeit und ein ungerechtfertigtes Sicherheitsgefühl, welches ihm oft schlecht bekam. Menschenkenntniß und Gewandtheit in der Beurtheilung des Charakters Anderer gingen ihm leider fast gänzlich ab und er schenkte oft sein Zutrauen Personen, bei denen es gar nicht angebracht war, nahm aber gutgemeinte Warnungen gewöhnlich sehr mißlaunig auf. Merkwürdig, daß materielle unangenehme Erfahrungen auf das Gemüth des Gelehrten gar nicht verbitternd wirkten, sondern ihn mehr gleichgültig ließen, ja oft von ihm selbst mit gutem Humor erzählt wurden. Mißtrauen fehlte in den Eigenschaften seines Charakters gänzlich, sein ganzes Leben blieb ihm eine gewisse kindliche Harmlosigkeit eigen; sogar Kränkungen konnte er vergessen."

Anhang 3: Besuch einer Vorlesung von Weierstraß

WS 1865/66
1. Vorlesung zur „Theorie der analytischen Functionen" am 24. Oktober 1865[176]

Die Grundlage der Funktionentheorie muß die Feststellung des Begriffs der Funktion enthalten; dieser Begriff ist nicht in wenigen Worten auszudrücken. Ältere Analysten Euler, Lagrange, verstehen darunter eine expression de calcul, einen Ausdruck, der außer gegebenen Größen eine Veränderliche enthält, und aus denselben durch Größenzeichen und Rechnungszeichen zusammengesetzt ist; Leibniz glaube ich war der erste der das Wort Funktion gebrauchte und zwar für den Begriff der Potenz. Die mathematische Physik gab Veranlassung, den Begriff zu erweitern: Für bestimmte Werthe einer Größe gibt es einen oder mehrere Werthe einer anderen Größe, dadurch sind Beispiele von Abhängigkeitsverhältnissen zwischen zwei Größen gegeben ohne daß ein Ausdruck ihrer Abhängigkeit mit gegeben ist. Daher gelangt man bald zu der Definition wie sie Lacroix gab:

> Wenn 2 veränderliche Größen in einem solchen Zusammenhang stehen, daß zu jedem Werth der einen ein Werth der anderen gehört so ist die 2te eine Funktion der ersten; ebenso wenn zu einem Werth der einen ein oder mehrere der anderen gehören.

---

175 ABBAW, Nachlass Schwarz, Nr. 430.
176 ABBAW, Nachlass Schwarz, Nr. 32. Mitschrift von Schwarz (wir hören also mutatis mutandis Weierstraß reden), daher mit vielen Abkürzungen, die hier stillschweigend aus dem Sinnzusammenhang ergänzt wurden; mit nachträglichen Bleistiftergänzungen (in nahezu jedem Satz) von seiner Hand (in der Transkription nicht gekennzeichnet); die Schreibung folgt dem Original (Schwarz schreibt z. B. – anders als Weierstraß – „Funktion" (nicht „Function"), „gibt" (nicht „giebt")); fehlende Interpunktion wird gelegentlich stillschweigend ergänzt.

Diese Definition ist leicht ausdehnbar auf den Fall mehrerer veränderlicher Größen. – Die neueren Analysten haben darauf gedrungen, diese Definition zu Grunde zu legen. Cauchy, Cournot, – Dirichlet. Dennoch scheint dieselbe zur Grundlage wenig geeignet zu sein. – Denn sie sagt offenbar zu wenig: Es sei eine eindeutige Funktion y einer veränderlichen Größe x auf diese Weise definirt. Was kann man für Folgerungen daraus ziehen?

Die Funktion sei stetig angenommen, einer unendlich kleinen Änderung des Arguments entspreche eine unendlich kleine Änderung der Funktion, so hat Fourier gelehrt und Dirichlet strenge bewiesen, daß es dafür einen analytischen Ausdruck gibt. Für ein begrenztes Intervall des Arguments, wenn x zwischen a und b liegt, ist y darstellbar durch eine Reihe welche nach Sinus und Cosinus von ganzen Vielfachen von $\frac{2\pi}{b-a}$ fortschreitet

$$
\begin{aligned}
y = {} & \frac{1}{2}a_0 + a_1 \cos \frac{2\pi x}{b-a} + a_2 \cos \frac{4\pi x}{b-a} + \ldots \\
& + b_1 \sin \frac{2\pi x}{b-a} + b_2 \sin \frac{4\pi x}{b-a} + \ldots
\end{aligned}
$$

Aber dieses ist auch Alles, was man im Grunde von der Funktion aussagen kann.[177] Wenn es sich aber um Eigenschaften derselben handelt, so erweist sich diese Definition als durchaus unzulänglich. Was den Gang anbetrifft so kann man darüber gar nichts entscheiden, ebenso wenig etwas über Maxima und Minima, gleichzeitiges Wachsen der Funktion mit dem Argument u.s.w. Ja, es ist absolut unmöglich aus der gegebenen Definition die Existenz einer Ableitung herzuleiten.

Damit sind aber die wichtigsten Hülfsmittel zur Untersuchung versagt. Wenn dennoch diese Erklärung in Büchern an die Spitze gestellt wird und dann daraus die Existenz einer Ableitung bewiesen wird, so muß darin ein Fehler sein; – Weil es Funktionen gibt, welche dem Begriffe entsprechen und keine Ableitung haben. Solche Funktionen sind unbrauchbar für die Analysis. In der That ist auch das Verfahren, welches man verfolgt, ein anderes.

Man setzt die Existenz von Ableitungen einzelner Funktionen voraus; und schließt daraus [auf] die Existenz für andere, welche mit jenen auf einfache Weise zusammenhängen. Dieses soll deutlich machen, daß wenn der Begriff der Funktion für die Wissenschaft fruchtbar sein soll, er anders aufgestellt werden muß. – Es muß die richtige Definition dazu dienen, die Existenz eines Differentialkoeffizienten zu erläutern.

Weiter in der historischen Betrachtung.

Man hatte früher stets nur reelle Größen im Auge. Wenn es auch nicht ausgesprochen ist, so zeigt doch die ganze Darstellung, daß man nur an diese dachte. Es war also ein sehr folgenreicher Schritt, als Euler dem Argumente auch imaginäre Werthe beilegte. Die Veranlassung dazu bot die Exponentialfunktion. Man kannte dieselbe als $\sum \frac{x^n}{n!}$. Euler machte nun die Bemerkung: wenn man statt x hierin $x\sqrt{-1}$ setzt, man einen reellen Theil erhielt, der die Reihe für den Cosinus von x und einen imaginären Theil erhielt, der die Reihe für den Sinus von x darstellt, daß also

$$
e^{\sqrt{-1}x} = \cos x + \sqrt{-1} \sin x
$$

ist. Er benutzte die Exponentialfunktion in Folge dessen dazu, verwickelte Beziehungen der Trigonometrie herzuleiten, z. B. von $\cos nx$, $\sin nx$. Es offenbarte sich ein unerwarteter Zusammenhang zwischen der Exponentialfunktion und den trigonometrischen Funktionen, zwischen Logarithmus und dem Kreisbogen.

---

177 Vgl. die Bemerkungen zum Approximationssatz am Schluss des Abschnittes „Weierstraß' Integralbegriff".

Euler zog daraus die wichtigsten Folgerungen. Man kann leicht durch das Additionstheorem

$$e^{u+v\sqrt{-1}} = e^u e^{v\sqrt{-1}}$$

die Exponentialfunktion auch für einen complexen Werth des Argumentes, $x = u + v\sqrt{-1}$ definiren und nun auf die Exponentialreihe die gewöhnlichen Rechnungregeln anwenden. Dieser Schritt war außerordentlich folgenreich. Man hatte sehr lange bei vielen Untersuchungen seine Zuflucht zu allen möglichen Kunstgriffen nehmen müssen. Die Einführung der imaginären Größen war schon ein unabweisbares Bedürfniß des mathematischen Sinnes gewesen, das überall Einheit verlangte. –
Der Satz, daß eine Gleichung n^{ten} Grades n Wurzeln habe konnte nur dadurch aufrecht erhalten werden, daß man seine Zuflucht zu analytischen Formen nahm, welche der $\sqrt{-1}$ entsprechen. Wäre aber dieser Satz nicht allgemein gültig, so stände es mit der Algebra schwach. Dieß veranlaßte die Einführung der imaginären Größen.

Noch während des vorigen und des jetzigen Jahrhunderts war jedoch das Streben bemerkbar, den Gebrauch der imaginären Größen zu vermeiden. – Wenn dieß gelang, die imaginären Größen zu vermeiden, so fühlte man es als eine besondere Befriedigung. Selbst Gauß vermied es in seiner ersten Publikation und hielt es für angemessen, den Satz nicht so auszusprechen, eine Gleichung n^{ten} Grades hat n Wurzeln, sondern eine (ganze) Funktion n^{ten} Grades läßt sich in reale Faktoren ersten und zweiten Grades zerfällen. Gauß hatte schon damals die Theorie auf eine sichere Grundlage gebracht; – allein bei der Unbekanntschaft des Publikums hätte es schwer gehalten, seinen Beweisen Eingang zu verschaffen. – Sie können sich denken, daß ein gewisses Widerstreben gegen die Einführung dieser Größen vorhanden war. Viele Analysten hielten die Einführung des Imaginären nur für einen analytischen Kunstgriff, dessen man sich bei Auffindungen gern bedient, die man aber zu vermeiden sucht beim Beweise. – Man hatte freilich die reale geometrische Bedeutung des Imaginären gefunden, aber viele waren geneigt, dieselbe nur als eine geistreiche Analogie, ein Hülfsmittel zur Verdeutlichung anzusehen. Erst die Theorie der elliptischen Funktionen brachte die Nothwendigkeit der Einführung zum klaren Bewußtsein. Die Theorie wäre unvollkommen, die wichtigsten Verhältnisse wären unverstanden geblieben, wenn man nicht dem Argumente auch imaginäre Werthe beigelegt hätte.

Die Geschichte zeigt es auf das Evidenteste. Legendre widmete sein ganzes Leben der Theorie der elliptischen Funktionen, kam aber nicht über [eine] gewisse Grenze hinaus. Seine Theorie machte auf die Zeitgenossen den Eindruck, daß das Wichtigste noch zu finden sei. Da kamen Abel und Jacobi auf den Gedanken, imaginäre Größen einzuführen. Dieß führte sie, darauf die Theorie aufzubauen und Alles auf die befriedigendste Weise zu erklären, was bis dahin unerklärt war.

Die trigonometrischen Funktionen, sin, cos, tg hatte man schon für reelle Werthe des Arguments von $-\infty$ bis $+\infty$ betrachtet und war auf die Perioden aufmerksam geworden; es ergab sich für sie eine reelle, für die Exponentialfunktion eine imaginäre Periode.

Die elliptischen Funktionen gaben das erste Beispiel einer doppelt periodischen Funktion; mit nothwendig imaginärem Periodenverhältniß; – Dieses gibt Aufschluß. Die Theorie der elliptischen Funktionen ist es gewesen, welche die Einführung der complexen Größen in die Analysis nothwendig gemacht hat, so daß jetzt keine analytische Funktionentheorie mehr ohne die Aufhebung der Beschränkung der Veränderlichkeit auf reelle Werthe möglich ist. Dieses hat es wesentlich erleichtert, den Begriff der Funktion so zu fassen, daß er alles enthält, was man braucht.

Ich halte es für zweckmäßig, zur Vorbereitung mich mit den ersten Elementen der Arithmetik zu beschäftigen, indem ich Ihnen zeige, wie mit Nothwendigkeit die Theorie der complexen Größen aus den Elementen folgt und wie man denselben auf rein arithmetischem Wege die reale Bedeutung geben kann. Es wird hierbei auf die Geometrie hinzuweisen sein, wodurch eben begründet werden soll, daß, wenn man die gewöhnlichen Operationen der Arithmetik auf geometrische Größen anwendet, man mit Nothwendigkeit auf die complexen Größen geführt wird, und man daher die geometrische Deutung nicht als ein bloßes Versinnlichungsmittel für diese anzusehen hat.[178]

Archive und Bildnachweise

Archive

ABBAW	Archiv der Berlin-Brandenburgischen Akademie der Wissenschaften
GStAPK	Geheimes Staatsarchiv Preußischer Kulturbesitz, Berlin-Dahlem. VI. HA Familienarchive und Nachlässe.
IML	Institut Mittag-Leffler, Djursholm (Schweden)
	(Zur Beachtung: Abgesehen von den durchnummerierten Briefentwürfen Mittag-Lefflers existieren keine Archivsignaturen. Der Verf. hat für die dort befindlichen Teile des Nachlasses von Weierstraß und Kowalewskaja eine Nummerierung vorgenommen, die (in der Regel) das Auffinden der Archivalien ermöglicht.)

Bildnachweise

Abb. 2.1	Archiv Reinhard Bölling.
Abb. 2.2 & Abb. 2.10	Die Wiedergabe erfolgt mit freundlicher Genehmigung des Instituts Mittag-Leffler, Djursholm (Schweden). Für die Fotos danke ich sehr herzlich Herrn Mikael Rågstedt (IML).
Abb. 2.6 & Abb. 2.7	Aufnahmen des Verf.. Die Wiedergabe erfolgt mit freundlicher Genehmigung des Instituts Mittag-Leffler, Djursholm (Schweden).
Abb. 2.8	(Bölling 1994b).
Abb. 2.9	Die Wiedergabe erfolgt mit freundlicher Genehmigung der Alten Nationalgalerie Berlin, der der Verf. auch das Foto verdankt.

Literaturverzeichnis

Adelung, S. von (1896). Jugenderinnerungen an Sophie Kowalewsky. Deutsche Rundschau 89, 394–425.

Anonym (1891). Professor Sonja Kowalevskis begrafning. Stockholms Dagblad. 17. Februar 1891.

Behnke, H. (1966). Karl Weierstraß und seine Schule. In: (Behnke und Kopfermann 1966, 13–40).

Behnke, H., Kopfermann, K., Hrsg. (1966). Festschrift zur Gedächtnisfeier für Karl Weierstraß. 1815–1965. (Wissenschaftliche Abhandlungen der Arbeitsgemeinschaft für Forschung des Landes Nordrhein-Westfalen; 33.) Köln, Opladen: Westdeutscher Verlag.

---

178 Diese Bemerkung darf nicht missverstanden werden. Der arithmetischen Begründung gebührt unverändert das Primat (vgl. dazu den Abschnitt „Geometrie"). Nachdem Weierstraß in den folgenden Vorlesungen seine Konstruktion der reellen Zahlen angegeben und die komplexen Zahlen rein algebraisch durch den Nachweis eingeführt hat, dass $\mathbb{C}$ – in heutiger Terminologie – die einzige kommutative Divisionsalgebra vom Rang 2 über den reellen Zahlen ist, heißt es in seiner Vorlesung am 1. November 1865 abschließend aber auch: „Gleichwohl ist die geometrische Repräsentation der complexen Zahlen ein sehr nützliches Mittel zur Verdeutlichung."

Biermann, K.-R. (1966a). Karl Weierstraß. Ausgewählte Aspekte seiner Biographie. Journal für die reine und angewandte Mathematik 223, 191–220.

Biermann, K.-R. (1966b). Die Berufung von Weierstraß nach Berlin. In: (Behnke und Kopfermann 1966, 41–52).

Biermann, K.-R. (1996). Weierstraß' Geheimnis. In: Biermann, K.-R., Schubring, G. (1996). Einige Nachträge zur Biographie von Karl Weierstraß. In: History of mathematics: states of the art (edited by J. W. Dauben [et al]). San Diego (CA): Academic Press, 65–78.

Biermann, O. (1887). Theorie der analytischen Functionen. Leipzig: Teubner.

Bölling, R. (1991). Sofja Kovalevskaja (1850–1891) zum Gedenken. Journal für die reine und angewandte Mathematik 421, i–iii.

Bölling, R. (1993). Zum ersten Mal: Blick in einen Brief Kowalewskajas an Weierstraß. Historia mathematica 20, 126–150.

Bölling, R. (1994a). Karl Weierstraß – Stationen eines Lebens. Jahresbericht der Deutschen Mathematiker-Vereinigung 96, 56–75.

Bölling, R. (1994b). Das Fotoalbum für Weierstraß – A Photo Album for Weierstraß. Braunschweig, Wiesbaden: Vieweg.

Bölling, R. (1997a). Georg Cantor – Ausgewählte Aspekte seiner Biographie. Jahresbericht der Deutschen Mathematiker-Vereinigung 99, 49–82.

Bölling, R. (1997b). Einmal Stockholm und zurück. Journal für die reine und angewandte Mathematik 483, i–v.

Bölling, R. (1997c). Karl Weierstraß – zum 100. Todestag. „Was ich aber verlange…" Mitteilungen der Deutschen Mathematiker-Vereinigung 5, 5–10.

Bölling, R. (2010). Karl Weierstraß and some basic notions of the calculus. In: The second W. Killing and K. Weierstraß Colloquium. Braniewo (Poland), 24–26 March 2010 https://mat.ug.edu.pl/kwwk/2010.

Bolzano, B. (1817). Rein analytischer Beweis des Lehrsatzes, daß zwischen je zwey Werthen, die ein entgegengesetztes Resultat gewähren, wenigstens eine reelle Wurzel der Gleichung liege. Prag: G. Haase (= Ostwald's Klassiker (1905), Nr. 153 (Hrsg. Ph. Jourdain). Leipzig: Engelmann).

Bottazzini, U. (1986). The Higher Calculus: A History of Real and Complex Analysis from Euler to Weierstraß. New York et al.: Springer.

Cantor, G. (1874). Über eine Eigenschaft des Inbegriffs aller reellen algebraischen Zahlen. Journal für die reine und angewandte Mathematik 77, 258–262.

Cantor, G. (1884a). Über unendliche lineare Punctmannichfaltigkeiten. Mathematische Annalen 23, 453–488.

Cantor, G. (1884b). De la puissance des ensemble parfaits des points. Acta mathematica 4, 381–392.

Cantor, G. (1991). Briefe. Herausgegeben von H. Meschkowski und W. Nilson. Berlin u. a.: Springer.

Dantscher, V. (1908). Vorlesungen über die Theorie der irrationalen Zahlen. Leipzig, Berlin: Teubner.

Dauben, J. W. (1979). Georg Cantor. His Mathematics and Philosophy of the Infinite. Cambridge (Mass.): Harvard University Press.

Dugac, P. (1973). Eléments d'analyse de Karl Weierstraß. Archive for History of Exact Sciences 10, 41–176.

Edwards, H. M. (1989). Kronecker's Views on the Foundations of Mathematics. In: The History of Modern Mathematics, vol. I (edited by D. E. Rowe, J. Mc. Cleary), 67–77. San Diego (CA): Academic Press.

Frostman, O. (1966). Aus dem Briefwechsel von G. Mittag-Leffler. In: (Behnke und Kopfermann 1966, 53–56).

Grabowski, J. (1994). Die Nationale Bildnis-Sammlung – Zur Geschichte der ersten Nebenabteilung der Nationalgalerie. Jahrbuch Preußischer Kulturbesitz 31, 297–322.

Heine, E. (1972). Die Elemente der Functionenlehre. Journal für die reine und angewandte Mathematik 74, 172–188.

Key, E. (1908). Sonja Kovalevska. In: Drei Frauenschicksale, 7–69. Berlin: S. Fischer.

Kleberger, M. (1921). Über eine von Weierstraß gegebene Definition der analytischen Funktion. Mitteilungen des Mathematischen Seminars der Universität Gießen 1, Heft 2.

Klein, F. (1926). Vorlesungen über die Entwicklung der Mathematik im 19. Jahrhundert. Teil I (für den Druck bearbeitet von R. Courant u. O. Neugebauer). Berlin: Springer.

Kočina, P. Y. (1985). Кочина, П. Я.: Карл Вейерштрасс. 1815–1897. (Научно-биографическая литература.). Москва: Наука.

Koenigsberger, L. (1874). Vorlesungen über die Theorie der elliptischen Functionen nebst einer Einleitung in die allgemeine Functionenlehre. Erster Theil. Leipzig: Teubner.

Koenigsberger, L. (1919). Mein Leben. Heidelberg: C. Winter.

Kopfermann, K. (1966). Weierstraß' Vorlesung zur Funktionentheorie. In: (Behnke und Kopfermann 1966, 75–96).

Kossak, E. (1872). Die Elemente der Arithmetik. Programm des Friedrichs-Werderschen Gymnasiums. Berlin.

Kowalewskaja, S. (1884). Über die Reduction einer bestimmten Klasse Abel'scher Integrale 3ten Ranges auf elliptische Integrale. Acta mathematica 4, 393–414.

Kowalewskaja, S. (1961). Ковалевская, С. (1961) Автобиографический рассказ. In: Воспоминания и письма, 136–147. (Ответственный редактор М. В. Нечкина. Редакция и комментарии С. Я. Штрайха. Москва: Издательство АН СССР.)

Kowalewskaja, S., Mittag-Leffler, G. (1984). Кочина, П. Я. и Ожигова, Е. П.: Переписка С. В. Ковалевской и Г. Миттаг-Леффлера. (Ответственный редактор А. П. Юшкевич. Составители и авторы комментариев П. Я. Кочина и Е. П. Ожигова. (Научное наследство; 7.) Москва: Наука.

Kowalewski, B. O., Kowalewski, A. O. (1988). Павлучкова, А. В.: А. О. и В. О. Ковалевские. Переписка 1867–1873 гг. (Ответственный редактор А. Е. Гайсинович.) Москва: Наука.

Kronecker, L. (1886). Ueber einige Anwendungen der Modulsysteme auf elementare algebraische Fragen. Journal für die reine und angewandte Mathematik 99, 329–371.

Kronecker, L. (1887). Ueber den Zahlbegriff. Journal für die reine und angewandte Mathematik 101, 337–335.

Lampe, E. (1899). Karl Weierstraß. Jahresbericht der Deutschen Mathematiker-Vereinigung 6, 27–44.

Lampe, E. (1922). [Rezensionen.] Jahrbuch über die Fortschritte der Mathematik 45, Jahrg. 1914–1915, 23–25.

Leffler, A. Ch. (1894). Sonja Kovalevsky. Leipzig: Reclam.

Litwinowa, E. F. (1894). Литвинова, Е. Ф. (1894). С. В. Ковалевская. Ея жизнь и ученая деятельность. С.-Петербург: Типография П. П. Сойкина.

Litwinowa, E. F. (1899). Литвинова, Е. Ф. (1899). Из времен моего студенчества. Знакомство с С. В. Ковалевской. (Unterzeichnet mit Е. Ель.) Женское дело 4, 34–63.

Mackowsky, H. (1929). National-Galerie. Führer durch die Bildnis-Sammlung (bearbeitet von Hans Mackowsky). Berlin: H. S. Hermann.

Mittag-Leffler, G. (1902). Une page de la vie de Weierstraß. In: Compte rendu du deuxième Congrès international des mathématiciens Paris 1900, 131–153. Paris: Gauthier-Villars.

Mittag-Leffler, G. (1912). Zur Biographie von Weierstraß. Acta mathematica 35, 29–65.

Mittag-Leffler, G. (1920). Die Zahl: Einleitung zur Theorie der analytischen Funktionen. Tôhoku Mathematical Journal 17, 157–209.

Mittag-Leffler, G. (1923a). Die ersten 40 Jahre des Lebens von Weierstraß. Acta mathematica 39, 1–57.

Mittag-Leffler, G. (1923b). Weierstraß et Sonja Kowalewsky. Acta mathematica 39, 133–198.

Neuenschwander, E. (1878). Der Nachlaß von Casorati (1835–1890) in Pavia. Archive for History of Exact Sciences 19, 1–89.

Pincherle, S. (1880). Saggio di una introduzione alla teoria delle funzioni analitiche secondo i principii del Prof. C. Weierstraß. Giornale di Matematiche 18, 178–254, 314–357.

Poincaré, H. (1899). L'oeuvre mathématique de Weierstraß. Acta mathematica 22, 1–18.

Purkert, W., Ilgauds, H. J. (1987). Georg Cantor: 1845–1918. Basel, Boston, Stuttgart: Birkhäuser.

Rothe, R. (1928). Bericht über die Herausgabe des 7. Bandes der Mathematischen Werke von Karl Weierstraß. Jahresbericht der Deutschen Mathematiker-Vereinigung 37, 199–208.

Runge, C. (1926). Persönliche Erinnerungen an Karl Weierstraß. Jahresbericht der Deutschen Mathematiker-Vereinigung 35, 175–179.

Schoenflies, A. (1922). Zur Erinnerung an Georg Cantor. Jahresbericht der Deutschen Mathematiker-Vereinigung 31, 97–106.

Schubring, G. (1998). An Unknown Part of Weierstraß's Nachlaß. Historia mathematica 25, 423–430.

Schwarz, H. A. (1872). Zur Integration der partiellen Differentialgleichung $\frac{\partial^2 u}{\partial x^2} + \frac{\partial^2 u}{\partial y^2} = 0$. Journal für die reine und angewandte Mathematik 74, 218–253.

Serret, J. A. (1868). Cours de calcul différentiel et intégral. Tome premier. Paris: Gauthier-Villars.

Siegmund-Schultze, R. (1988). Der Beweis des Weierstraßschen Approximationssatzes 1885 vor dem Hintergrund der Entwicklung der Fourieranalysis. Historia mathematica 15, 299–310.

Stolz, O. (1885). Vorlesungen über allgemeine Arithmetik. Nach den neueren Ansichten (Teil 1). Leipzig: Teubner.

Tollmien, C. (1997). Zwei erste Promotionen: Die Mathematikerin Sofja Kowalewskaja und die Chemikerin Julia Lermontowa. In: Aller Männerkultur zum Trotz: Frauen in Mathematik und Naturwissenschaften, 83–129. (Hrsg. von R. Tobies.). Frankfurt/Main, New York: Campus.

Tweddle, J. C. (2011). Weierstraß's construction of the irrational numbers. Math. Semesterberichte 58, 47–58.

Ullrich, P. (1989). Weierstraß' Vorlesung zur „Einleitung in die Theorie der analytischen Funktionen". Archive for History of Exact Sciences 40, 143–172.

Ullrich, P. (1990). Wie man beim Weierstraßschen Aufbau der Funktionentheorie das Cauchysche Integral vermeidet. Jahresbericht der Deutschen Mathematiker-Vereinigung 92, 89–110.

Ullrich, P. (1994). The Proof of the Laurent Expansion by Weierstraß. In: The History of Modern Mathematics, vol III, 139–153; hrsg. von E. Knobloch und D. E. Rowe. Boston [u. a.]: Academic Press.

Ullrich, P. (1997). Anmerkungen zum „Riemannschen Beispiel" $\sum_{n=1}^{\infty} \frac{\sin n^2 x}{n^2}$ einer stetigen, nicht differenzierbaren Funktion. Results in Mathematics/Resultate der Mathematik 31, 245–265.

Ullrich, P. (2002). Geometrical imagination in the mathematics of Karl Weierstraß. In: Studies in History of Mathematics dedicated to A. P. Youschkevitch (Proceedings of the XXth International Congress of History of Science, Liège 1997, vol. XIII, 297–307); hrsg. v. E. Knobloch [et al.]. De Diversis Artibus 56 (N. S. 19). Turnhout: Brepols Publishers.

Weierstraß, K. (1861a). Differentialrechnung. Sommersemester 1861. [Vorlesungsausarbeitung bzw. -mitschrift mit handschriftlichen Ergänzungen von H. A. Schwarz.] Archiv der Berlin-Brandenburgischen Akademie der Wissenschaften; Nachlass Schwarz, Nr. 26.

Weierstraß, K. (1861b). Differentialrechnung. Nach einer Vorlesung des Herrn Professor Weierstraß im Sommersemester 1861. [Maschinegeschriebenes Manuskript (undatiert) von H. A. Schwarz.] Mathematisches Institut der Humboldt-Universität Berlin.

Weierstraß, K. (1863/64). Theorie analytischer Functionen. Winter 1863/64. [Vorlesungsmitschrift von H. A. Schwarz.] Archiv der Berlin-Brandenburgischen Akademie der Wissenschaften; Nachlass Schwarz, Nr. 29.

Weierstraß, K. (1865/66). Theorie der analytischen F[unctionen]. Winter 1865/66. [Vorlesungsmitschrift von H. A. Schwarz.] Archiv der Berlin-Brandenburgischen Akademie der Wissenschaften; Nachlass Schwarz, Nr. 32.

Weierstraß, K. (1868). Einführung in die Theorie der analytischen Funktionen (nach einer Vorlesungsmitschrift von Wilhelm Killing aus dem Jahr 1868). Schriftenr. Math. Inst. Univ. Münster (1986), 2. Ser., Heft 38.

Weierstraß, K. (1874). Einleitung in die Theorie der analytischen Functionen. Sommer 1874. Vorlesungsnachschrift (ausgearbeitet von G. Hettner). Mathematisches Institut der Humboldt-Universität Berlin;[179] es gibt eine fotomechanische Vervielfältigung von der Bibliothek des Mathematischen Instituts der Universität Göttingen (1988).

Weierstraß, K. (1878). Einleitung in die Theorie der analytischen Funktionen. Vorlesung Berlin 1878 in einer Mitschrift von Adolf Hurwitz. Bearbeitet von Peter Ullrich. Dokumente zur Geschichte der Mathematik 4 (1988). Braunschweig, Wiesbaden: Vieweg.

Weierstraß, K. (1886). Ausgewählte Kapitel aus der Funktionenlehre. Vorlesung, gehalten in Berlin 1886. Herausgegeben, kommentiert und mit einem Anhang versehen von R. Siegmund-Schultze. Teubner-Archiv zur Mathematik 9 (1988). Leipzig: Teubner.

Weierstraß, K. (1894–1927). Mathematische Werke. Hrsg. unter Mitwirkung einer von der Königlich Preussischen Akademie der Wissenschaften eingesetzten Commission. Band 1–6, Berlin: Mayer & Müller, Band 7, Leipzig: Akademische Verlagsgesellschaft.

Weierstraß, K. (1923). Briefe an Paul du Bois-Reymond. Acta mathematica 39, 199–225.

Weierstraß, K. (1923). Briefe an L. Koenigsberger. Acta mathematica 39, 226–239.

Weierstraß, K. (1993). Briefwechsel zwischen Karl Weierstraß und Sofja Kowalewskaja. Herausgegeben, eingeleitet und kommentiert von Reinhard Bölling. Berlin: Akademie Verlag.

---

179 Darauf nimmt der Verf. Bezug.

Weierstraß und die Preußische Akademie der Wissenschaften

3

Eberhard Knobloch
Institut für Philosophie, Literatur-, Wissenschafts- und Technikgeschichte,
Technische Universität Berlin, Berlin, Deutschland

Abstract

This essay deals with all aspects of Karl Weierstraß's membership of the Prussian Academy of Sciences. In particular, we describe the circumstances of his election in 1856, his own proposals for new academy members, his publications in the organs of the Academy, his editions of Jacobi's and Steiner's works and the edition of his works (both thanks to financial support of the Academy), the award of the Helmholtz medal, his efforts for reforming the statures of the Academy, and his financial affairs in connection with the Academy. This text is based on archival material that is published for the first time.

Einführung

Liest man das Schrifttum über Karl Weierstraß, stößt man auf Merkwürdigkeiten. Werner Hartkopf teilt einem mit, Weierstraß habe am Gymnasium in Braunschweig gelehrt (Hartkopf 1983, 426). Davon kann keine Rede sein. Weierstraß lehrte im ostpreußischen Braunsberg, dem heutigen polnischen Braniewo. Biermann stellte anlässlich des 150. Geburtstags des Mathematikers fest, die Berliner Akademie der Wissenschaften habe es versäumt, eine Gedächtnisrede für ihr berühmtes Mitglied zu halten (Harnack 1900, I, 1049); (Biermann 1966, 192). So war es tatsächlich. Anlässlich des 200. Geburtstags soll dessen Verhältnis zur Akademie zum ersten Mal möglichst umfassend untersucht werden.

3.1 Die Wahl von Weierstraß zum ordentlichen Akademiemitglied

Wie war die Situation an der Königlichen Preußischen Akademie der Wissenschaften zu Berlin im Jahre 1856, als Karl Theodor Wilhelm Weierstraß am 14. Juni zum Professor der Mathematik am Berliner Gewerbeinstitut ernannt wurde (Knobloch 1998, 16)?

123

Seit dem 31. März 1838 galt das von König Friedrich Wilhelm III. genehmigte neue Statut (Harnack 1900, I, 780). Danach bestand die Akademie aus zwei Klassen zu maximal je fünfundzwanzig ordentlichen Mitgliedern, der physikalisch-mathematischen und der philosophisch-historischen Klasse. Beiden Klassen wurden maximal je hundert korrespondierende Mitglieder zugestanden.

Die Zahl der Mitglieder war damit streng begrenzt, ebenso die der Fachstellen in den Klassen. Durch die Fachstellen war geregelt, dass zum Beispiel je zwei Stellen für Chemie, Physik, Botanik, Zoologie, Anatomie und Mineralogie zur Verfügung stehen sollten und sechs Stellen für die mathematischen Wissenschaften, zu der die Astronomie gezählt wurde. Wer waren die Vertreter dieser Wissenschaften Anfang Juni 1856?

Noch lebte der greise, achtundachtzigjährige Jean Philippe Gruson, der seit 1798 ordentliches Mitglied war. Der Astronom und Sekretar der Klasse Johann Franz Encke war 1825 zum ordentlichen Mitglied gewählt worden, der Geometer Jakob Steiner 1834. Die Wahl von Karl Wilhelm Borchardt und Ernst Eduard Kummer wurde am 10. Dezember 1855 vom König bestätigt und damit gültig. Kummer ersetzte damit Johann Peter Gustav Lejeune-Dirichlet, wie es Encke ausdrückte (Biermann 1960, 23). Dirichlet hatte 1855 die Nachfolge von Carl Friedrich Gauss in Göttingen angetreten und damit die Stellung eines ordentlichen Mitgliedes der Akademie verloren. Er wurde statt dessen noch 1855 Ehrenmitglied, 1856 auswärtiges Mitglied. Die sechste Fachstelle war durch den Tod von August Leopold Crelle, der Mathematik und Bautechnik vertrat, am 6. Oktober 1855 frei geworden.

Dementsprechend argumentierte Encke in seinem Wahlvorschlag für Weierstraß vom 13. Juni 1856, den er damit noch einen Tag vor dessen Ernennung zum Professor am Gewerbeinstitut machte (Biermann 1960, 24 f.). Herr Weierstraß sei durch seine hiesige Anstellung in Berlin fixiert, so dass sich eine günstige Gelegenheit biete, diese freie Stelle auf das Würdigste zu besetzen. Encke muss also über die Vorgänge hinsichtlich der Weierstraß'schen Berufung nach Berlin aufs Beste unterrichtet gewesen sein. Bis zum Abschluss des Wahlverfahrens am 19. November 1856 vergingen freilich noch über fünf Monate.

Inzwischen hatte ihm Minister Raumer am 1. Oktober mitgeteilt, dass er beim König für ihn ein Extraordinariat an der Universität beantragt hat (Biermann 1988, 84), ein Antrag, dem zum Wintersemester 1856/57 stattgegeben wurde.

Zunächst wurde der Wahlvorschlag in der Klassensitzung am 14. Juli 1856 besprochen. Die Abstimmung darüber sollte laut Auszug aus dem Protokoll, der vom Sekretar Encke nur abgezeichnet wurde, in der folgenden Klassensitzung erfolgen, also am 14. August, an dem der Physiologe Emil du Bois-Reymond einen Vortrag halten sollte. Diesem Auszug ist zu entnehmen (Archiv der Akademie der Wissenschaften, PAW II (1812–1945), II–III–24, Bl. 93v), dass die anwesenden Mitglieder beschlossen, die nächste Sitzung auf den 7. August vorzuverlegen, da man an diesem Tag auf zahlreichere Teilnahme an der Klassensitzung und damit Abstimmung hoffte. Encke wurde beauftragt, du Bois-Reymond zu fragen, ob dieser mit der Vorverlegung einverstanden sei.

Dies war tatsächlich der Fall, wie der Einladung Enckes vom 28. Juli 1856 „An die Mitglieder und Veteranen der physikalisch-mathematischen Classe" zu entnehmen ist (Archiv der Akademie der Wissenschaften, PAW (1812–1945), II–III–24, Bl. 94r). Aus dieser wird

deutlich, dass es in Wahrheit um die Termine 11. und 4. August ging. Encke und Ehrenberg luden zum Montag, dem 4. August ein, *„damit der eigentliche Grund der Verlegung
die in dieser Classensitzung vorzunehmende Ballotirung über den Vorschlag den Herrn Weierstrass zum ordentlichen Mitgliede der Classe zu erwählen, erfüllt werden könne."*

Auf dem Schreiben ist vermerkt, dass die Herren Steiner, Riess, Ewald, Borchardt, also zwei der Mathematiker, verreist seien. Mit *„gelesen"* haben die neunzehn Mitglieder
Magnus, Olfers, Dove, H. Rose, Weiss, Lichtenstein, Müller, E. Dubois-Reymond, Ram-
melsberg, Al. Humboldt, A. Braun, Hagen, Beyrich, G. Rose, Mitscherlich, Poggendorff,
Kummer, Peters, Fr. Klotzsch unterschrieben.

Die Verlegung der Sitzung erbrachte freilich nicht die erhoffte Wirkung. Nur zwölf
aktive Mitglieder und zwei Veteranen nahmen an der Sitzung vom 4. August teil. Darüber
gibt der von Ehrenberg abgezeichnete Auszug aus dem Protokoll Auskunft (Archiv der
Akademie der Wissenschaften, PAW (1812–1945), II–III–24, Bl. 94v). Darin heißt es:

> „Hierauf wurde die Wahl des Herrn Weierstrass zum ordentlichen Mitgliede
> der Klasse in der mathematischen Section eingeleitet wozu die gesetzlichen
> Vorbedingungen erfüllt worden, und durch ein Circular auch die motivirte
> Einladung zur Wahl am heutigen Tage vorausgegangen ist. Zur Vollziehung
> der Wahl waren von den 23 activen ordentlichen Mitgliedern und den 3 Vete-
> ranen 25 Stimmen zu berücksichtigen (wegen der Anwesenheit von nur 2 der
> Herren Veteranen) deren absolute Majorität 13 beträgt. Da von den activen
> Mitgliedern beider Sectionen 12 anwesend waren und 2 Veteranen, es mithin
> 14 zur Wahl berechtigte Anwesende gab, von denen 13 bejahende hinreich-
> ten, die absolute Mehrheit darzustellen, so wurde die Wahl mit Vorbehalt
> nach §. 13. der Statuten angenommen. Da die sämmtlichen 14 Stimmen der
> Anwesenden bejahend ausfielen, so ist Herr Weierstrass als von der Klasse
> gewähltes ordentliches aktives Mitglied dem Pleno durch Protokollauszug in
> der nächsten Sitzung vorzustellen, und der weiteren Vollziehung der Wahl
> in der Gesamtakademie zu empfehlen. Ein zur Wahl eingegangenes schrift-
> liches Votum eines abwesenden Mitgliedes war ebenfalls bejahend, konnte
> aber bei der Abstimmung keine Berücksichtigung finden.   gez. Ehrenberg."

Die Abstimmung erreichte also nur sehr knapp das Quorum, aber alle vierzehn stimm-
berechtigten Mitglieder stimmten dem Aufnahmeantrag zu. Ehrenberg vermerkte, dass
das Plenum der Akademie über das Ergebnis am 7. August 1856 unterrichtet wurde. Die
Abstimmung der Vollversammlung der Mitglieder fand am 30. Oktober 1856 statt. Bereits
am nächsten Tag, dem 31. Oktober, schrieben die vier Sekretare Trendelenburg, Encke,
Böckh und Ehrenberg an den Staatsminister von Raumer den folgenden Brief, um die
Bestätigung der Wahl durch den König einholen zu lassen (Archiv der Akademie der Wissenschaften, PAW (1812–1945), II–III–24, Bl. 95r):

> „Die ehrerbietigst unterzeichnete Akademie der Wissenschaften hat unter
> Beobachtung der in ihren Statuten vorgeschriebenen Normen in ihrer Sit-
> zung vom 30. d. M. den durch seine hervorragenden Leistungen im Gebie-
> te der Mathematik bekannten Professor Carl Weierstrass hierselbst zu ihrem

ordentlichen Mitgliede erwählt. Sie richtet nunmehr an Ew. Excellenz das gehorsamste Gesuch, Hochdieselben wollen diese von ihr getroffene Wahl zur Kenntniss Seiner Majestät des Königs bringen und die Allerhöchste Bestätigung derselben im Namen der Akademie hochgeneigtest nachsuchen.

Berlin 31. Oktober 1856.

Die Königliche Akademie der Wissenschaften

Trendelenburg   Encke   Böckh   Ehrenberg

Des Königl. Staatsministers etc. Herrn von Raumer Excellenz."

Am 19. November 1856 bestätigte König Friedrich Wilhelm IV. die Wahl, wie aus Raumers Antwort vom 5. Dezember 1856 hervorgeht (Archiv der Akademie der Wissenschaften, PAW (1812–1945), II-III-24, Bl. 96r), die bei der Akademie am 9.12.1856 einging:

„Die Königliche Akademie der Wissenschaften benachrichtige ich hierdurch auf den Bericht vom 31ten October d. J. dass Seine Majestät der König auf meinen Antrag mittels Allerhöchsten Erlasses vom 19ten v. Mts. die Wahl des Professors Dr. Weierstrass hierselbst zum ordentlichen Mitgliede der Akademie zu bestätigen geruht haben.

Berlin, den 5ten Dezember 1856.

Der Minister der geistlichen, Unterrichts- und Medicinal-Angelegenheiten.

v. Raumer

An die Königliche Akademie der Wissenschaften hier."

Erst rund ein halbes Jahr, nachdem Encke die Initiative zur Wahl von Weierstraß zum Mitglied ergriffen hatte, war also der Wahlvorgang abgeschlossen. Noch einmal mehr als ein halbes Jahr später, am 9. Juli 1857, hielt Weierstraß in der öffentlichen Sitzung am Leibniztag der Berliner Akademie seine Antrittsrede (Lampe 1899, 30); (Harnack 1900, I, 960 f.); (Weierstraß 1894–1927, I, 223–226). Darin sprach er über seine Forschungsinteressen, die elliptischen Funktionen. Dann erörterte er das Verhältnis der Mathematik zu ihren Anwendungen, namentlich auf die Physik. Ihm sei nicht gleichgültig, ob sich eine Theorie für solche Anwendungen eigne oder nicht. Zwar sei der Zweck einer Wissenschaft, insbesondere der Mathematik, nicht außerhalb derselben zu suchen. Er meine aber, dass das Verhältnis zwischen Mathematik und Physik tiefer aufgefasst werden müsse, als es geschähe, wenn der Physiker in der Mathematik nur eine Hilfsdisziplin sähe oder wenn der Mathematiker in den physikalischen Fragen nur eine reiche Beispiel-Sammlung für seine Methoden ansähe. Er verwies auf die Griechen, die die Eigenschaften der Kegelschnitte untersuchten, lange bevor diese als Planetenbahnen erkannt worden waren.

Encke hat ihm als Sekretar eine Willkommensrede gewidmet (Encke 1857). Offen sprach er das fortgeschrittene Alter von Weierstraß und dessen Stellung als Oberlehrer in Braunsberg an, in dem und in der sich dieser der schwierigen Theorie der Abel'schen Integrale gewidmet habe. In Zukunft werde er mehr Muße für seine Forschungen haben.

Die Universität und die Akademie in Berlin hätten sich beeilt, sich den kaum erwarteten Zuwachs an mathematischer Kraft anzueignen. Er begrüßte ihn warm und freudig bei seinem Eintritt in die Akademie.

3.2 Weierstraß und die Wahlvorschläge für neue Akademiemitglieder

Zu den vornehmsten Rechten ordentlicher Akademiemitglieder gehörte die Möglichkeit, Wahlvorschläge für neue Akademiemitglieder zu machen, die einer von vier Kategorien angehörten: Korrespondierende (KM), ordentliche (OM), auswärtige (AW) und Ehrenmitglieder (EM). Weierstraß hat von diesem Recht nach den erhaltenen Archivunterlagen nur sieben Mal Gebrauch gemacht, dagegen vierundzwanzig Mal die Vorschläge anderer Mitglieder unterstützt, und zwar während der Jahre 1858 bis 1896, also seit dem Bestehen seiner eigenen Mitgliedschaft bis kurz vor seinem Tode.

Zunächst seien die Vorschläge für Mitgliedschaften in chronologischer Reihenfolge aufgeführt, denen sich Weierstraß angeschlossen hat:

KM: Louis Poinsot 1858, Michel Chasles 1858, Charles Hermite 1859, Johann Georg Rosenhain 1859, Heinrich Eduard Heine 1863, Philipp Ludwig Seidel 1863, Rudolf Friedrich Alfred Clebsch 1868, Elwin Bruno Christoffel 1868, Panufti Lwowitsch Tschebyschew 1871, Rudolf Lipschitz 1872, George Salmon 1873, Ludwig Schläfli 1873, Ole Jacob Broch 1875, Leo Königsberger 1893, Carl Gottfried Neumann 1893, Jean-Gaston Darboux 1896, Max Noether 1896.

OM: Leopold Kronecker 1860, Karl Hermann Amandus Schwarz 1892, Georg Ferdinand Frobenius 1892.

AM: Bernhard Riemann 1866, Michel Chasles 1876, Charles Hermite 1883.

EM: Carl Johann Malmsten 1880.

Von besonderem Interesse sind zweifellos die sieben Vorschläge, die Weierstraß selbst gemacht hat. Es fällt auf, dass er nie jemanden für die Wahl zum ordentlichen Mitglied selbst vorgeschlagen hat, wohl aber den Physiker Franz Ernst Neumann am 4.7.1858 (Archiv der Akademie der Wissenschaften, PAW (1812–1945), II–III–119, Bl. 256), den Astronomen Peter Andreas Hansen am 22.1.1866 (Archiv der Akademie der Wissenschaften, PAW (1812–1945), II–III–120, Bl. 148–149), Joseph Liouville am 16.1.1876 (Biermann 1960, 48–50) für die Wahl zu auswärtigen Mitgliedern. Seine Vorschläge wurden von Borchardt, Encke, Hagen, Kummer, von Kronecker bzw. von Borchardt, Kirchhoff und Kronecker unterstützt.

Viermal hat er Gelehrte für die Wahl zum Korrespondierenden Mitglied vorgeschlagen: am 4.7.1859 Bernhard Riemann, zusammen mit Borchardt und Kummer (Biermann 1960, 27–29), am 22.1.1866 den Astronomen Christian August Friedrich Peters, zusammen mit Kronecker (Archiv der Akademie der Wissenschaften, PAW (1812–1945),

II–III–120, Bl. 156), am 15.11.1880 Lazarus Fuchs (Biermann 1960, 54–55), an dessen Wahl zum ordentlichen Mitglied er vier Jahre später nicht mehr beteiligt war, und am 20.11.1895 allein Heinrich Weber (Archiv der Akademie der Wissenschaften, PAW (1812–1945), II–III–126, Bl 105). Die Neigung von Weierstraß zur Physik bzw. Astronomie, die in seiner Antrittsrede in der Akademie anklang, spiegelt sich also auch in seinen Wahlvorschlägen, auch in dem für Heinrich Weber. Dass er den Vorschlag für diesen Kollegen allein vortrug, ist ungewöhnlich. Da der in Form einer Abschrift erhaltene Wahlvorschlag noch nicht veröffentlicht ist, sei er hier vollständig zitiert:

> „Der Unterzeichnete erlaubt sich, der Akademie die Wahl des Herrn Heinrich Weber, gegenwärtig Professor der Mathematik in Strassburg, zum correspondirenden Mitgliede der physikalisch-mathematischen Classe in Vorschlag zu bringen.
>
> Herr Heinrich Weber (geb. 5. März 1842 in Heidelberg) ist nach meiner Überzeugung unstreitig der bedeutendste unter den deutschen Mathematikern, welche bei der Wahl eines Correspondenten unserer Akademie überhaupt in Betracht kommen können. Derselbe hat im Laufe der 30 Jahre, während welcher er an verschiedenen Universitäten und technischen Hochschulen (in Heidelberg, Zürich, Königsberg, Charlottenburg-Berlin, Marburg, Göttingen und Strassburg) als Lehrer thätig gewesen ist, zugleich eine ansehnliche Anzahl mathematischer Abhandlungen veröffentlicht, welche fast sämmtlich bei seinen Fachgenossen große Anerkennung gefunden haben und als werthvolle Bereicherungen der Wissenschaft anzusehen sind. Ein möglichst vollständiges Verzeichniß derselben liegt bei. Dieselben einzeln zu besprechen ist nicht wohl thunlich, ich begnüge mich daher, durch Angabe des Inhalts der wichtigsten die vielfältige mathematische Bildung des Verfassers und seine nicht gewöhnliche Fähigkeit zu selbständigen Forschungen ins Licht zu stellen.
>
> Ein Theil dieser Arbeiten behandelt mathematisch-physikalische Probleme, ein anderer bezieht sich auf partielle Differentialgleichungen, Functionenlehre, Algebra und Zahlentheorie.
>
> In der Functionentheorie schließt sich Herr Weber hauptsächlich an die Principien und Methoden Riemann's an; die einzelnen Gegenstände, welche er behandelt, betreffen die Theorie der elliptischen und der Abelschen Functionen, namentlich die Transformation dieser Transcendenten. Für eine Monographie[1] über die Theorie der Abelschen Functionen von drei Veränderlichen hat Herrn Weber im Jahre 1875 die Göttinger philosophische Fakultät einen Preis aus der Benckeschen Stiftung zuerkannt.

---

1   Weber, H. (1876). *Theorie der Abelschen Functionen vom Geschlecht 3.* Berlin: De Gruyter.

Von seinen algebraischen Untersuchungen ist als besonders beachtenswerth die in Gemeinschaft mit Herrn Dedekind verfasste große Abhandlung „Theorie der algebraischen Functionen einer Veränderlichen" zu nennen.[2]

Der vor Kurzem erschienene erste Band seines Lehrbuches der Algebra ist eine mit Berücksichtigung der neuesten Fortschritte auf Grund eigener Studien abgefasste neue selbständige Bearbeitung der Algebra, das erste deutsche Lehrbuch dieser Disciplin, ausgezeichnet durch klare Darstellung, Gründlichkeit, Wissenschaftlichkeit und Genauigkeit der Beweise.[3]

Schließlich habe ich noch das große und allgemein anerkannte Verdienst hervor, welches sich Herr Weber durch seine jetzt bereits in zweiter Auflage vorliegenden Gesammtausgabe der Werke Riemann's erworben hat.[4]

Berlin, den 20. November 1895.   Weierstraß"

3.3   Die Monatsberichte und Sitzungsberichte der Königlich Preussischen Akademie der Wissenschaften zu Berlin

Die Monatsberichte (MB) der Jahre 1856 bis 1881, von da ab der Sitzungsberichte (SB) der Königlich Preussischen Akademie der Wissenschaften zu Berlin der Jahre 1882 bis 1897 berichten nicht nur über die Aufnahme von Weierstraß in die Akademie (MB 1856, 620; MB 1857, 57) und schließlich seinen Tod am 19.2.1897 (SB 1897, 143), sondern belegen vor allem, in wie starkem Maße sich Weierstraß am wissenschaftlichen Leben der Akademie durch Vorträge, die oft, aber bei weitem nicht immer in diesen Journalen veröffentlicht wurden, durch die Herausgabe der Werke Jacobis bzw. seiner eigenen Werke beteiligt hat. Die Einträge in den SB zu Weierstraß' Arbeit als Herausgeber werden in den Abschnitten 5 und 6 berücksichtigt.

Seine Vorträge hielt Weierstraß auf Klassen- oder Gesamtsitzungen. Gelegentlich sandte er seine Texte nur ein und ließ sie von Kummer oder Kronecker vortragen. Über den Abdruck von zwanzig Arbeiten und der Antrittsrede in den Monatsberichten oder Sitzungsberichten unterrichten (Harnack 1900, III, 284) und (Kotschina 1985, 262–264).

Insgesamt hat Weierstraß ab 1857 in dreiundzwanzig Klassensitzungen und zweiunddreißig Gesamtsitzungen vorgetragen bzw. – in vier Fällen – vortragen lassen, 1889 zum letzten Mal. Eine vollständige Aufstellung der Vorträge wird im Anhang zu diesem Abschnitt gegeben.

2   Weber, Heinrich und Richard Dedekind (1882). Theorie der algebraischen Functionen einer Veränderlichen, *Journal für die Reine und Angewandte Mathematik 92*, 181–190.
3   Weber, Heinrich (1895–1896). Lehrbuch der Algebra. 2 Bde. Braunschweig: Friedrich Vieweg.
4   Riemann, Bernhard (1892). Gesammelte mathematische Werke und wissenschaftlicher Nachlass, hrsg. unter Mitwirkung von Richard Dedekind von Heinrich Weber. 2. Aufl. Leipzig: Teubner.

3.4   Kommission zur Revision der Statuten der Akademie

1874 wurde der Etat der Akademie so erhöht, dass sie wichtige, große Aufgaben beginnen und bedeutende wissenschaftliche Unternehmungen Einzelner unterstützen konnte. In demselben Jahr wurde eine Kommission zur Revision der Statuten der Akademie eingesetzt (Harnack 1900, 1005 f.). Sie bestand aus den vier Sekretaren Kummer (1878 durch Auwers ersetzt), du Bois-Reymond, dem klassischen Philologen Ernst Curtius, dem Historiker Christian Mommsen sowie Weierstraß, dem Sekretar der Kommission Kronecker, dem Ägyptologen Ernst Lepsius (1880 durch den Philosophen Eduard Zeller ersetzt), dem Philologen und Schulreformer Hermann Bonitz und dem Botaniker Hermann Pringsheim.

Im Dezember 1878 wurde der Entwurf dem Ministerium unterbreitet. Am 28. März 1881 wurden die neuen Statuten vom König bestätigt. Unter anderem galt nun: Statt der bis dahin üblichen vier monatlichen Gesamtsitzungen und einen monatlichen Klassensitzung wurden je zwei monatliche Sitzungen festgeschrieben. Die Zahl der ordentlichen Mitglieder wurde von 52 auf 54 erhöht. An die Stelle der Monatsberichte traten wöchentliche Sitzungsberichte. In einem eigenen Paragraphen wurde die Unterstützung wissenschaftlicher Unternehmungen durch die Akademie geregelt, was Weierstraß zugute kommen sollte.

3.5   Die Herausgabe von Steiners und Jacobis
       Gesammelten Werken

Durch die neuen, 1881 in Kraft gesetzten Statuten wurde Weierstraß finanziell dafür entschädigt, dass er die Gesammelten Werke von mehreren Mathematikern herausgab, zunächst 1881/82 in zwei Bänden in Berlin diejenigen von Jacob Steiner (SB 1882, 327 f.). Auf dem Titelblatt war – wie im Falle von Jacobi – vermerkt: *„Herausgegeben auf Veranlassung der Königlich Preussischen Akademie der Wissenschaften."* Bei der Revision und Korrektur der Texte hatten ihm Heinrich Schröter, Ludwig Kiepert und Friedrich Schur geholfen, wie Weierstraß dankbar in den Vorworten zu den beiden Bänden festhält.

Freimütig berichtete er Sofja Kowalewskaja am 28. Oktober 1880, dass er auch aus finanziellen Gründen gezwungen sei, solche Arbeiten zu übernehmen (Bölling 1993, 236 f.):

> „Dann hatten wir in der Akademie die Veranstaltung einer Gesammtausgabe der Werke von Jacobi, Dirichlet und Steiner beschlossen. Borchardt hatte Jacobi, ich Steiner übernommen. Nach Borchardts Erkrankung mußte ich die Herausgabe von Jacobi fortführen, da sich eine dazu geeignete Person dazu nicht fand."

Tatsächlich konnte Borchardt nur den ersten Band der Gesammelten Werke Jacobis vorbereiten. Dieser erschien 1881, ein Jahr nach Borchardts Tod. Dennoch war er als Herausgeber genannt. Weierstraß hatte einige Aufgaben der Schlussredaktion übernommen. In seiner auf den 18. Dezember 1880 datierten Vorrede stellte er fest, dass die *„hiesige*

Akademie der Wissenschaften" bereits vor mehreren Jahren „*die Veranstaltung einer Gesammtausgabe der Werke Jacobi's, Lejeune Dirichlet's und Steiner's beschlossen und die dazu erforderlichen Geldmittel bewilligt*" habe. Für den 1. Band stamme ein wesentlicher Teil der Vorarbeiten für die Herausgabe von Franz Josef Mertens, Eugen Netto und Hermann Amandus Schwarz. Korrektoren seien Karl Schering, Oskar Röthig, Emil Lampe, Albert Wangerin und Charles Hermite gewesen. Weierstraß hatte sich also der Mitarbeit vieler Mitarbeiter versichert.

Die übrigen sechs Bände gab Weierstraß heraus, den zweiten bereits 1882 (SB 1882, 327 f.). Das Nachwort nennt als neue Mitarbeiter gegenüber dem 1. Band Heinrich Bruns, Georg Frobenius, Maximilian Henoch, Eduard Lottner, Ludwig Stickelberger (Jacobi 1881, II, 525). Am 15. März 1883 wurden auf der Öffentlichen Sitzung zur Vorfeier des Geburtstags Seiner Majestät des Kaisers und Königs „die statuarisch vorgeschriebenen Jahresberichte über die fortlaufenden größeren literarischen Unternehmungen der Akademie verlesen" (SB 1883, 311, 315). Weierstraß berichtete über die Herausgabe der Werke von Steiner, Jacobi und Dirichlet. Mit Dirichlets Werken hatte Weierstraß nichts zu tun. Die zwei Bände wurden in den Jahren 1889 und 1897 von Kronecker und Lazarus Fuchs herausgegeben.

Die Sitzungsberichte vermerken für den 6. März 1884, dass Weierstraß durch Verfügung des Ministeriums 2000 Mark für die Herausgabe von Jacobis Werken erhielt (SB 1884, 137). In der Gesamtsitzung vom 27. November 1884 überreichte er den dritten Band von Jacobis Gesammelten Werken (SB 1884, 1103). Neue Mitarbeiter waren Richard Baltzer und Hermann Kortum (Jacobi 1881, III, V). Weitere Berichte gab Weierstraß auf den öffentlichen Sitzungen am 19. März 1885 (SB 1885, 240) und am 24. Januar 1889 (der 5. und 6. Band seien im Druck) (SB 1889, 42), auf der Gesamtsitzung am 21. Februar 1891 (der 5. Band sei erschienen, der 6. und 7. Band seien im Druck, gegen den 1. Oktober werde das Unternehmen abgeschlossen werden) (SB 1891, 91). Tatsächlich hatte im Falle des 5. Bandes Fritz Kötter den verstorbenen Eduard Lottner ersetzt.

Den Abschlussbericht zu der „*von der Akademie unter meine Leitung gestellte(n) Herausgabe*" der Jacobi'schen Werke gab er auf der öffentlichen Sitzung am 28. Januar 1892 (SB 1892, 39). Er erhielt 782 Mark als Rest der Kosten für diese neue Ausgabe. Im vergangenen Jahr seien die Bände 6 und 7 erschienen. Damit lägen alle Arbeiten Jacobis vor. Er lobte seinen Schüler Georg Hettner, damals außerordentlicher Professor für Mathematik an der Berliner Universität (Knobloch 1998, 25), für die Herausgabe der letzten beiden Bände, freilich unter seiner Verantwortung. Mehr konnte Weierstraß aus Krankheitsgründen in diesem Fall nicht leisten. 1884 hatte Eduard Lottner den Supplementband mit Jacobis Vorlesungen über Dynamik in 2. Auflage herausgegeben. Die erste, 1866 in Leipzig erschienene Auflage stammte von Alfred Clebsch. Dazu sagte Weierstraß, ob noch andere Jacobi'sche Vorlesungshefte zur Veröffentlichung geeignet seien, sei eine Entscheidung der Akademie: *„Meine Aufgabe betrachte ich jedoch als erledigt.*"

Tatsächlich erschien kein weiterer Supplementband.

3.6   Die Herausgabe der Gesammelten Werke von Weierstraß

1887 fasste Weierstraß den Plan, seine Gesammelten Werke herauszugeben, wie aus seinem Schreiben vom 11. Juli 1893 an die physikalisch-mathematische Klasse hervorgeht (Archiv der Akademie der Wissenschaften, NL Schwarz, Nr. 428). Da er Ende 1887 erkrankt sei, habe er von diesem Plan damals absehen müssen. Bereits am 21. Juni 1893 wandte er sich *„an den beständigen Sekretar der Akademie der Wissenschaften, Herrn Geheimrath Professor Dr. Auwers"*. In seinem Brief erläuterte er Auwers seinen Plan. Es sollten sieben Quartbände werden. Er erbitte eine finanzielle Unterstützung der Akademie in Höhe von 15 Mark pro Bogen. Im Falle der Jacobi'schen Werke seien es 40 bis 50 Mark gewesen. Die Akademie möge eine Kommission zur Überwachung einsetzen. Die Verlagsbuchhandlung Mayer & Müller in Berlin sei bereit, eine Kaution in Höhe von 20000 Mark als Sicherheit dafür zu hinterlegen, dass sie die vertraglich festzustellenden Bedingungen einhalte.

Im Schreiben an die Klasse ist nur noch von sechs Bänden die Rede. Er habe Kollegen, die je einen Band betreuen würden: Georg Hettner, Johannes Knoblauch, Fritz Kötter, Friedrich Schottky, Gösta Mittag-Leffler, Edvard Phragmen. Aus den 20000 Mark Kaution sind 12000 Mark geworden. Der Druck des Ganzen könne 3 bis 4 Jahre dauern. Eine grandiose Unterschätzung der Aufgabe: Die Veröffentlichung der tatsächlich sieben Bände dauerte 34 Jahre.

Bereits am folgendem Tage, dem 22. Juni, setzte die physikalisch-mathematische Klasse die erbetene Kommission ein. Die vier Mitglieder waren Weierstraß, Lazarus Fuchs, Hermann Amandus Schwarz und Georg Frobenius. Fuchs war damit nicht einverstanden. Noch an demselben Tag, am 22. Juni 1893, schrieb er deshalb *„an den vorsitzenden Sekretar der physik.-math. Classe"* du Bois-Reymond. Solange Weierstraß dazu in der Lage sei, solle er allein die Kommission sein. Erst danach solle eine Kommission eingerichtet werden.

Tatsächlich hat sich der Verlag Mayer & Müller zu einer Kaution von 12000 Mark verpflichtet. Der Vertrag zwischen ihm und Weierstraß stammt vom 10. Juli 1893. Über den Antrag von Fuchs, die Kommission wieder aufzuheben, wurde in der Klassensitzung vom 13. Juli 1893 befunden. Der von du Bois-Reymond abgezeichnete Protokollauszug berichtet, dass keine Einigung erzielt wurde. Schließlich habe Auwers den Antrag gestellt, Fuchs solle seinen Antrag der Kommission vortragen, über die dort erzielte Einigung solle der Klasse berichtet werden. Dieser Antrag wurde mit 15 gegen 3 Stimmen zum Beschluss erhoben. Wie aus dem Vorwort zum ersten Band der Weierstraß'schen Werke hervorgeht, wurde die Kommission nicht aufgehoben, sondern Fuchs durch Auwers ersetzt (Weierstraß 1894–1927, I, V f.). Hier hat man also die *„echten Gründe"* für den Wiederaustritt von Fuchs aus der Kommission zu suchen, von denen Biermann 1966 schrieb, sie seien *„nicht feststellbar"* (Biermann 1966, 214). Fuchs hatte mit der Herausgabe der Werke nichts mehr zu tun.

In den vier Jahren 1893 bis 1896 erhielt Weierstraß jährlich finanzielle Zuwendungen der Akademie zur Herausgabe seiner Gesammelten Werke, zunächst anlässlich der Gesamtsitzung am 2. November 1893 500 Mark als Beihilfe zum Beginn (SB 1893, 891), auf den Gesamtsitzungen am 5. Juli 1894 (SB 1894, 649 f.), am 13. Juni 1895 (SB 1895, 541) – in dem Jahr erschien der zweite Band –, am 21. Mai 1896 (SB 1896, 599) je 2000 Mark zur Fortsetzung der Arbeiten an der Herausgabe. Das Geld wurde von der physikalisch-mathematischen Klasse bewilligt. Auf der Gesamtsitzung am 15. November 1894 ließ er den ersten Band seiner Gesammelten Werke überreichen. Auf dem Titelblatt heißt es dort *„Herausgegeben unter Mitwirkung einer von der Königlich Preussischen Akademie der Wissenschaften eingesetzten Commission"*. Im Vorwort nimmt Weierstraß dazu etwas ausführlicher Stellung, spricht vom bereitwilligen Entgegenkommen der hiesigen Akademie. Die eigentlichen Herausgeber seien Georg Hettner, Johannes Knoblauch, Fritz Kötter, Edvard Phragmen, Ludwig Stickelberger. Besonders dankte er seinem Schüler Knoblauch. Danach waren also Mittag-Leffler und Schottky durch Stickelberger ersetzt worden. Am Ende des Bandes werden weitere Kollegen genannt, die Korrektur gelesen haben (Weierstraß 1894–1927, I, 356)): Hermann Kortum, Hans von Mangoldt, Rudolf Rothe, Ludwig Schlesinger, Schwarz, Ernst Wendt. Es ist eine schöne Zeugnis für die Verbundenheit von Weierstraß mit seinen Schülern, dass auch Hettner, Kötter, Stickelberger, Mangoldt, Schwarz seine Schüler waren (Biermann 1976, 222). Rothe war ein Schüler von Schwarz und mit Knoblauch befreundet (Knobloch 1998, 25).

Auf der Gesamtsitzung am 25. Februar 1897 musste die Akademie seinen sechs Tage zuvor eingetretenen Tod bekanntgeben. Die restlichen fünf Bände wurden von verschiedenen Autoren herausgegeben, freilich erst deutlich später in den Jahren 1902 bis 1927. Andere Autoren, die Korrektur lasen, kamen hinzu, wie Kurt Hensel, ein weiterer Schüler von Weierstraß, für den zweiten Band. Band 4 (1902) bearbeiteten Hettner und Knoblauch, Band 3 (1903) und Band 5 (1915) Knoblauch, Band 6 (1915) und Band 7 (1927) Rothe. Im letzten Band heißt es nunmehr: *„Herausgegeben unter Mitwirkung der Preussischen Akademie der Wissenschaften"*. In der Weimarer Republik entfiel das Attribut *„Königlich"*.

3.7 Weierstraß und die Helmholtz-Stiftung

Hermann von Helmholtz war seit dem 1. April 1871 ordentliches Mitglied der Berliner Akademie der Wissenschaften. Anlässlich seines 70. Geburtstags am 31. August 1891 gründete er die nach ihm benannte Stiftung, die am 12. Oktober 1891 vom deutschen Kaiser und König genehmigt wurde. Das *„Statut der Helmholtz-Stiftung zur Auszeichnung wissenschaftlicher Forscher aller Länder, welche sich durch hervorragende Leistungen im Bereich der durch Helmholtz bearbeiteten Forschungsgebiete verdient gemacht haben"* wurde mehrfach überarbeitet (Archiv der Akademie der Wissenschaften, PAW (1812–1945), II–X–2, Bl. 19, 19a, 20). Die Helmholtz-Medaille wird noch heute von der Berlin-Brandenburgischen Akademie der Wissenschaften für herausragende wissenschaftliche Leistungen verliehen.

Ursprünglich sollte die Medaille erstmalig 1892 einmal verliehen werden, dann alle zwei Jahre abwechselnd zweimal bzw. einmal, und zwar in Gold mit einer Kopie in Bronze. Der Klassensekretar sollte die physikalisch-mathematische Klasse zu Vorschlägen auffor-

dern. Drei Mitglieder sollten als Gäste aus der philosophisch-historischen Klasse teilneh-
men. Die Stiftung sollte durch die Akademie vertreten werden.

Das Archiv der BBAW bewahrt sechs Fassungen des Statutes auf (Archiv der Akademie der Wissenschaften, PAW (1812–1945), II–X–2, Bl. 14–26, 27–30, 31–34, 36–39,
44–47, 48–51), in denen es zunächst heißt, dass je nur eine Medaille ab 1892, dann je nur
eine Medaille ab 1898 verliehen werden soll. Schließlich wurde der Beginn im § 15 geregelt
(Bl. 30): *„Die ersten 4 Medaillen werden sofort nach erfolgter Bestätigung dieses Statuts nach
Vorschlag des Herrn v. Helmholtz, im Übrigen nach den in den §§ 8 u. 11 festgelegten Nor-
men vergeben."* Demgemäß beantragte Helmholtz am 2. Juni 1892 je eine Medaille für die
vier Wissenschaftler Emil du Bois-Reymond, Karl Weierstraß, Robert Wilhelm Bunsen
und Lord Kelvin (Archiv der Akademie der Wissenschaften, PAW (1812–1945), II–X–2,
Bl. 59r). Über diesen Antrag stimmte die physikalisch-mathematische Klasse in Anwesenheit und unter Mitwirkung zweier Mitglieder der philosophisch-historischen Klasse am
9. Juni 1892 mit folgendem Ergebnis laut Auszug aus dem Protokoll ab, der vom Sekretar der physikalisch-mathematischen Klasse Arthur von Auwers unterzeichnet ist (Archiv
der Akademie der Wissenschaften, PAW (1812–1945), II-X-2, Bl. 60r):

> „1) Gemäß § 15 des Statuts der Helmholtz-Stiftung wurde nach erfolgtem
> Vorschlag des Hrn. v. Helmholtz über die vier ersten Empfänger der Helm-
> holtz Medaille abgestimmt. Die beiden Philosophen der phil. hist. Classe
> Hr. Zeller und Hr. Dilthey nahmen an der Verhandlung theil. Die erforderli-
> che absolute Mehrheit betrug als diejenige von 23 Classenmitgliedern und 2
> Delegirten der phil. hist. Classe, also von 25, 13. Ueber die Vorschläge wur-
> de in der Reihenfolge abgestimmt, in welcher sie durch Hrn. v. Helmholtz
> eingebracht sind, und es erhielten

> | Hr. du Bois Reymond | 17 weiße Kugeln, | 2 schwarze |
> |---|---|---|
> | Hr. Weierstrass | 18 " | 1 " |
> | Hr. Bunsen in Heidelberg | 19 " | 0 " |
> | Lord Kelvin in Glasgow | 19 " | 0 " |

> Sämmtliche Vorgeschlagenen sind demnach dem Plenum zu präsentiren.

> A. Auwers"

Weierstraß wurde also nicht einstimmig, sondern mit einer Gegenstimme für die
Preisverleihung gewählt. Sein Dankschreiben vom 6. Juli 1892 – eine Abschrift mit ei-
genhändiger Unterschrift von Weierstraß – an Auwers ist erhalten (Archiv der Akademie
der Wissenschaften, PAW (1812–1945), II–X–2, Bl. 71r):

> „Hochgeehrter Herr College,

> Indem ich Ihnen den Empfang der durch Sie mir übermittelten Helmholtz-
> Medaille (in Gold und in Bronze) hiermit anzeige, erlaube ich mir zugleich
> Sie zu bitten, den Mitgliedern der Akademie, welche mir durch Zuerkennung
> dieser Medaille eine eben so große als unerwartete Ehre erwiesen haben, mei-
> nen verbindlichsten und aufrichtigsten Dank aussprechen zu wollen.

Ihnen selbst aber, hochgeehrter Herr College, habe ich noch besonders für die freundlichen und anerkennenden Worte zu danken mit denen Sie in Ihrem Begleitschreiben meiner wissenschaftlichen Bestrebungen gedacht haben.

Mit hochachtungsvollem collegialischem Gruß

Ihr ergebener K. Weierstraß

An

den beständigen Secretar
der Königlichen Akademie der Wissenschaften
Herrn Geheimen Regierungsrath
Professor Dr. Auwers Hochwohlgeboren hier.“

3.8 Finanzielle Affären zu Lebzeiten von Weierstraß und nach seinem Tode

Mit seiner Berufung zum außerordentlichen Professor für Mathematik an der Berliner Universität erhielt Weierstraß ein Jahresgehalt von 500 Talern (Bölling 1993, 239, Anm. 20), hatte aber ein zweites Gehalt als Mathematikprofessor am Gewerbeinstitut in Höhe von 1500 Talern (Biermann 1966, 201). Mit seiner Wahl zum ordentlichen Mitglied der Berliner Akademie der Wissenschaften kam 1857 ein drittes Gehalt in Höhe von 600 Mark hinzu, das mit dem neuen Statut von 1881 wie für alle ordentlichen Mitglieder auf 900 Mark erhöht wurde (Harnack 1900, I, 1006, Anm. 6). Als er 1864 ordentlicher Professor an der Universität wurde und die Professur am Gewerbeinstitut aufgab, wurde sein Universitätsgehalt entsprechend erhöht. Kummers Jahresgehalt betrug im 1855 genau 1500 Taler.

Trotzdem hatte Weierstraß finanzielle Probleme, wie sein Briefwechsel mit Kowalewskaja erkennen ließ (s. Abschnitt 3.5). Vermutlich hatte dies damit zu tun, dass sein Vater, der 1869 starb, und seine beiden unverheiratet gebliebenen Schwestern Klara – sie starb ein Jahr vor ihm – und Elise – sie starb ein Jahr nach ihm (Biermann 1966, 218) – bei ihm in Berlin wohnten (Biermann 1966, 202).

Wiederholt gab es Bemühungen der Akademie, ihm zusätzliche Mittel zu verschaffen, mit unterschiedlichem Erfolg. Am 19. Februar 1859 hatte sich die Akademie an das Ministerium mit der Bitte gewandt, Weierstraß die 200 Reichstaler jährliches Gehalt zukommen zu lassen, die durch den Tod des „Geheimen Medicinal Raths“ Johannes Müller am 28. April 1858 freigeworden waren. Der Minister der geistlichen, Unterrichts- und Medicinal-Angelegenheiten von Raumer entschied mit Schreiben vom 17. März 1859 das Gesuch positiv mit der Maßgabe, das Gehalt ab 1. Mai 1859 Weierstraß auszuzahlen (Archiv der Akademie der Wissenschaften, PAW (1812–1945), II–III–24, Bl. 157).

Anders ging dagegen 1884 eine Initiative von Kronecker gegenüber dem Plenum der Akademie aus – die physikalisch-mathematische Klasse hatte einstimmig den Antrag gestellt –, aus den von der philosophisch-historischen Klasse nicht in Anspruch genommenen Mitteln das Jahresgehalt von Weierstraß auf 2000 Reichstaler zu erhöhen. Dies geschah also zu einem Zeitpunkt, wo das Verhältnis zwischen Kronecker und Weierstraß schon nicht mehr das beste war, bevor es 1888 zum endgültigen Bruch zwischen den beiden Mathematikern kam (Biermann 1966, 213). Das Plenum reichte diesen Antrag an die philosophisch-historische Klasse weiter.

Die einstimmige, abschlägige Antwort aller siebzehn anwesenden Mitglieder dieser Klasse vom 13. März 1884 wurde von ihrem Sekretar Theodor Mommsen abgezeichnet. Die Mittel sollten besser zur Gewinnung neuer statt zur Besserstellung vorhandener Mitglieder eingesetzt werden (Archiv der Akademie der Wissenschaften, PAW (1812–1945), II–III–27, Bl. 155):

> „Königliche Akademie der Wissenschaften   Berlin den 13. März 1884.
>
> Die vom Plenum an die philosophisch-historische Classe gestellte Anfrage, ob dieselbe bereit sei, auf die von ihr bis jetzt nicht in Anspruch genommene Hälfte für nicht fundirte Fachstellen zu verzichten, wurde mit Rücksicht darauf, dass die für größere Gehalte ohne Beschränkung auf ein einzelnes Fach der Akademie zur Verfügung gestellten Summen, wo nicht wesentliche Interessen der Akademie, wie etwa die Abwendung eines drohenden Verlustes, in Frage kommen, nach Ansicht der Classe nicht zur Verstärkung der Gehalte derzeitiger, sondern wesentlich zur Gewinnung neu zu berufender Mitglieder verwendet werden sollen, sowie mit fernerer Rücksicht auf die zur Zeit unberechenbaren Modalitäten, welche bei solchen Berufungen namentlich durch die zuweilen zwingende Rücksicht auf die Leitung bereits begonnener akademischer Unternehmungen insonderheit in der philosophisch-historischen Classe herbeigeführt werden können und es unräthlich erscheinen lassen, den dafür disponiblen Betrag im Voraus zu vermindern, von allen siebzehn anwesenden Mitgliedern verneint. Die philosophisch-historische Classe räth demnach davon ab, dem von der physikalisch-mathematischen Classe gestellten Antrag auf Bewilligung von 2000 rth. für Herrn Weierstrass im Plenum Folge zu geben.
>
> gez. Mommsen   Anwesend Curtius Lepsius A. Kirchhoff Waitz"

Eine außerordentliche Plenarsitzung fand deshalb am 20. März statt. Am 22. März bat Weierstraß seine Klasse, dieses Vorhaben nicht weiter zu verfolgen und die philosophisch-historische Klasse entsprechend zu unterrichten. Darüber berichtet der Auszug aus dem Sitzungsprotokoll der physikalisch-mathematischen Klasse vom 3. April 1884 (Archiv der Akademie der Wissenschaften, PAW (1812–1945), II–III–27, Bl. 156):

> „Nach einer von Hrn. Kronecker mir gemachten Mitheilung hat der von demselben eingebrachte Antrag, dass die Akademie mir aus dem für höhere akademische Gehalte bestimmten Fonds ein solches von 2000 rth. gewähren möge, nachdem er von der phys. math. Classe einstimmig angenommen worden war, bei der phil. hist. Classe, und zwar nicht bei einzelnen Mitgliedern derselben sondern in förmlicher Berathung der Classe, aus verschiedenen Gründen Widerspruch erfahren. Ich bin über diese Gründe nicht vollständig unterrichtet, aber nach dem, was ich darüber erfahren habe, glaube ich

es der math. phys. Classe und mir selbst schuldig zu sein den Wunsch auszusprechen, dass die Classe, der ich mich für ihren mich ehrenden Beschluß
zu aufrichtigem Dank verpflichtet fühle, von einer weiteren Verfolgung der
Angelegenheit Abstand nehmen möge.

Ich bitte ferner darum, daß das Vorstehende in das Protokoll der nächsten
Classensitzung aufgenommen und der phil. hist. Classe mitgetheilt werde.

gez. Weierstrass"

Damit wurde dieses unerquickliche Thema ad acta gelegt.

Nach dem Tode von Weierstraß war seine ihn überlebende Schwester Elise wegen der
Mietzahlung, der Arztkosten für ihren verstorbenen Bruder und vieler anderer Ausgaben in finanziellen Schwierigkeiten. Dies veranlasste Schwarz und Frobenius am 29. April
1897, sich an das Sekretariat der Akademie zu wenden (Archiv der Akademie der Wissenschaften, PAW (1812–1945), II–III-32, Bl. 15). Man möge ausnahmsweise der Schwester
ein Jahr lang die akademische Bezahlung von Weierstraß erhalten. Die lange Krankheit
von Weierstraß habe die Ersparnisse und das Honorar für die ersten vier Bände seiner
Gesammelten Werke aufgezehrt.

Tatsächlich wandte sich die Akademie dementsprechend am 8. Juni 1897 an den zuständigen Minister, der am 10. Juli 1897 eine einmalige Zahlung von 1000 Mark an Elise
Weierstraß bewilligte (Archiv der Akademie der Wissenschaften, PAW (1812–1945), II–
III–32, Bl. 16 bzw. 19). Das Dankschreiben der Schwester an den *„vorsitzenden Sekretar
der Akademie der Wissenschaften Herrn Geheimrath Prof. Dr. Auwers"* datiert vom 16. Juli
1897, der ihr am 14. Juli diese Entscheidung mitgeteilt hatte (Bl. 20).

Aber es gab noch ein Nachspiel. Die Rechnungskommission nahm an der Zahlung
Anstoß, wie aus einem Schreiben der Akademie an Geheimrat Auwers vom 3. Juni 1899
hervorgeht. Auwers vermerkt, die Idee, die 1000 Mark als Honorar zu deklarieren, sei unbrauchbar, da die Akademie Weierstraß kein Honorar gezahlt habe (Bl. 129). Der Minister
teilt schließlich der Akademie am 28. Juli 1899 mit, es handle sich um einen einmaligen
Vorgang. Künftig sei dergleichen nicht mehr zulässig.

3.9   Epilog

Zu Lebzeiten von Weierstraß wie nach dessen Tod war die Akademie Ansprechpartner,
wenn es um Ehrungen von ihm oder dessen Wertschätzung im Ausland ging. Am 3. Oktober 1891 benachrichtigte das Ministerium der geistlichen, Unterrichts- und Medicinal-
Angelegenheiten die Akademie, dass Weierstraß aus Anlass seines fünfzigjährigen Amts-
jubiläums am 7. Oktober 1891 diesem die Große Goldene Medaille für Wissenschaft verliehen werde (Archiv der Akademie der Wissenschaften, PAW (1812–1945), II–III–30,
Bl. 35).

Seit 1881 war Weierstraß auswärtiges Mitglied der Royal Society in London. Deshalb
schickte diese am 27. März 1897 das folgende Beileidsschreiben an den Präsidenten und
die Mitglieder der Berliner Akademie der Wissenschaften (Archiv der Akademie der Wissenschaften, PAW (1812–1945), II–III-32, Bl. 12-13):

„The Royal Society
Burlington House London W

March 27, 1997.

To the PRESIDENT and FELLOWS of the KÖNIGLICHE AKADEMIE DER
WISSENSCHAFTEN, BERLIN.

Gentlemen,

On behalf of the President and Council of the Royal Society of London, and
in conformity with their unanimous resolution, I beg to offer you our sincere
condolence on the loss that you, in common with the whole scientific world,
have recently sustained in the death of your distinguished compatriot Professor Weierstraaa; whom, since 1881, we have had the honour of numberig
amongst our Foreign Members.

In 1895, the Council of this Society was proud to award to him the Copley
Medal, the highest honour it has the power to bestow in recognition of scientific worth.

His prolonged and active life caused him too be regarded, for many years
past, as a veteran among mathematicians, and when, in 1840, he published
a part of what is now known as his famous Memoir „*Theorie der Abelschen
Functionen*" , our own Cayley was still an undergraduate at Cambridge.

Pray accept this expression of our deep sympathy with your loss.

I am, Gentlemen, Your obidient Servant, E. Franklane

For. Sec. R. S.“

In Frankreich veröffentlichte Maurice d'Ocagne 1897 eine Schrift über Weierstraß, in
der er den Deutschen lobte und anerkannte (Ocagne 1897). Das zuständige Ministerium hatte die Schrift der Akademie zugesandt. Schwarz, Frobenius und Schottky nahmen
daraufhin zu ihr gegenüber dem Minister Stellung (Archiv der Akademie der Wissenschaften, PAW (1812–1945) II–III–33 Bl. 244):

„An den Hrn. Min. der geistlichen Angelegenheiten

Berlin 9. Mai 1904

Die von Eurer Excellenz der Akademie der Wissenschaften übersandte im
Jahre 1897 veröffentlichte Schrift des Herrn Maurice d'Ocagne über Karl Weierstrass ist den der Akademie angehörenden Mathematikern bekannt.

Diese Schrift ist eines der vielen Zeichen dafür, daß die Resultate, welche von
deutschen Forschern auf dem Gebiete der Mathematik gewonnen werden,
gegenwärtig bei den Gelehrten Frankreichs bereitwillige und freudige Anerkennung finden.

Außer Hrn. Maurice d'Ocagne haben auch die bedeutenden französischen
Mathematiker Hermite, Poincaré (Poincaré 1899) und Picard ihrer Bewun-

derung über die von Weierstrass erlangten Forschungsergebnisse Ausdruck gegeben und rückhaltlos anerkannt, was sie Weierstrass verdanken.

Was Hr. d'Ocagne über das Leben und die Persönlichkeit von Weierstrass beibringt, hat er, wie er durch wiederholte Citate bezeugt, im wesentlichen der Gedächtnisrede entnommen, die Hr. Professor Lampe in der physikalischen Gesellschaft in Berlin gehalten hat (Lampe 1899). Im Anschluß daran bespricht er fast alle Arbeiten, die Weierstrass in den Berichten der Akademie oder im Journal für Mathematik veröffentlicht hat, oder die seine Schüler auf Grund seiner Vorlesungen publiciert haben. Mit meist zutreffendem Urteil weist er den einzelnen Untersuchungen ihre Stelle in der Entwicklung der Mathematik an.

Der Wert der Schrift des Hrn. d'Ocagne besteht darin. Sie ist eine der zahlreichen von Gelehrten anderer Nationen ausgegangenen, in hohem Grade erfreulichen, rückhaltlosen Anerkennungen, welche der wissenschaftlichen Lebensarbeit des deutschen Gelehrten Karl Weierstrass zuteil geworden sind.

H. A. Schwarz   Frobenius   Schottky"

Von den drei genannten französischen Mathematikern d'Ocagne, Picard, Poincaré sind heute Briefe an Weierstraß bekannt.

Anhang zu Abschnitt 3.3

Die folgende Liste führt auf, in welcher Klassensitzung (KS) oder Gesamtsitzung (GS) Weierstraß Vorträge in der Akademie gehalten oder eingesandt hat bzw. von Kummer oder Kronecker verlesen ließ. Wenn Weierstraß seinen Text nur einsandte, verlesen ließ oder nur einen Auszug gab, wird dies entsprechend vermerkt. Erfolgte kein Abdruck (A) in den Monatsberichten (MB) oder Sitzungsberichten (SB), so wird dies in der folgenden Aufstellung durch kA angezeigt:

GS 26.2.1857 (MB 1857, 148 mit A); KS 6.7.1857 (MB 1857, 347, kA); GS 9.7.1857 (MB 1857, 348 mit A); GS 4.3.1858 (MB 1858, 207 mit A); KS 23.6.1859 (MB 1859, 426, kA); KS 12.12.1859 (MB 1859, 758, kA); GS 26.7.1860 (MB 1860, 466, kA); GS 31.10.1861 (MB 1861, 980 mit A); KS 17.2.1862 eingesandter Aufsatz (MB 1862, 127 mit A); GS 26.2.1863 vorgelegt durch Kummer (MB 1863, 86, kA); GS 16.7.1863 (MB 1863, 337 mit A); KS 20.6.1864 (MB 1864, 381, kA); GS 24.11.1864 (MB 1864, 659, kA); GS 20.7.1865 (MB 1865, 362, kA); GS 21.12.1865 (MB 1865, 683, kA); GS 22.2.1866 (MB 1866, 97 mit A); KS 25.6.1866 (MB 1866, 387, kA); KS 15.10.1866 (MB 1866, 612 mit A); GS 20.12.1866 gab einen Auszug (MB 1866, 855 mit A); KS 18.3.1867 (MB 1867, 120, kA); GS 1.8.1867 (MB 1867, 511 mit A); KS 18.5.1868 (MB 1868, 310 mit A); GS 9.7.1868 (MB 1868, 428, kA); GS 2.12.1869 (MB 1869, 853 mit A); GS 17.2.1870 macht Mitteilung (MB 1870, 139, kA); GS 14.7.1870 (MB 1870, 575, kA); GS 16.11.1871 (MB 1871, 582, kA); GS 18.7.1872 (MB 1872, 560, kA); KS 16.12.1872 gab Beweis (MB 1872, 846, kA); GS 16.1.1873 (MB 1873, 63, kA); GS 30.7.1874 (MB 1874, 511, kA); KS 14.12.1874 (MB 1874, 766, kA); GS 28.10.1875 (MB 1875, 588, kA); KS 16.10.1876 (MB 1876, 537, kA); GS 9.11.1876 trug Beweis vor (MB 1876, 680 mit A); KS 17.12.1877 (MB 1877, 820, kA); GS 21.3.1878 (MB 1878, 222, kA); KS 3.2.1879 (MB 1879, 115, kA); GS 29.5.1879 (MB 1879, 430 mit A); GS 27.11.1879 gab Beweis (MB 1879, 944, kA); GS 5.8.1880 Kronecker las eingesandte Abhandlung (MB 1880, 707 mit A); GS 12.8.1880 Kronecker las eingesandte Abhandlung (MB 1880, 719 mit A); KS 13.12.1880 (MB 1880, 995, kA); KS 21.2.1881 (MB 1881, 228 mit A); KS 27.4.1882 las 2 Abhandlungen (SB 1882, 443 mit A); KS 22.6.1882 legt F. Lindemanns Abhandlung über die Ludolph'sche Zahl vor (SB 1882, 679); KS 26.10.1882 (SB 1882, 891, kA); GS 15.2.1883 (SB 1883, 191 mit A); KS 22.2.1883 (SB 1883, 213 mit A); GS 26.7.1883 überreicht 1. Band der Acta Mathematica (SB 1883, 933 f.); KS 13.12.1883 Kronecker las eingesandte Abhandlung (SB 1883, 1221 mit A); GS 9.7.1885 (SB 1885, 631 mit A); KS 30.7.1885 (SB 1885, 759 mit A); GS 22.10.1885 (SB 1885, 919 mit A); KS 28.4.1887 (SB 1887, 335, kA); GS 21.2.1889 (SB 1889, 121 mit A).

Danksagung. Ich danke Vera Enke, Leiterin des Archivs der BBAW, und Britta Hermann, Bibliothek der BBAW, herzlich für die Beschaffung der benötigten Archivalien und Bücher. Der Abdruck der Dokumente und Briefe erfolgt mit freundlicher Genehmigung der Leiterin des Archivs der BBAW.

Archivalien

ABBAW = Archiv der Berlin-Brandenburgischen Akademie der Wissenschaften (ehemals Preußischen Akademie der Wissenschaften).

Literaturverzeichnis

Biermann, K.-R. (1960). Vorschläge zur Wahl von Mathematikern in die Berliner Akademie. Ein Beitrag zur Gelehrten- und Mathematikgeschichte des 19. Jahrhunderts. Abhandlungen der Deutschen Akademie der Wissenschaften zu Berlin, Klasse für Mathematik, Physik und Technik, Nr. 3.

Biermann, K.-R. (1966). Karl Weierstraß, Ausgewählte Aspekte seiner Biographie. Journal für reine und angewandte Mathematik 223, 191–220.

Biermann, K.-R. (1976). Weierstrass, Karl Theodor Wilhelm. Dictionary of Scientific Biography 14, 219–224.

Biermann, K.-R. (1988). Die Mathematik und ihre Dozenten an der Berliner Universität 1810–1933, Stationen auf dem Wege eines mathematischen Zentrums von Weltgeltung. Berlin: Akademie-Verlag.

Bölling, R. (Hrsg.) (1993). Briefwechsel Karl Weierstraß – Sofja Kowalewskaja. Berlin: Akademie-Verlag.

Encke, F. (1857). Rede zur Aufnahme von Weierstraß in die Berliner Akademie der Wissenschaften. Monatsberichte der Königlichen Akademie der Wissenschaften zu Berlin 9. Juli 1857, 351–353.

Harnack, A. (1900). Geschichte der Königlich Preussischen Akademie der Wissenschaften zu Berlin. 3 Bde. in 4. Berlin: Reichsdruckerei.

Hartkopf, W. (1983). Die Akademie der Wissenschaften der DDR. Ein Beitrag zu ihrer Geschichte, Biographischer Index. Berlin: Akademie-Verlag.

Jacobi, C. G. J. (1881–1891). Gesammelte Werke, hrsg. auf Veranlassung der Königlich Preussischen Akademie der Wissenschaften von Carl Wilhelm Borchardt, Karl Weierstraß, Eduard Lottner. 7 Bände und 1 Supplementband (2. Aufl.). Berlin: Reimer.

Knobloch, E. (1998). Mathematik an der Technischen Hochschule und der Technischen Universität Berlin 1770–1988. Berlin: Verlag für Wissenschafts- und Regionalgeschichte Dr. Michael Engel.

Kotschina, P. Y. (1985). Karl Weierstrass 1815–1897 (russ.). Moskau: Nauka.

Lampe, E. (1899). Karl Weierstraß. Jahresbericht der DMV 6, 27–44.

Ocagne, M. d' (1897). Karl Weierstrass. Louvain. (Aus: Revue des questions scientifiques Oct. 1897).

Poincaré, H. (1899). L'œuvre mathématique de Weierstrass. Acta mathematica 22, 1–18.

Schubring, G. (2012). Lettres de mathématiciens français à Weierstraß – documents de sa réception en France. In: Féry, S. (Hrsg.). Aventures de l'Analyse de Fermat à Borel, Mélanges en l'honneur de Christian Gilain, 567–594. Nancy: Presses universitaires de Nancy.

Steiner, J. (1881–1882). Gesammelte Werke, hrsg. auf Veranlassung der Königlich Preussischen Akademie der Wissenschaften von Karl Weierstraß. 2 Bände. Berlin: Reimer.

Weierstraß, K. (1894–1927). Mathematische Werke, hrsg. unter Mitwirkung einer von der Königlich Preussischen Akademie der Wissenschaften eingesetzten Commission. 7 Bände. Berlin: Mayer und Müller.

Karl Weierstraß and the theory of Abelian and elliptic functions

4

Peter Ullrich

Mathematisches Institut, Universität Koblenz-Landau, Koblenz, Deutschland

Abstract

The starting point for Weierstraß's mathematical research and his career was the theory of elliptic and, more general, Abelian functions: His final decision to devote his life to mathematics resulted from his success in finding an alternative proof of one of Abel's results on elliptic functions. And Weierstraß received his recognition in academic community because of his complete solution of the prestigious Jacobi inversion problem for hyperelliptic Abelian functions in his 1854 paper.

Weierstraß's contributions to the fundaments of analysis, in particular to the theory of analytic functions of one and several complex variables, mainly originated in the foundational problems that he saw himself confronted with when attacking problems concerning the type of functions mentioned above. This was in particular the case after Riemann had given his view of the theory of general Abelian functions in 1857 which represented an other way of approach to the problem than Weierstraß's but had some deficits in the details of the argumentation.

4.1 Introduction

Nowadays, the importance of Karl Weierstraß for mathematics is mainly associated with his criticism of misconceptions in infinitesimal analysis at his time and with his contributions to the fundaments of this mathematical discipline, in particular to the theory of functions of real and complex variables, cf. (Archibald 2015, Bölling 2015, Bottazzini 2015, Siegmund-Schultze 2015) in this volume.

But the fact that Weierstraß was called to professorships at Berlin in 1856 and also elected member of the "Königlich Preussische Akademie der Wissenschaften" (in the sequel in short: Berlin academy) was not due to these results, cf. (Elstrodt 2015, esp. Sect. 1.7, 1.8) in this volume. The reason for his academic recognition were his contributions on a topic that was at the utmost research front of 19th century mathematics, namely the theory of elliptic and, more generally, Abelian functions which he had published in his 1854 paper (Weierstraß 1854) in the "Journal für die reine und angewandte Mathematik" and also its follow-up (Weierstraß 1856).

Weierstraß himself confirmed this view in his inaugural speech "Akademische Antrittsrede" (Weierstraß 1857) to the Berlin academy on July 9, 1857 (for Weierstraß as a member of the Berlin academy cf. (Knobloch 2015) in this volume). Here one reads with regard to Weierstraß's research interests (Weierstraß 1857, 223–224):

> "Ein verhältnissmässig noch junger Zweig der mathematischen Analysis, die Theorie der elliptischen Functionen, hatte von der Zeit an, wo ich […] die erste Bekanntschaft mit derselben machte, eine mächtige Anziehungskraft auf mich geübt, die auf den ganzen Gang meiner mathematischen Ausbildung von bestimmendem Einflusse gewesen ist. Die[se] […] Disciplin hatte damals seit etwa einem Decennium eine gänzliche Umgestaltung erfahren durch die Einführung der von A b e l und J a c o b i entdeckten d o p p e l t - p e r i o d i s c h e n F u n c t i o n e n, in denen die Analysis eine neue, durch höchst merkwürdige Eigenschaften ausgezeichnete Gattung von Grössen gewonnen […]. Nun hatte aber Abel […] ein Theorem hingestellt, welches alle aus der Integration algebraischer Differentiale entspringenden Trancendenten umfassend, für diese dieselbe Bedeutung hatte wie das Euler'sche für die elliptischen. […] es war […] Jacobi gelungen, eine nicht minder wichtige daran zu knüpfen, indem er die Existenz periodischer Functionen m e h r e - r e r A r g u m e n t e nachwies, deren Fundamental-Eigenschaften in dem Abel'schen Theorem begründet sind, wodurch zugleich der wahre Sinn und das eigentliche Wesen desselben aufgeschlossen wurden. Diese Grössen einer ganz neuen Art, für welche die Analysis noch kein Beispiel hatte, wirklich darzustellen und ihre Eigenschaften näher zu ergründen, ward von nun an eine der Hauptaufgaben der Mathematik, an der auch ich mich zu versuchen entschlossen war, sobald ich den Sinn und die Bedeutung derselben klar erkannt hatte. Freilich wäre es thöricht gewesen, wenn ich an die Lösung eines solchen Problems auch nur hätte denken wollen, ohne mich durch ein gründliches Studium der vorhandenen Hülfsmittel und durch Beschäftigung mit minder schweren Aufgaben dazu vorbereitet zu haben."

The last sentence in this quotation clarifies the role of Weierstraß's contributions to the fundaments of mathematics: There were only auxiliary means to his real research interests, steps on the way so to say.

In his obituary to Weierstraß, Emil Lampe (1840–1918), who had taken his doctoral degree in 1864 with Weierstraß as one of the examiners and was a professor at the "Technische Hochschule" (Berlin-)Charlottenburg, confirmed this view very clearly (Lampe 1897, 34):

"In dem Centrum aller Arbeiten von W e i e r s t r a ß stehen die A b e l'schen Functionen; man könnte sogar sagen, daß alle allgemeinen functionentheoretischen Untersuchungen von ihm nur zu dem Zwecke unternommen sind, um das Problem in Vollständigkeit und Klarheit zu lösen, das durch die Forderung der Darstellung der A b e l'schen Functionen jener Zeit gestellt war."

4.2   The state of the theory of Abelian and elliptic functions around 1835

In order to describe the aim that the way had which Weierstraß took one has to look at the situation in which the theory of Abelian and elliptic functions presented itself to his eye when he turned to it in the second half of the 1830s.[1]

4.2.1   Elliptic integrals

One of the central problems of infinitesimal calculus from its very beginning is the determination of integrals.

The integration of rational functions along real intervals could be solved very early if one was willing to take the fundamental theorem of algebra for granted at least for the denominator of the rational function under consideration, which is also supposed to have no multiple roots: Then the rational function can be written as the sum of a polynomial and of some other rational functions with degree of the denominator less or equal to 2.

The integrals of these summands can easily be determined by taking antiderivatives: The polynomial leads to another polynomial. A rational function with degree of denominator equal to 1 leads to the natural logarithm (after a linear transformation of the variable). And a rational function with degree of denominator equal to 2 leads to the arctangent or another rational function (dito).

In particular, the integral of a rational function can be expressed in an explicit way by use of rational functions and the inverse of the exponential and of trigonometric functions.

The situation remained the same in principle when one started turning to square roots: If $P(x)$ is a polymial without multiple roots then (up to constants)

$$\int \frac{1}{\sqrt{P(t)}}\, dt$$

is given by $\sqrt{P(x)}$ if the degree of $P(x)$ equals 1 and by the arcsine if the degree equals 2. In particular, again the integrals can be expressed explicitly by means of well-known functions.

---

1   The following exposition of the theory of Abelian and elliptic functions is taylored to this purpose. For a more complete view see (Houzel 1978), for example.

But already the next, obvious generalization led to a deep problem: If the degree of $P(x)$ equals 3 then there is no way to give such a kind of expression for the above integral despite to the efforts of many mathematicians of the 18th century. It turned out by elementary substitutions that the problem for degree 3 behaved similarly as the problem if the degree of $P(x)$ equals 4. Since among the examples convered by the last case is the arc length of the ellipse, one coined the name "elliptic integrals" for the two degrees 3 and 4 together – even if one another prominent example from this category, to which Leonhard Euler (1707–1783) contributed substantially, is the arc length of the lemniscate $(x^2 + y^2)^2 = 2xy$, namely

$$l(x) = \int_{x_0}^{x} \frac{1}{\sqrt{1 - t^4}} \, dt.$$

In these examples of ellipse and lemniscate, respectively, one can integrate directly to the point of the curve under consideration. But one can also move several times and in both orientations through the complete curve before stopping at that point. This has the consequence that the integral is multiply valued with the different values differing by entire multiples of a fixed real number, which was named the "period" of the integral and in the case under discussion is nothing else than the length of the complete curve, cf. the discussion of polydromic functions in (Catanese 2015, Sect. 6.1) in this volume. An analytic proof of this fact can be given by means of the addition theorems that, for example, Euler had found for the lemniscatic integral:

$$l(x) + l(y) = l\left(\frac{x\sqrt{1 - y^4} + y\sqrt{1 - x^4}}{1 + x^2 y^2} \right).$$

Since such addition theorems do not only hold for the arc length of the lemniscate and that of the ellipse but for all elliptic integrals this multi-valuedness turned out to be a general phenomenon for all elliptic integrals.

Even the more, when Carl Friedrich Gauß (1777–1855) and Niels Henrik Abel (1802–1829) carefully started admitting complex arguments it turned out that in the elliptic case there is another period of the integral

$$\int \frac{1}{\sqrt{P(t)}} \, dt$$

which is purely imaginary if $P(x)$ has only real coefficients and linearly independent of the first period over the reals in the general case.

Since a theory of integration in the complex domain was lacking at that time (and for many decades later) Gauss and Abel came to this discovery on another way: Already Euler in his research on the lemniscatic integral

$$\int \frac{1}{\sqrt{1 - t^4}} \, dt$$

had seen and used the analogy to the integral

$$\int \frac{1}{\sqrt{1 - t^2}} \, dt$$

which gives the arcsine, i. e. the inverse function of the elementary function sine. But it were only Gauss and Abel who consequently exploited the idea to study the inverse function of the elliptic integral

$$x \mapsto \int_{x_0}^x \frac{1}{\sqrt{P(t)}}\, dt.$$

Following Carl Gustav Jacob Jacobi (1804–1851) these functions are called "elliptic".

4.2.2   Elliptic functions

From what has been mentioned above, these functions can admit a complex argument. Furthermore the multi-valuedness of the elliptic integrals bears the consequence that each of these elliptic functions has two periods ω_1 and ω_2 which are linearly independent over the real numbers. In modern language, they are doubly-periodic meromorphic functions on the complex plane.

One should, however, be aware of the fact that the general notion of function as it can be decribed by means of Georg Cantor's (1845–1918) set theory, was not present at that time. Still in 1857 Weierstraß felt obliged to justify the introduction of these functions in his inaugural speech (Weierstraß 1857, 224):

> "[In den] d o p p e l t - p e r i o d i s c h e n F u n c t i o n e n [hatte] die Analysis eine neue, durch höchst merkwürdige Eigenschaften ausgezeichnete Gattung von Grössen gewonnen, welche alsbald auch auf dem Gebiete der Geometrie und Mechanik die vielfältigsten Anwendungen fanden, und auch dadurch den Beweis lieferten, dass sie die gesunde Frucht einer naturgemässen Fort-entwicklung der Wissenschaften seien."

There was, however, one concrete information that one had concerning these functions (and this information had led Gauss and Abel to their discovery of the second period): If one considers the elliptic function f that is the inverse to the elliptic integral

$$x \mapsto \int_{x_0}^x \frac{1}{\sqrt{P(t)}}\, dt$$

then, simply by the rule for the differentiation of the inverse function, f must fulfil the differential equation

$$(f')^2 = P(f).$$

This is still the way in which Weierstraß defined elliptic functions in his lecture course on elliptic functions that is printed in his "Mathematische Werke" (Weierstraß 1894–1927, Vol. 5, esp. 1–3).

In the 1820s this area of elliptic integrals and, later on, elliptic functions was at the heart of mathematical research. This can be illustrated by the way how Abel got to it: In 1820 he had written an attempt to – at that time – give a general solution of the algebraic equation of degree 5. This was sent to Carl Ferdinand Degen (1766–1825) for review who (asked Abel to test his idea on a concrete example and furthermore) advised him to turn (English translation taken from (Stubhaug 2000, 239–240)):

> "to a Theme, whose Edification would have the most important Consequences for the whole Analysis and its Application to dynamic Explorations: I am thinking of *the elliptical transcendents*. With the proper Approach to Investigations of this Type, serious Scrutiny by no means becomes static, nor do the highest and most remarkable Functions, with their many and handsome Properties, become something in and for themselves, but rather, it is going to reveal the Magellan-Voyages to great Regions of one and the same immense analytic Ocean."

Abel followed this advice and successfully started research on this topic. His concurrence with Jacobi may have enlarged their efforts mutually and, in this way, turned out to be very fruitful for the theory of elliptic functions. (It has to be mentioned, however, that several of Abel's and Jacobi's results had been discovered before by Gauß but were not made public before the printing of his "Werke" (Gauß 1863–1933) from 1863 onwards.)

For example, Abel and Jacobi succeeded to show that elliptic functions can be expressed as quotients of power series, e. g., (Abel 1829), in particular theta series (Jacobi 1829).[2]

4.2.3 Abelian integrals and functions

After these substantial contributions to the theory of elliptic functions both Abel and Jacobi turned to generalizations. The most general case were the "Abelian integrals" which Jacobi named after his concurrent: Now one considers general integrals

$$\int Q\left(t, y(t)\right) dt$$

with $Q(x, y)$ a rational function of two variables and $y(x)$ an algebraic function of x, i. e. fulfilling an equation $F\left(x, y(x)\right) = 0$ with $F(x, y)$ a polynomial.

The first step in this new area of research was to look once again at integrals of the type

$$\int \frac{1}{\sqrt{P(t)}} dt$$

with $P(x)$ a polynomial in x but now with degree greater than or equal to 5. For obvious reasons, these integrals were called "hyperelliptic", the special case of degree 5 and 6 was sometimes called "ultraelliptic".

---

2   Theta series do not only constitute a possible fundament on which the theory of elliptic functions can be built as, for example, Jacobi and other mathematicians after him did. Because of the quadratic growth of the exponents these series also converge very quickly in the interior of their domain of convergence. Their behaviour on the boundary of this domain, however, gives rise to several counterexamples, for example of power series that admit no non-trivial analytic continuation, cf. (Archibald 2015, Sect. 8.4) and (Bölling 2015, Sect. 2.14). This may also be the source of Riemann's example of an "everywhere continuous nowhere differentiable function", cf. (Archibald 2015, Sect. 8.3) and (Ullrich 1997).

In particular in the latter case one could hope that the methods used in the elliptic case would lead towards a solution: Consider the inverse function of the integral and admit complex numbers as arguments of the functions under consideration.

Partially, this worked out fine: The "Abelian theorem", which generalizes the addition theorem for elliptic integrals, can already be found in Abel's manuscript which he submitted in 1826 to the Paris academy.

But on the other hand, substantial new difficulties arose: In the elliptic case the integral has two periods which are linearly independent over the real numbers and therefore generate a lattice in the complex numbers, which is, in particular, a discrete set and therefore allows the inverse function to be analytic, i. e. locally have a power series expansion.

Already in the ultraelliptic case (i. e. degree of the polynomial equal to 5 or 6), however, Jacobi found out in 1834 that the integral has at least three independent periods. This has the consequence that the set of all periods has an accumulation point. The inverse function could therefore no longer be analytic (Jacobi 1835, § 8). In this desperate situation ("in hac quasi desparatione") he chose the means not only to consider the integral

$$x \mapsto \int_{x_0}^{x} \frac{1}{\sqrt{P(t)}} \, dt$$

but simultaneously also the integral

$$x \mapsto \int_{x_0}^{x} \frac{t}{\sqrt{P(t)}} \, dt$$

and to look for an inverse for the map that has these two functions as components. This meant, of course, that he had to consider functions of two complex variables.

Furthermore, Jacobi indicated in (Jacobi 1835) that one should use theta series now of two variables in a similar way as in the elliptic case. In that case the inverse function $x = x(u)$ can be expressed as the quotient of two such series or, to put it in a slightly different way, there is a linear equation

$$A \cdot x + B = 0$$

with two conveniently chosen theta series A and B. Now for the ultraelliptic case, Jacobi generalized this to the assumption that the functions one is in search of should fulfil a quadratic equation

$$A \cdot x^2 + B \cdot x + C = 0$$

where A, B and C are univalent functions of two variables. This task to execute this program was denoted in the sequel as the "Jacobi inversion problem".

In fact, Jacobi had generalized this to the general hyperelliptic case already some years before (Jacobi 1832): If the degree of $P(x)$ equals $2\varrho + 1$ or $2\varrho + 2$ one has to consider the ϱ integrals

$$\int_{x_0}^{x} \frac{t^{\nu} \, dt}{\sqrt{P(t)}}$$

for $0 \leqq \nu \leqq \varrho - 1$ and study the inverse of the "Jacobian" mapping

$$x \mapsto \left(\int_{x_0}^{x} \frac{dt}{\sqrt{P(t)}}, \dots, \int_{x_0}^{x} \frac{t^{\varrho-1} \, dt}{\sqrt{P(t)}} \right)$$

which then is a function of ϱ complex variables.

The Jacobi inversion problem described above generalizes in a straightforward way also to this general situation. But even Jacobi himself could not give a proof, even in the ultraelliptic case. For the situation of Abelian integrals more general than the hyperelliptic case it was not even obvious how to define the generalization of the "genus" ϱ.

4.3   Weierstraß's work on the theory before 1849

Weierstraß came into contact with this area of mathematical research in the middle of the 1830s during his time at Bonn while he slowly turned away from studing law and administrative sciences, cf. (Elstrodt 2015, Sect. 1.7) for biographical details.

4.3.1   Weierstraß's first active encounter with the theory of elliptic functions

The winter term 1837/38 brought the final decision for the way that Weierstraß would follow in the future: He struck upon Abel's article (Abel 1829) on the expression of elliptic functions as quotients of power series, to be more precise, a letter from Abel to Adrien-Marie Legendre (1752–1833) which refers to this article (Abel 1830, 76 resp. 274).

The mathematical situation was as follows: Abel had considered elliptic integrals in the so-called "Legendre normal form"

$$\int \frac{1}{\sqrt{(1 - t^2)(1 - c^2 t^2)}} \, dt$$

with c a parameter, called the "modulus", and shown in (Abel 1829) that the inverse function $\lambda(x)$ of this integral can be expressed as the quotient of an odd and an even power series that converge for each argument:

$$\lambda(x) = \frac{x + A_1 x^3 + A_2 x^5 + A_3 x^7 + \dots}{1 + B_2 x^4 + B_3 x^6 + B_4 x^8 + \dots}.$$

The coefficients $A_1, A_2, A_3, \dots$ and $B_2, B_3, B_4, \dots$ depend on the parameter c or even c^2, of course. Weierstrass got struck by Abel's remark in (Abel 1830) that these coefficients are in fact polynomials in c^2. Abel had proved this in (Abel 1829) by investing the knowledge that for each c such a representation of $\lambda(x)$ exists. Weierstrass, on the contrary, tried to deduce the property of the coefficients of the power series directly from the differential equation

$$(\lambda'(x))^2 = (1 - \lambda(x)^2)(1 - c^2\lambda(x)^2)$$

that holds for this elliptic function. With this task he was successful – and chose his way towards mathematics.[3]

In a letter of April 10, 1882 to Sophus Lie (Abel 1902, Lettres relatives a Abel, 108) Weierstraß wrote on Abel's letter to Legendre:

> "Für mich ist dieser Brief, als ich ihn während meiner Studienzeit aus dem Crelle'schen Journal kennen lernte, von der allergrössten Bedeutung gewesen. Die von Abel angegebene Darstellungsform der von ihm mit $\lambda(x)$ bezeichneten Function unmittelbar aus der diese Function definirenden Differentialgleichung herzuleiten, war die erste wichtigere mathematische Aufgabe, die ich mir stellte, und deren glückliche Lösung mich, der ich ursprünglich staatswissenschaftliche Studien trieb, in meinem siebenten Semester bestimmte, mich ganz der Mathematik zu widmen."

4.3.2 Weierstraß's mathematical thesis for his teacher's exam

This had the consequence that Weierstraß left Bonn in 1838 and took up studies at the "Akademische Lehranstalt in Münster" with Christoph Gudermann (1798–1851) in order to take the examination to became a teacher, cf. (Elstrodt 2015, Sect. 1.4) for details.

To this purpose he wrote a mathematical thesis in 1840 with the title "Über die Entwicklung der Modular-Functionen" (Weierstraß 1840). The "Modular-" in the title should not mislead: As mentioned above, the parameter c in the Legrende normal form was usually called the "modulus" and Gudermann had taken this for reason enough to call all elliptic functions "Modular-Functionen".

In fact, this thesis, whose topic Weierstraß had chosen for himself, was a generalisation of the considerations that he had made at Bonn: In Jacobi's notation Abel's function $\lambda(x)$ was called "sinus amplitudinis", in Gudermann's shorthand notation sn u. Correspondingly, there was a "cosinus amplitudinis", cn u, and one further dn $u := \sqrt{1 - c^2 \operatorname{sn}^2 u}$. And to these Weierstraß generalized the results on the expression as quotients of converging power series:

---

3   Abel's original result on the expression of the function $\lambda(x)$ as the quotient of two series generalizes to the statement that, in modern terminology, each function that is meromorphic on the complex plane can be expressed as the quotient of two functions that are holomorphic on the complex plane.
As one can infer from the set of notes taken from his lectures on the theory of analytic functions, Weierstraß worked on this generalization for decades. Only in autumn 1874 he succeeded in giving a proof for the general situation, for which the decisive ingredient is the nowadays so-called "Weierstraß product theorem". See (Bölling 2015, Sect. 2.15) for details of this example how Weierstraß's research interests directly influenced his teaching acitivities.

He defined four functions $Al_1(u)$, $Al_2(u)$, $Al_3(u)$ and $Al(u)$ of the type known from Abel's papers (with the variable u instead of Abel's x) for which

$$\operatorname{sn} u = \frac{Al_1(u)}{Al(u)}, \quad \operatorname{cn} u = \frac{Al_2(u)}{Al(u)}, \quad \text{and} \quad \operatorname{dn} u = \frac{Al_3(u)}{Al(u)}$$

holds. Furthermore, Weierstraß showed that these functions have globally convergent power series expansions and determined a linear partial differential equation (in u and the modulus c) that holds for these functions and by which he could give recursion formulas for the coefficients of this series expansion, cf. (Houzel 1978, Sect. 7.1.12) or (Manning 1975, 352–358) for an exposition of some technical details.

This thesis, however, was only published in Weierstraß's "Mathematische Werke" (Weierstraß 1894–1927) in 1894.

4.3.3   Further mathematical manuscripts on the fundaments of the theory

As mentioned above, Abel's and Jacobi's results made clear that further progress in the area of elliptic and Abelian function could only be achieved by use of functions of one or even several complex variables.

During the next two years Weierstraß finished three further manuscripts which prove his systematic interest in the necessary fundaments. They also were published only in 1894 but found use already earlier in his lecture courses, cf. also (Bottazzini 2015) and (Manning 1975, 358–373):

In (Weierstraß 1841a) Weierstraß encountered with complex integrals and proved the Laurent expansion – two years before Pierre Alphonse Laurent (1813–1854). In (Weierstraß 1841b) he proved the Cauchy estimates for Laurent series in several complex variables, now without the use of integrals, and, on the basis of this, his double series theorem.

And last, but not least, in his "Definition analytischer Functionen einer Veränderlichen vermittelst algebraischer Differentialgleichungen" (Weierstraß 1842) Weierstraß did not only develop the principle of analytic continuation by means of chained circles, but also showed (seemingly independently of Augustin Louis Cauchy (1789–1857)) that the solutions of the system

$$
\begin{aligned}
x'_1 &= G_1(x_1, \ldots, x_n) \\
&\vdots \qquad \vdots \\
x'_n &= G_n(x_1, \ldots, x_n)
\end{aligned}
$$

of differential equations with G_1, ..., G_n polynomials in x_1, ..., x_n can be expressed by convergent power series.

4.4   The results of Göpel and Rosenhain for the ultraelliptic case

During Weierstraß's time as teacher in Deutsch-Krone and Braunsberg, cf. (Elstrodt 2015, Sect. 1.6, 1.7) for details, to be precise, in the years 1846 and 1847, Adolph Göpel (1812–1847) (Göpel 1847) and Georg Rosenhain (1816–1887) (Rosenhain 1851), independently from each other, gave a complete solution of the "Jacobi inversion problem" in the ultraelliptic case which Jacobi had set out in (Jacobi 1835).

To this purpose both Göpel and Rosenhain determined – with only slight differences in their notations – all theta series of two variables. Already this task was considerably more complicated than in the elliptic case where Jacobi only had to deal with 4 theta series of one variable. In the case of two variables there already were 16 theta series. Furthermore, in order to express the inverse mapping of the Jacobian they had to find explicit relations between these functions.

This desciption of the achievements of Göpel and Rosenhain may sound as if these were more or less technicalities. And, in fact, the orginal papers (Göpel 1847) and (Rosenhain 1851) are crowded with long formulas, even the modern report (Houzel 1978, Sect. 7.2.2) is dominated by explicit equations. But at that time this was exciting news for the mathematical community: Göpel, who like Weierstraß had found his results without having mathematical contact to colleagues and died only few weeks after finishing his text, received an appraisal in the "Journal für die reine und angewandte Mathematik" by his academic teacher Jacobi (Jacobi 1847a). And Rosenhain was awarded the prize of the Paris academy in mathematics (but suffered from political problems afterwards because of his participation in the 1848 revolution). One can still feel the excitement even of Jacobi himself because of these new developments when one reads his text "Zur Geschichte der elliptischen und Abelschen Transcendenten" (Jacobi 1847b), even if neither Göpel nor Rosenhain exactly followed Jacobi's idea to set up a quadratic equation

$$A \cdot x^2 + B \cdot x + C = 0$$

for the components of the inverse mapping.

The bad news, however, was that it was by no means clear how to generalize Jacobi's prescriptions how to proceed and Göpel's and Rosenhain's methods to fill out the prescptions if one wanted to generalize the results from the ultraelliptic case (i. e. degree of the polynomial P equal to 5 or 6) to the general hyperelliptic case (degree of P arbitrary). Jacobi, for example, points to the fact in (Jacobi 1847a, 151) and (Jacobi 1847b, 521) that for higher degrees of P and therefore more complex variables there are too many parameters for the theta functions as compared to the parameters of the hyperelliptic integral.

4.5   Weierstraß's articles of 1849 and of 1854

During his time at Braunsberg, Weierstraß had access to the "Journal für die reine und angewandte Mathematik" (Elstrodt 2015, Sect. 1.7) and therefore was informed on what had happened. In particular, he knew that the general hyperelliptic case still was open.

On July 17, 1849 he finished a "Beitrag zur Theorie der Abel'schen Integrale" (Weierstraß 1849) in which he gave his results how to solve the Jacobi inversion problem for the general hyperelliptic case. His methods differ from those of Göpel and Rosenhain as he mentions in the introduction of the text. In fact, they are more close to Jacobi's original idea: By means on Abel's theorem on Abelian integrals he showed that the functions that he was in search of were the roots of a polynomial equation of degree ϱ (again with the degree of the polynomial P of the form $2\varrho + 1$ or $2\varrho + 2$) whose coefficients could be expressed explicitly and turned out to be analogues of Jacobi's theta functions.

This manuscript was published at that time but only in the propect of the gymnasium at Braunsberg. These school prospects constitute a very valuable documentation of the school system in Prussia at that time, even its scientific aspects. But it was not usual for university scientists to read these prospects in order to look for solutions for central problems of their discipline. Therefore, this paper of Weierstraß was completely ignored by the mathematical public.

Only in 1853, Weierstraß found enough time and perhaps also self-confidence (Elstrodt 2015, Sect. 1.7) in order to start a new attempt to get his results known by a larger audience: On family vacation in Westphalia he finished a manuscript on September 11, 1853, and submitted it to the "Journal für die reine und angewandte Mathematik" for publication.

The results presented in this text (Weierstraß 1854) are more or less the same as in (Weierstraß 1849) but Weierstraß had reworked the presentation, also because, as one learns from the introduction of (Weierstraß 1854), he saw this text only as the first of a series that would lead to a solution of the Jacobi inversion problem for all Abelian integrals.

The text was not only accepted for publication but Weierstraß also received very positive reactions from the academic system which culminated in his call to positions at Berlin (Elstrodt 2015, Sect. 1.7, 1.8).

4.6   Weierstraß's article of 1856

This brings the story back to his "Akademische Antrittsrede" (Weierstraß 1857) that was quoted in the beginning:

As one has seen from the topics of the papers that he wrote in the years 1841/42 his statement that he had to make preparatory works for his important research papers was by no means an announcement for the future but reality at that time. This became obivous from his 1856 paper (Weierstraß 1856) whose title differed only by cancelling the word "Zur" from the title "Zur Theorie der Abelschen Functionen" of (Weierstraß 1854). (Here Weierstraß uses "Abelian" and "hyperelliptic" as synonyms (Weierstraß 1856, 313 resp. 327).) The number of printed pages, however, shows a greater difference: In the "Journal für die reine und angewandte Mathematik" the article (Weierstraß 1854) was 18 pages long, and (Weierstraß 1856) not less than 96 pages.

The additional number of pages mainly went to the treatment of foundational problems: Already in the first chapter there were numerous paragraphs devoted to the general theory of functions of several complex variables. And in the version of the "Mathematische Werke" the second chapter beared the headline "Einige allgemeine Betrachtungen über die Darstellung analytischer Functionen durch Reihen" (Weierstraß 1856, 346). The "Digression über die elliptischen Transcendenten" (Weierstraß 1856, 331) was omitted here, it made that chapter more than half of the original printed version of (Weierstraß 1856).

4.7   Riemann's article of 1857

Weierstraß was not the only mathematician who tried to solve the Jacobi inversion problem for general Abelian functions.

In his obituary to Bernhard Riemann (1826–1866), Ernst Schering (1833–1897) declares that Riemann had posed himself the research on the Abelian functions as his main scientific enterprise (Schering 1909, 379 resp. 840). And when Weierstraß suggested Riemann as a member for the Berlin academy he stressed the latter's success in treating the theta series and the Jacobi inversion problem for general Abelian functions (Biermann 1960, 27–29).

But Riemann's paper (Riemann 1857), whose title was identical to the one of (Weierstraß 1856), must have been a heavy stroke for Weierstraß. In the introduction of Weierstraß's lectures on Abelian integrals and functions, where he gave his solution of the Jacobi inversion problem but which was printed only in 1902, one reads about the events in the summer of 1857 as follows (Weierstraß 1894–1927, Vol. 4, 9–10):

> "Eine directe Lösung dieses Problems habe ich bereits im Sommer 1857 in einer ausführlichen Abhandlung der Berliner Akademie vorgelegt. Das schon der Druckerei übergebene Manuscript wurde aber von mir wieder zurückgezogen, weil wenige Wochen später R i e m a n n eine Arbeit über dasselbe Problem veröffentlichte, welche auf ganz anderen Grundlagen als die meinige beruhte und nicht ohne Weiteres erkennen liess, dass sie in ihren Resultaten mit der meinigen vollständig übereinstimme. Der Nachweis hierfür erforderte einige Untersuchungen hauptsächlich algebraischer Natur, deren Durchführung mir nicht ganz leicht wurde und viel Zeit in Anspruch nahm. Nachdem aber diese Schwierigkeit beseitigt war, schien mir eine durchgreifende Umarbeitung meiner Abhandlung erforderlich. Andere Arbeiten, sowie Gründe, deren Besprechung gegenwärtig nicht mehr von Interesse ist, bewirkten dann, dass ich erst gegen Ende des Jahres 1869 der Lösung des allgemeinen Umkehrungsproblems diejenige Form geben konnte, in der ich sie von da an in meinen Vorlesungen vorgetragen habe."

On the one hand, Riemann knew well the problems concerning theta series, the second part of (Riemann 1857) is devoted to the construction of the "right" theta functions. But, on the other hand, with his concept of what is nowadays called "Riemann surface" he had a means at hand that facilitated complex integration and also the problems of multi-valued integrals to a considerable amount. It took over a decade until Weierstraß had developed his theory of analytic configurations ("analytische Gebilde") and, in particular, algebraic configurations to such an extent that they could serve as a substitute for the Riemannian concept, cf., e. g., (Ullrich 2003).

But there were some points in Riemann's argumentation that gave reason for questioning. One of these was the treatment of singularities of algebraic curves: Riemann only considered the case of ordinary double points and claimed that all other cases could easily be treated as limits of these (Riemann 1857, 126–127 resp. 144–145). In order to solve this problem Weierstraß asked Leopold Kronecker (1823–1891) for help and the latter could in fact give an algebraic proof (Kronecker 1881, § 3) for the results on the discriminant that Riemann had deduced in (Riemann 1857, Part 1, 6.) only under the additional assumption of ordinary double points, cf. also (Ullrich 1999, Sect. 2).

The standard criticism on Riemann's methods was, of course, his use of the Dirichlet principle, cf. (Archibald 2015, Sect. 8.2, 8.6). Even if Riemann had used this just as a convenient means that was easily at hand as Felix Klein quotes Weierstraß in (Klein 1923, 492, footnote 8) and (Klein 1926, 264), rumors were going round concerning counterexamples even during Riemann's lifetime.

Weierstraß is sometimes criticized, even sharply, for taking revenge on Riemann by reading such a counterexample on July 14, 1870 to the Berlin academy. But this paper (Weierstraß 1870) was not published at that time, e. g., in the "Monatsberichte" of the Academy but only in 1895 in the second volume of his "Mathematische Werke" (Weierstraß 1894–1927). So Friedrich Prym (1841–1915) was the first to publish such a counterexample, namely in 1871 (Prym 1871, 361–364), and Prym had studied two semesters at Göttingen with Riemann! (For details concerning Prym's investigations on the Dirichlet principle cf. (von Renteln 1996) and for a more detailed exposition of the first doubts in and criticisms of the Dirichlet principle (Elstrodt and Ullrich 1999, 285–286). And, for a more general exposition on the relation between Riemann and Weierstraß, see (Bölling 2015, Sect. 2.19).)

4.8 Weierstraß's lectures

4.8.1 Abelian functions

As mentioned above, from 1869 onwards Weierstraß made public his solution of the Jacobi inversion problem for general Abelian integrals in his lecture course on Abelian "transcendentals". One learns from (Weierstraß 1894–1927, Vol. 4, V) that this term was chosen in order to include both Abelian integrals and Abelian functions: Even if the greater part of the lecture course was devoted to the study of algebraic functions and Abelian integrals it was always announced under the title "Theorie der Abelschen Functionen".

One set of lecture notes is published as volume 4 of Weierstraß's "Mathematische Werke" (Weierstraß 1894–1927). This is, so to speak, the official version, which was approved both by Weierstraß himself and by the editors of that volume of (Weierstraß 1894–1927), Georg Hettner (1854–1914) und Johannes Knoblauch (1855–1915). But there are also several sets of hand-written notes that give further interesting information.

The exposition on what happened in summer 1857 concerning Weierstraß's with-
drawal of a manuscript after the publication of Riemann's article (Riemann 1857) quoted
above can be augmented by the notes that Gösta Mittag-Leffler (1846–1927) took in the
very lecture course during the winter term 1875/76 on which the printed version is based
(Weierstraß 1894–1927, Vol. 4, V) but which seem to reproduce Weierstraß's words more
or less verbally. The text, however, is not easy to decipher, in particular, since Mittag-
Leffler had started learning German only at that time. One reads in the notes that are
stored in the library of the Mittag-Leffler Institute (Weierstraß 1875–1876, booklet 3, 3–8):

"Ich in Anfang der 40$\underline{^{ger}}$ Jahre löste auf die angedeutete Weg dass allgemeine
Problem für die hyperelliptische Functionen, indem ich zeigte dass sie sich
als Quot[ient] zweier Reihen darstellen lassen und dass der Zähler in Nenner
übergehen durch Vergr[?] um gewisse Constanten und durch Multiplikation
mit eine gewisse Exponential-Fact[or].

Jetzt hat doch Abel ein viel allgemeinere Theorem gegeben. Er unterstellt eine
Funkt[ion] $\psi(x)$ welche <u>algebraisch</u> ist.

$$\sum_{\alpha=1}^{\varrho} f\left(x_\alpha[,]\psi(x_\alpha)\right) dx_\alpha = \sum_{\alpha=1}^{\varrho} f\left(x'_\alpha[,]\psi(x'_\alpha)\right) dx'_\alpha$$

Jetzt wird festgesetzt dass für x_α … die x'_α beliebige Werthe annehmen.

Jetzt giebts es auch hier ein bestimmtes ϱ und ein bestimmtes Anzahl rat[io-
naler] Funktionen. Jetzt nehmen wir denselben Ansats.

Riemann und ich haben gleichzeitig die Lösung gefunden.

Juni 57 habe ich in Akademie meine Lösung vorgelegt. R[iemann] publicirte
gleich nachher seine Untersuchungen. Ich habe nicht publicirt weil das Problem nicht allgemein genug; alles nicht richtig gefasst. Es zeigte sich:

Ich hatte allerdings erwartet auf die allgemeine Θ-Reihen zu kommen. Ich
konnte bei meine damals gegebene Methode nicht übersehen, welche An-
zahl wesendlicher Konstanten in die $\psi\underline{^s}$ vorkommen. Riemann hatte dagegen
gefunden[:] Es kommen nur $3\varrho+3$ [gemeint wohl: $3\varrho-3$] wesendliche Konstanten vor. Dies Anzahl stimmt mit der Anzahl wesendlicher Constanten in
die Θ-Reihen bis $\varrho = 4$ [überein], aber nicht weiter. Die Θ werden dann
allgemeiner.

Wenn man zu die allgemeine Θ kommen wollte, musste man analyt[isches]
Problem suchen welche zu die allgemeine Θ führt. Wenn man sich erlegt alle die <u>eindeutigen</u> Functionen zu finden welche ein Add[itions-]Th[eorem]
haben so kommt man auf die Lösung. Dies ist jedoch nicht möglich vorzu-
tragen.

Ich will die algebraischen Funkt[ionen] zuerst untersuchen, so[dann] Integralen von algebr[aischen] Funct[ionen] untersuchen, so durchführen auf die

hyperell[iptischen], so auf die Θ kommen, so diese als neue Transcendenten untersuchen und [?] dann die Untersuchungen für die allgemeine Theorie geben.

Jetzt werden wir scheinbar für mehrere Wochen unser Ziel [v]erlassen. Aber nichts ist möglich ohne die algebraischen Funkt[ionen] zu kennen und ohne die Integrale von algebraischen Differentialen zu untersuchen.

Die Schwierigkeiten waren früher dass man die Integrale untersuchte ohne ihr letzte Elemente[?] oder die algebraischen Funktionen zu kennen."

One learns from this quote that Jacobi's warning of 1847 in connection with Göpel's result was still relevant also in 1857: If the genus ϱ of the Abelian integrals is large enough then the number of the parameters on which the theta functions depend is larger than the number of the parameters on which the Abelian integrals depend. Furthermore, one gets the impression that at that time Weierstraß did not know the number of the parameters of the Abelian integrals in the general case.

It was already mentioned that in (Weierstraß 1894–1927, Vol. 4) Weierstraß undertook a careful study of algebraic functions as a first step towards the solution of these problems: He showed how to express the zero set of an algebraic equation $f(x, y) = 0$ for two variables x and y by means of power series expansions (Weierstraß 1894–1927, Vol. 4, Chap. 1) even if the zero set has singularities of any kind. Whereas Riemann had given a topological description of the genus ϱ, Weierstraß, who called this quantity "Rang", defined it by algebraic means and indicated how to calculate it by analytic means (Weierstraß 1894–1927, Vol. 4, Chap. 2, 5, and 6). Furthermore he defined fundamental functions $H(x, y; x', y')$ with prescribed poles.

When turning towards the Abelian integrals Weierstraß gave a very careful discussion how to define integration on algebraic configurations $f(x, y) = 0$ by means of the local power series expansions. The fundamental functions defined above then gave him the Abelian integrals of the three different kinds (Weierstraß 1894–1927, Vol. 4, Chap. 12). In the sequel he studied the periods of integrals and, by use of the fundamental functions $H(x, y; x', y')$, defined functions $E(x, y; x_1, y_1; x_0, y_0)$ into which each rational function can be factored. (Here he clearly stated the analogy of this situation for a function field to the ideal prime factors for number fields (Weierstraß 1894–1927, Vol. 4, Chap. 19).) Abel's theorem on the additon of integrals was a straightforward consequence of this.

In the last part of (Weierstraß 1894–1927, Vol. 4) Weierstraß turned towards the Abelian functions proper, the line of reasoning being now more or less the same as in the hyperelliptic case: Abel's theorem allowed Weierstraß to set up an algebraic equation for the functions under consideration whose coefficients were convergent power series. Taking care of the set of indeterminancy and defining adequate theta series finally led to Weierstraß's solution of the inversion problem for general Abelian integrals in more or less the same spirit in which Jacobi had posed it.

4.8.2 Elliptic functions

From Leo Koenigsberger (1837–1921) one learns that in his first lecture course on elliptic functions in 1857 Weierstraß more or less hided his approach by power series (Koenigsberger 1917, 421). But his re-working of his approach towards hyperelliptic and general Abelian functions obviously caused Weierstraß to give a new foundation of the theory of elliptic functions, too. The first lecture course on this new way was given in the winter term 1862/63 and one can easily get a relatively authentic picture of what took place then because the edition of the lecture course in Weierstraß's "Mathematische Werke" is for a large part based on sets of notes from the year 1863.

In the introduction Weierstraß presented three different ways to define elliptic functions: firstly, the existence of an algebraic addition theorem that links the values of the function at the places u, v, and $u + v$, secondly, that an algebraic differential equation of first order holds for the function, and thirdly, that the function has two periods that are linearly independent over the real numbers.

Weierstraß decided to take the second characterization but only after showing that by fractional linear transformations one can restrict to a differential equation of the form

$$\left(\frac{ds}{du}\right)^2 = 4s^3 - g_2 s - g_3.$$

He defines the well-known Weierstraß $\wp$-function as the unique solution of this equation that has a pole at $u = 0$. From this, using a method that he had explained for general algebraic differential equations before, he deduces the algebraic addition theorem for $\wp$ and the Laurent expansion of $\wp$ around 0.

Using similar methods as in the hyperelliptic case Weierstraß then defined a function σ by

$$\frac{d^2}{du^2} \log \sigma(u) = -\wp(u)$$

and $\sigma'(0) = 1$. This function σ turned out to be given by a power series converging throughout the whole complex domain and it could be used in order to express $\wp$ as the quotient of two such series:

$$\wp(u) = \frac{\sigma'^2(u) - \sigma(u)\sigma''(u)}{\sigma^2(u)}.$$

Furthermore, after having determined the zeroes of σ Weierstraß factored this function as an infinite product of primary factors in the sense of his product theorem

$$\sigma(u) = u \cdot \prod_{\nu \neq 0} \left(1 - \frac{u}{\nu}\right) \exp\left(\frac{u}{\nu} + \frac{u^2}{2\nu^2}\right).$$

Only from this he deduced the fractional series decomposition

$$\wp(u) = \frac{1}{u^2} + \sum_{(\mu,\nu) \in \mathbb{Z} \times \mathbb{Z} - \{(0,0)\}} \left(\frac{1}{(u - (\mu\omega_1 + \nu\omega_2))^2} - \frac{1}{(\mu\omega_1 + \nu\omega_2)^2}\right).$$

Nowadays, this is often used as the definition of the $\wp$-function. But this idea goes back to Gotthold Max Eisenstein (1823–1852) and his 1847 article (Eisenstein 1847).

Weierstraß's approach, however, was typical for the way he held his lectures and by this influenced mathematics, in particular analysis: He set up a clear definition of the object under consideration and, without adding a condition that is not contained in the definition, deduced from this an explicit representation.

Even if Weierstraß's contributions to the theory of Abelian and of elliptic functions are no longer of that importance that they had in the 19th century, in this way he has coined the style of modern mathematics.

References

Abel, N. H. (1829). Précis d'une théorie des fonctions elliptiques. Journal für die reine und angewandte Mathematik 4, 236–277 and 309–348; also in (Abel 1881, Vol. 1, 518–617).

Abel, N. H. (1830). Fernere mathematische Bruchstücke aus Herrn N. H. A b e l's Briefen. Journal für die reine und angewandte Mathematik 6, 73–80; also in (Abel 1881, Vol. 2, 271–279).

Abel, N. H. (1881). Œuvres complètes de Niels Henrik Abel. Nouvelle édition. Sylow, L., Lie, S. (eds.), 2 vols. Christiania: Grøndahl & Søn.

Abel, N. H. (1902). Mémorial publié à l'occasion du centenaire de sa naissance. Kristiania: Jacob Dybwad.

Archibald, T. (2015). Counterexamples in Weierstraß's work, in this volume.

Biermann, K.-R. (1960). Vorschläge zur Wahl von Mathematikern in die Berliner Akademie. Ein Beitrag zur Gelehrten- und Mathematikgeschichte des 19. Jahrhunderts. Abhandlungen der Deutschen Akademie der Wissenschaften zu Berlin, Klasse für Mathematik, Physik und Technik, Jahrgang 1960 Nr. 3. Berlin: Akademie-Verlag.

Bölling, R. (2015). Zur Biographie von Karl Weierstraß und zu einigen Aspekten seiner Mathematik, in this volume.

Bottazzini, U. (2015). Building analytic function theory: Weierstraß's approach in lecture courses and papers, in this volume.

Catanese, F. (2015). Monodromy and normal forms, in this volume.

Eisenstein, G. M. (1847). Beiträge zur Theorie der elliptischen Functionen. VI. Genaue Untersuchung der unendlichen Doppelproducte, aus welchen die elliptischen Functionen als Quotienten zusammengesetzt sind, und der mit ihnen zusammenhängenden Doppelreihen (als eine neue Begründungsweise der Theorie der elliptischen Functionen, mit besonderer Berücksichtigung ihrer Analogie zu den Kreisfunctionen). Journal für die reine und angewandte Mathematik 35, 153–274; also in: Mathematische Abhandlungen besonders aus dem Gebiete der höheren Arithmetik und der elliptischen Funktionen. Berlin: G. Reimer. Reprographic reprint (1967) Hildesheim: Georg Olms. And in: Gotthold Max Eisenstein (1975): Mathematische Werke. New York: Chelsea. 2. printing 1989, 357–478.

Elstrodt, J. (2015). Die prägenden Jahre im Leben von Karl Weierstraß, in this volume.

Elstrodt, J., Ullrich, P. (1999). A real sheet of complex Riemannian function theory: A recently discovered sketch by Riemann's own hand. Historia Mathematica 26, 268–288.

Gauß, C. F. (1863–1933). Werke, 12 vols. (Königliche) Gesellschaft der Wissenschaften, Göttingen; Reprint (1973), Hildesheim, New York: Georg Olms Verlag.

Göpel, A. (1847). Theoriae transcendentium Abelianarum primi ordinis adumbratio levis. Journal für die reine und angewandte Mathematik 35, 277–312.

German translation: Entwurf einer Theorie der Abel'schen Transcendenten erster Ordnung, Weber, H., ed. (1895). Translated by Alexander Witting. Ostwald's Klassiker der exakten Wissenschaften 67. Leipzig: Wilhelm Engelmann.

Houzel, Ch. (1978). Fonctions elliptiques et intégrales abélinnes. In: Jean Dieudonné: Abrégé d'historie des mathématiques 1700–1900, 2 vols., Vol. 2, Chap. 7, Paris: Hermann.

German translation (1985): Elliptische Funktionen und Abelsche Integrale. In: Jean Dieudonné: Geschichte der Mathematik 1700–1900, Chap. 7. Braunschweig, Wiesbaden: Vieweg.

Jacobi, C. G. J. (1829). Fundamenta nova theoriae functionum ellipticarum. Königsberg: Gebrüder Bornträger; also in (Jacobi 1881–1891, Vol. 1, 49–239).

Jacobi, C. G. J. (1832). Considerationes generales de transcendentibus Abelianis. Journal für die reine und angewandte Mathematik 6, 394–403; also in (Jacobi 1881–1891, Vol. 2, 5–16).

Jacobi, C. G. J. (1835). De functionibus duarum variabilium quadrupliciter periodicis, quibus theoria transcendentium Abelianarum innititur. Journal für die reine und angewandte Mathematik 13, 55–78; also in (Jacobi 1881–1891, Vol. 2, 23–50).

German translation: Weber, H., ed. (1895). Translated by Alexander Witting. Über die vierfach periodischen Functionen zweier Variabeln, auf die sich die Theorie der Abel'schen Transcendenten stützt. Ostwald's Klassiker der exakten Wissenschaften 64. Leipzig: Wilhelm Engelmann.

Jacobi, C. G. J. (1847a). Notiz über A. Göpel. Journal für die reine und angewandte Mathematik 35, 313–317; also in (Jacobi 1881–1891, Vol. 2, 145–152).

Jacobi, C. G. J. (1847b). Zur Geschichte der elliptischen und Abelschen Transcendenten. Manuscript; published in (Jacobi 1881–1891, Vol. 2, 516–521).

Jacobi, C. G. J. (1881–1891). C. G. J. Jacobi's Gesammelte Werke. Borchardt, C. W., Weierstraß, K. (eds.), 7 vols. Berlin: G. Reimer.

Klein, F. (1923). Riemann und seine Bedeutung für die Entwicklung der modernen Mathematik. In: Felix Klein: Gesammelte mathematische Abhandlungen. Vol. III, 482–497. Berlin: Springer. Reprinted 1973. (The footnote in question is an addendum to publication of this article in Klein's Abhandlungen.)

Klein, F. (1926). Vorlesungen über die Entwicklung der Mathematik im 19. Jahrhundert. Vol. I. Berlin: Springer.

Knobloch, E. (2015). Weierstraß und die Preußische Akademie der Wissenschaften, in this volume.

Koenigsberger, L. (1917). W e i e r s t r a ß' erste Vorlesung über die Theorie der elliptischen Funktionen. Jahresbericht der Deutschen Mathematiker-Vereinigung 25, 393–424.

Kronecker, L. (1881). Ueber die Discriminante algebraischer Functionen einer Variablen. Journal für die reine und angewandte Mathematik 91, 301–334; also in: Leopold Kronecker's Werke. Hensel, K. (ed.), 5 vols. Vol. 2, 193–236.

Lampe, E. (1897). Karl Weierstraß, Jahresbericht der Deutschen Mathematiker-Vereinigung 6, 27–44.

Manning, K. R. (1975). The Emergence of the Weierstrassian Approach to Complex Analysis. Archive for History of Exact Sciences 14, 297–383.

Prym, F. E. (1871). Zur Integration der Differentialgleichung $\frac{\partial^2 u}{\partial x^2} + \frac{\partial^2 u}{\partial y^2} = 0$. Journal für die reine und angewandte Mathematik 73, 340–364.

Riemann, B. (1857). Theorie der Abel'schen Functionen. Journal für die reine und angewandte Mathematik 54, 115–155; also in (Riemann 1876, 132–174).

Riemann, B. (1876). Gesammelte mathematische Werke, wissenschaftlicher Nachlaß und Nachträge. Collected Papers. Weber, H., Dedekind, R., Narasimhan, R. (eds.) (1990). 3. edition, Berlin: Springer and Leizig: B. G. Teubner.

Rosenhain, G. (1851). Mémoire sur les fonctions de deux variables et à quatre périodes qui sont les inverses des intégrales ultra-elliptiques de la première classe, submitted on September 30, 1846 to the Académie des sciences à Paris, published in Mémoires présentés par divers savants **IX**. German translation: Weber, H. (ed.) (1895). Translated by Alexander Witting. Abhandlung über die Functionen zweier Variabler mit vier Perioden, welche die Inversen sind der ultra-elliptischen Integrale erster Klasse. Ostwald's Klassiker der exakten Wissenschaften 65. Leipzig: Wilhelm Engelmann.

Schering, E. (1909) Zum Gedächtnis an B. Riemann. In: Gesammelte Mathematische Werke. Schering, E., Haussner, R., Schering, E. (eds.), 2 vols., Vol. 2, 367–383, Berlin: Mayer & Müller; also in (Riemann 1876, 828–844).

Siegmund-Schultze, R. (2015). Weierstraß' Approximation Theorem (1885) and his 1886 lecture course revisited, in this volume.

Stubhaug, A. (2000). Niels Henrik Abel and his times. Berlin et al.: Springer.

Ullrich, P. (1997). Anmerkungen zum "Riemannschen Beispiel" $\sum_{n=1}^{\infty} \frac{\sin n^2 x}{n^2}$ einer stetigen, nicht differenzierbaren Funktion. Results in Mathematics, Resultate der Mathematik 31, 245–265.

Ullrich, P. (1999). Die Entdeckung der Analogie zwischen Zahl- und Funktionenkörpern: der Ursprung der „Dedekind-Ringe". Jahresbericht der Deutschen Mathematiker-Vereinigung 101, 116–134.

Ullrich, P. (2003). Die Weierstraßschen "analytischen Gebilde": Alternativen zu Riemanns "Flächen" und Vorboten der komplexen Räume. Jahresbericht der Deutschen Mathematiker-Vereinigung 105, 30–59.

von Renteln, M. (1996). Friedrich Prym (1841–1915) and his investigations on the Dirichlet problem. Studies in the history of modern mathematics, II. Supplemento ai rendiconti del Circolo matematico di Palermo, serie II, 44, 43–55.

Weierstraß, K. (1840). Über die Entwicklung der Modular-Functionen. Manuscript Westernkotten, published in (Weierstraß 1894–1927, Vol. 1, 1–49).

Weierstraß, K. (1841a). Darstellung einer analytischen Function einer complexen Veränderlichen, deren absoluter Betrag zwischen zwei gegebenen Grenzen liegt. Manuscript Münster, published in (Weierstraß 1894–1927, Vol. 1, 51–66).

Weierstraß, K. (1841b). Zur Theorie der Potenzreihen. Manuscript Münster, published in (Weierstraß 1894–1927, Vol. 1, 67–74).

Weierstraß, K. (1842). Definition analytischer Functionen einer Veränderlichen vermittelst algebraischer Differentialgleichungen. Manuscript Münster, published in (Weierstraß 1894–1927, Vol. 1, 75–84).

Weierstraß, K. (1849). Beitrag zur Theorie der Abel'schen Integrale. Beilage zum Jahresbericht über das Gymnasium zu Braunsberg in dem Schuljahre 1848–1849; also in (Weierstraß 1894–1927, Vol. 1, 111–131).

Weierstraß, K. (1854). Zur Theorie der Abelschen Functionen. Journal für die reine und angewandte Mathematik 47, 289–306; also in (Weierstraß 1894–1927, Vol. 1, 133–152).

Weierstraß, K. (1856). Theorie der Abel'schen Functionen. Journal für die reine und angewandte Mathematik 52, 285–380; first part also in (Weierstraß 1894–1927, Vol. 1, 297–355).

Weierstraß, K. (1857). Akademische Antrittsrede. Monatsbericht der Königlich Preußischen Akademie der Wissenschaften zu Berlin, 348–351, here in (Weierstraß 1894–1927, Vol. 1, 223–226).

Weierstraß, K. (1870). Über das sogenannte Dirichlet'sche Prinzip. Read to the Königliche Akademie der Wissenschaften on July 14, published in (Weierstraß 1894–1927, Vol. 2, 49–54).

Weierstraß, K. (1875–1876). Abelsche Functionen, Wintersemester 1875–1876. Notes taken by Gösta Mittag-Leffler, 14 Booklets. Library of the Mittag-Leffler Institute in Djursholm.

Weierstraß, K. (1894–1927). Mathematische Werke, 7 vols., Berlin: Mayer & Müller; Reprint Hildesheim: Georg Olms and New York: Johnson Reprint.

Building analytic function theory: Weierstraß's approach in lecture courses and papers

5

Umberto Bottazzini
Department of Mathematics 'F. Enriques', University of Milan, Milan, Italy

Abstract

From the early 1860s up to the end of his teaching career at the Berlin University Weierstraß was concerned with building the theory of analytic functions on rigorous, arithmetic foundations. For some twenty years he provided his lectures on the introduction to this theory with continuous refinements and improvements, without ever deciding to publish it. Occasionally he presented his main results in communications to the Berlin Akademie, and in published papers. The present paper offers an account of Weierstraß's approach to function theory at various stages of his teaching based both on lecture notes from his courses taken by his students at various periods of time, and on relevant published papers as well.

5.1 Introduction

Building a rigorous theory of analytic functions has been Weierstraß's standing concern for decades. However, his inaugural address to the Berlin Akademie der Wissenschaften in 1857 suggests that at the very beginning of his teaching career in Berlin he had almost no interest in rigour and foundations. Indeed, that talk reveals a somewhat unexpected picture of the great analyst. Weierstraß began by recognizing the "powerful force of attraction" exerted on him by the theory of elliptic functions since his student days under Gudermann. This theory, Weierstraß went on, "has retained a definite influence on my whole mathematical education". Then he stated that "one of the main problems of mathematics" which he decided to investigate was "to give an actual representation of Abelian functions". Having recognized that he had published results "in an incomplete form", Weierstraß went on by saying that "it would be foolish if I were to try to think only about solving such a problem, without being prepared by a deep study of the methods that I am to use and without first practicing on the solution of less difficult problems" (Weierstraß 1857, 224).

The reference to his paper on Abelian functions (Weierstraß 1854), which justified his hiring at both Berlin University and Akademie, made clear enough what was the aim and scope of his future research. At this point he could have expressed his concern about the need for greater rigour in analysis. Instead, he claimed he would have been very happy if his study could be of some relevance for the applications of mathematics, to physics in particular. In fact, Weierstraß emphasized the need for a deeper understanding of the relationship between mathematics and physics, "a subject which lies very close to [my] heart" (Weierstraß 1857, 225). Accordingly, his concluding remarks were devoted to the relationships between pure, abstract mathematics and applications. Apparently, Weierstraß first became deeply concerned with rigour when he began lecturing on the introduction to analysis, and he realised that the theory of analytic functions required a rigorous foundation. Indeed, in his eyes these functions were to provide the foundations for the whole theory of both elliptic and Abelian functions, the latter being the goal he pursued all his mathematical life. Thus, over the years the aim of establishing analysis, and the foundation of analytic function theory in particular, with absolute rigour became one of Weierstraß's major concerns.

5.2   Weierstraß's early courses in Berlin

Following up on the aim sketched in his *Antrittsrede* (Weierstraß 1857) not surprisingly Weierstraß devoted his first course delivered at the Berlin University in *WS* 1856/57 to "Selected chapters of mathematical physics". This was followed in *SS* 1857 by a course on the "General theorems concerning the representation of analytic functions by means of convergent series", where he expounded his own relevant results, contained in his (still unpublished) papers (Weierstraß 1841a), (Weierstraß 1841b) and (Weierstraß 1842). In addition, in *SS* 1857 he delivered his first course on "the theory of elliptic functions", which was largely inspired by his very first paper (Weierstraß 1840). Being among the six students who attended this course, Leo Koenigsberger could never forget the "powerful impression and incomparable excitement" exerted on him by that lecture, as he wrote sixty years later when publishing a summary of the content of the course based on his own "partly verbatim" notes in order to give "a picture" of Weierstraß's lectures (Koenigsberger 1917, 393). According to Koenigsberger's recollection, Weierstraß began by mentioning Fagnano's work on the lemniscate, Euler's addition theorem for elliptic integrals and their reduction to the normal form by Legendre. Then he referred to elliptic functions as introduced in Jacobi's *Fundamenta nova*, mentioned Abel's theorem on their expressions as quotients of power series and eventually introduced the theta series.

Koenigsberger remarked that in the whole lecture course Weierstraß only occasionally let his listeners guess that power series "were the bricks which provided him with the means to build all of function theory in order to penetrate the most hidden properties of Abelian functions with a unitary and rigorous method" (Koenigsberger 1917, 421). In addition, Weierstraß avoided mentioning Cauchy's methods, even though he could have done so, to the effect that the students who attended that lecture would have had no idea of the "great extension" the theory of functions had received over the years particularly because of "the numerous and fruitful discoveries made by Cauchy in the field of complex integration". In Koenigsberger's eyes "this struck the young mathematicians all the more forcefully because soon thereafter the surprising works of Riemann re-established the continuity with Cauchy's works and clarified their significance". As we will see below, avoiding Cauchy's integral theorem (and "transcendental" methods in general) was to remain a major point in Weierstraß's approach to the theory of analytic functions.

"The applications of elliptic functions to geometry and mechanics" was the subject of Weierstraß's WS 1857/58 lectures. This was coupled with a course on the theory and applications of trigonometric series and definite integrals, related to the problem of representing arbitrary single-valued functions of one real variable in Fourier series and integrals. Weierstraß referred to his 1857/58 lectures later on, in a letter to his former student Hermann Amandus Schwarz on 14 March 1885, where he announced his theorem on the approximation of a single-valued, real function $f(x)$ continuous on an interval (a, a') by means of an absolutely, uniformly convergent series of trigonometric polynomials. It is interesting to remark that on this connection he stated that "the lack of rigour" he found in all the relevant works he had at hand, and his "at that time unfruitful efforts to repair this lack" convinced him to avoid teaching that course again.

The lectures Weierstraß gave in 1858 and 1859 treated a number of different subjects, including "selected chapters of the integral calculus", the "new geometry" (in summer 1858), and "the formulae of analytic dioptrics" in WS 1859/60. At the very same time, however, in winter 1859/60 he lectured for the first time on the "Introduction to analysis". This course was continued in summer 1860. Hints to the content of these courses can perhaps be provided by the course he gave at the Gewerbeinstitut in summer 1861. The (unpublished) lecture notes taken by Schwarz[1] from that course provide evidence that, in spite of his later claims, by that time Weierstraß did not have a satisfactory theory of the real numbers. (This contradicts also Mittag-Leffler's claim that Weierstraß was in possession of his theory as early as 1841/42, and presented it in his lectures in 1857 or, at the latest, in 1859/60. On the contrary, according to (Dugac 1973, 56), Weierstraß began to set out his theory of the real numbers for the first time when lecturing on the "general theory of analytic functions" in WS 1863/64.) Be that as it may, it is worth emphasizing that already in his 1861 course Weierstraß presented fundamental results on infinite series. Without mentioning Cauchy, he established in a rigorous way the latter's celebrated theorem about the sum of a series of continuous functions by reformulating the condition given by Cauchy in 1853. Given a series $\sum \varphi_n(x)$ of continuous functions on an interval $[a, b]$, and assuming that the series is convergent for all x within the interval, the condition one has to impose in order that the series represents a continuous function there was stated by Weierstraß as follows: for increasing m and with r any arbitrary positive integer "the sum[2] $\varphi_m(x) + \varphi_{m+1}(x) + \ldots + \varphi_{m+r}(x)$ can be made smaller than any arbitrarily given [positive] magnitude $[\varepsilon]$". Following Gudermann, Weierstraß called this mode of convergence "Convergenz in gleichem Grade" (or uniform convergence, as it is called nowadays). The proof was based on a rigorous ε-m argument.

---

1   A typewritten copy of them is kept in the library of Mittag-Leffler Institute at Djursholm.
2   The required $|\ldots|$ are missing in the manuscript.

Weierstraß further considered two series of functions $\sum \varphi_n(x)$ and $\sum \varphi'_n(x)$, which are continuous on a given interval and such that $\varphi'_n(x)$ is the derivative of the corresponding term $\varphi_n(x)$ for each n. Under the hypothesis of the uniform convergence of the series, he was able to prove that the function $\varphi'(x) = \sum \varphi'_n(x)$ is actually the derivative of the function $\varphi(x) = \sum \varphi_n(x)$ there. Eventually, given the expansion in power series of a derived function $\varphi'(x)$ he proved that $\varphi(x)$ can be determined with a process that in fact is equivalent to a term-by-term integration (without naming it).

This course exerted a great influence on Schwarz and, in turn, on Eduard Heine who, in his 1872 paper on the elements of function theory, openly recognised to have drown inspiration from notes of Weierstraß's lectures taken by his students and from "oral communications from [Weierstraß] himself, and Herrn Schwarz and Cantor" as well (Heine 1872, 182).

Next term Weierstraß came back to his favourite subject, elliptic functions, and devoted a course to a selection of problems that can be solved by means of these functions. In *WS 1861/62* he announced a course on the "General theory of analytic functions". However, a serious breakdown caused by overwork forced him to stop lecturing for a whole academic year. Once he had recovered he resumed teaching elliptic functions and their applications, and in summer 1863 delivered his first course on the introduction to the theory of Abelian functions. Eventually, in *WS 1863/64* he was able to teach the course he had announced on analytic function theory.

5.3   Weierstraß's programme of lectures

In response to Riemann's achievements, by the early 1860s Weierstraß began to build his theory of analytic functions in a systematic way on arithmetical foundations, and to present it in his lectures. In his obituary of the great analyst Poincaré summarised Weierstraß's work as follows:

1. To deepen the general theory of functions of one, two and several variables – this was the basis on which the "whole pyramid" of Weierstraß's analytic building should be raised.

2. To improve the theory of transcendental and elliptic functions and to put them into a form which could be easily generalised to Abelian functions, the latter being a "natural extension" of the former.

3. Eventually, to tackle Abelian functions themselves.[3]

The realisation of this programme became the content of his lectures, especially after July 1864, when Weierstraß was appointed *Ordinarius* at Berlin University and gave up teaching at the Gewerbeinstitut. From that time to the end of his teaching career he presented the whole of the analytical corpus in a cycle of lectures delivered in four consecutive semesters, according to the following programme:

---

3   See (Poincaré 1899, 3).

1. Introduction to analytic function theory

2. Elliptic functions

3. Abelian functions

4. Applications of elliptic functions or, at times, the calculus of variations.

Examples of all of these lecture courses, except for the introduction to analytic function theory, were published in Weierstraß's *Werke*. For some twenty years he subjected his introduction to the theory of analytic functions to continuous refinements and improvements, without ever deciding to publish it. It seems that a set of lectures was planned to be published in a volume of his *Werke*, but this project was never realised.

Weierstraß presented most of his original discoveries in his lectures, and only occasionally communicated to the Berlin Akademie some of his particularly striking results, such as the counterexample to the Dirichlet principle in 1870 or the example of a continuous nowhere differentiable function in 1872. This habit was coupled with a dislike of publishing his results in printed papers until they had reached the required level of rigour. Moreover, he openly discouraged his students from publishing lecture notes taken from his own courses even though in many cases he would ask his most talented students to loan him their notes of his lectures, which he would then use as the starting point for improving his lectures in the subsequent semesters. Thus, in order to understand the development of his ideas on function theory one has to look primarily at the lecture notes of his courses, as well as the many letters he exchanged with his closest students, rather than at the printed papers in which he only occasionally published some of his most important results.

As for the methods, Weierstraß's approach was summarised in a passage of a letter he sent to Schwarz on October 3, 1875 – a sort of "confession of faith" made to his former pupil – which has been often quoted but is still worth reading:

> The more I think about the principles of function theory – and I do it incessantly – the more I am convinced that this must be built on the foundations of *algebraic truths* [our emphasis], and that it is consequently not correct when the "transcendental", to express myself briefly, is taken as the basis of simple and fundamental algebraic propositions. This view seems so attractive at first sight, in that through it Riemann was able to discover so many of the most important properties of algebraic functions. (It is self-evident that, as long as he is working, the researcher must be allowed to follow every path he wishes; it is only a matter of systematic foundations.) (Weierstraß 1894–1927, vol. 2, 235).

Weierstraß's "confession of faith" was not just a matter of taste. There was a deep mathematical reason, which in his eyes fully justified his "faith" in an algebraic foundation of analytic function theory. As he explained to Schwarz in the very same letter, he had been "especially strengthened [in this belief] by his continuous study of the theory of analytic functions of several variables" which was required to build the theory of Abelian functions. At that time there was no way to deal with functions of several complex variables by resorting to "transcendental" methods as Cauchy and Riemann had done for functions of *one* variable. It is therefore quite significant that Weierstraß's lectures on analytic function theory culminated with the elements of the theory of functions of several variables.

When Weierstraß began to expound his "programme" at Berlin university, an increasing number of students crowded into his lectures, coming to Berlin from Germany and abroad. Given the success of his lectures one wonders about his style of teaching. A lively recollection of it is provided by Runge, who, after three semesters in Munich, went to Berlin in 1877 with his friends Adolf Hurwitz and Max Planck to attend the lectures of the great mathematician. Runge recorded that Weierstraß used to build the whole edifice of his mathematics from the foundations "without gaps" and without assuming anything that he himself had not proven. Apparently, Weierstraß used to ask a listener to write at the blackboard. Sometimes a proof would escape him, and then he "improvised something that came to his mind during the lecture" before clarifying all that completely next lecture. He would say that all ought to be expressed in "arithmetical tongue", but sometimes I had the feeling, Runge added, that Weierstraß "secretely clarified a matter to himself by resorting to a figure but, like Gauß, the trails of such an intuitive aid were accurately effaced" (Runge 1926, 176).

5.4   The theory of analytic functions

The lecture notes of Weierstraß's introduction to analytic function theory provide firsthand evidence of the development of this theory from the mid-1860s onwards. After Weierstraß resumed his teaching activity in 1863 and up to WS 1884/85 he lectured many times on the introduction to analytic function theory. In order to give an account of it at various stages of Weierstraß's teaching, the following different sets of lectures will be considered here:

1. *SS* 1868, lecture notes by Killing;

2. *SS* 1874, lecture notes by Hettner;

3. *SS* 1878, lecture notes by Hurwitz (the first 10 chapters summarised and published as an essay (*Saggio*) by Pincherle);[4]

4. *SS* 1886, lecture notes by various students – this being properly a lecture on "Selected Chapters from the Function Theory", but in fact Weierstraß's last lecture course on function theory.

---

4   After graduating from the Scuola Normale Superiore in Pisa, Salvatore Pincherle spent the academic year 1877/78 in Berlin, where he attended Kronecker's and Weierstraß's lectures. His *Saggio* (1880) offered the first presentation in Italy of Weierstraß's theory of analytic functions.

5.4.1   The concept of number

Weierstraß's lectures on analytic function theory always began with the introduction of the fundamental concepts of arithmetic. The oldest record of his lectures on the subject is given by E. Kossak's booklet *Die Elemente der Arithmetik* (1872) which is also the first published work inspired by Weierstraß's lectures.[5] Kossak had followed Weierstraß's WS 1865/66 lectures on the "General theory of analytic functions", but his work included only the first part of those lectures devoted to the elements of arithmetic. In the Weierstrassian milieu Kossak's work was not much appreciated. Schwarz, who knew Kossak and "expected more from him", criticised it strongly in a letter to Weierstraß on June 20th, 1872 saying that "the problem which the author had to solve consisted exclusively in a careful and correct presentation of the thoughts you have expounded in that lectures; in this respect it seems to me that Kossak's presentation can not satisfy even the most modest demand". There is no record of Weierstraß's reply. (More than 20 years later, however, writing to Mittag-Leffler on April 5th, 1885 Weierstraß confirmed his disappointment with Kossak's introduction to his theory of functions.)

Even though Kossak claimed that in establishing the concept of number he had "essentally" used Weierstraß's "own words", both Hettner's and Hurwitz's lecture notes provide a closer and more faithful view of Weierstraß's introduction to the systems of numbers than does Kossak's. (Things were far even worse with Otto Biermann's *Theorie der analytischen Funktionen* (1887): "I cannot acknowledge this book as a faithful reproduction of my lectures", was Weierstraß's trenchant judgement.[6])

According to Hettner, Weierstraß complained of the bad experiences he had had "in previous years" where the theorems he presented in his lectures had been either left out or reported incorrectly. Therefore, he had decided he would always present an introduction to the basic arithmetical concepts. Each time the part Weierstraß devoted to the arithmetic of the natural and the complex numbers amounted to between one fifth and a quarter of the whole lecture course.[7] More than anything else this reveals the care Weierstraß put into establishing the arithmetical foundation of his theory. As Hettner reported, Weierstraß maintained that "the main difficulties of higher analysis are due indeed to a not rigorous and insufficiently comprehensive presentation of the fundamental arithmetical concepts and operations".

Weierstraß's first step was the introduction of the number concept. In his words, as reported in Hettner's 1874 lecture notes, "a natural number is the representation of the union of things of the same kind", whereas in Hurwitz's 1878 notes things are a little more sophisticated: the concept of a number arises "through the reunion in the mind of things for which one has discovered a common token, especially of things which are identical in thought". Commenting on this, (Kopfermann 1966, 77) stated that Weierstraß's treatment of the natural numbers had "an almost mystic character". In the "Overview of general

---

5   This was published as a *Programmabhandlung des Werderschen Gymnasiums in Berlin.*
6   Weierstraß's letter to Schwarz on June 12th, 1888.
7   Some 16 of 108 (printed) pages in Killing's lecture notes, 135 of Hettner's 707 manuscript pages of the 1874 lectures, 44 of 166 (printed) pages in Hurwitz's 1878 lectures (which corresponds to 120 of 369 pages in Rudio's manuscript of the same year, and about one half of Pincherle's *Saggio*).

arithmetic" presented in his 1886 lectures, Weierstraß began by stating that "although the concept of number is extremely simple" it is not easy "to give a textbook definition of it" (Weierstraß 1988b, 37). Once more he resorted to the claim that the "human mind" has first of all the ability to "build a representation of external and internal objects" then to keep this representation fixed as well, and eventually to reproduce this image repeatedly. This is enough to generate the idea of an "unknown" (*unbekannte*) unit. Once this is done, we can easily get the idea of a (natural) number as a multiple of the unit.

5.4.2   Complex and hypercomplex numbers

Having introduced natural numbers this way, Weierstraß's next step was to make a distinction between natural (or ordinary) and complex numbers with respect to the "units" involved in their definition. "By a complex number we understand a set (*Aggregat*) of numbers of different units. We call these different units the elements of the complex number" (Weierstraß 1988a, 3). Needless to say that this view and terminology, inspired by (Gauß 1832), are quite different from the usual one nowadays. Next Weierstraß introduced the concept of "proper part" of a unit a as a new unit whose a-fold multiple produces the "old" unit. Thus, he stated, "by a numerical magnitude (*Zahlgröße*) we mean every complex number whose elements are the unit and its proper parts" (Weierstraß 1988a, 4). In this way he introduced the rational numbers, and how to calculate with them. Then, by resorting to the concept of convergent, infinite series he introduced irrational numbers as numerical magnitudes with infinitely many "proper parts".[8] According to (Dugac 1973, 57), Weierstraß is likely to have elaborated his theory of real numbers during 1863, and presented it in his *WS 1863/64* lectures. However, the oldest record of his lecturing this subject is given by his *WS 1865/66* lecture course on analytic function theory, which was attended by Moritz Pasch, and taken by Kossak as a basis for his 1872 booklet. (More refined versions can be found both in Hettner's and Hurwitz's lectures notes, as well as in Pincherle's *Saggio*.)

Having introduced irrational numbers via their expansions in infinite series, Weierstraß turned to complex numbers (in a modern sense). As recorded in Hurwitz's manuscript,[9] Weierstraß did this in two ways. First he introduced complex whole numbers in a geometric manner as Gauß had done in (Gauß 1832). Given two (oriented) coplanar straight lines r and t, say, meeting at a point A, the units e and e' are represented by (congruent) segments AB, AB' taken on one straight line, say r, that lie on opposite sides with respect to A, while the units i, i' are represented by (congruent) segments AC, AC' on t lying on opposite sides with respect to A. Then, for the sake of convenience, Weierstraß considered orthogonal straight lines r and t (*Hauptachsen*), and congruent segments AB and AC as representing the units e and i. Accordingly, given a point A (the origin) in a plane, a complex number composed of (integer) multiples of the units e, i, e', i' is represented by a point of the plane. Equality, addition and subtraction of such numbers are easily defined by resorting to their representations as vectors in the plane. This can be obviously extended to complex numbers built with the four units and their "proper parts".

---

8   For a detailed discussion see (Dugac 1973).
9   See (Weierstraß 1988a, 25–39).

As for the multiplication of complex numbers, first Weierstraß gave the following table for the units e, i, e', i'

$$
\begin{array}{llll}
ee = e & ie = i & e'e = e' & i'e = i' \\
ei = i & ii = e' & e'i = i' & i'i = e \\
ee' = e' & ie' = i' & e'e' = e & i'e' = i \\
ei' = i' & ii' = e & e'i' = i & i'i' = e'
\end{array}
$$

and observed that commutativity holds for any two units, and in general for arbitrarily many of their "proper parts" (Weierstraß 1988a, 29).

The next step was to define the multiplication of any two numbers in such a way that the standard properties defined by

(I) $ab = ba$,   (II) $a(b + c) = ab + ac$,   (III) $(ab)c = a(cb)$ for any a, b, c

hold and, as a consequence of (I) and (II), also

$$
(a + b + c + d + \ldots)(a_1 + b_1 + c_1 + d_1 + \ldots) =
$$
$$
aa_1 + ab_1 + ac_1 + ad_1 + \ldots + ba_1 + bb_1 + bc_1 + bd_1 + \ldots + \ldots
$$

As a consequence of the latter, the product of any two numbers reduced to the addition of products of any two "units". Accordingly, one had to define the products of two units. These are completely determined once the following conditions are satisfied:

$$
ee = e, ei = i, ii = e' ,
$$

from which one gets the table above as a consequence of rules (I) and (II), as Weierstraß verified in detail. (His reasoning amounts to proving the theorem that, if in a system of complex numbers with two units and no nilpotent elements the associative and distributive properties hold, then the commutative property also holds.) The division of two complex numbers can be defined by the equation $(a : b) \cdot b = a$, and both multiplication and division can be interpreted geometrically.

Then Weierstraß introduced complex numbers "in a purely analytical way, without any reference to their geometrical meaning" (Weierstraß 1988a, 31). To this end he built an (abstract) algebraic structure on a 2-dimensional real vector space in great detail, and eventually showed that the (ordinary) field of complex numbers is obtained by giving the units the values $e = 1, e' = -1$ (and accordingly, $ii = -1, 1/i = -i$).

In the concluding remarks to the section on complex numbers of his 1878 lectures Weierstraß stated: "If one were to consider complex numbers with arbitrarily many units, then one would find that calculations with such numbers can always be reduced to calculations with numbers built by four units only" (Weierstraß 1988a, 39). As Ullrich has pointed out there, in modern terms this amounts to saying that that every finite dimensional, associative and commutative real algebra with a unit and no nilpotent elements is (isomorphic to) a ring-direct sum of copies of $\mathbb{R}$ and $\mathbb{C}$, i. e. the Weierstraß–Dedekind theorem.

Eventually, the section on complex numbers comes to an end with theorems on infinite products and series of such numbers, including the results on absolute convergence already established by Weierstraß in his 1856 paper on analytical powers (Weierstraß 1856).

According to (Kopfermann 1966, 83–84), Weierstraß had lectured on complex numbers and "complex numbers with more than two units" at the Mathematical Seminar already in summer 1872. There he proved "in a constructive manner" that the complex numbers are the only commutative and associative division algebra of rank 2 over $\mathbb{R}$. Weierstraß took up the subject of hypercomplex numbers in lectures once more at the Mathematical Seminar during the WS 1882/83, and again in 1883 in a letter to Schwarz published in the *Göttinger Nachrichten* (Weierstraß 1884). According to his own words, Weierstraß tackled this subject for the first time in his WS 1861/62 course on "General theory of analytic functions" in order to answer the question raised by Gauß, whose solution the latter had promised but never given: "why the relations among things that represent a manifold of more than two dimensions cannot yield other admissible kinds of magnitudes in general arithmetic" (Gauß 1831, 178). (However, in the list of Weierstraß's courses this WS 1861/62 course is labeled as "only announced" (Weierstraß 1894–1927, 3, 356) and, even if it might have been ever delivered, to my knowledge there is no trace left of the relevant lectures notes.)

5.4.3   The Bolzano–Weierstraß theorem

According to Pincherle's *Saggio*, in Weierstraß's lectures the development of analytic function theory proper was preceded by "some theorems on magnitudes in general" and some general remarks on the concept of function. This holds true also for both Hettner's 1874 and Hurwitz's 1878 lecture notes, but while the remarks on the concept of function are presented in a note appended to Hettner's 1874 manuscript, in Hurwitz's 1878 lecture notes the historical development of the concept of function is followed by chapters on rational functions, power series and the differential calculus, and eventually by the study of what in modern terms are called the topological properties of $\mathbb{R}$ and $\mathbb{R}^n$. There (Weierstraß 1988a, 83–92) introduced such concepts as the δ-neighborhood of a point of $\mathbb{R}^n$, the definition an open set – as we would denote what he called "a continuum" – and the definition of a path-connected domain as well. Then he stated and proved, in a way that has since become standard, such fundamental theorems as the Bolzano–Weierstraß theorem in $\mathbb{R}$ and $\mathbb{R}^n$, the existence of the upper (resp. lower) bound and the existence of (at least one) accumulation point for an infinite, bounded set of real numbers (including their extension to sets of $\mathbb{R}^n$ and $\mathbb{C}^n$). As a consequence, he proved that a continuous function on a closed interval is uniformly continuous, and attains its upper and lower bounds there. He extended these theorems to functions of n variables, and stated that all the theorems he proved for domains of real variables "can be immediately transposed to domains of complex variables".

According to Schwarz, Weierstraß knew of Bolzano's theorem as early as 1870, or even before, and used it in his research. Writing to Ulisse Dini on March 3rd 1871 Schwarz stated that the Bolzano–Weierstraß theorem and its proof played a major role in Weierstraß's "method of proof", being indeed the first step of it, the second one being the extension of this theorem to several variables. The third step consisted in Weierstraß's peculiar ability "to draw conclusions from special properties of a function". In his concluding remarks Schwarz did not fail to mention that Kronecker raised an "objection" to Weierstraß's "method of proof" on the grounds that "certainly there is no method for actually carrying out in a given case the process that the proof procedure demands, for example numerically".[10]

5.4.4 Continuous nowhere differentiable functions

In the third part of Pincherle's *Saggio* the general concept of a function is introduced with the following definition: "If a real or complex variable quantity y is linked to n other real or complex variable quantities $x_1, \ldots, x_n$ in such a way that one or several determinate values of y correspond to all systems of values of these n variables within given limits, then y is said to be a function of the n variables $x_1, \ldots, x_n$ in *the most general sense of the word function*" (Pincherle 1880, 246). This was followed by the ε-δ definition of continuity for a function of one variable within given limits. The definition echoed in more precise terms the one that Weierstraß had given in his 1861 course: "A function of one variable x will be said continuous within certain limits of values of x if for any x_0 within those limits and any arbitrarily small number ε it will be possible to find a neighbourhood of x_0 such that for all values x' in this neighbourhood one has $|f(x') - f(x_0)| < \varepsilon$" (Pincherle 1880, 246). Analogously, this definition was extended to functions of several variables $x_1, \ldots, x_n$ by considering a suitable neighbourhood U of $(x_1^0, x_2^0, \ldots, x_n^0)$ depending on (an arbitrarily small) ε such that for any $(x_1', x_2', \ldots, x_n')$ in U one has $|f(x_1', x_2', \ldots, x_n') - f(x_1^0, x_2^0, \ldots, x_n^0)| < \varepsilon$.

Pincherle then recorded the definition of the derivative of a function $f(x)$ at a point x_0. As Weierstraß had done in 1861, $f'(x_0)$ was said to be the derivative of $f(x)$ at x_0 if

$$f(x_0 + h) = f(x_0) + h f'(x_0) + h \tilde{\varphi}(x_0, h), \tag{5.1}$$

where $\tilde{\varphi}(x_0, h) \to 0$ for $h \to 0$. According to Hurwitz's lecture notes, Weierstraß first gave the definition

$$f(x + h) = f(x) + h f'(x) + h f_0(x, h) \tag{5.2}$$

in the case when $f(x)$ is a power series $f(x) = \sum A_\lambda x^\lambda$ and $|x| + |h| < r$, where r is the radius of the convergence disk of the series, and $f_0(x, h)$ is a power series becoming infinitely small with h. Then he added that if (5.2) occurs for any continuous *analytical expression* $f(x)$, to use his term, then $f'(x)$ is said to be its first derivative (Weierstraß 1988a, 73–74). This was followed by the theorem that any power series is always differentiable, and its derivative is a power series that has the same convergence disk as the primitive series. As a power series is differentiable infinitely many times, the same holds true for all of these infinitely many derivatives. Then Weierstraß extended this to power series of n variables.

---

10 Quoted in (Bottazzini 1992, 79–80).

In Hettner's manuscript notes (Weierstraß 1874, 234–236) one reads that a function $f(x)$ is differentiable at a point x_0 if there exists a number c such that

$$f(x_0 + h) = f(x_0) + h \times c + h \times h_1 \,,$$

where $h_1 \to 0$ for $h \to 0$, c being independent of h, and $f(x_0) + h \times c$ being a linear function that Weierstraß proved to be unique. This is accompanied by the comment: "Herein lies the true concept of the differential quotient". Then Weierstraß extended the definition, of differential quotient to functions of several variables analogously. With respect to his 1861 course, in the meantime Weierstraß had found his example of continuous nowhere differentiable functions that he had presented to the Akademie in 1872:

$$f(x) = \sum_{n=0}^{\infty} b^n \cos(a^n x)\pi, \qquad (5.3)$$

where a is an odd integer and $0 < b < 1$ and $ab > 1 + 3\pi/2$. This is recorded in all the lecture notes considered here. Thus, after mentioning the fact that in many treatises one still finds the theorem: "every continuous function admits a derivative", whose proof is (implicitly) based on some property which is not included in the general concept of a function, (Pincherle 1880, 247) added that many counter-examples "found in recent times" such as the function $f(x) = \sum_{n=1}^{\infty} \frac{\sin n! x}{n!}$ clearly show that one would search in vain for a proof. Instead, in both Hettner's and Hurwitz's lecture notes ((Weierstraß 1874, 221–234) and (Weierstraß 1988a, 79–81)) it is recorded that he proved the existence of continuous nowhere differentiable functions with his 1872 example.

5.4.5 Analytic functions

Following Weierstraß, in the *Saggio* Pincherle proved the theorem that a continuous function $f(x)$ of one real variable on a closed interval attains its upper and lower bounds, then he reported some comments by Weierstraß on the definition of the general concept of a function, including historical remarks on the early definitions (due to Leibniz and Johann Bernoulli) and the definitions given by Euler, Lagrange, Cauchy and Dirichlet. In particular, he criticized Dirichlet's concept of a function as being "too vague and indeterminate" so that "it is impossible to find any properties common to all functions". According to Weierstraß, "we cannot create a theory of functions if we do not in some way limit the class of functions for which we want to give common properties" (Pincherle 1880, 254). These will be the analytic functions that enjoy two "essential properties":

1. they are defined for real and complex values of the variable, and

2. they enjoy all the properties that "used to be attributed to all functions in the treatises on the calculus."

Thus, functions that lose their meaning for complex values of the variable, such as $f(x) = \sum_{n=1}^{\infty} \frac{\sin n! x}{n!}$ and Weierstraß's own example (5.3) "will not be considered as truly analytic functions but only as limiting cases of them" (Pincherle 1880, 254). Then he explained that analytic functions would be introduced by proceeding from the simple to the complicated, from functions constructed from a finite number of the simplest arithmetical operations (addition and multiplication) to functions built from an infinite number of them and their (finite or infinite) combinations in order to get the fundamental, characteristic property of analytic functions, i. e. their expansion in Taylor series.

According to Pincherle, Weierstraß pointed out that analytic functions in *his* sense are the functions $u + iv$ which Cauchy and Riemann characterised by requiring that the Cauchy–Riemann equations are satisfied. In his view, however, their general definition of a function appears to be founded on a property of an arbitrary character, whose generality cannot be established *a priori*. In addition, their definition requires that the functions u and v be chosen among the functions of two real variables which admit partial derivatives. But "in the current state of science" such functions form a class which cannot be precisely defined, and for this reason their definition will not be adopted. As it assumes knowledge of, and indeed the existence of the derivatives, "it is poorly adapted for building the theory of analytic functions upon it", one reads in Hurwitz's notes (Weierstraß 1988a, 49). He repeated this opinion even in his last lecture in 1886 (Weierstraß 1988b, 115).

Having summarised the principal properties of rational, entire functions of a single variable, including the Lagrange interpolation formula, Weierstraß turned to infinite series of rational functions by emphasizing the analogy of this procedure with what he had done in the introduction of numbers, where he had first considered numbers with a finite number of elements then numbers with infinitely many elements (Weierstraß 1988a, 59). Apparently Hilbert referred to this when he stated that for Weierstraß the power series is both "conceptually" and "formally" the analogue of the irrational number (Hilbert 1897, 332). This is not surprising, if Dugac's claim[11] is right that Hilbert knew of Weierstraß's analysis from the lecture notes of his friend Hurwitz. (According to Hilbert, "conceptually" Weierstraß considered the power series as the analogue of the irrational number. That the analogy holds also "formally", Hilbert added, is shown by the calculation with series which follows the usual rules of arithmetic – addition, subtraction, multiplication and division.)

Weierstraß then defined uniform convergence for series of functions, and proved that the sum of a uniformly convergent series of rational functions in a given domain is a continuous function there. He treated power series of one variable in detail, and stated his now famous theorems for them (the existence of a disk of convergence, uniform convergence within the disk, inequalities for the coefficients of a series without resorting to Cauchy integral theorem, as he had done in 1841, and so forth), and he remarked that "analogous propositions" hold for series of several variables. Then he stated and proved his double series theorem for one and several variables, established the identity theorem for series assuming their agreement in an (arbitrarily small) open neighbourhood of the origin, and defined term-by-term differentiation for series of one and several variables.

---

11 See (Dugac 1973, 76).

Next Weierstraß turned to study the behaviour of a function on the boundary of its domain of definition. The (Cauchy) inequalities allowed him to prove that the power series expansion of a single-valued analytic function converges in each open disk contained in the domain of definition of the function. Then a compactness argument (making an essential use of "topological" results such as the existence of a lower bound for bounded, infinite sets of real numbers), proves the existence of a singular point on the circumference of the disk of convergence of the series. This proof can be extended to series of several variables. Eventually, Pincherle sketched Weierstraß's method of analytic continuation of a power series (a "function element", in Weierstrassian terminology) by means of chains of overlapping disks. This summary of Weierstraß's lectures was enough, Pincherle concluded, to enable one to read Weierstraß's paper (Weierstraß 1876).

At this point in the lectures Hettner's manuscript reports that Weierstraß explained the import of his research on the convergence of power series, and his "ideal goal" in the lecture. The former consisted in the discovery that the characteristic properties of functions lay in their singularities. The latter was to "represent analytically" functions that are completely defined in any way whatever, and "to get a priori the form and the conditions of such a representation" (Weierstraß 1874, 359–360). Actually, this was the aim Weierstraß pursued in his (Weierstraß 1876), including the representation theorems he had found by the end of 1874 (see § 5.5 below). Obviously, these theorems are not included in Hettner's lecture notes of the SS 1874 course, whereas they are presented in Hurwitz's manuscript, which also includes chapters on singular points, on the inversion of analytic functions, and culminates in the final chapter on analytic domains (Gebilde) that play a central role in Weierstraß's theory of Abelian functions. All this provides further evidence of Weierstraß's remarkable attitude to presenting his newly-founded results in his lectures.

5.5   Prime functions and representation theorems

On the same day, December 16th, 1874, Weierstraß communicated to his closest students, Schwarz and Sonya Kovalevskaya, that he had finally succeeded in overcoming a major difficulty which for a long time had prevented him from building a satisfactory theory of single-valued functions of a complex variable. To be precise, he had established a representation theorem expressing a single-valued function as a quotient of two convergent power series. As he explained to Schwarz, and in almost the very same words to Kovalevskaya[12], his starting point was the following question: Given an infinite sequence of complex constants $\{a_n\}$ with $\lim |a_n| = \infty$ is there an entire, transcendental function $G(x)$ which vanishes at the points $\{a_n\}$ and only those, and in such a way that each of the constants a_j is a zero of order λ_j say, if a_j occurs λ_j times in the sequence? He had been able to find a positive answer by assuming that $a_n \neq 0$ for any n and by associating to the given sequence a sequence $\{\nu_n\}$ in such a way that $\sum_{i=1} \left(\frac{x}{|a_i|} \right)^{\nu_i+1} < \infty$. "This is

---

12   See (Bölling 1993, 160–162) and (Mittag-Leffler 1923, 150–152).

always possible", Weierstraß affirmed. Let $\nu_n = n - 1$ and consider the "prime functions" $E(x, 0) = 1 - x$ and

$$E(x, n) = (1 - x) \exp \left(\frac{x}{1} + \frac{x^2}{2} + \ldots + \frac{x^n}{n} \right), \tag{5.4}$$

which he introduced here for the first time.[13] The infinite product

$$\prod_{n=1}^{\infty} E(x/a_n, n) \tag{5.5}$$

is convergent for finite values of x, and represents an analytic function that has "the character of an entire function" and vanishes in the prescribed way. The representation theorem followed easily: every single-valued analytical function $f(x)$ that "has the character
of a rational function" for every finite value of x can be represented as the ratio of two
convergent power series in such a way that the numerator and denominator never vanish
for the same value of x. This theorem, "full of consequences", was until now "regarded
as unproved in my theory of Abelian functions" Weierstraß admitted in his letter to Kovalevskaya quoted above. "I bestow my full admiration upon you for the proof of this
fundamental theorem" that escaped to some of your students who strove in vain to find
it, Schwarz wrote in his turn to Weierstraß on February 6, 1875 asking for permission to
present it in his lectures. This, and related theorems, constituted the core of what Weierstraß called "a very nice, small treatise" that he presented to the Akademie on December
10, 1874 and originally intended to publish in the *Monatsberichte* of that month.[14] Instead,
the material grew and Weierstraß presented an extended version of his "small treatise" to
the Akademie on October 16, 1876.[15] This time, this seminal paper on the "systematic
foundations" of the theory of analytic functions was eventually published.[16]

There Weierstraß began with some basic definitions. A single-valued complex function of one variable "behaves regularly" in the neighbourhood of a point a when it is
bounded and continuous inside a certain disk centred at a. There the function can be
expanded in power series. The set of the regular points is called the domain of continuity
of the function. Then, Weierstraß continued, the theorem holds that "for every function
$f(x)$ in the domain of the variable x there necessarily exist singular points, as I will call
them, which are boundary points of the domain of continuity of the function, without
themselves belonging to it" (Weierstraß 1876, 78).

Weierstraß called a point a an essential singularity of a function $f(x)$ if there is no
integer n such that $(x - a)^n f(x)$ is regular at a. If there is such an integer n the point
a is called an inessential singularity (later called a pole by other authors). The class of
rational functions on a domain is characterised as the set of single-valued functions having
only inessential singularities in that domain. In other words, Weierstraß went on, if a

---

13   In this connection Hilbert (1897, 335) remarked that "the algebraic concept of prime ideal is realized by the
     transcendental, prime function".
14   As recorded in the *Monatsberichte Berlin*, 766.
15   See the *Monatsberichte Berlin*, 537.
16   See (Weierstraß 1876). It was reprinted ten years later in (Weierstraß 1886).

function is single-valued and has no essential singularity then one can conclude that it can be represented as a quotient of two entire functions. This theorem gave Weierstraß the "clue" to the study and classification of transcendental functions.

Following the analogy suggested by rational functions, he asked the question "whether it is possible to form arithmetic expressions of the variable x and indeterminate constants which represent all the functions of a determinate class, and only those" (Weierstraß 1876, 83). He provided a step-by-step answer, beginning with the easiest class to study, namely functions having only one singular point. If such a point is ∞, then the function is entire and it is representable by a convergent power series for any finite value of x. The function itself is rational or transcendental according as ∞ is a pole or an essential singularity. Its general expression is given by

$$G\left(\frac{1}{x-c}\right),\tag{5.6}$$

where c is a pole or an essential singularity according as G is a polynomial or a transcendental entire function (if $c = \infty$, $\frac{1}{x-c}$ has to be replaced by x). This can be easily generalized to functions having n singularities (poles or essential singularities) $c_1, \ldots, c_n$. Their "simplest" form is given by expressions like

$$1)\quad \sum_{\nu=1}^{n} G_\nu\left(\frac{1}{x-c_\nu}\right) \qquad 2)\quad \prod_{\nu=1}^{n} G_\nu\left(\frac{1}{x-c_\nu}\right) R^*(x),\tag{5.7}$$

"where $R^*(x)$ means a rational function becoming zero or infinite only at the essential singular points of the function to be represented" (Weierstraß 1876, 85). Eventually, he considered the case of a function having n essential singularities $c_1, \ldots, c_n$ and, in addition, arbitrarily many (even infinitely many) poles. It can be expressed in the forms

$$1)\quad \frac{\sum\limits_{\nu=1}^{n} G_\nu\left(\frac{1}{x-c_\nu}\right)}{\sum\limits_{\nu=1}^{n} G_{n+\nu}\left(\frac{1}{x-c_\nu}\right)} \qquad 2)\quad \frac{\prod\limits_{\nu=1}^{n} G_\nu\left(\frac{1}{x-c_\nu}\right)}{\prod\limits_{\nu=1}^{n} G_{n+\nu}\left(\frac{1}{x-c_\nu}\right)} R^*(x)\tag{5.8}$$

under the obvious condition that "the numerator and denominator do not both vanish for any value of x". Conversely, when the functions $G_1, \ldots, G_{2n}$ are given arbitrarily, each such expression represents a single-valued function with (at most) n essential singular points and an unlimited number of poles. The proof of these theorems constitutes the main part of the paper.

Admittedly, (5.6) was already known and the expression 1) on the left side of (5.7) could be easily obtained "from known theorems". In order to prove the remaining formulae "in general", he had to fill a "gap" in the theory of entire, transcendental functions, and, he said, he had succeeded "not long ago, after some unsuccessful attempts" (Weierstraß 1876, 85). This was related to the answer to the questions he had discussed in his letters to Schwarz and Kovalevskaya that Weierstraß reformulated as follows:

1. is an entire function determined by its zeros?

2. given an infinite sequence of constants $a_1, a_2, a_3, \ldots$ with $\lim |a_n| = \infty$ does there always exist an entire function having $a_1, a_2, a_3, \ldots$ as its zeros?

The first question is easily answered: there are infinitely many functions having the same zeros as a given $G(x)$. They are represented by $G(x)e^{\bar{G}(x)}$, $\bar{G}(x)$ being any arbitrary entire function. As for the second, so far unanswered question – Weierstraß stated – it too has an affirmative answer. "With the help of these fundamental theorems", he went on, one will easily get a proof of the formulae (5.8).

In the paper Weierstraß added that he had been led to find an answer to these questions by his studies of the gamma function, which he called Euler's and Gauß's factorial function. This is a meromorphic function, whose reciprocal is entire and which can be expressed by the "always convergent" infinite product

$$\prod_{n=1}^{\infty}(1 + x/n)(1 + 1/n)^{-x} \text{ or } \prod_{n=1}^{\infty}(1 + x/n)e^{-x \log(1+1/n)}.$$

"Starting from this remark" (Weierstraß 1876, 91) asked himself the question whether "any function $G(x)$ could be built from factors of the form"

$$(kx + l)^{\bar{G}(x)}.$$

Pursuing this idea he was eventually led to a result that allowed him to complete the theory of single-valued analytic functions with a finite number of essential singularities in a satisfactory way. As he had announced in his letters to Schwarz and Kovalevskaya the key concept was the concept of "prime functions". Weierstraß defined a "prime function" of x as any single-valued function of x having only one singular point (either a pole or an essential singularity), and at most one zero. Its most general expression is

$$\left(\frac{k}{x - c} + l\right)^{G\left(\frac{1}{x-c}\right)},$$

where c is the singular point, k and l are constants. The special case when $G\left(\frac{1}{x-c}\right)$ is replaced by a constant is also allowed.

Then, Weierstraß stated, any single-valued analytic function with one singular point is either a prime function or the product of prime functions with this same singular point. By multiplication and division of suitable prime functions one could obtain the formulae on the right side of (5.7) and (5.8).

With this aim in mind he introduced the prime functions $E(x, n)$ as above, and proved a factorization theorem that, following (Hille 1962, 228), can be reformulated in modern terms as follows: given the above sequence $\{a_n\}$ and a sequence of positive integers $\{\mu_n\}$ then there exists an entire function $G(x)$ having at $x = a_n$ a zero of multiplicity μ_n for each n and no other zeros. If $a_n \neq 0$ for any n, then the function is represented by the product

$$G(x) = \prod_{n=1}^{\infty} E\left(\frac{x}{a_n}, p_n\right)^{\mu_n} \tag{5.9}$$

provided that the integers p_n are chosen so that the product is uniformly convergent on compact sets. Thus, given any entire function $G(x)$ either

1. it has no zeros, and can be represented as $e^{\bar{G}(x)}$, or

2. it has a finite number of zeros, and can be represented as $G_0(x)e^{\bar{G}(x)}$, where $G_0(x)$ is a rational entire function, or

3. it has infinitely many zeros a_n, with multiplicity m_n at $x = a_n$ and multiplicity λ at $x = 0$, and it can be represented as $x^{\lambda}G(x)e^{\bar{G}(x)}$, $G(x)$ being given by (5.9)

where, in all cases, $\bar{G}(x)$ is an entire function. Having proved this, Weierstraß turned to the study of single-valued functions with one essential singularity (resp. n essential singularities, and either n or arbitrarily many poles) and established the relevant expressions (5.6–5.8) for them.

In the concluding paragraph of the paper he tacked the problem of the behaviour of a function in the neighborhood of an essential singularity. "One knows", Weierstraß remarked, that a single-valued, entire function $f(x)$ is such that given two arbitrarily positive constants a and b if $|x| > a$ then there are always values of x for which $|f(x)| > b$. This holds true for any single-valued function with an essential singularity at ∞. Now, let $f(x)$ be any single-valued function with n essential singularities, and let c be one of them. Then, given any arbitrarily small $\varrho > 0$ and any arbitrarily large $R > 0$ there exist values of x such that $|x - c| < \varrho$ and $|f(x)| > R$. Given any arbitrary constant C, the function $\frac{1}{f(x)-C}$ has the same essential singularities as $f(x)$. Thus, there exist values of x such that $|x - c| < \varrho$ and $|f(x) - C| < 1/R$. Therefore, Weierstraß concluded, "in an infinitely small neighborhood of the point c the function $f(x)$ behaves in such a discontinuous way that it can come arbitrarily close to any arbitrarily given value, for $x = c$ however, it has no determinate value" (Weierstraß 1876, 124). Consequently, the relevant expressions of such a function given above "fail to have any meaning for $x = c$." This is the way in which Weierstraß formulated the celebrated theorem named after him (and Casorati-Sokhotskii as well).

From 1875 onwards, Weierstraß presented the main results of this paper in his lectures on the introduction to analytic function theory. Thus, for instance, in Hurwitz's notes (implicit) reference is made to the "clue" that provided the starting point for Weierstraß's research when it is stated that "a rational function may well have singularities, but these can always only be inessential ones" i. e. poles. "But the converse of this property of a rational function also holds. And this converse is a fundamental theorem of the theory of functions" (Weierstraß 1988a, 128). From this the representation of meromorphic functions followed. This proposition can also be found in Killing's 1868 notes when dealing with "rational functions" (Weierstraß 1986, 83) but there is no hint there to the representations theorems that are instead treated in detail in Hurwitz's lecture notes (Weierstraß 1988a, 147–152).

The importance of Weierstraß's prime functions can hardly be overestimated. In Poincaré's opinion, the discovery of prime functions was Weierstraß's main contribution to the development of function theory.[17] They had a dramatic impact on Hermite when he first heard about them in 1877 on the occasion of the celebration of the 100th anniversary of Gauß's birthday, when all the leading German mathematicians gathered in Göttingen. It was on this occasion that Hermite met Weierstraß for the first time, "whom by right the Germans call their mathematical hero".

Reporting on the meeting in a letter to Mittag-Leffler on April 23, 1878 Hermite recorded:

> I was talking Mr. Schwarz about elliptic functions, and I received from him the notion of prime factors, a notion of capital importance and completely new to me. But scarcely the most essential things were communicated to me. Only for an instant, as if the horizon was unveiled and then suddenly darkened, I glimpsed a new, rich and wonderful country in analysis, a Promised Land that I had not entered at all. I had this vision in my mind continuously during my entire journey back.[18]

There is hardly any doubt that Hermite suggested to Picard to provide the French translation of Weierstraß's 1876 paper that appeared in 1879. In a subsequent letter to Mittag-Leffler on July 12th, 1879 Hermite referred to this translation when he said again that "the completely new notion of prime functions and primary factors [*facteurs primaires*, in his words] seems to me of capital importance in analysis. To me it was like a flash of light".[19] Hermite went on by saying that he had used this notion in his lectures at the Sorbonne "without having studied or deepened it", to prove that $\frac{1}{\Gamma(1+x)}$ is an everywhere holomorphic function,

$$\frac{1}{\Gamma(1+x)} = e^{Cx} \prod_{n \geq 1}\left(1 + \frac{x}{n}\right)e^{-\frac{x}{n}}$$

"which is the expression of a uniform, entire function in the form of a product of prime functions" (C is Euler's constant).[20]

5.6 The Preparation theorem

In his lectures on analytic function theory Weierstraß regularly presented a series of theorems on single-valued functions of several variables that he needed in his lectures on Abelian functions, and in 1879 he collected this material in a paper that he allowed to

---

17 See (Poincaré 1899, 9).
18 Quoted in (Dugac 1984, 52).
19 Quoted in (Dugac 1984, 54).
20 Actually, this result is included in his lithographed lectures (Hermite 1882, 93).

be lithographed for his students. This seminal paper (Weierstraß 1879) was eventually printed in 1886. The first theorem stated there was his *Vorbereitungssatz* (preparation theorem) which, as Henri Cartan once said, has become "an indispensable tool in the contemporary developments of mathematics, in analytic geometry as well as in differential geometry" (Cartan 1966, 155). Weierstraß began by stating that:

> Let $F(x, x_1, x_2, \ldots, x_n)$ be a function, represented in the form of an ordinary power series, such that $F(0, 0, 0, \ldots, 0) = 0$. Then there exist infinitely many systems of values of the variables $x, x_1, x_2, \ldots, x_n$ within the domain of convergence of the series that satisfy the equation $F(x, x_1, x_2, \ldots, x_n) = 0$ (Weierstraß 1886, 135).

In many researches, Weierstraß remarked, one has to determine only those systems for which $x, x_1, x_2, \ldots, x_n$ lies in an arbitrarily small neighbourhood of the origin. In order to do that he began by putting $F(x, 0, 0, \ldots, 0) = F_0(x)$ and writing

$$F(x, x_1, x_2, \ldots, x_n) = F_0(x) - F_1(x, x_1, x_2, \ldots, x_n)$$

so that $F_1(x, 0, 0, \ldots, 0) = 0$. Assuming that $F_0(x)$ does not vanish identically, then for a suitable $\varrho > 0$ one has $F_0(x) \neq 0$ for $0 < x \leq \varrho$, and also there exist values $(x_1, x_2, \ldots, x_n) \neq (0, 0, \ldots, 0)$ for which the series $F_1(\varrho, x_1, x_2, \ldots, x_n)$ converges. Further, given ϱ_0 such that $0 < \varrho_0 < \varrho$ and $\varrho_0 < |x| < \varrho$, one can choose a suitable small ϱ_1 with $|x_j| < \varrho_1$ $(j = 1, \ldots, n)$ such that $|F_0| > |F_1|$.

Given this, one has the uniformly convergent series

$$\frac{1}{F(x, x_1, x_2, \ldots, x_n)} = \frac{1}{F_0} + \frac{F_1}{F_0^2} + \frac{F_1^2}{F_0^3} + \ldots = \sum_{\lambda=0}^{\infty} \frac{F_1^\lambda}{F_0^{\lambda+1}}$$

and by considering its logarithmic derivative one has

$$\frac{1}{F} \frac{\partial F}{\partial x} = \frac{F_0'}{F_0} - \frac{\partial}{\partial x} \sum_{\lambda=1}^{\infty} \frac{1}{\lambda} \frac{F_1^\lambda}{F_0^\lambda}.$$

By resorting to the uniform convergence of relevant series, and to the consequences of Cauchy integral theorem without mentioning it explicitly, as (Cartan 1966, 156) has remarked, eventually Weierstraß was able to conclude that

$$F(x, x_1, \ldots, x_n) = f(x, x_1, x_2, \ldots, x_n) \cdot CQ(x, x_1, x_2, \ldots, x_n), \tag{5.10}$$

where C is the coefficient of x^m in $F(x, 0, \ldots, 0)$, $f(x, x_1, x_2, \ldots, x_n)$ is a distinguished polynomial of degree m, $Q(x, x_1, x_2, \ldots, x_n)$ is a power series and the roots of the equation $F(x, x_1, \ldots, x_n) = 0$ coincide with the roots of $f(x, x_1, x_2, \ldots, x_n) = 0$. As the coefficients of f and Q are independent of ϱ, ϱ_1, the equation (5.10) holds in a suitable neighborhood of the origin where F, f and Q are all convergent.

Having proved the preparation theorem under the hypothesis that $F(x, 0, \ldots, 0)$ does not vanish identically, if this was not the case Weierstraß showed how to generate a distinguished polynomial $f(x, x_1, x_2, \ldots, x_n)$ by means of linear transformations. The preparation theorem provided Weierstraß with the necessary tool for successfully tackling the problem of divisibility of two power series in several variables, which he did in the subsequent parts of his paper.

In modern terms, the preparation theorem can be stated in slightly different terms with respect to Weierstraß's original formulation above:

Let $F(x, x_1, \ldots, x_n)$ be a holomorphic function in the neighbourhood of the origin. Suppose $F(0, 0, \ldots, 0) = 0, F_0(x) = F(x, 0, \ldots, 0) \neq 0$ and let p be the integer such that $F_0(x) = x^p G(x), G(0) \neq 0$. Then there exists both a "distinguished" polynomial

$$f(x, x_1, \ldots, x_n) = x^p + a_1 x^{p-1} + \ldots + a_p$$

(whose coefficients $a_j(x_1, \ldots, x_n)$ are holomorphic functions in the neighbourhood of the origin and vanish at the origin) and a function $g(x, x_1, \ldots, x_n)$ which is holomorphic and nonzero in the neighbourhood of the origin, such that $F = f \cdot g$ in the neighbourhood of the origin.[21]

In a footnote to his 1879 paper Weierstraß claimed he had expounded the *Vorbereitungssatz* in his lectures since 1860. A glance at the surviving lecture notes shows that actually, without naming it that way, the theorem was stated and proved in his 1868 lectures (Weierstraß 1986, 85–90) when tackling the problem of the inversion of analytic functions. Before dealing with the case of several variables, there Weierstraß considered a function $f(x)$ of one variable expanded in convergent power series. In the proof he distinguished between the case of one zero (which can be found also in Jacobi's work) and multiple zeros. The latter case, one reads in Killing's notes (Weierstraß 1986, 90), has been treated "up to now only in the lectures [of Weierstraß], and with a proof completely different from Jacobi's". Then Weierstraß extended this result to a power series $f(x, x_1, \ldots, x_n)$ which is convergent in a disk centred at the origin, vanishes at the origin and is of degree m in x, i.e. $f(x, 0, \ldots, 0) = x^m G(x, 0, \ldots, 0)$ with $G(0, .., 0) \neq 0$, see (Weierstraß 1986, 90–91).

As (Ullrich 1989, 161) has pointed out, Weierstraß "had the geometrical version of the preparation theorem to its full extent" already in 1874, and he presented it in his lectures, as Hettner's 1874 lecture notes (pp. 448–452) show. The preparation theorem is also expounded and proved in great detail in Hurwitz's 1878 lecture notes (Weierstraß 1988a, 153–156) following essentially the same route as in his 1879 paper. In the last of those lectures Weierstraß introduced the concept of an analytical *Gebilde* of the first order (*Stufe*) as defined (locally) by the set of points x, y given by $x - a = \varphi(t), y - b = \psi(t)$. Then, with the technique of analytical continuation, he obtained a global *Gebilde* and explicitly referred to "the analogy between this definition and the analytical–geometrical definition of curves" in $\mathbb{C}^2$ (Weierstraß 1988a, 162). He distinguished between regular and irregular points of a *Gebilde*, and pointed out that the latter are "branch-points in Riemann's sense of the analytic function" (Weierstraß 1988a, 165).

Eventually, he introduced the concept of analytical *Gebilde* of the nth order (*Stufe*). In Hettner's 1874 manuscript this is defined by a system of equations $x_{n+r} = G_r(x_1, x_2, \ldots, x_n)$ where $(r = 1, 2, \ldots, \nu)$, and $G_r(x_1, x_2, \ldots, x_n)$ are power series in n variables.

---

21 See (Cartan 1966, 155).

By suitable inversion of the power series at regular points he eventually got the "extremely important" final result: "If we replace a certain number of the variables $x_{n+1}, x_{n+2}, \ldots,$ $x_{n+\nu}$ with the same number of the variables $x_1, x_2, \ldots, x_n$ then we obtain ν new equations that define a second, analytical *Gebilde* of the nth order, which is completely identical in all its parts with the one defined by the original, given equations" (Weierstraß 1874, 489). In Weierstraß's view, this theorem represented "the goal of the lectures of function theory".[22]

5.7   A paper on function theory

A fundamental contribution to function theory dealing with the properties of infinite series of rational functions was published by Weierstraß in 1880. This paper was quickly translated into French, and turned out to be one of Weierstraß's most influential works. There Weierstraß began by stating some theorems on uniformly convergent series of rational functions, including the so-called M-test for uniform convergence now named after him. He introduced it in a footnote (Weierstraß 1880, 202) where he gave once more his δ-n definition of a uniformly convergent series $\sum_{\nu=0}^{\infty} f_\nu(x)$ in a domain B, and remarked that if the series is unconditionally convergent in the domain B, then it is always possible to remove a finite number of its terms so that the sum of arbitrarily many of the remaining ones is smaller than δ for any value of the variable. "This condition is certainly satisfied – Weierstraß added – when there exists a sequence of positive constants $g_1, g_2, g_3, \ldots$ such that $|f_\nu(x)| \leq g_\nu$ ($\nu = 0, 1, \ldots, \infty$) for every point of the domain B, and the sum $\sum_{\nu=0}^{\infty} g_\nu$ has a finite value." In order to characterize the domain of convergence of such series he introduced the concept of a *continuum* defined as a path-connected region of the complex plane and proved that a series

$$\sum_{\nu=0}^{\infty} f_\nu(x)$$

that is uniformly convergent in such a *continuum* represents a branch of a monogenic, analytic function there. However, the domain of (uniform) convergence of a series may be built up of different, disjoint regions as shown by the series

$$F(x) = \sum_{\nu=0}^{\infty} \frac{1}{x^\nu + x^{-\nu}} \tag{5.11}$$

which is uniformly convergent for $|x| < 1$ and $|x| > 1$.

When this is the case, an "important question" in function theory arises, namely whether the given series represents branches of the same monogenic function or not. The question had a negative answer, as Weierstraß was going to prove. This would imply that "the concept of a monogenic function of one complex variable does not coincide completely with the concept of a dependence that can be expressed by means of (arithmetical)

---

22   See (Ullrich 1989, 163) and (Kopfermann 1966, 94–95).

operations on magnitudes". Weierstraß was pleased to add in a footnote that "the contrary has been stated by Riemann" in §20 of his thesis, and also that "a function of one argument, as defined by Riemann, is always a monogenic function" (Weierstraß 1880, 210).

Weierstraß said he had found and presented in his lectures "for many years" the result that in either domain $|x| < 1$ and $|x| > 1$ the series (5.11) represents a monogenic function which cannot be analytically continued in the other one across their common boundary (Weierstraß 1880, 211).[23] As he showed in an appendix to the paper, the proof was based on the identity[24]

$$1 + 4F(x) = \left(1 + 2\sum_{n=1}^{\infty} x^{n^2}\right)^2, \ |x| < 1, \tag{5.12}$$

that Jacobi had established in the *Fundamenta nova*. ($|x| = 1$ is a natural boundary for $1 + 2\sum_{n=1}^{\infty} x^{n^2}$).

This was a particular example of the main theorem he proved in his paper, namely that a series of rational functions converging uniformly inside a disconnected domain may represent different monogenic functions on disjoint regions of the domain (Weierstraß 1880, 221).

Having proved his main theorem, Weierstraß took the opportunity to clarify an essential point connecting real and complex analysis. From the very beginning, in his lectures on the elements of function theory he had pointed out two theorems that "did not coincide with the standard view", namely

1. the continuity of a real function does not imply its differentiability

2. a complex function defined in a bounded domain cannot always be continued outside it.

The points where the function cannot be defined may be "not simply isolated points, but they can also make lines and surfaces" (Weierstraß 1880, 221). His reasoning runs as follows: Let the series $\Sigma A_\nu x^\nu$ be absolutely and uniformly convergent for $|x| \leq 1$. Then, by restriction to $|x| = 1$ one obtains the series $\Sigma A_\nu e^{\nu ti}$, which represents a continuous function of a real variable t. Suppose the given series is continued analytically outside the unit disk, and consider its relevant expansion in a power series $P(x - x_0)$ centred at x_0 with $|x_0| = r_0 < 1$. Thus, an arc of the circle $|x| = 1$ is completely included in the convergence domain of $P(x - x_0)$. There one has

$$\sum_{\nu=0}^{\infty} A_\nu e^{\nu ti} = P(x_t - x_0) \tag{5.13}$$

with $x_0 = r_0 e^{t_0 i}$, $x_t = e^{ti}$ and $t_0 - \tau < t < t_0 + \tau$.

---

23 In fact, Weierstraß had already discussed this series in (Weierstraß 1874, 500–502).
24 For a detailed account see (Ullrich 1997).

As $P(x - x_0)$ has derivatives of any order with respect to x, the same holds true for $P(x_t - x_0)$ with respect to t. Therefore, "when one can prove that the function (5.13) in a definite case has no derivatives of any order in any interval of the variable t, one has to conclude that the domain of convergence of the series $P(x - x_0)$, no matter how x_0 is taken, is completely included in the domain of convergence of the given series, which represents a function that cannot be continued outside its domain of convergence" (Weierstraß 1880, 222).

When a is an odd integer and $0 < b < 1$ the series

$$\sum_{\nu=0}^{\infty} b^{\nu} x^{a^{\nu}} \tag{5.14}$$

satisfies the required conditions. However, as Weierstraß had communicated to the Berlin Academy since 1872, the series

$$\sum_{\nu=0}^{\infty} b^{\nu} \cos a^{\nu} t$$

represents a continuous nowhere differentiable function as soon as $ab > 1 + 3\pi/2$, under which condition also the series (5.14) represents a function that cannot be analytically continued outside the unit disk. Thus, following Weierstraß's hint, the discovery of a continuous nowhere differentiable function seems to have to be related primarily to the problem of analytic continuation.

On the other hand, already in 1866 Weierstraß had made an (admittedly cryptic) allusion to the existence of natural boundaries of analytic functions – "a circumstance that does not seem to have been remarked upon so far, even though it is of great importance in function theory", Weierstraß commented.[25] (Apparently he was unaware of the fact that Hermite had already noticed the same circumstance when dealing with elliptic functions in his *Note* translated into German in 1863.[26])

Referring to the French translation of the paper (Weierstraß 1880), Weierstraß observed to Schwarz on March 6, 1881 in a nicely understated remark: "My latest paper created more of a sensation among the French than it really deserves; people seem finally to realize the significance of the concept of uniform convergence".

In the concluding lines of the paper (Weierstraß 1880, 223) claimed that "it is easy to produce uncountably many other power series of the same nature as the previous ones, and even for an arbitrarily bounded domain of the variable x to demonstrate the existence of functions that cannot be continued beyond this domain; however, I do not enter this here." In modern terms, this claim amounts to saying that any domain in $\mathbb{C}$ is a domain of holomorphy. However, (Remmert 1998, 119) is right when remarking that Weierstraß "gave no precise statement, far less a proof of this claim". The proof was to be given by Runge a few years later, in 1885. Some years earlier, however, Goursat in 1882 and, in-

---

25 It is worth remarking that the relevant passage from the *Monatsberichte Berlin* (p. 617) is not included in the re-worked version of the paper (Weierstraß 1866) published in his *Werke*.
26 See (Hermite 1863).

dependently of him, Poincaré in 1883 had produced proofs for the case of a continuum bounded by a smooth curve.

5.8   Lecturing at the Mathematical Seminar

Weierstraß summarised his approach to function theory, and his criticism of Cauchy's and Riemann's, in a lecture he gave at the Mathematical Seminar on May 28, 1884. This was occasioned by recent papers by Appell, Picard and Poincaré who extended results of his paper on single-valued functions (Weierstraß 1876) "partly following another way" different from his own. "Actually much can be done more easily by means of Cauchy's theorem", (Weierstraß 1925, 1) admitted. Therefore, he felt necessary to explain "what has led me to follow the route I have followed". This was deeply connected with "the fundamental trends" he chose to develop function theory.

As already mentioned, Weierstraß made a point of building analytic function theory without resorting to the Cauchy integral theorem, a view he had explained in a letter to Schwarz on December 20th, 1874. There he first stated Cauchy's theorem without mentioning Cauchy by name, then he added that "nowadays, following Riemann's (or Dirichlet's?) approach the proof is usually obtained from the consideration of a double integral. I do not consider this to be completely methodical" – Weierstraß continued – "because in this procedure the true foundation of the theorem does not comes to light clearly enough". Instead, "in function theory" he gave the following theorem: "Let $F(x\,|a) = b_0 + b_1(x-a) + \ldots$ be a function element, and let it be proved that in a simply connected surface containing the place (*Stelle*) a it can be continued along *every* [Weierstraß's italics] path coming out of a, then through it a single-valued, analytic function is defined for the points of the surface".

Weierstraß considered this theorem as "indispensable" for function theory. The integral theorem was a "direct consequence" of the above-stated theorem that moreover provided "in the very same way" the foundation for functions defined by a linear differential equations with coefficients given by rational or algebraic functions, particularly for all the functions having only a finite number of singular points. To prove this Weierstraß considered simply connected surfaces, and stated that for any piece of such a surface the theorem can be easily established. "I have always believed that Cauchy had been the first to equate the contour integral $\int M\,dx + N\,dy$ to the surface integral $\iint \frac{\partial M}{\partial y} - \frac{\partial N}{\partial x}\,dx\,dy$", Schwarz replied on February 2nd, 1875 referring to the relevant notice in (Casorati 1868, 78–79). Then he went on to offer a proof of the theorem stated by Weierstraß before turning to a problem related to minimal surfaces that he had dealt with from time to time since 1871.

In his lecture at the Mathematical Seminar in 1884 Weierstraß emphasised strongly that he did not start from "a more or less arbitrary definition of an analytic function" but one that related the concept of a function to the dependence of magnitudes on fundamental arithmetic operations in order to get the concept of a single-valued function. A definition of such a function according to which "for every value of the argument one has a well-determined value of the function" is "a definition that says nothing" when the argument is complex (Weierstraß 1925, 2). It had once been thought that it was enough to add to this a continuity condition in order to prove the existence of a derivative and, consequently, to get (at least locally) the Taylor expansion of the function. However, his discovery of both continuous nowhere differentiable functions and series having natural boundaries convinced him to have nothing to do with "these old definitions". But "all the difficulties vanish", (Weierstraß 1925, 3) claimed, when one follows his power series approach. Having summarised the method of analytic continuation, including a discussion of the different nature of singular points, in the concluding part of the lecture he addressed his criticism more precisely to Cauchy and Riemann.

According to Weierstraß, Cauchy defined $f(x)$ to be a (complex) function of x if:

1. for any x in a given domain there exists a well determined value of $f(x)$;

2. the derivative $f'(x)$ exists (herewith the continuity of $f(x)$ is assumed), and is unique and continuous.

This means, said Weierstraß, that the derivative is defined as the limit $\frac{f(x+h)-f(x)}{h}$ as h becomes infinitely small, but Cauchy did not tackle the question of when such a limit exists.[27] "In his day one generally assumed that such a derivative always existed, at least for real quantities" (Weierstraß 1925, 7). But when x is complex, the value of the limit depends on the way h approaches zero. Cauchy took as a definition the fact that the quotient approaches a well-determined limit $f'(x)$ independently of how h approaches zero, then he proved that a function defined that way can be expanded in power series. However, his proof was not based on "the first elements of analysis" but on the concept of integral. Hence Weierstraß's dislike, for he wanted "function theory to be founded by means elementary theorems on basic operations" (Weierstraß 1925, 8).

Weierstraß seems to attribute too much to Cauchy, including much of what Riemann had done. Actually, in Weierstraß's late reconstruction Riemann's contributions did not amount to all that much. Once Cauchy's definition is given, it is matter of easy calculation to get the Cauchy–Riemann equations that Riemann took as the definition of an analytic function. "At first sight this definition looks arbitrary", Weierstraß commented, "but Riemann completed it by stating that, as the Cauchy–Riemann equations are satisfied by all the laws of dependence expressed by arithmetical forms, they represent a common property of all known function, and therefore he [Riemann] took it as a definition" (Weierstraß 1925, 9). According to Weierstraß, Cauchy had already both the Cauchy–Riemann equations and their geometrical meaning although he did not put them at the basis of the theory. Riemann's definition is perfectly justifiable, Weierstraß concluded, but it is subject to the same criticism as Cauchy's. It has the property that through it one easily obtains the concept of analytical continuation. But when Riemann wanted to prove the possibility of such a continuation he was forced to move to power series, as he did (not in his papers but in his lectures) by resorting to theorems of integral calculus.

Weierstraß further remarked that in Riemann's definition of a complex function one is forced to assume the existence of first order partial derivatives of functions of two real vari-

---

27   Actually, (Cauchy 1823, 22) warned the reader by adding the condition "if it [the limit] exists".

ables, or even of second order partial derivatives when the corresponding Laplace equations are considered. Of course, things get worse when one passes from one to several complex variables. If, on the contrary, one starts from power series only "the first elements of arithmetic" are needed. Weierstraß himself was strengthened in this view by the remark that the very same approach could "more easily" be followed for functions of several variables (Weierstraß 1925, 10). He used to prove this in his lectures on the introduction of analytic function theory, and he also did it in his very last lectures in 1886.

5.9   Weierstraß's last lecture on function theory

Weierstraß's SS 1886 lectures dealt with selected chapters of function theory. The first part of the course was devoted to real analysis. There he tackled, for the first time in 30 years, a subject he had taught only once at the very beginning of his Berlin career, namely the representation of arbitrary (real) functions in series, and in doing this he stated and proved the approximation theorem today named after him.[28]

The second, shorter part of Weierstraß's course dealt with complex functions proper, beginning with a discussion of the nature of single- and many- (even infinitely many-) valued functions. The latter come in when one considers the inversion of a hyperelliptic integral, as Jacobi had done. This gave Weierstraß the occasion to clarify his view with respect to "Jacobi's paradox" concerning the "absurd" nature of infinitely many valued functions. Already in 1882, when editing Jacobi's collected works Weierstraß had commented that Jacobi's statement could no longer be upheld "from the point of view's of present-day function theory" (Weierstraß 1988a, 127).

As usual, he discussed the matter in his letters to Kovalevskaya and Schwarz. Referring to the inversion of a hyperelliptic integral $u = \int^x \frac{dx}{\sqrt{P(x)}}$ he claimed that to one value of u correspond countably many x, "as Cantor has proved in a convincing way". Writing to Schwarz on March 14th, 1885 Weierstraß asked the question: "given an arbitrary analytic function $f(u)$ could one prove that for each value of u the corresponding values of $f(u)$ form a countable set so that they could be arranged in a series? No doubt the answer is affirmative", Weierstraß continued. He also claimed to be able to give a proof by resorting to minimal surfaces. By means of such a surface he made the whole family of the pairs $(z, f(z))$ – what he called a monogenic *Gebilde* of the first order – "much more intuitive to my mind than through the Riemann's surface", but, he went on, "certainly it will be possible" to prove it without such a geometrical help, for example by assuming Poincaré's uniformisation theorem of 1883 to be correct. Weierstraß had an objection to Poincaré's proof concerning what happened at points where the function ceases to be regular, and in his 1886 lectures he limited himself to stating that the proof was "probably correct" (Weierstraß 1988b, 130). (The possible connection with the uniformisation theorem, pointed out by Weierstraß, was later to be emphasized by both Poincaré and Koebe in their papers in 1907.)

---

28   See Siegmund–Schultze's essay in this volume.

The above statement, generally known as Volterra–Poincaré theorem, seems to support the fact that Weierstraß had the theorem as early as 1885. As (Ullrich 2000) has shown, the question answered by the theorem arises naturally in the context of Weierstraß's function theory, and of analytical continuation along "chains of discs" in particular, when one asks "how large" is the set of values a function $f(u)$ attains at a point $u = a$ after analytic continuation along all the different chains. Apparently the theorem had first been communicated by Cantor to Weierstraß "many years before", as Cantor explained in 1888 in a letter to the Italian mathematician Giulio Vivanti, who had just published the theorem (although with an incorrect proof) in the *Rendiconti del Circolo matematico di Palermo*. Vivanti attempted to prove the theorem by resorting to Riemann surfaces. The crucial point was the assumption that the sheets of the Riemann surface of a monogenic function that meet at a branch point are countably many in number and, "on the basis of the principles of set theory" also that the set of branch points of any sheet of the surface is in one-to-one correspondence with only countably many other sheets. Vivanti's paper, which connected the theorem with Poincaré's uniformisation theorem, produced a vivid reaction from Poincaré, and another from Volterra. Poincaré sent a letter to the editor of the *Rendiconti* that was published in the same volume of the journal as Vivanti's paper in which the proof was based on Weierstraß's definition of analytic functions by means of power series and chained discs. (Independently of him, but following the same Weierstrassian approach, Volterra in 1888 eventually produced a detailed, rigorous proof of the theorem.)

In his 1886 lecture Weierstraß pointed out some essential features of his power series approach to the theory of functions of several complex variables, strongly emphasizing the role of uniform convergence. He explicitly refused to take the n-sheeted Riemann surface as the proper foundation of function theory because "it would be difficult to deal with them when there are infinitely many sheets". On the other hand, Weierstraß continued, Riemann himself – who "had a mathematical imagination like no-one else he [Weierstraß] had ever known" – had met difficulties he himself was not able to overcome in the case of manifolds of several dimensions (Weierstraß 1988b, 144). The lecture concluded with a sketch of some basic concepts and results of the theory according to Weierstraß's motto that "the ultimate aim is always the representation of a function".[29]

References

Behnke, H., Kopfermann, K. (eds.) (1966). Festschrift zur Gedächtnisfeier für Karl Weierstraß, 1815–1965. Köln, Opladen: Westdeutscher Verlag.

Bölling, R. (ed.) (1993). Briefwechsel zwischen Karl Weierstraß und Sofja Kowalewskaja. Berlin: Akademie-Verlag.

Bottazzini, U. (1992). The influence of Weierstrass's analytical methods in Italy. In: (Demidov et al. 1992, 67–90).

Bottazzini, U., Gray, J. (2013). Hidden Harmony – Geometric Fantasies. The Rise of Complex Function Theory. New York: Springer.

---

29 For a comprehensive account of Weierstraß's work, see (Bottazzini and Gray 2013).

Cartan, H. (1966). Sur le théorème de préparation de Weierstraß. In: (Behnke and Kopfermann, 155–168).

Casorati, F. (1868). Teorica delle funzioni di variabili complesse. Pavia: Fusi.

Cauchy, A.-L. (1823). Resumé des leçons données à l'Ecole Royale Polytechnique sur le calcul infinitésimal. Paris: Imprimerie Royale. In: Œuvres complètes 2 (4), 5–261.

Demidov, S. S. et al. (eds.) (1992). Amphora. Festschrift for H. Wussing. Basel: Birkhäuser.

Dugac, P. (1973). Éléments d'analyse de Karl Weierstrass. Achive Hist. Exact Sciences 10, 41–176.

Dugac, P. (ed.) (1984). Lettres de Charles Hermite à Mittag-Leffler (1874–1883). Cahiers du Séminaire d'Histoire des Mathématiques 5, 49–285.

Gauß, C. F. (1831). Theoria residuorum biquadraticorum. Commentatio secunda. Göttingische gelehrte Anzeigen, 625–638. In: Werke 2, 169–178.

Gauß, C. F. (1832). Theoria residuorum biquadraticorum. Commentatio secunda. Comm. Soc. Göttingen 7, 89–148. In: Werke 2, 93–148.

Heine, E. (1872). Die Elemente der Functionenlehre. J. rei. ang. Math. 74, 172–188.

Hermite, Ch. (1863). Übersicht der Theorie der elliptischen Functionen. Natani, L. (ed.). Berlin: Wiegand & Hempel.

Hermite, Ch. (1882). Cours de M. Hermite professé pendant le 2e semestre 1881–82. Andoyer, H. (ed.). (lith.) (1891) 4th ed. Paris: Hermann.

Hilbert, D. (1897). Zum Gedächtnis an Karl Weierstrass. Göttinger Nachr. 60–69. In: Ges. Abh. 3, 330–338.

Hille, E. (1962). Analytic function theory, vol. 1. Boston: Ginn & Co.

Koenigsberger, L. (1917). Weierstraß' erste Vorlesung über die Theorie der elliptischen Functionen. Jahresb. DMV 25, 393–424.

Kopfermann. K. (1966). Weierstraß' Vorlesung zur Funktionentheorie. In: (Behnke and Kopfermann, 75–96).

Mittag-Leffler, G. (1923). Weierstrass et Sonja Kowalewsky. Acta mathematica 39, 133–198.

Pincherle, S. (1880). Saggio di una introduzione alla teoria delle funzioni analitiche secondo i principi del prof. Weierstrass. Giornale di Matematiche 18, 178–154; 317–357. Not in his Opere scelte.

Poincaré, H. (1899). L'œuvre mathématique de Weierstrass. Acta mathematica 22, 1–18. [Not in his Œuvres].

Remmert, R. (1998). Classical topics in complex function theory. New York: Springer.

Runge, C. (1926). Persönliche Erinnerungen an Karl Weierstraß. Jahresb. DMV 35, 175–179.

Ullrich, P. (1989). Weierstrass' Vorlesung zur 'Einleitung in die Theorie der analytischen Funktionen'. Achive Hist. Exact Sciences 40, 143–172.

Ullrich, P. (1997). Anmerkungen zum 'Riemannschen Beispiel' $\sum_{n=1}^{\infty} (\sin n^2 x)/n^2$ einer stetigen, nicht differenzierbaren Funktion. Results in Mathematics. Resultate der Mathematik 31, 245–265.

Ullrich, P. (2000). The Poincaré–Volterra theorem: from hyperelliptic integrals to manifolds with countable topology. Achive Hist. Exact Sciences 54, 375–402.

Weierstraß, K. (1840). Über die Entwicklung der Modular-Functionen. Ms. In: Math. Werke 1, 1–49.

Weierstraß, K. (1841a). Darstellung einer analytischen Function einer complexen Veränderlichen, deren absolute Betrag zwischen zwei gegebenen Grenzen liegt. Ms. In: Math. Werke 1, 51–66.

Weierstraß, K. (1841b). Zur Theorie der Potenzreihen. Ms. In: Math. Werke 1, 67–74.

Weierstraß, K. (1842). Definition analytischer Functionen einer Veränderlichen vermittelst alge-braischer Differentialgleichungen. Ms. In: Math. Werke 1, 75–84.

Weierstrass K. T. W. (1854). Zur Theorie der Abel'schen Functionen. J. rei. ang. Math. 47, 289–306. In: Math. Werke 1, 133–152. French trl. as: Sur la théorie des fonctions abéliennes. J. de math. 19, 257–278.

Weierstraß, K. (1856). Über die Theorie der analytischen Facultäten. J. rei. ang. Math. 51, 1–60. Rep. in: (Weierstraß 1886, 183–260). In: Math. Werke 1, 153–221.

Weierstraß, K. (1857). Akademische Antrittsrede. Monatsberichte Berlin, 348–351. In: Math. Werke 1, 223–226.

Weierstraß, K. (1866). Untersuchungen über die Flächen, deren mittlere Krümmung überall gleich Null ist. Umarbeitung einer am 25. Juni 1866 in der Akademie der Wissenschaften zu Berlin gelesenen, in den Monatsberichten Berlin, 612–625, auszugeweise abgedruckten Abhandlung. In: Math. Werke 3, 39–52.

Weierstraß, K. (1874). Einleitung in die Theorie der analytischen Functionen, nach den Vorlesun-gen im SS 1874. Hettner, G. (ed.). Ms. (Photomech. rep. by the Library of the Mathematisches Institut Göttingen 1988).

Weierstraß, K. (1876). Zur Theorie der eindeutigen analytischen Functionen. Berlin Abh., 11–60. (Separate pagination). Rep. in: (Weierstraß 1886, 1–52). In: Math. Werke 2, 77–124. French trl. as: Mémoire sur les fonctions analytiques uniformes. Annales ENS (2) 8 (1879), 111–150.

Weierstraß, K. (1879). Einige auf die Theorie der analytischen Functionen mehrerer Veränderlichen sich beziehende Sätze. (lith.) Berlin. First printed in (Weierstraß 1886, 105–164). Rep. in: Math. Werke 2, 135–188.

Weierstraß, K. (1880). Zur Funktionenlehre. Monatsberichte Berlin, 719–743. Nachtrag. Monats-berichte Berlin (1881), 228–230. Rep. in: (Weierstraß 1886, 67–101, 102–104). In: Math. Werke 2, 201–233. French trl. as: Remarques sur quelques points de la théorie des fonctions analy-tiques. Bull. sci. math. (2) 5 (1881), 157–183.

Weierstraß, K. (1884). Zur Theorie der aus n Haupteinheiten gebildeten complexen Grössen. Göt-tinger Nachr. 395–414. In: Math. Werke 2, 311–332.

Weierstraß, K. (1886). Abhandlungen aus der Funktionenlehre. Berlin: Springer.

Weierstrass, K. (1894–1927). Mathematische Werke von Karl Weierstraß. 7 vols. Berlin: Mayer and Müller. Rep. Hildesheim: Olms.

Weierstraß, K. (1925). Zur Funktionentheorie. Acta mathematica 45, 1–10. [Not in Math. Werke].

Weierstraß, K. (1968). Einführung in die Theorie der analytischen Funktionen, nach einer Vor-lesungmitschrift von Wilhelm Killing aus dem Jahr 1868. Scharlau, W. (ed.). Münster: Druck-technische Zentralstelle Universität Münster.

Weierstraß, K. (1988a). Einleitung in die Theorie der analytischen Funktionen. Vorlesung Berlin 1878 in einer Mitschrift von Adolf Hurwitz. Ullrich, P. (ed.). Braunschweig: Vieweg & Sohn.

Weierstraß, K. (1988b). Ausgewählte Kapitel aus der Funktionenlehre. Vorlesung, gehalten in Berlin 1886. Siegmund–Schultze, R. (ed.). Leipzig: Teubner.

Monodromy and normal forms

6

Fabrizio Catanese

Mathematisches Institut, Universität Bayreuth, Deutschland

Abstract

We discuss the history of the monodromy theorem, starting from Weierstraß, and the concept of a monodromy group. From this viewpoint we compare then the Weierstraß, the Legendre and other normal forms for elliptic curves, explaining their geometric meaning and distinguishing them by their stabilizer in $PSL(2, \mathbb{Z})$ and their monodromy. Then we focus on the birth of the concept of the Jacobian variety, and the geometrization of the theory of Abelian functions and integrals. We end illustrating the methods of complex analysis in the simplest issue, the difference equation $f(z) = g(z + 1) - g(z)$ on $\mathbb{C}$.

Introduction

In Jules Verne's novel of 1874, "Le Tour du monde en quatre-vingts jours", Phileas Fogg is led to his remarkable adventure by a bet made in his Club: is it possible to make a tour of the world in 80 days?

Idle questions and bets can be very stimulating, but very difficult to answer when they deal with the history of mathematics, and one asks how certain ideas, which have been a common knowledge for long time, did indeed evolve and mature through a long period of time, and through the contributions of many people.

In short, there are three idle questions which occupy my attention since some time:

1. When was the statement of the monodromy theorem first fully formulated (resp. proven)?

2. When did the normal form for elliptic curves

$$y^2 = x(x - 1)(x - \lambda),$$

which is by nowadays' tradition called by many (erroneously?) "the Legendre normal form", first appear?

3. The old "Jacobi inversion theorem" is today geometrically formulated through the geometry of the "Jacobian variety $J(C)$" of an algebraic curve C of genus g: when did this formulation clearly show up (and so clearly that, ever since, everybody was talking only in terms of the Jacobian variety)?

The above questions not only deal with themes of research which were central to Weierstraß' work on complex function theory, but indeed they single out philosophically the importance in mathematics of clean formulations and rigorous arguments.

At this point it seems appropriate to cite Caratheodory, who wrote so in the preface of his two volumes on "Funktionentheorie" (Caratheodory 1950):

> "The genius of B. Riemann (1826–1865) intervened not only to bring the Cauchy theory to a certain completion, but also to create the foundations for the geometric theory of functions. At almost the same time, K. Weierstraß (1815–1897) took up again the above-mentioned idea of Lagrange[1], on the basis of which he was able to arithmetize Function Theory and to develop a system that in point of rigor and beauty cannot be excelled. The Weierstraß tradition was carried on in an especially pure form by A. Pringsheim (1850–1941), whose book (1925–1932) is extremely instructive."

Then Caratheodory comments first on the antithesis:

> "During the last third of the 19th Century the followers of Riemann and those of Weierstraß formed two sharply separated schools of thought."[2]

and then on the synthesis:

> "However, in the 1870's Georg Cantor (1845–1918) created the Theory of Sets. ... With the aid of Set Theory it was possible for the concepts and results of Cauchy's and Riemann's theories to be put on just as firm basis as that on which Weierstraß' theory rests, and this led to the discovery of great new results in the Theory of Functions as well as of many simplifications in the exposition."

Needless to say, the great appeal of Function Theory rests on two aspects: the fact that classical functions of a real variable are truly understood only after one extends their definition to the complex domain, seeing there the maximal domain where the function extends without acquiring singularities.

And, even more, the variety of different methods and perspectives: polynomials, power series, analysis, and geometry, all of these illustrate several facets of the theory of holomorphic functions, complex differentiability, analiticity (local representation through a power series), conformality.

---

1 "whose bold idea was to develop the entire theory on the basis of power series"; the definition of an **analytic** function as one which is locally the sum of a power series is due to Lagrange in (Lagrange 1797), please observe that Weierstraß started to develop the method of power series quite early, around 1841

2 and things were made more complicated by some sort of direct rivalry between the Göttingen and Berlin schools of mathematics.

As a concrete example of the several souls which are indispensable in order to treat problems in Function Theory, I shall then illustrate a simple case of a crucial technical result in the theory of periodic functions, looking at the different methods which can be used: given a holomorphic function $f(z)$ on the entire complex plane $\mathbb{C}$, does there exist a function $g(z)$ solution of the following difference equation?

$$g(z+1) - g(z) = f(z) \tag{6.1}$$

6.1 The monodromy theorem

Curiously enough, there are several famous monodromy theorems, the classical one and some modern ones.

The classical one is easier to understand, it revolves around the concept of function, and distinguishes between a "monodromic" (i. e. "single valued") function, and a "polydromic" (or "multiple valued") function.

Typical examples of monodromic functions are the "functions" in modern (Cantor's) sense:

$$z \mapsto z^2, \quad z \mapsto e^z := \sum_n \frac{z^n}{n!}, \quad z \mapsto \cos(z) := \frac{1}{2}(e^{iz} + e^{-iz}),$$

examples of polydromic functions are

$$z \mapsto \sqrt{z}, \quad z \mapsto \sqrt{(1-z^2)(1-k^2z^2)},$$

$$z \mapsto \log(z) := \int_1^z \frac{dt}{t}, \quad z \mapsto \arcsin(z) := \int_0^z \frac{dt}{\sqrt{(1-t^2)}}$$

$$z \mapsto \mathcal{L}^{-1}(z) := \int_0^z \frac{dt}{\sqrt{(1-t^2)(1-k^2t^2)}},$$

where the last function is the Legendre elliptic integral.

The meaning of the two words is easily understood if we recall that in Greek $\mu o \nu o \sigma$ means "single", $\pi o \lambda y$ means "many", and $\delta \rho o \mu \epsilon \iota \nu$ means "to run". So, a function is polydromic if running around some closed path we end up with a value different from the beginning one.

In the first two examples, we have an **algebraic function** y, which means that there exists a polynomial equation satisfied by z and y, such as, respectively:

$$y^2 = z, \quad y^2 = (1-z^2)(1-k^2z^2),$$

and indeed in modern mathematics we view the algebraic function as defined by the second coordinate projection on the curve

$$f \colon C := \{(z,y) | y^2 = (1-z^2)(1-k^2z^2)\} \to \mathbb{C}, \quad f(z,y) := y.$$

Here, the reason for the multivaluedness of an algebraic function y, defined by an irreducible polynomial equation $P(z,y) = 0$, is explained more or less by algebra; since, if the degree of P with respect to the variable y equals d, then to each value of z which is not a root of the discriminant $\delta(z) = \text{disc}_y(P)(z)$ of P with respect to the variable y, there correspond exactly d values of y.

The latter examples are deeper to deal with, their nature is transcendental, but in some sense are easier to understand: one sees indeed that going around the origin the value of the logarithm gets changed by a multiple of

$$2\pi i = \int_{|z|=r} \frac{dt}{t}$$

for each tour $z = re^{i\theta}, 0 \leq \theta \leq 2\pi$, around the origin; hence the function is polydromic.

The monodromy theorem is deeply based on the concept of **analytic continuation** introduced by Weierstraß in his lectures (Weierstraß 1988, Chapter 10, 93–97). Weierstraß observes first that a power series defines inside its convergence disk D a function which is analytic, i. e. it can be represented, for each point $c \in D$, as a local power series $\sum_n a_n(z - c)^n$; and then that, if two power series $f: D \to \mathbb{C}, g: D' \to \mathbb{C}$ yield the same local power series at some point $c \in D \cap D'$, then the same holds for each other point $c' \in D \cap D'$. Proceeding in this way, one can, given a path γ and a series of disks $D_1, \ldots, D_r$ such that

$$D_i \cap D_{i+1} \neq \emptyset, \quad \gamma \subset \mathcal{D} := \bigcup_{i=1}^{r} D_i,$$

define the analytic continuation of $f := f_1$ along the path if there are power series f_i on each disk D_i, such that there is a point $c_i \in D_i \cap D_{i+1}$ where the local power series developments coincide.

Writes then Hurwitz in his notes of Weierstraß' lectures (page 97):

> "Läßt sich für einen Punkt nur ein einziges Funktionenelement aufstellen, so heißt die Funktion eindeutig, in entgegengesetztem Falle mehrdeutig."

The monodromy theorem gives a sufficient condition for the analytic continuation to be single valued (monodromic).

Theorem 6.1 (Monodromy Theorem, Monodromie-Satz.)   *Let two continuous paths $\gamma(s), 0 \leq s \leq 1$, and $\delta(s), 0 \leq s \leq 1$, be given, which have the same end points $\gamma(0) = \delta(0), \gamma(1) = \delta(1)$ and which are homotopic, i. e. there is a continuous deformation of γ and δ given by a continuous function $F(s,t), 0 \leq s,t \leq 1$ such that $F(s,0) = \gamma(s), F(s,1) = \delta(s)$. Then analytic continuation along γ yields the same result as analytic continuation along δ.*

In particular, if we have a function f which admits analytic continuation over the whole domain Ω, and the domain Ω is simply connected, then f extends to a monodromic (single valued) function.

Eberhard Freitag states clearly in his book (Freitag and Busam 2006) that the monodromy theorem was first proven in the lectures of Weierstraß. Indeed, in (Weierstraß

1988, Sect. 17.2, 136–138) it is proven that analytic continuation along segments and tri-angles gives a single valued result, and something more is said in Chapter 18 (143–145, ibidem), where it is written that 'every analytic function can be made single valued after restriction of its domain of definition': this amounts, in the explanation by Peter Ull-rich (Weierstraß 1988, xxii), to showing that, if we take the star of a point p (union of all segments $[p, z]$ contained in the domain of definition), there any function is single valued. According to Ullrich, the full statement of the monodromy theorem for simple connected domains is contained in the "Mitschrift" of Killing (notes of the Weierstraß lectures in the summer term 1868), even if the proof is not given in a complete way.

However, the monodromy theorem does not appear either in Hurwitz (Hurwitz 2000), which is without the addition by Courant, nor in Osgood's treatise (Osgood 1907), and not even in Hermann Weyl's "Die Idee der Riemannschen Fläche" (Weyl 1913).

The first book source in which I was able to find the full statement and a complete proof is the book (Hurwitz 1922), which appeared in 1922 (already in 1925 there was a second edition!). The book, which is entitled "Funktionentheorie", has become and remained a classic, it is the third volume of the Springer series "Grundlehren", and the monodromy theorem appears (in Chapter 5 entitled "Analytic continuation and Riemann surfaces" on page 348) in the section "Geometrische Funktionentheorie" added by Richard Courant (editor of the book) to the lectures by Adolf Hurwitz "Vorlesungen über allgemeine Funk-tionentheorie und elliptische Funktionen".

It is clear that there are two main ingredients in the monodromy theorem: first, the concept of analytic continuation, second the topological idea of a simply connected do-main. It is no coincidence that Courant formulates the theorem for Riemann surfaces: in our opinion the monodromy theorem represents the ideal marriage of the ideas of Weier-straß with those of Riemann.

6.1.1   Riemann domain and sheaves

The concept of analytic continuation is nowadays fully understood through the theory of sheaves, and especially the concept of the 'espace étale' of a sheaf.[3]

Sheaves were invented by Leray during the second world war as a way to analyse the topological obstructions to determine global solvability once local solvability is no prob-lem. For example, any differential form ϕ on a differentiable manifold M which is closed (i. e. $d\phi = 0$) is locally exact (so called Poincaré lemma), i. e. locally there exists another form ψ such that $d\psi = \phi$. The de Rham theory shows that in order to obtain a globally defined form ψ such that $d\psi = \phi$ it is necessary and sufficient that the cohomology class of ϕ is zero: this means that the necessary condition

$$\int_N \phi = 0, \quad \forall N, \text{ s. t. } \partial N = \emptyset$$

is also sufficient.

---

[3]   "schlichtes Gebiet" in German, jokingly called in Italian by one of my teachers: 'spazio lasagnato'.

Today even sheaves are considered by some mathematicians as elementary mathematics, and the new trend is to disregard the thorough treatment done in the 1950s and 1960s (Serre 1955, Godement 1958) preferring the more general concept of derived categories (introduced by Grothendieck and Verdier, see (Verdier 1996)).

However, the theory of sheaves associates to a topological space X another topological space $\mathcal{F}$, with a continuous map p onto X, which is a local homeomorphism. The points of $\mathcal{F}$ lying over a point $x \in X$ are germs of functions around x, which means equivalence classes of functions defined in some neighbourhood U of x; where two germs f_x, g_x are equivalent if there is a smaller neighbourhood V of x where the functions do coincide identically.

This applies in particular to holomorphic functions, which enjoy the special property that the locus where they coincide identically is both open and closed, and analytic continuation of a holomorphic function $f: U \to \mathbb{C}$ defined over a connected open set $U \subset X$ (X is here a complex manifold) means that we consider first the open set U_f in $\mathcal{F}$ given by the germs f_x, for $x \in U$, and then we take a larger connected open set $W \subset \mathcal{F}$. The largest such open set (the connected component of $\mathcal{F}$ containing U_f) is called the **Riemann domain** $\tilde{U}_f$ of the function f: it is a complex manifold endowed with a locally biholomorphic map $p: \tilde{U}_f \to X$, an explicit biholomorphism $U \cong U_f$, and a holomorphic function $F : \tilde{U}_f \to \mathbb{C}$, which extends the holomorphic function determined by f on U_f.

6.1.2 Monodromy or polydromy?

As mentioned earlier, there are many monodromy theorems: but most of them deal with a concept, monodromy, which should be instead called polydromy. In fact, in the modern use, when we talk about the monodromy of a covering space, say of an algebraic function, we talk about describing its polydromy, that is, its lack of monodromy.

All this started quite early: see as example for this page 666 of the encyclopedia by Wirtinger and others (Encyklopädie 1909), where the "monodromy" of the branch points is being considered, Chapter 81 of Bianchi's book (Bianchi 1901), devoted to the monodromy group and the results of Hurwitz (Hurwitz 1891), where the second part is entitled: Monodromy groups.[4] Frans Oort gave me the following explanation: the monodromy theorem had just become so famous that everybody felt it so great to talk about it, so that even in the cases where there was polydromy, they fell into the habit of only talking about monodromy. I have to admit that even nowadays there are slogans which take over so much in the imagination of mathematicians, that many would like to understand everything through a few slogans, forgetting about the complexity of the mathematical world.[5]

---

4   Fricke and Klein instead distinguish themselves by using the word "polymorphic" for functions which are polydromic (Fricke and Klein 1912, vol. II, 43).

5   Carl Ludwig Siegel wrote once to Weil:

> "It is completely clear to me which conditions caused the gradual decadence of mathematics, from its high level some 100 years ago, down to the present hopeless nadir... Through the influence of textbooks like those of Hasse, Schreier and van der Waerden, the new generation was seriously harmed, and the work of Bourbaki finally dealt the fatal blow."

What would Siegel write today?

For example, the theory of covering spaces was invented to clarify the concept of an algebraic function and its polydromy.

In the modern terminology one can describe an algebraic function f on an algebraic curve Y (equivalently, Y is a compact Riemann surface) as a rational function f on a projective curve X which admits a holomorphic map $p\colon X \to Y$ (and we may assume that f generates the corresponding extension for the respective fields of meromorphic functions $\mathbb{C}(Y) \subset \mathbb{C}(X)$).

The easiest example would be the one where $Y = \mathbb{P}^1 = \mathbb{P}^1_{\mathbb{C}}$ and $f = \sqrt{P(x)}$, P being a square free polynomial.

The function f is in general polydromic, i. e. many valued as a function on Y, and going around a closed loop we do not return to the same value. It is a theorem of Weierstraß (later generalized by Hurwitz in (Hurwitz 1883)) that f is a rational function on Y if f is monodromic, i. e. there is no polydromy.

We shall also adhere here to the prevailing attitude to call monodromy what should really be called polydromy, and we explain it now in the particular example of algebraic functions (observe that even in the book by Bianchi (Bianchi 1901), where the author pays special attention to distinguish monodromic and polydromic functions, as in page 254, Chapter 81 is entitled: "Gruppo di monodromia").

Given $p\colon X \to Y$ as above there is a finite set $\mathcal{B} \subset Y$, called the branch locus, such that, setting $Y^* := Y \setminus \mathcal{B}, X^* := p^{-1}(Y^*)$, then p induces a covering space $X^* \to Y^*$ which is classified by its monodromy μ. μ is a homomorphism of the fundamental group of Y^*, $\pi_1(Y^*, y_0)$ into the group of permutations of the fibre $p^{-1}(y_0)$ ($\pi_1(Y^*, y_0)$ is the group introduced by Poincaré, whose elements are homotopy classes of closed paths beginning and ending in a fixed point y_0).

If X is irreducible, and d is the degree of p, then the image of the monodromy is a transitive subgroup of $\mathfrak{S}_d$, and conversely Riemann's existence theorem asserts that for any homomorphism $\mu\colon \pi_1(Y^*, y_0) \to \mathfrak{S}_d$ with transitive image we obtain an algebraic function on Y with branch set contained in $\mathcal{B}$.

Indeed one can factor the monodromy $\mu\colon \pi_1(Y^*, y_0) \to \mathfrak{S}_d$ through a surjection to a finite group G followed by a permutation representation of G, i. e. an injective homomorphism $G \to \mathfrak{S}_d$ with transitive image. A concrete calculus to determine monodromies explicitly was developed by Hurwitz in his fundamental work (Hurwitz 1891).

While one of the most striking results was obtained in (Schwarz 1873) by Hermann Amandus Schwarz (another student of Karl Weierstraß) who determined all the cases where the monodromy of the Gauss hypergeometric function is finite (hence algebraicity follows).

6.2   Normal forms and monodromy

The name of Weierstraß will ever remain present in complex variables and function theory through terms like "Weierstraß infinite products", see (Weierstraß 1894–1915, vol. 2, articles 8 and 11), "Weierstraß' preparation theorem", see the article "Einige auf die Theorie der analytischen Functionen mehrerer veränderlichen sich beziehende Sätze" in (Weierstraß 1894–1915, vol. 2, 135), which paved the way to the theory of several complex variables, see (Siegel 1973) for a classical exposition, starting from the preparation theorem and the unique factorization of holomorphic functions of several variables. But also through a simple notation, for Weierstraß' $\wp$ function.

Let us recall the by now standard definition, which is contained nowadays in every textbook of complex analysis.[6]

Let Ω be any discrete subgroup of $\mathbb{C}$, generated (i. e. $\Omega = \mathbb{Z}\omega_1 + \mathbb{Z}\omega_2$) by a real basis ω_1, ω_2 of $\mathbb{C}$. Then Weierstraß defined his $\wp$ function as:

$$\wp(z) := \frac{1}{z^2} + \sum_{\omega \in \Omega \setminus \{0\}} \left(\frac{1}{(z-\omega)^2} - \frac{1}{\omega^2} \right).$$

Moreover, he proved that the meromorphic map given by

$$(\wp(z) : \wp'(z) : 1)$$

gives an isomorphism of the elliptic curve $E_\Omega := \mathbb{C}/\Omega$ with the curve of degree three in the projective plane, union of the affine curve in $\mathbb{C}^2$ defined by the equation

$$y^2 = 4x^3 - g_2 x - g_3, \tag{6.2}$$

with the point at infinity with homogeneous coordinates $(1 : 0 : 0)$ (the image of the origin in $\mathbb{C}^2$). This point is the neutral element 0_E for the group law, where three points are collinear if and only if their sum is equal to 0_E.

Equation (6.2) is called the Weierstraß normal form of the elliptic curve. Here, an elliptic curve is a group, induced by addition on $\mathbb{C}$, in particular the datum of an elliptic curve yields a pair $(E, 0_E)$. The curve is smooth if the polynomial $4x^3 - g_2 x - g_3$ has three distinct roots, equivalently, its discriminant $\Delta := g_2^3 - 27g_3^2 \neq 0$ (if $\Delta = 0$ we get a curve with a node, whose normalization is isomorphic to $\mathbb{P}^1$).

Moreover, up to a homothety in $\mathbb{C}$, we can assume that $\Omega = \mathbb{Z} \oplus \mathbb{Z}\tau$, where τ is a point in the upper half plane $\{\tau \in \mathbb{C} | \operatorname{Im}(\tau) > 0\}$.

The functions $g_2(\omega_1, \omega_2), g_3(\omega_1, \omega_2)$ (one writes $g_2(\tau), g_3(\tau)$ when one restricts to pairs of the form $(\omega_1, \omega_2) = (1, \tau)$) are the fundamental examples of Eisenstein series (Eisenstein 1967, 7. IV, 213–335, published in Crelle, before 1847)

$$g_2 = 60 \cdot \sum_{\omega \in \Omega \setminus \{0\}} \frac{1}{\omega^4}, \quad g_3 = 140 \cdot \sum_{\omega \in \Omega \setminus \{0\}} \frac{1}{\omega^6},$$

as one learns as an undergraduate student, I read it in the book by Henri Cartan (Cartan 1961).

---

6   even if the original definition, see (Weierstraß 1894–1915, vol. 5), was based on the differential equation satisfied by it, and the relation with the σ-function.

It is clear that a homothety, multiplying each $\omega \in \Omega$ by c, has the effect of multiplying g_m by c^{-2m}, and that a change of basis in Ω has no effect whatsoever; this implies that g_2, g_3 are automorphic forms for the group of oriented changes of basis in Ω: $\mathbb{P}SL(2, \mathbb{Z}) = SL(2, \mathbb{Z})/\pm I$.

This group acts on the upper half plane

$$\phi := \begin{pmatrix} a & b \\ c & d \end{pmatrix} \in \mathbb{P}SL(2, \mathbb{Z})$$

by

$$\phi(\tau) = \frac{a\tau + b}{c\tau + d},$$

and then

$$g_m(\tau) = g_m\left(\frac{a\tau + b}{c\tau + d}\right)(c\tau + d)^{-2m} = g_m(\phi(\tau))(c\tau + d)^{-2m}.$$

This transformation formula says that g_m are automorphic forms of weight m, and indeed g_2, g_3 are the most important ones, since the graded ring of automorphic forms for $\mathbb{P}SL(2, \mathbb{Z})$ is the polynomial ring $\mathbb{C}[g_2, g_3]$.

In the Weierstraß normal form the origin of the elliptic curve is fixed (the neutral element for the addition law). It corresponds to the origin in $\mathbb{C}$, and to the point at infinity (i. e. the unique point with $w = 0$) of the projective curve of homogeneous equation

$$y^2 w = 4x^3 - g_2(\tau)xw^2 - g_3(\tau)w^3.$$

The three intersection points with the x-axis correspond to the three half periods $\frac{1}{2}, \frac{\tau}{2}, \frac{\tau+1}{2}$: these are exactly the points P on the elliptic curve which are 2-torsion points (this means $2P \equiv 0 \,(\mathrm{mod}\, \Omega)$) and different from the origin. Observe that the 2-torsion points form a subgroup of E, isomorphic to $(\mathbb{Z}/2)^2$.

The Weierstraß normal form is quite elegant, moreover it shows that the elliptic curves are just the nonsingular plane cubics, the projective plane curves of degree 3 (since we have a field, $\mathbb{C}$, where $2, 3$ are invertible). It has had therefore a profound influence in number theory, where one prefers the 'normal form'

$$y^2 = x(x - 1)(x - \lambda), \quad \lambda \neq 0, 1,$$

in which the three roots are numbered, and brought, via a unique affine transformation of $\mathbb{C}$, to be equal to $0, 1, \lambda$. This normal form is essentially explained in (Weierstraß 1894–1915, vol. 6, 136); in Chapter 13, which is dedicated to the degree two transformation leading to the Legendre normal form: here fails only the letter λ for the transform of the fourth root a_4 of a degree 4 polynomial $R(x)$.

The real issue is that the "Weierstraß normal form" is not really a normal form! In the sense that two elliptic curves which are isomorphic do not have the same invariants g_2, g_3: these indeed, as we saw, change if one represents E by another point τ in the upper half plane, say $\frac{a\tau+b}{c\tau+d}$.

Indeed, two elliptic curves are, as is well-known, isomorphic if and only if they have the same j-invariant. The j-function can be calculated in terms of the above forms (notice that the right hand side is automorphic of weight $6 - 6 = 0$, hence it is a well defined function of τ).

$$j(\lambda) = \frac{4}{27} \frac{(\lambda^2 - \lambda + 1)^3}{\lambda^2(\lambda - 1)^2} = \frac{g_2^3}{g_2^3 - 27g_3^2}. \tag{6.3}$$

The normal form used by Legendre was instead the normal affine form:

$$y^2 = (x^2 - 1)(x^2 - a^2), \quad a \neq 1, -1.$$

Weierstraß explains clearly in his lectures (Weierstraß 1894–1915, vol. 5, especially page 319) how to obtain from his normal form the Legendre normal form, once one has found the roots of the polynomial $P(x) := 4x^3 - g_2x - g_3$. The same is also lucidly done in the book of Bianchi (Bianchi 1901, 433–436) for any polynomial $P(x)$ of degree 3 or 4.

As the Weierstraß normal form describes a plane curve isomorphic to the elliptic curve $E = \mathbb{C}/\Omega$, image through Weierstraß' $\wp$ function and its derivative, something similar happens with the Legendre normal form: there exists $\mathcal{L}$, a Legendre function for E: $\mathcal{L} \colon E \to \mathbb{P}^1$, a meromorphic function which makes E a double cover of $\mathbb{P}^1$ branched over the four distinct ordered points: $\pm 1, \pm a \in \mathbb{P}^1 \setminus \{0, \infty\}$.

As explained by Weierstraß and later in the book by Tricomi (Tricomi 1951), the Legendre normal form is very important for the applications of elliptic functions: and essentially because the coefficient a is a well defined function of τ, which has finite monodromy on the space of isomorphicm classes of elliptic curves, parametrized by the invariant $j \in \mathbb{C}$. Indeed Weierstraß in (Weierstraß 1894–1915, vol. 5) devotes a lot of efforts to show how one can pass from one normal form to the other.

Our point of view here is to relate these three normal forms (and a fourth one) with the monodromy point of view, in the sense of Fricke and Klein (Fricke and Klein 1912), and as well explained by Bianchi (who was a student of Klein) in (Bianchi 1901); i. e. to see that certain functions of τ describe a quotient of the upper half plane by a well determined subgroup of $\mathbb{P}SL(2, \mathbb{Z})$.

Our interest is not merely historical: the Legendre normal form has played an important role in some discovery of new algebraic surfaces done by Inoue in (Inoue 1994), and in our joint work with Bauer and Frapporti, see for instance (Bauer and Catanese 2011) and (Bauer, Catanese, and Frapporti 2015).

Before we proceed, let us observe that the first fundamental theorem about projectivities states that, given distinct points P_1, P_2, P_3, P_4 in $\mathbb{P}^1$, there exists a unique projective transformation sending $P_1 \mapsto \infty, P_2 \mapsto 0, P_3 \mapsto 1$; and the image of the fourth point P_4 is the cross ratio

$$\frac{P_4 - P_2}{P_4 - P_1} \cdot \frac{P_3 - P_1}{P_3 - P_2}.$$

In this terms, we obtain that λ is the cross-ratio of the four points $\wp(0)$, $\wp(\frac{1}{2})$, $\wp(\frac{\tau}{2})$, $\wp(\frac{1+\tau}{2})$, where $\wp$ is the Weierstraß function.

And the j-invariant is just the only invariant for a group of four distinct points in the projective line (the cross-ratio is well defined for an ordered fourtuple, but permuting the four points has the effect of exchanging λ with six values, $\lambda, \frac{1}{\lambda}, 1 - \lambda, \frac{1}{1-\lambda}, 1 - \frac{1}{\lambda}, \frac{\lambda}{\lambda-1}$).

The above equations (6.3) show easily that $j(\lambda) = 0 \Leftrightarrow \lambda^3 + 1 = 0, \lambda \neq 1$ $j(\lambda) = 1 \Leftrightarrow \lambda = -1$. Indeed the holomorphic map $\tau \to j(\tau)$ is the quotient map of the upper half plane for the action of the group $\mathbb{P}SL(2,\mathbb{Z})$, and over $\mathbb{C} \setminus \{0,1\}$ it is a covering space (this leads, see for instance (Bianchi 1901, 359–362) or (Rudin 1970, 324 pp.) to a quick proof of Picard's first theorem that any entire function which omits two values is necessarily constant).

Let us now consider the Legendre normal form $y^2 = (x^2 - 1)(x^2 - a^2)$: since this is an elliptic curve E, there exists a τ in the upper half plane, such that $E = E_\tau$, and a function $\mathcal{L} \colon E \to \mathbb{P}^1$ which is called a **Legendre function** for E.

This function is a close relative of the Weierstraß function, and we can give this function in dependence of the parameter a; in order however to see the symmetries of E related to the subgroup of 2-torsion points of E, it is convenient to set $a = b^2$, i. e. to take a square root of a.

The Inoue normal form is the normal form

$$y^2 = (\xi^2 - 1)(\xi^2 - b^4).$$

We have the following relations for the Legendre function, see (Inoue 1994, Lemma 3-2) and (Bauer and Catanese 2011, Sect. 1) for an algebraic treatment:

- $\mathcal{L}(0) = 1, \mathcal{L}(\frac{1}{2}) = -1, \mathcal{L}(\frac{\tau}{2}) = a, \mathcal{L}(\frac{\tau+1}{2}) = -a$;

- set $b := \mathcal{L}(\frac{\tau}{4})$: then $b^2 = a$;

- $\frac{d\mathcal{L}}{dz}(z) = 0$ if and only if $z \in \{0, \frac{1}{2}, \frac{\tau}{2}, \frac{\tau+1}{2}\}$ since these are the ramification points of $\mathcal{L}$.

Moreover,

$$\mathcal{L}(z) = \mathcal{L}(z+1) = \mathcal{L}(z+\tau) = \mathcal{L}(-z) = -\mathcal{L}\left(z + \frac{1}{2}\right),$$

$$\mathcal{L}\left(z + \frac{\tau}{2}\right) = \frac{a}{\mathcal{L}(z)}.$$

The importance of this normal form is to describe explicitly, on the given family of elliptic curves, the action of the group $(\mathbb{Z}/2)^3$ acting by sending

$$z \mapsto \pm z + \frac{1}{2}\omega, \quad \omega \in \Omega/2\Omega \cong (\mathbb{Z}/2)^2.$$

Observe, from the symmetry point of view, that the Weierstraß normal form clearly exhibits the symmetry $(x,y) \mapsto (x,-y)$: this symmetry corresponds to multiplication by -1 on the elliptic curve (i. e. sending a point to its inverse).

On the elliptic curve in Legendre normal form $y^2 = (x^2 - 1)(x^2 - a^2)$ we have the group $(\mathbb{Z}/2)^2$ of automorphisms consisting of

$$g_1(x, y) = (-x, -y), \quad g_2(x, y) = (x, -y), \quad g_3(x, y) = (-x, y).$$

The transformation g_1 corresponds to a translation by a point of 2-torsion, and indeed the quotient of E by g_1 is easily seen to be the elliptic curve of equation

$$v^2 = u(u - 1)(u - a^2), \quad u := x^2, \quad v := xy.$$

One can see more symmetry via algebra, considering the following 1-parameter family of intersections of two quadrics in the projective space $\mathbb{P}^3$ with homogeneous coordinates $(x_0 : x_1 : x_2 : x_3)$.

$$E(b) := \{x_1^2 + x_2^2 + x_3^2 = 0, \quad x_0^2 = (b^2 + 1)^2 x_1^2 + (b^2 - 1)^2 x_2^2\},$$

where $b \in \mathbb{C} \setminus \{0, 1, -1, i, -i\}$.

On it the group $(\mathbb{Z}/2)^3$ acts in a quite simple way, multiplying each variable x_i by ± 1 (we get the group $(\mathbb{Z}/2)^3$ and not $(\mathbb{Z}/2)^4$, since these are projective coordinates, hence $(-x_0 : -x_1 : -x_2 : -x_3) = (x_0 : x_1 : x_2 : x_3)$).

The relation with the Legendre normal form is obtained as follows. We set

$$(s : t) := (x_1 + ix_2 : x_3) = (-x_3 : x_1 - ix_2), \quad \xi := \frac{bs}{t},$$

and in this way the family of genus one curves $E(b)$ is the Legendre family of elliptic curves in Legendre normal affine form:

$$y^2 = (\xi^2 - 1)(\xi^2 - a^2), \quad a := b^2.$$

In fact, see (Bauer, Catanese, and Frapporti 2015):

$$x_0^2 = (b^2 + 1)^2 x_1^2 + (b^2 - 1)^2 x_2^2 = -(a + 1)^2 (s^2 - t^2)^2 + (a - 1)^2 (s^2 + t^2)^2 =$$

$$= 4[(a^2 + 1)s^2 t^2 - a(t^4 + s^4)] = 4t^4 \left[(a^2 + 1) \left(\frac{\xi}{b} \right)^2 - a \left(1 + \left(\frac{\xi}{b} \right)^4 \right) \right] =$$

$$= -4t^4 \frac{1}{b^2} \left[-(a^2 + 1)\xi^2 + (a^2 + \xi^4) \right] = \frac{-4t^4}{b^2} \left[(\xi^2 - 1)(\xi^2 - a^2) \right]$$

and it suffices to set

$$y := \frac{ibx_0}{2t^2}.$$

The group $(\mathbb{Z}/2)^3$ acts fibrewise on the family $E(b)$ via the commuting involutions:

$$x_0 \longleftrightarrow -x_0, \quad x_3 \longleftrightarrow -x_3, \quad x_1 \longleftrightarrow -x_1,$$

which on the birational model given by the Legendre family act as

$$y \longleftrightarrow -y, \quad \xi \longleftrightarrow -\xi, \quad \xi \longleftrightarrow \frac{a}{\xi}.$$

We want now to finish explaining the monodromy of these normal forms. To this purpose we consider the subgroup

$$\Gamma_{2,4} := \left\{ \begin{pmatrix} \alpha & \beta \\ \gamma & \delta \end{pmatrix} \in \mathbb{P}SL(2,\mathbb{Z}) \,\middle|\, \begin{matrix} \alpha \equiv 1 \quad \text{mod } 4, & \beta \equiv 0 \quad \text{mod } 4, \\ \gamma \equiv 0 \quad \text{mod } 2, & \delta \equiv 1 \quad \text{mod } 2 \end{matrix} \right\}$$

a subgroup of index 2 of the congruence subgroup

$$\Gamma_2 := \left\{ \begin{pmatrix} \alpha & \beta \\ \gamma & \delta \end{pmatrix} \in \mathbb{P}SL(2,\mathbb{Z}) \,\middle|\, \begin{matrix} \alpha \equiv 1 \quad \text{mod } 2, & \beta \equiv 0 \quad \text{mod } 2, \\ \gamma \equiv 0 \quad \text{mod } 2, & \delta \equiv 1 \quad \text{mod } 2 \end{matrix} \right\}.$$

To the chain of inclusions

$$\Gamma_{2,4} \subset \Gamma_2 \subset \mathbb{P}SL(2,\mathbb{Z})$$

corresponds a chain of fields of invariants

$$\mathbb{C}(j) \subset \mathbb{C}(\lambda) = \mathbb{C}(\tau)^{\Gamma_2} \subset \mathbb{C}(\tau)^{\Gamma_{2,4}},$$

where the respective degrees of the extensions are 6, 2.

Here, λ is, as previously mentioned, the cross-ratio of the four points $\wp(0)$, $\wp(\frac{1}{2})$, $\wp(\frac{\tau}{2})$, $\wp(\frac{1+\tau}{2})$, where $\wp$ is the Weierstraß function, and $j(\lambda) = \frac{4}{27} \frac{(\lambda^2 - \lambda + 1)^3}{\lambda^2(\lambda-1)^2}$ is the j-invariant.

If $\lambda(a)$ is the cross ratio of the four points $1, -1, a, -a$, then $\lambda(a) = \frac{(a-1)^2}{(a+1)^2}$, hence $a = \frac{1}{\lambda - 1}(-1 - \lambda \pm 2\sqrt{\lambda})$ and $\mathbb{C}(a) = \mathbb{C}(\sqrt{\lambda})$ is a quadratic extension. The geometric meaning is related to the algebraic formulae that we have illustrated in greater generality, which concretely explain the degree 2 field extension $\sqrt{\lambda}$ as follows: on the elliptic curve in Legendre normal form $y^2 = (x^2 - 1)(x^2 - a^2)$ we have the automorphism $g_1(x,y) = (-x, -y)$; and the quotient by g_1, where we set $u := x^2$, $v := xy$, $\lambda = a^2$ is the elliptic curve of equation $v^2 = u(u-1)(u-\lambda)$. Under this quotient map, a point of 4-torsion, $\tau/4$ on $E_\tau = \mathbb{C}/\mathbb{Z} + \mathbb{Z}\tau$ is sent to a point of 2-torsion inside the curve $E_{\tau/2}\mathbb{C}/\mathbb{Z} + \mathbb{Z}\tau/2$.

Hence, unlike what looked to be superficial at the beginning, the two normal forms for which the four 2-torsion points are given an order are not the same; and the reason behind this is that in the Legendre normal form one describes the full action of the group $(\mathbb{Z}/2)^3$, without the asymmetry of treating the four 2-torsion points on a different footing (in the normal form with λ one needs a non affine transformation in order to exchange the point $x = 0$ with the point $x = \infty$).

Setting now $b := \mathcal{L}(\frac{\tau}{4})$, we have that $a = b^2$, hence $\mathbb{C}(b)$ is a quadratic extension of $\mathbb{C}(\tau)^{\Gamma_{2,4}}$.

In other words, the parameter $b \in \mathbb{C} \setminus \{0, 1, -1, i, -i\}$ yields an unramified covering of degree 4 of $\lambda \in \mathbb{C} \setminus \{0, 1\}$, hence the field $\mathbb{C}(b)$ is the invariant field for a subgroup $\Gamma_{2,8}$ of index 2 in $\Gamma_{2,4}$.

By (Bianchi 1901, § 182) b is invariant under the subgroup of Γ_2 given by the transformation such that $\alpha^2 + \alpha\beta \equiv 1 \mod 8$. Since $\alpha \equiv 1 \mod 2$, this equation is equivalent to require that $\beta \equiv 0 \mod 8$, i. e.:

$$\Gamma_{2,8} := \left\{ \begin{pmatrix} \alpha & \beta \\ \gamma & \delta \end{pmatrix} \in \mathbb{P}SL(2,\mathbb{Z}) \,\middle|\, \begin{matrix} \alpha \equiv 1 \quad \text{mod } 4, & \beta \equiv 0 \quad \text{mod } 8, \\ \gamma \equiv 0 \quad \text{mod } 2, & \delta \equiv 1 \quad \text{mod } 2 \end{matrix} \right\}.$$

In other terms, the family $E(b)$ is the family of elliptic curves with a $\Gamma_{2,8}$ level structure: it is the quotient of $(\mathbb{C} \times \mathbb{H})$, with coordinates (z, τ), by the action of the group (a semidirect product) generated by $(\mathbb{Z}^2)$ which acts by

$$(m, n) \circ (z, \tau) = (z + m + n\tau, \tau)$$

and by $\Gamma_{2,8} \subset \mathbb{P}SL(2, \mathbb{Z})$.

We have a family of ramified covers:

$$\mathbb{C} \setminus \{0, 1, -1, i, -i\} \to \mathbb{C} \setminus \{0, 1, -1\} \to \mathbb{C} \setminus \{0, 1\} \to \mathbb{C}, \qquad (6.4)$$

$\mathbb{C} \setminus \{0, 1, -1, i, -i\}$ with coordinate b maps to $a = b^2 \in \mathbb{C} \setminus \{0, 1, -1\}$, in turn we have another degree two map

$$a \in \mathbb{C} \setminus \{0, 1, -1\} \mapsto \lambda = \frac{(a-1)^2}{(a+1)^2} \in \mathbb{C} \setminus \{0, 1\},$$

finally we have a degree 6 map $j = \frac{4}{27} \frac{(\lambda^2 - \lambda + 1)^3}{\lambda^2 (\lambda - 1)^2}$.

Denote by $\mathbb{H}$ the upper half plane $\mathbb{H} := \{\tau | \operatorname{Im}(\tau) > 0\}$: identifying two such open sets of the complex line (as in (6.4)) as quotients $\mathbb{H}/\Gamma$, $\mathbb{H}/\Gamma'$, with $\Gamma \subset \Gamma'$, the monodromy of $\mathbb{H}/\Gamma \to \mathbb{H}/\Gamma'$ is the image of Γ' in the group of permutations of the set Γ'/Γ of cosets of Γ in Γ'. Each such map in the diagram above is a Galois covering (but not all their compositions!).

In particular, the monodromy of $\lambda \to j$ is the symmetric group $\mathfrak{S}_3$ in three letters permuting the three points $0, 1, \lambda$: it can be seen as the group of linear automorphisms of the subgroup $E[2] \cong (\mathbb{Z}/2)^2$ of 2-torsion points of E, obtaining classical isomorphisms

$$\mathfrak{S}_3 \cong GL(2, \mathbb{Z}/2) = \mathbb{P}SL(2, \mathbb{Z})/\Gamma_2.$$

This is the perhaps the reason why the normal form

$$y^2 = x(x-1)(x-\lambda), \quad \lambda \neq 0, 1,$$

the normal form for elliptic curves given together with an isomorphism of the group of 2-torsion points with $(\mathbb{Z}/2)^2$, is the most used nowadays for theoretical purposes.

There is in fact no normal form which depends only upon the variable j, since, varying j, one would obtain a family of curves C_j which are isomorphic to the elliptic curve E_j when $j \neq 0, 1$, but for $j = 0$ (and similarly for $j = 1$) one would get $C_0 = \mathbb{P}^1$, the quotient of the elliptic curve E_0 with invariant $j = 0$ by the cyclic group of order 3 of automorphisms acting by $z \mapsto \eta z$, with $\eta^3 = 1$.

Moreover, this form is useful in arithmetic because of the method of 2-descent. This is related to the procedure, that we have just described algebraically, of being able to divide the elliptic curve by the points of 2-torsion. In fact, the affine curve C with equations

$$w^2 = (x^2 - 1), \quad t^2 = (x^2 - a^2)$$

admits a group of automorphisms given by the translations by points of 2-torsion, and generated by the two automorphisms

$$h_1(x, w, t) = (x, -w, -t), \quad h_2(x, w, t) = (-x, w, -t).$$

Since the invariants are $v := xwt, u := x^2$, its quotient is the curve

$$v^2 = u(u - 1)(u - a^2),$$

which is isomorphic to C, whereas the quotient by h_1 is, setting $y := wt$, the elliptic curve in Legendre normal form

$$y^2 = (x^2 - 1)(x^2 - a^2).$$

More general algebraic formulae for torsion points of higher order were found by Bianchi (Bianchi 1901).

6.3 Periodic functions and Abelian varieties

Writes Reinhold Remmert on page 335 of his book (Remmert 1989), in the section dedicated to short biographies of the creators of function theory, in alphabetical order Abel, Cauchy, Eisenstein, Euler, Riemann and Weierstraß:

> "Karl Theodor Wilhelm Weierstraß, born in 1815 in Ostenfelde, Kreis Warendorf, Westphalia… studied Mathematics in the years 1839–40 at the Academy of Münster, passed the State exam with Gudermann;[7] 1842–1848, teacher at the Progymnasium in Deutsch-Krone, West Prussia, for Mathematics, calligraphy and gymnastic; 1848–1855, teacher at the Gymnasium in Braunsberg, East Prussia; 1854, publication of the ground breaking results he had gotten already in 1849, in the article "Zur Theorie der Abelschen Functionen" in vol. 47 of Crelle's Journal, hence he receives a honorary PhD from the University of Königsberg… 1864, ordinarius (full professor) at the Berlin University… 1873–74, Rector of the Berlin University… he died in 1897 in Berlin."

In fact, the groundbreaking results appeared in two articles on Crelle (Weierstraß 1854, Weierstraß 1856), the first devoted to the general representation of Abelian functions as convergent power series, and the second giving a full-fledged theory of the inversion of hyperelliptic integrals.

What are the Abelian functions? They are just the meromorphic functions on $\mathbb{C}^n$ whose group of periods

$$\Gamma_f := \{\gamma \in \mathbb{C}^n | f(z + \gamma) = f(z), \quad \forall z \in \mathbb{C}^n\}$$

---

7   Weierstraß attended Gudermann's lecture on elliptic functions, some of the first lectures on this topic to be given (O'Connor and Robertson 1998).

is a discrete subgroup of maximal rank $= 2n$. In other words, such that Γ_f consists of the $\mathbb{Z}$-linear combinations of $2n$ vectors which form an $\mathbb{R}$-basis of $\mathbb{C}^n$ as a real vector space.

In general Γ_f is a closed subgroup, which can be uniquely written as the sum of a $\mathbb{C}$-vector subspace V_1 of $\mathbb{C}^n$ with a discrete subgroup Γ_2 of a supplementary subspace V_2 (i. e. $\mathbb{C}^n \cong V_1 \oplus V_2$). If V_1 is $\neq 0$, then the function f is degenerate, i. e. it depends upon fewer variables than n. A central question of the theory of periodic meromorphic functions has been: given a discrete subgroup $\Gamma \subset \mathbb{C}^n$, when does there exist a nondegenerate function f which is Γ-periodic?

In the case of $n = 1$, the answer is easy, the Abelian functions are just the elliptic functions, and, fixed a discrete subgroup of rank $= 2$, the field of Γ-periodic meromorphic functions is the field of meromorphic functions on the elliptic curve $E = \mathbb{C}/\Gamma$, generated by $\wp$ and $\wp'$, which satisfy the unique relation

$$(\wp')^2 = 4\wp^3 - g_2\wp - g_3.$$

So far, so good.

For $n \geq 2$, things are more complicated, and it took more than the ideas of Riemann and Weierstraß in this long and fascinating story!

An important contribution was given by the French school, for instance a basic theorem was the theorem of Appell-Humbert, also called the theorem on the linearization of the system of exponents, and proven by these authors for $n \leq 2$, and by Conforto in arbitrary dimension (Conforto 1942), see also (Siegel 1973, 53) for an account of the history.

The starting point[8] is a theorem due to Poincaré, showing that every meromorphic function f on $\mathbb{C}^n$ can be written as the quotient of two relatively prime holomorphic functions:

$$f(z) = \frac{F_1(z)}{F_0(z)}.$$

The Γ-periodicity of f, in view of unique factorization, translates into the same functional equation for numerator and denominator:

$$F_j(z + \gamma) = k_\gamma(z)F_j(z),$$

where the holomorphic functions $k_\gamma(z)$ are nowhere vanishing, and satisfy the cocycle condition

$$k_{\gamma_1 + \gamma_2}(z) = k_{\gamma_1}(z + \gamma_2)k_{\gamma_2}(z).$$

Since $k_\gamma(z)$ is nowhere vanishing, one can take its logarithm, and write $k_\gamma(z) = \exp(\phi_\gamma(z))$, and the functions $(\phi_\gamma(z))$ are called a system of exponents.

Since however the above factorization is unique only up to multiplying with a nowhere vanishing function $\exp(g(z))$, we see that we can replace the system of exponents by a cohomologous one

$$\varphi_\gamma(z) := \phi_\gamma(z) - g(z + \gamma) + g(z).$$

---

8   writes Siegel (Siegel 1973, 23): this question leads to interesting and complicated problems, problems whose solutions were initiated by Weierstraß and Poincaré, continued by Cousin, and completed mainly by Oka.

The main result of Appell-Humbert and Conforto is that one can find an appropriate function $g(z)$ such that the resulting exponent $\varphi_\gamma(z)$ is a polynomial of degree at most one in z; from this it follows, by purely bilinear algebra arguments, that the system can be put into a unique normal form, the so called **Appell-Humbert normal form for the system of exponents**:

$$\hat{k}_\gamma(z) = \exp\left(\varphi_\gamma(z)\right) = \rho(\gamma) \cdot \exp\left(\pi H(z, \gamma) + \frac{1}{2}\pi H(\gamma, \gamma)\right),$$

where $H(z, w)$ is a Hermitian form satisfying the **First Riemann bilinear relation: the imaginary part of H yields an alternating bilinear form with integer values on Γ,**

$$\mathcal{E} := \mathrm{Im}(H) \colon \Gamma \times \Gamma \to \mathbb{Z},$$

and $\rho \colon \Gamma \to S^1 := \{w \in \mathbb{C} | |w| = 1\}$ is a semicharacter for $\mathcal{E}$, i. e. we have

$$\rho(\gamma_1 + \gamma_2) = \exp\left(2\pi i \mathcal{E}(\gamma_1, \gamma_2)\right)\rho(\gamma_1)\rho(\gamma_2).$$

Moreover, the functional equation

$$F_j(z + \gamma) = \hat{k}_\gamma(z)F_j(z) \tag{FE}$$

has some nondegenerate solution if and only if the **Second Riemann bilinear relation is satisfied: $H > 0$, the Hermitian form H is positive definite on $\mathbb{C}^n$.**

The Riemann bilinear relations allow then, after a change of variables, to assume that the group of periods can be put in a semi-normal form, similar to the one of elliptic curves:

$$\Gamma = T\mathbb{Z}^n \oplus \tau\mathbb{Z}^n,$$

here T, τ are $n \times n$ matrices, $T = \mathrm{diag}\,(t_1, t_2, \ldots, t_n), t_i \in \mathbb{N}, t_1 | t_2 | \ldots | t_n$ (the t_j's are the elementary divisors of the matrix $\mathcal{E}$), while τ is a matrix in the Siegel generalized upper half space

$$\tau \in \mathbb{H}_g := \{\tau \in \mathrm{Mat}\,(n, n, \mathbb{C}) | \tau = {}^t\tau, \quad \mathrm{Im}(\tau) > 0\}.$$

This change of variables is crucial, since it allows to derive, after some algebraic manipulation, all the solutions of the functional equation (FE) from the Riemann theta function; indeed the solutions are linear combinations of the theta functions with characteristics $a \in \mathbb{Q}^n$:[9]

$$\theta[a, 0](z, \tau) = \sum_{p \in \mathbb{Z}^n} \exp\left(\pi i({}^t(p + a)\tau(p + a) + 2\,{}^tz(p + a))\right).$$

Nowadays, see for instance the book by Mumford (Mumford 1970), the theorem of Appell-Humbert is viewed as the consequence of the exponential exact sequence on the complex torus $X := \mathbb{C}^n/\Gamma$:

$$0 \to H^1(X, \mathbb{Z}) \to H^1(X, \mathcal{O}_X) \to H^1(X, \mathcal{O}_X^*) \to H^2(X, \mathbb{Z}) \to H^2(X, \mathcal{O}_X) \to \ldots$$

---

9   The Riemann theta function is just the one with characteristic $a = 0$.

Here $H^2(X, \mathbb{Z})$ is the space of alternating forms $\mathcal{E}$ as above, the Hermitian form $H(z, w)$ is the unique representative with constant coefficients of the first Chern form of the line bundle L which is associated to the cocycle $k_\gamma(z)$ as follows: L is defined as the quotient of $\mathbb{C}^n \times \mathbb{C}$ by the action of Γ such that

$$\gamma(z, w) = (z + \gamma, k_\gamma(z)w).$$

Finally, $H^1(X, \mathcal{O}_X^*) =: \mathrm{Pic}(X)$ is the group of isomorphism classes of line bundles on X.

These new formulations through Kähler geometry, and Hodge theory, allowed a very vast generalization, the beautiful theorem by Kodaira (Kodaira 1954).

Kodaira's embedding theorem. *A compact complex manifold X is projective if and only if it has a positive line bundle, i. e. a line bundle L admitting a Chern form which is everywhere strictly positive definite.*

Regardless how beautiful Kodaira's theorem may be, it did not completely solve the problem about the existence of nondegenerate Γ-periodic meromorphic functions, which had been dealt with by Cousin (Cousin 1910) for the case $n = 2$, a case which can be reduced, in the case where $X := \mathbb{C}^2/\Gamma$ is noncompact, to the theory of elliptic functions. Indeed, Cousin and Malgrange (Malgrange 1975) showed that the linearization for the system of exponents does not hold when $n \geq 2$ and we are in the noncompact case (where harmonic theory can no longer be used).

Nevertheless, in (Capocasa and Catanese 1991), we were able to show that the Riemann bilinear relations are always necessary and sufficient conditions on Γ for the existence of nondegenerate Γ-periodic meromorphic functions. The lack of linearization of the system of exponents, however, makes the description of the Γ-periodic functions not so simple as in the compact case.

This said, we have not yet explained what is the inversion of Abelian integrals. We shall do it in modern terminology.

Let C be a compact Riemann surface of genus g, so that the space $H^0(\Omega_C^1)$ of holomorphic one-forms has complex dimension equal to g, and C is obtained topologically from a polygon with $4g$ sides

$$\alpha_1, \beta_1, \alpha_1^{-1}, \beta_1^{-1}, \ldots, \alpha_g, \beta_g, \alpha_g^{-1}, \beta_g^{-1}$$

glueing each side α_j with the side α_j^{-1}, which is oriented in the opposite direction with respect to one chosen orientation of the boundary (and doing similarly for β_j and β_j^{-1}).

The Jacobian variety $J(C)$ is nothing else than the quotient of the dual vector space $H^0(\Omega_C^1)^\vee$ by the discrete subgroup Γ generated by the integrals over the closed paths in C, α_j, β_j. For an appropriate choice of the polygonal dissection and choice of a basis $\omega_1, \ldots, \omega_g \in H^0(\Omega_C^1)$ one obtains:

$$\int_{\alpha_i} \omega_j = \delta_{i,j}, \quad \int_{\beta_i} \omega_j = \tau_{i,j}, \quad (\exists \tau \in \mathbb{H}_g).$$

In fact the Riemann bilinear relations were discovered by Riemann exactly in the case of the period group of a compact Riemann surface (and then extended to the general case).

The Abel-Jacobi map (later generalized by Francesco Severi and Giacomo Albanese to the case of higher dimensional varieties) is the map

$$a\colon C \to J(C), \quad a(P) := \int_{P_0}^{P} \quad \in H^0(\Omega_C^1)^{\vee}/\Gamma.$$

This map can be extended to the Cartesian product C^m by

$$a(P_1, \ldots, P_m) := \sum_{j=1}^{m} a(P_j)$$

and clearly its value is independent of the order of the points P_j, hence, once we define the m-fold symmetric product $C^{(m)}$ as the quotient $C^m/\mathfrak{S}_m$, we have a similar Abel-Jacobi map $a_m\colon C^{(m)} \to J(C)$. In these terms one can express the

Jacobi inversion theorem. $a_g\colon C^{(g)} \to J(C)$ *is surjective and 1-1 on a dense open set.*

As we already mentioned, Jacobi did not prove this theorem, just posed the problem in 1832, and Weierstraß proved it in the special case where C is a hyperelliptic curve, i. e. C is a double cover of the projective line, i. e. given by an equation

$$y^2 = \prod_{j=1}^{2g+2} (x - \lambda_j),$$

quite reminiscent of the standard equation for elliptic curves.

If however one looks at the older literature, statements are harder to follow because there the authors speak of Abelian functions, Abelian integrals, whereas nowadays the statement is made in terms of varieties, and in the language of algebraic geometry. Hence our question: where and when did this geometrization process begin?

Certainly the French school gave a big impetus: they used the term "Hyperelliptic variety" for a variety which is the quotient of $\mathbb{C}^n$ by a group Γ acting freely, but not necessarily a group of translations. Whereas the name "Picard variety" was reserved for what we call now Abelian varieties (except that the Picard variety of an Abelian variety A is the dual of A!). The reader can find more details in the article by Kleiman (Kleiman 2004).

But, for the inversion of integrals, a problem which Appell and Goursat in their book (Appell 1895, 463) acknowledge as solved by Riemann and Weierstraß simultaneously, comes into play the Jacobian variety of a curve for a geometric formulation: the Jacobian variety $J(C)$ of a curve of genus g is birational to the g-fold symmetric product of the curve C.

The term "Varietá di Jacobi" appears clearly in the title of the famous 1913 article by Ruggiero Torelli (Torelli 1913), where he proved the famous

Torelli's theorem. *Two curves are isomorphic if and only if their Jacobian varieties are isomorphic as polarized Abelian varieties.*

Indeed, the term had been used a few years earlier by Enriques and Severi (Enriques and Severi 1907), who spoke of the Jacobian surface of a curve of genus 2 while describing the classification of hyperelliptic surfaces. Mathematically, the inversion theorem had been proven, amidst other results, by Castelnuovo in (Castelnuovo 1893) as a consequence of the Riemann-Roch theorem for curves. However, at that time Castelnuovo did not yet speak of the "Jacobian variety"; rather, when his selected papers were reprinted in 1936, he added a note at the end of the paper:

> "the results of the paper can be stated in the simplest way introducing the concept of the g-dimensional Jacobian variety of the curve C."

Research on Abelian varieties and on monodromy is still an active ongoing field, see (Kawamata 1981, Deligne 1970, Deligne and Mostow 1986, Deligne 1970)....

6.3.1   Cohomology as difference equations

It is difficult to give a flavour of the many intriguing questions which are involved in the development of the theory of Abelian functions and varieties, so I shall try with an elementary example, which is equivalent to the vanishing of the cohomology group $H^1(\mathbb{C}^*, \mathcal{O}_{\mathbb{C}^*})$ $= 0$, and which cannot be superseded by harmonic theory when Γ is not of maximal rank.

Lemma 6.1 *Let $f(z)$ be an entire holomorphic function on $\mathbb{C}$: then there exists another entire holomorphic function $g(z)$ on $\mathbb{C}$ such that*

$$f(z) = g(z+1) - g(z).$$

At first glance, it seems as if the correct approach would be to use that entire functions are just sums of a power series, converging everywhere on $\mathbb{C}$.

That is, we may write (keeping track that a constant for g yields the result 0):

$$f(z) = \sum_{i=0}^{\infty} b_i z^i, \quad g(z) = \sum_{j=1}^{\infty} a_j z^j.$$

The inhomogeneous equations to solve are given by

$$b_i = \sum_{j=1}^{\infty} \binom{j}{i} a_j,$$

and are unfortunately given by an infinite sum.

However, if we restrict to the case where f is a polynomial of degree r, then there exists a unique polynomial g of degree $r + 1$, and with vanishing constant term $g(0)$, which yields the solution: since we have an upper triangular invertible matrix.

The hope that the unique solutions g_{h+1} for the partial sums f_h converge to a unique power series solution g is discarded once we observe that the associated homogeneous equation $g(z + 1) - g(z) = 0$ has an infinitely dimensional space of solutions, given by all the holomorphic Fourier series $\sum_{h \in \mathbb{Z}} c_h w^h$, where we set $w = \exp(2\pi i z)$.

However, see (Siegel 1973, Theorem 2, 49–53), a very clever use of the Schwarz lemma[10] and of the Weierstraß infinite products permits to reduce to the case where f is a polynomial, hence the solution can be found.

There is a second proof, which is most interesting, and based on the use of complex analysis to solve the difference equation (I am illustrating it since these methods played a pivotal role in complex analysis during the 20th century), as follows.

Step I. One can find first a $\mathcal{C}^\infty$-solution g, observing that indeed it suffices to find the solution for $z \in \mathbb{R}$ (since, if we write $z = x + iy$, then $z + 1 = (x + 1) + iy$). This is done observing that we may first determine g on the interval $[-\frac{1}{2}, \frac{1}{2}]$ choosing g identically zero in a neighbourhood of $-\frac{1}{2}$, and equal to $f(x - 1)$ identically in a neighbourhood of $\frac{1}{2}$. Then we extend the definition of g on the other intervals $[-\frac{1}{2} + m, \frac{1}{2} + m]$ by using the derived formulae:

$$g(z + m) = g(z) + f(z) + f(z + 1) + \cdots + f(z + m - 1).$$

Step II. Since f is holomorphic, $u := \bar{\partial}g(z) = \bar{\partial}g(z + 1) = u(z + 1)$, hence u is the pull-back of a $\mathcal{C}^\infty$ function U on $\mathbb{C}^*$. It suffices to show that the equation $U = \bar{\partial}\Psi$ is solvable in $\mathbb{C}^*$, since then $\psi(z) := \Psi(\exp(2\pi i z))$ satisfies

$$\bar{\partial}g(z) = \bar{\partial}\psi(z), \quad \psi(z + 1) = \psi(z),$$

hence $g_2 := g - \psi$ is the desired holomorphic solution ($\bar{\partial}g_2(z) \equiv 0$).

Step III. The equation $U = \bar{\partial}\Psi$ is solvable in $\mathbb{C}^*$ when $U = U_j$ has compact support, say contained in $K_j = \{z \mid 1/j \le |z| \le j\}$, where j is an integer. It suffices to use the Bochner-Severi-Martinelli integral formula (Hörmander 1973, Theorem 1.2.2, 3)

$$\psi_j(z) = \frac{1}{2\pi i} \int \frac{u_j(\zeta)}{\zeta - z} \, d\zeta \wedge d\bar{\zeta}.$$

Step IV. Let $\phi_j(z)$ be a function which is $\mathcal{C}^\infty$, identically $\equiv 1$ in a neighbourhood of K_j, and with support $\subset K_{j+1}$, and set $v_j := \phi_j(z) - \phi_{j-1}(z)$.

Then by Step III there is a function ψ_j such that $\bar{\partial}\psi_j = U_j := v_j U$. Since $v_j \equiv 0$ on K_{j-1}, ψ_j is then holomorphic in a a neighbourhood of K_{j-1}, hence there exists a global Laurent series $\tilde{\psi}_j$ which approximates ψ_j, say that

$$|\tilde{\psi}_j - \psi_j| < 2^{-j} \quad \text{on} \quad K_{j-1}.$$

We finally define $\psi := \sum_j (\psi_j - \tilde{\psi}_j)$, where the series is convergent in norm over compact sets. In particular, the sum $\sum_{j \ge h+1} (\psi_j - \tilde{\psi}_j)$ is a holomorphic function in a neighbourhood of K_h.

So, ψ is $\mathcal{C}^\infty$ and

$$\bar{\partial}\psi = \sum_j \bar{\partial}\left(\psi_j - \tilde{\psi}_j\right) = \sum_j U_j = U\left(\sum_j v_j\right) = U.$$

---

10   which, citing again the preface to (Caratheodory 1950), "allows for new type of arguments such as were unknown prior to its discovery".

Acknowledgements. I would like to thank Frans Oort for raising my interest concerning the history of the monodromy theorem, and introducing me to some psychological aspects of mathematics. And other friends who explained to me that the difference between mathematics and history of mathematics is the same as between everyday's life and a court case: in court facts, and not ideas, count, and for everything one needs evidence (really so?).

References

Appell, P., Goursat, E. (1895). Théorie des Fonctions algébriques et de leurs intégrales. Étude des fonctions analytiques sur une surface de Riemann. Paris: Gauthier-Villars et Fils.

Bauer, I., Catanese, F. (2011). Burniat surfaces I: fundamental groups and moduli of primary Burniat surfaces. In: Classification of algebraic varieties, EMS Ser. Congr. Rep., 49–76. Zürich: Eur. Math. Soc.

Bauer, I., Catanese, F., Frapporti, D. (2015). Generalized Burniat type surfaces and Bagnera-de Franchis varieties. J. Math. Sci. Univ. Tokyo 22, Kodaira Centennial issue, 1–57.

Bianchi, L. (1901). Lezioni sulla teoria delle funzioni di variabile complessa e delle funzioni ellittiche. Pisa: Enrico Spoerri; second edition (1916).

Capocasa, F., Catanese, F. (1991). Periodic meromorphic functions. Acta Math. 166, 27–68.

Caratheodory, C. (1950). Funktionentheorie. 2 vols., Birkhäuser. English translation (1954): Theory of functions of a complex variable. 2 vols., Chelsea Publ.

Cartan, H. (1961). Théorie elémentaire des functions analytiques d' une ou plusieurs variables complexes. 4th edition, Paris: Hermann.

Castelnuovo, G. (1893). Le corrispondenze univoche tra gruppi di p punti sopra una curva di genere p. Rendiconti del R. Istituto Lombardo, s. 2^a, vol. 25, (1893). Reprinted (79–94) in: Guido Castelnuovo (1937). Memorie scelte, with notes by Castelnuovo, Bologna: Zanichelli.

Conforto, F. (1942). Funzioni Abeliane e matrici di Rieman, Parte I. Corsi Ist. Naz. Alta Matematica, Universitá di Roma. Later version (1956). Abelsche Funktionen und algebraische Geometrie. Berlin, Göttingen, Heidelberg: Springer-Verlag.

Cousin, P. (1910). Sur les functions triplement periodiques de deux variables. Acta Math. 33, 105–232.

Deligne, P. (1970). Équations différentielles á points singuliers réguliers. Lecture Notes in Mathematics 163. Berlin, New York: Springer-Verlag.

Deligne P., Mostow, G. D. (1986). Monodromy of hypergeometric functions and non-lattice integral monodromy. Publ. Math. IHES 63, 5–89.

Burkhardt, H., Wirtinger, W., Fricke, R., Hilb, E. (1909). Encyklopädie der Mathematischen Wissenschaften mit Einschluss ihrer Anwendungen, vol. 2, Analysis. Leipzig: Vieweg+Teubner Verlag.

Eisenstein, G. (1967). Mathematische Abhandlungen. Hildesheim: Georg Olms Verlagsbuchhandlung.

Enriques, F., Severi, F. (1907). Intorno alle superficie iperellittiche. Rend. Acc. Lincei XVI, 443–453.

Freitag, E., Busam, R. (2006). Funktionentheorie 1. Berlin, Heidelberg: Springer-Verlag.

Fricke, R., Klein, F. (1912). Vorlesungen über die Theorie der automorphen Functionen. Band 2: Die Functionentheoretischen Ausführungen und die Anwendungen. Berlin, Leipzig: B. G. Teubner.

Godement, R. (1958). Topologie algébrique et théorie des faisceaux. Actualités Scientifiques et Industrielles No. 1252. Publ. Math. Univ. Strasbourg, No. 13. Paris: Hermann; reprinted (1973).

Hörmander, L. (1973). An introduction to Complex Analysis in Several Variables. North-Holland Mathematical Library, vol. 7. Amsterdam, London: North-Holland.

Hurwitz, A. (1883). Proof of the theorem that a single valued function of arbitrarily many variables that is everywhere representable as a quotient of two power series is a rational function of its arguments. (Beweis des Satzes, dass eine einwertige Function beliebig vieler Variabeln, welche überall als Quotient zweier Potenzreihen dargestellt werden kann, eine rationale Function ihrer Argumente ist.) Kronecker J. XCV, 201–207.

Hurwitz, A. (1891). On Riemann surfaces with given branch points. (Über Riemannsche Flächen mit gegebenen Verzweigungspunkten.) Math. Ann. XXXIX, 1–61.

Hurwitz, A. (1922). Vorlesungen über allgemeine Funktionentheorie und elliptische Funktionen, edited and with the addition of a section on geometrische Funktionentheorie by Richard Courant. Berlin: Springer.

Hurwitz, A. (2000). Vorlesungen über allgemeine Funktionentheorie und elliptische Funktionen (Lectures on general function theory and elliptic functions), 5th edition (with an introduction by Reinhold Remmert). Berlin: Springer.

Inoue, M. (1994). Some new surfaces of general type. Tokyo J. Math. 17(2), 295–319.

Kawamata, Y. (1981). Characterization of Abelian varieties. Compositio Math. 43(2), 253–276.

Kleiman, S. L. (2004). What is Abel's theorem anyway? In: The Legacy of Niels Henrik Abel. The Abel bicentennial 2002, Laudal and Piene editors. Springer Verlag, 395–440.

Kodaira, K. (1954). On Kähler varieties of restricted type (an intrinsic characterization of algebraic varieties). Annals of Math. 60, 28–48.

Krazer, A. (1903). Lehrbuch der Thetafunktionen. Leipzig: B. G. Teubner; Chelsea reprint (1970).

Lagrange, J. L. (1797). Théorie des fonctions analytiques. Paris: Impr. de la République, Prairial an V. Second edition (1813): Paris: Courcier, also in Lagrange's Oeuvres, vol. IX. Oeuvres de Lagrange (1867–1892), ed. by M. J.-A. Serret [et G. Darboux], Paris: Gauthier-Villars, 14 volumes.

Malgrange, B. (1975). La cohomologie d' une varieté analytique à bord pseudoconvexe n' est pas necessairement separée. C. R. Acad. Sci. Paris 280, 93–95.

Mumford, D. (1970). Abelian varieties. Tata Institute of Fundamental Research Studies in Mathematics, No. 5. Published for the Tata Institute of Fundamental Research, Bombay. London: Oxford University Press.

O'Connor, J. J., Robertson, E. F. (1998), Weierstraß' biography. Mac Tutor, School of Mathematics and Statistics, University of St. Andrews, Scotland, http.www-groups.dcs.st-and.ac.uk/~history/Biographies.

Osgood, W. F. (1907). Lehrbuch der Funktionentheorie. 2 vol., vol. 1. Leipzig: B. G. Teubner.

Remmert, R. (1989). Funktionentheorie I (Grundwissen Mathematik 5). 2. Auflage (contains many interesting historical comments). Berlin, Heidelberg: Springer-Verlag.

Rudin, W. (1970). Real and complex analysis. McGraw-Hill series in higher mathematics.

Schwarz, H. A. (1873). Über diejenigen Fälle in welchen die Gaussische hypergeometrische Reihe eine algebraische Funktion ihres vierten Elements darstellt. Journal Reine u. Angew. Math. 75, 292–335.

Serre, J. P. (1955). Faisceaux algébriques cohérents. Annals of Math. 61(2), 197–278.

Siegel, C. L. (1973). Topics in Complex Function Theory, vol. III. Abelian Functions and Modular Functions of Several Variables, translation by Gottschling and Tretkoff of Siegel's lecture notes in Göttingen; Vorlesungen über ausgewählte Kapitel der Funktionentheorie (1964–1965). Interscience tracts in Pure and Applied Math. 25, Wiley Interscience, ix + 244 (many theorems of Weierstraß are explained; contains a vast bibliography prepared by E. Gottschling).

Torelli, R. (1913). Sulle varietá di Jacobi, I–II. Rend. R. Acc. Lincei (V) 22–2, 98–103, 437–441. Reprinted in: Collected papers of Ruggiero Torelli, Ciliberto, Ribenboim and Sernesi (eds.). Queen's papers in Pure and Applied Mathematics 101. Kingston Ontario Canada (1995).

Tricomi, F. (1936). Funzioni analitiche. Bologna: Zanichelli.

Tricomi, F. (1951). Funzioni ellittiche. Bologna: Zanichelli.

Verdier, J.-L. (1996). Des Catégories Dérivées des Catégories Abéliennes. Astérisque 239. Marseilles: Société Mathématique de France.

Weil, A. (1938). Généralisation des functions abéliennes. J. Math. Pures Appl. 17, 47–88.

Weierstraß, K. (1854). Zur Theorie der Abelschen Functionen. J. Reine Angew. Math. 47, 289–306.

Weierstraß, K. (1856). Theorie der Abelschen Functionen. J. Reine Angew. Math. 52, 285–380.

Weierstraß, K. (1880). Investigations on $2r$ times periodic functions of r variables. (Untersuchungen über die $2r$-fach periodischen Functionen mit r Veränderlichen). Borchardt J. LXXXIX, 1–8.

Weierstraß, K. (1988). Einleitung in die Theorie der analytischen Funktionen. (Introduction to the theory of analytic functions. Lecture Berlin 1878, written down by A. Hurwitz, worked out by P. Ullrich). Dokumente zur Geschichte der Mathematik 4 (1988). Braunschweig, Wiesbaden: Vieweg.

Weierstraß, K. (1894–1915). Mathematische Werke, herausgegeben unter Mitwirkung einer von der Königlich Akademie der Wissenschaften eingesetzten Kommision, Berlin: Mayer Müller.
Vol. 1 (1894). Abhandlungen I.
Vol. 2 (1895). Abhandlungen II.
Vol. 3 (1903). Abhandlungen III.
Vol. 4 (1902). Vorlesungen über die Theorie der Abelschen Transzendenten, bearbeitet von G. Hettner und J. Knoblauch.
Vol. 5 (1915). Vorlesungen über die Theorie der elliptischen Funktionen, bearbeitet von J. Knoblauch.
Vol. 6 (1915). Vorlesungen über Anwendungen der elliptischen Funktionen, bearbeitet von R. Rothe.

Weierstraß, K. (1927). Mathematische Werke, herausgegeben unter Mitwirkung einer von der Preußischen Akademie der Wissenschaften eingesetzten Commission, Vol. 7. Vorlesungen über Variationsrechnung, bearbeitet von R. Rothe. Leipzig: Akademische Verlagsgesellschaft.

Weyl, H. (1913). Die Idee der Riemannschen Fläche. (Math. Vorles. a. d. Univ. Göttingen Nr. V), Leipzig: B. G. Teubner. Reprinted in: Weyl, H., Remmert, R. (1997). The idea of the Riemann surface. Teubner-Archiv zur Mathematik 5. Stuttgart: B. G. Teubner.

Weierstraß's Approximation Theorem (1885) and his 1886 lecture course revisited

7

Reinhard Siegmund-Schultze
Faculty of Engineering and Science, University of Agder, Kristiansand, Norway

Abstract

The paper provides new insight into the origins of Weierstraß's 1886 lecture course on the foundations of function theory and of the mimeographed lecture notes connected to this course which were published by the author in German in 1988. A short overview of the content of the lecture course is given; the central role that Weierstraß's famous approximation theorem of 1885 played in it is emphasized. The paper uses archival material recently discovered at the Institut Mittag-Leffler in Djursholm.

7.1   Introduction

> In order to enter into the mathematical sciences it is imperative to look for particular problems, which really show us the scope and substance of science. The final goal [Endziel], however, which always has to be kept in mind, is to reach a safe judgment about the basic principles [Fundamente] of science.[1]

Almost three decades ago, in 1988, I published Karl Weierstraß's Berlin lecture course from the summer semester 1886 with detailed commentary (Weierstraß 1988). I based the edition on lecture notes taken by an author unknown to me in 1988 (Figure 7.1).

That same year, in an article in Historia Mathematica, I tried to relate one central mathematical topic of the lecture course, Weierstraß's Approximation Theorem (henceforth WAT) on the approximation of continuous functions by polynomials, to the his-

---

[1]   This impressive quote from the 1886 lecture course (Weierstraß 1988, 29) was also used by Kopfermann when the 150th anniversary of Weierstraß's was celebrated at Münster, where Weierstraß once studied mathematics (Kopfermann 1966, 76). Kopfermann attributed the quote to a 1880 lecture course, according to the list of Weierstraß's lectures in (Verzeichniss 1903, 359), never took place. So it is most likely that Kopfermann found the quote in one of the copies of the typewritten 1886 lecture notes and that 1880 is a typographical error for 1886.

Fig. 7.1 Title page of the edition (Weierstraß 1988) using the "Lohnstein Lithograph" LL.

tory of Fourier analysis (Siegmund-Schultze 1988). Both works are published in German. Weierstraß's 200th birthday seems to me an opportunity to present parts of the content and results of the two publications to a broader, English-speaking audience.[2] I will also communicate some new results about the origin of the lecture notes which I published in 1988. Two copies of these lecture notes, one lithographed (Lohnstein, Figure 7.2), one handwritten (Michaelis), are in the possession of the Institut Mittag-Leffler in Djursholm near Stockholm (Sweden).

A three-week stay in January and February 2015 at this wonderful research institution, where most of what is extant of Weierstraß's Nachlass is kept,[3] and in particular a study of the correspondence of Weierstraß's former student Gösta Mittag-Leffler (1846–1927), helped greatly with the finding of additional information. Work by fellow historians, such as Reinhard Bölling and Detlef Laugwitz, published after 1988, has contributed to my renewed approach as well.

I will first briefly discuss Weierstraß's proof of WAT in (Weierstraß 1885) and his immediate attempts to generalize the result to non-continuous functions under the influence of contemporary work by his student Georg Cantor (1845–1918), efforts which are documented in Weierstraß's correspondence. I will then look at the circumstances under which Weierstraß's 1886 lecture course came about, circumstances which included personal and health problems as well as Weierstraß's increasing conflict with his colleague and former

---

2   In most cases I will also provide the original German text for quotations, unless the latter have been published before, such as in (Weierstraß 1988).

3   Other, smaller parts are kept in the Geheime Staatsarchiv Berlin-Dahlem (Schubring 1998) and in the Archives of the Berlin-Brandenburger Akademie der Wissenschaften (Schwarz-Nachlass).

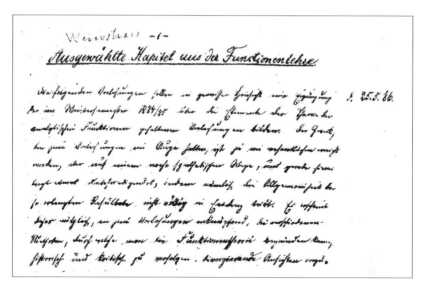

Fig. 7.2   First page from "Lohnstein Lithograph" (LL) of the 1886 lectures, which was used for the edition (Weierstraß 1988). Courtesy Institut Mittag-Leffler. The handwriting coincides well with a letter by Rudolf Lohnstein to the "Rektor" of Berlin University, Halle 28 April 1893 in AHUB, AZ 102.

friend, Leopold Kronecker (1823–1891). A look at Mittag-Leffler's correspondence will allow conclusions to be drawn about the origin of the lecture notes, in the production of which members of the Berlin "Mathematische Verein" apparently played a substantial role. Subsequently I will give a brief overview of the content of the 1886 lectures. As it will be seen, the lectures provide some new insights into Weierstraß's opinions about the applications of mathematics. Finally the role of WAT within the 1886 lecture course will be discussed in greater detail, in particular with respect to attempts to generalize the Riemann integral, to base analytic functions alternatively on continuous functions, and with respect to Weierstraß's notion of the "representability" of continuous functions.

The first of four appendices reproduces passages of the lecture course in English translation with a short commentary; I have prioritized historical and methodological reflections in the lectures and remarks related to the generalization of Riemann's integral. For the German original and for additional and more detailed commentary, I refer to my edition (Weierstraß 1988). Appendix 2 contains information about other lecture notes taken from the same 1886 course which are scattered in various libraries and which have not been used for my edition of 1988. The third appendix is a (German) excerpt from a 1921 letter by Ludwig Schlesinger to Gösta Mittag-Leffler, which refers to lecture notes (of Schlesinger's) which are now apparently lost. Since Schlesinger was probably the most creative of all mathematicians known to have attended the 1886 lecture course, his notes may have been at least as good as the Lohnstein lithograph which I used for my edition. Parts of Schlesinger's letter also appear in the text of this paper in English translation.

In a final, fourth appendix, I collect some sparse and fragmentary biographical information about one very special student of Weierstraß, Carl Itzigsohn (1840–before 1909), who continuously worked for his master in the background, not least during the decisive and emotionally tense years of 1885/86 when the main events occurred which form the core of this paper.

7.2   A brief look at WAT and at Weierstraß's attempts at its generalization under the influence of his former student Georg Cantor

In July 1885 Weierstraß presented a paper to the "Preußische Akademie der Wissenschaften" in Berlin, which was printed the same month in the Sitzungsberichte of the Academy (Weierstraß 1885). In the paper Weierstraß proved the following two theorems:

I. Any function of a real variable which is continuous in a closed interval can be expanded in a uniformly convergent series of polynomials.

II. Any continuous function of a real variable with period 2π can be expanded in a uniformly convergent series of finite trigonometric sums.

This is the so-called Weierstraß Approximation Theorem (WAT) in two basically equivalent forms. (Fréchet and Rosenthal 1923) discuss the broad theoretical and practical implications of WAT around 1923. The authors point to the importance which the theorem had for interpolation and approximation theory as well as for more general investigations in point set topology and functional analysis. In 1937 the American M. H. Stone generalized WAT substantially, using certain algebraic properties of the continuous real functions on a topological space (Stone 1937). In this form the theorem is an important tool in modern analysis for proving general theorems about continuous functions. One proves these theorems first for functions of a special type and then extends them to all continuous functions by showing that the set of the former is dense everywhere in the set of the latter. According to (Butzer and Görlich 1966, 339) WAT is a pillar of modern analysis.[4]

I will now give a rough idea of Weierstraß's original proof. The symbolism used in the following is identical with the notation in the 1885 publication and also with the one in Weierstraß's lecture course of 1886.

Given a continuous function $f(x)$ defined and bounded in the entire real domain $(-\infty, +\infty)$, and, in addition, another function ψ "of the same kind [Beschaffenheit] as f"

---

4   Various alternative proofs of WAT could be mentioned, for instance one of the first applications of probability theory in analysis by the Russian S. N. Bernstein in 1912, which subsequently led to the development of the theory of "Bernstein polynomials". Another alternative proof by C. Runge will be mentioned below.

(Weierstraß 1885, 633), which, in addition,[5] is a positive, even function [gerade, i. e. $\psi(x) = \psi(-x)$] and Riemann-integrable also in the limit (improperly). If we then define

$$F(x,k) = \frac{1}{2k\omega} \int_{-\infty}^{+\infty} f(u)\,\psi\left(\frac{u-x}{k}\right) du \quad \text{with} \quad \omega = \int_{-\infty}^{+\infty} \psi(u)\,du\,,$$

we can conclude in the sense of uniform convergence

$$\lim_{k \to 0} F(x,k) = f(x) \tag{7.1}$$

This means that Weierstraß based his proof on the "method of singular integrals."[6] This method provides a lemma (7.1) from which Weierstraß in the next step derives WAT. The integrals $F(x,k)$ are "singular" in the sense that their integrands more and more (as $k \to 0$) reproduce the ordinate $f(x)$ while less and less taking into account the values of f around x, a procedure which foreshadows the use of delta functions in modern analysis.

For the proof of (7.1) Weierstraß applies the mean value theorem of the integral calculus to f. The decisive estimate which Weierstraß gains by considering a δ-neighbourhood of a point x, partitioning the domain of integration and substitution of variables, is the following, where $f(a \ldots b)$ denotes a value of f taken between a and b:

$$F(x,k) - f(x) = \frac{1}{2\omega}[f(-\infty \ldots x - \delta) + f(x + \delta \ldots \infty) - 2f(x)] \int_{\delta/k}^{\infty} \psi(\nu)\,d\nu$$

$$+ \frac{1}{2\omega}[f(x - \delta \ldots x) + f(x \ldots x + \delta) - 2f(x)] \int_{0}^{\delta/k} \psi(\nu)\,d\nu$$

In order to show that (7.1) implies the Weierstraß Approximation Theorem (WAT), namely the conclusion that $f(x)$ is a uniform limit of polynomials within any given interval $[a, b]$, Weierstraß had to find appropriate $F(x,k)$ that are more "smooth" than the f (which are only continuous), i. e. can be expanded in power series. Weierstraß shows in detail in 1885, and with a broader brush in his lectures of 1886, that there exist entire transcendental functions ψ (with the properties stipulated above) which produce appropriate F. He gives as an example $\psi(u) = e^{-u^2}$ and says on both occasions: "There are infinitely many such functions,"[7] thus implying that the representation of $f(x)$ as a limit of polynomials certainly cannot be expected to be unique.

WAT played a central role in Weierstraß's lecture course given at the University of Berlin during the summer term 1886. In 1992 Detlef Laugwitz[8] devoted a German-language historical article to my edition of the 1886 lecture course (Weierstraß 1988) and

---

5   Two pages later in his proof (p. 635) Weierstraß assumes that ψ has not only these additional properties but is also an entire transcendental function. See below.
6   See Laugwitz' remarks on Cauchy mentioned below.
7   (Weierstraß 1885, 635), (Weierstraß 1903a, 4), (Weierstraß 1988, 13).
8   Laugwitz (1932–2000) was a co-founder of non-standard analysis in the late 1950s, together with Curt Schmieden and independently of Abraham Robinson. He is also known for his biography of Bernhard Riemann (1996).

added to the commentary of that edition. Based on his knowledge of A. L. Cauchy's work, Laugwitz pointed out that the traditional assessment in the literature (to which my publications of 1988 adhered), according to which Weierstraß is among the founders of the method of singular integrals, has to be nuanced, when taking Cauchy's earlier results into consideration. Since Weierstraß does not refer to Cauchy in this context,[9] he was apparently not fully aware of the latter's work in this field. However there is no doubt about Weierstraß's deep appreciation and use of Cauchy's work in complex function theory,[10] as emphasized for instance by E. Lampe, one of his former students (Lampe 1899, 36/37).

Laugwitz in his 1992 article emphasizes the point that Weierstraß in his 1886 lecture course focused on finding a representation for given continuous functions. He chooses as the title of his paper a remark from Weierstraß's course and he reproduces a related quote:

> "It might be interesting and useful to find properties of functions without looking for its representation. But the <u>ultimate</u> goal is always the representation of the function."[11]

Now it seems to me that Weierstraß's emphasis on representations is not at all surprising, given his analogous approach to complex function theory based on power series and their analytic continuation. As one knows, Bernhard Riemann (1826–1866) pursued a competing approach to complex function theory and for him, unlike Weierstraß, power series were only a tool. Differential equations (i. e. properties of functions) had priority.[12]

In the special case of WAT, Laugwitz goes as far as claiming that Weierstraß was more interested in representations than in general notions and their properties (such as continuity) and says, after the Weierstraß quote from the 1886 lectures:

> "If [mathematicians] had followed this advice, Cantor's set theory would barely have been successful as a tool in analysis." (Laugwitz 1992, 345)

Laugwitz concludes on the same page that

> "the closeness [of Weierstraß] to Bolzano, and above all to Cauchy, seems to me more palpable than an alleged approach to Cantor, for which Weierstraß 1885 and 1886 gives no proof."

In the final section of this article I will argue that "properties" and "representations" of functions were of equal importance to Weierstraß. There is enough evidence in (Weierstraß 1988) that Weierstraß was interested in reaching a balance between general mathematical notions and their properties and concrete representations. Some quotations from the lecture course which go in this direction are documented in Appendix 1. For instance, Weierstraß says the following about his motivation for investigating "arbitrary" continuous functions:

9   Laugwitz therefore also criticizes Weierstraß's historical remarks in his lectures for neglecting Cauchy. See excerpts in English in Appendix 1 to this paper.
10 However, also in complex function theory Weierstraß got to know Cauchy's work only after 1842 (Mittag-Leffler 1923, 35/36).
11 (Weierstraß 1988, 176). See also below in Appendix 1. The emphasis in quotations from the 1886 lectures is always by underlining and is in the original Lohnstein lithograph.
12 See Reinhard Bölling's article in this collection, henceforth quoted as (Bölling 2015).

"One has therefore called such functions 'functions without properties,' without considering that the condition of continuity and single-valuedness is of great import." (Weierstraß 1988, 108)

Based primarily on Weierstraß's letters, I will try to show[13] that the strong insistence on representations in his publication of 1885 and in his lectures of 1886 had at least three specific, but very different motivations:

firstly, Weierstraß's desire to introduce rigour into mathematical physics, where representations of functions are of immediate practical and numerical importance,

secondly, the criticism by Kronecker of such mathematical work which could not immediately be related to natural numbers, and

thirdly, the attempt to use WAT for an alternative derivation of the central notion of the analytic (complex) function, this time starting from continuous functions of real variables.[14]

With regard to the doubt which Laugwitz casts on Weierstraß's relation to the new set theory of his former student Georg Cantor (1845–1918): It is true that Cantor's name does not occur in (Weierstraß 1885) and (Weierstraß 1988). However Cantor's new notion of "content" of a point set (or, for functions, the upper Darboux integral) does appear in Weierstraß's 1886 lectures, where he gives some indication for the generalization of WAT to discontinuous functions. Above all, and as shown already in my two publications from 1988, Cantor's name and his notion of "content" from the year 1884 do figure explicitly in his correspondence from 1885, preceding the publication of WAT in the *Sitzungsberichte*.

In any case, representations of functions as series of simpler functions did matter to Weierstraß on a deep level. One should not, in this context, forget about Weierstraß's well-known arithmetizing approach to analysis, which was deeply entrenched in his philosophical convictions about mathematics, and which has been expressed in the following, often cited quote from a letter to his student Hermann Amandus Schwarz (1843–1921) of 3 October 1875, his "Glaubensbekenntnis" (profession of faith) at the time:

"The more I think about the principles of function theory – and I do continuously – the more I am convinced that the subject must be built on the foundations of **algebraic truths** [my emphasis, R. S.], and that it is consequently not correct to resort on the contrary to the 'transcendent', to express myself briefly, as the basis of simple and fundamental algebraic propositions. This view seems so attractive at first sight, in that through it Riemann was able to discover so many important properties of algebraic functions. (It is

---

13   As I have basically done already in my publications of 1988. However I will quote additional correspondence.

14   I will, however, barely go into the third point, which was central to L. Schlesinger's interest in the 1886 lectures, which he attended and of which he took notes (see below).

self-evident that, as long as he is working, the researcher must be allowed to follow every path he wishes; it is only a matter of systematic foundations.)"[15]

The reader might imagine how deeply irritated and hurt Weierstraß must have felt at the criticism by his old friend Kronecker who apparently was of the opinion that Weierstraß's special kind of "arithmetizing" was not rigorous enough. On 24 March 1885 he wrote to his Russian student Sofya Kovalevskaya (1850–1891):

"With Kronecker it is now an axiom that there exist only equations between whole numbers."[16]

7.2.1 Weierstraß's motivation for the proof of WAT

The earliest documentation for Weierstraß's work on the proof of WAT (of whose correctness as a theorem he was probably aware long before)[17] is apparently his letter from 14 March 1885 to his former student Schwarz, then professor in Göttingen. Weierstraß reports about his approximation theorem in its trigonometric version (with finite trigonometric series) and the theorem's connection with mathematical physics.[18] He then says about the new level of rigor that he hopes to attain through his publication:

"I have here once, back in my third semester,[19] given a lecture on the application of Fourier series and integrals to problems of mathematical physics. The lack of rigour, however, which I found in all available works and my inability then to repair that lack, has caused me so much frustration that I could never bring myself to give the course again. However, you will be surprised how infinitely easy, even trivial the derivation of the above formula is. I would have been embarrassed to publish it if experience had not shown that the simplest things often take the longest to be generally accepted."[20]

Fortunately for us, Weierstraß did not, in the end, hesitate to publish this particular "most simple thing". He not only published WAT in 1885, but even gave WAT a central place in his lecture course a year later. The general importance of WAT for applications was immediately recognized not only by Weierstraß but also by other mathematicians. Among them

15 The translation follows largely (Bottazzini 2003, 250). The letter is printed in excerpts in (Weierstraß 1895, 235–244). The original German quote occurs there as the first sentence, page 235. It is also given in (Bölling 2015). Weierstraß used the same word "profession of faith" (Glaubensbekenntnis) in another letter to Schwarz ten years later, in a somewhat different and more specific meaning. See below and Appendix 4 (Itzigsohn).

16 A long quote containing this sentence is given in German original in (Bölling 2015).

17 Weierstraß discussed related questions in his letter to Kovalevskaya from 6 May 1874 (Weierstraß 1993, 121–126).

18 See this passage of the letter, which I do not reproduce here, in original German in (Bölling 2015).

19 Weierstraß alludes without doubt to the lecture course "Theory and application of trigonometric series and definite integrals, which serve the representation of arbitrary functions." (Theorie und Anwendung der trigonometrischen Reihen und bestimmten Integrale, welche zur Darstellung willkürlicher Functionen dienen), Wintersemester 1857/58. (Verzeichniss 1903, 355).

20 The original is quoted in German in this volume (Bölling 2015), in a shorter version before in (Biermann 1973, 67), and in (Siegmund-Schultze 1988, 301).

Fig. 7.3 Title page of (Weierstraß 1886), which contains Weierstraß's function theoretic "profession of faith", (Weierstraß 1886a).

was Weierstraß's former student Carl Runge (1856–1927), who was about to become a pioneer of numerical analysis, and who published an alternative proof of WAT in the same year 1885.[21] Another mathematician deeply interested in applications, then professor at the University of Freiburg Jakob Lüroth (1844–1910), recognized explicitly the "numerical" and "epistemological" [erkenntniss-theoretische] importance of the proof of WAT when he argued for the need and appropriateness of publishing a review of (Weierstraß 1885) in the pages of an astronomical journal.[22]

In any case, the proof of his theorem had apparently given to Weierstraß the feeling that he was finally in possession of sufficiently rigorous methods. Closely connecting to the passage just quoted, Weierstraß wrote in the same letter to Schwarz:

> "This leads me to another occupation I have been seriously dealing with in the past weeks, namely an as short as possible but critical presentation of the principles of the theory of functions, as I have given them for years in my lectures, but not yet put on paper. I now realize that this work is urgent because I have to avoid the fruit of my long-standing serious thinking and detailed work in various branches of analysis becoming stunted. Unfortu-

---

21 (Runge 1885). This short paper in the form of a letter to Mittag-Leffler, was printed in September 1885, two months after the publication of (Weierstraß 1885). The proof was according to (Fréchet and Rosenthal 1923, 1147) "independent of Weierstraß" and used "elementary methods" unlike Weierstraß's singular integrals. For more on Runge and his relation to WAT see (Richenhagen 1985).

22 (Lüroth 1886). I thank Reinhard Bölling for alerting me to this review. After finishing his doctorate in Heidelberg in 1865, Lüroth had attended lectures of Weierstraß in Berlin.

nately, I find among my closest friends and colleagues little understanding, let alone support, for my efforts to build analysis on a firm basis. Kronecker has transferred his aversion for Cantor's works to my own works."[23]

Schwarz replied immediately on March 16, 1885 with regard to Weierstraß's work on WAT:

"Your theorems on trigonometric series astonish me greatly and make me enormously curious about the proof."[24]

In the same letter, Schwarz further fuelled the conflict between Weierstraß and Kronecker, by quoting Kronecker's letter to him from December 1884 in which Kronecker bemoans the "incorrectness of all those demonstrations with which now the so-called analysis operates."[25]

7.2.2   Weierstraß's recognition of the need to further generalize WAT

After finishing the proof of WAT for polynomials and before extending it to trigonometric series, Weierstraß said the following in his original publication of July 1885:

"It remains to investigate which modifications the theorems so far developed undergo, if one drops… the condition that $f(x)$ is continuous throughout. I intend to deal with this in a following paper. Then one would have to extend the investigation to single-valued functions with several real arguments, which is not problematic for functions which are continuous throughout. (Weierstraß 1885, 797)

Neither of these two extensions were published in Weierstraß's lifetime, but both are dealt with in his 1886 lectures, and the second is included in the revision of (Weierstraß 1885) in the *Mathematische Werke* (Weierstraß 1903a).

The first of the two extensions was mentioned in Weierstraß's letter to Schwarz from 14 March 1885, quoted above. Weierstraß made it clear in this letter that in his approximation theorem the limit function can be generalized to functions that are not continuous at every point. However, in his letter to Schwarz, Weierstraß did not yet indicate a generalization of the notion of the Riemann-integral for this purpose.

---

23 BBAW, Nachlass Schwarz, no. 1175. Weierstraß to Schwarz, 14 March 1885, quoted from L. Bieberbach's type-written transcription, located in Library IML and other places. Parts of it are indirectly quoted in (Biermann 1966, 211/212). The last sentences are in German original in (Bölling 2015). By "as short as possible …presentation" Weierstraß probably alluded to his impending article (Weierstraß 1886a) in his collection of articles on the theory of functions. In another letter to Schwarz, dated 28 May 1885, Weierstraß called this particular paper his "function-theoretic profession of faith" ("funktionentheoretisches Glaubensbekenntnis.") See also Figure 7.3 and Appendix 4 (Itzigsohn).

24 "Ihre Sätze über trigonometrische Reihen setzen mich geradezu in Erstaunen und machen mich ungeheuer wissbegierig auf den Beweis." BBAW, Nachlass Schwarz, no. 1254. Schwarz to Weierstraß, 16 March 1885, quoted from L. Bieberbach's type-written transcription, located in Library IML and other places.

25 See (Bölling 2015) for a fuller quote of the German original of Kronecker's letter to Schwarz, 25 December 1884.

Weierstraß discussed Dirichlet's conditions of integrability and Riemann's notion of the definite integral in two letters of April 1885 to his colleague Paul du Bois-Reymond (1831–1889), then at the Technical University (Technische Hochschule) in Berlin. In 1875 du Bois-Reymond had published – with Weierstraß's consent – Weierstraß's famous example of a nowhere differentiable continuous function.[26] In the first of the two letters, which is undated, Weierstraß criticized the insufficiencies of Riemann's definition in the case of infinitely many points of discontinuities.[27] In the same letter to du Bois-Reymond, Weierstraß makes it clear that the motivation for his attempt to generalize Riemann's integral came from his

> "investigations on the representability of functions by trigonometric series (in the broader sense of the word)."

In another letter to du Bois-Reymond, Weierstraß wrote on 20 April 1885:

> "I cannot explain in detail in this letter how I – now leaving Riemann's definition of the definite integral altogether – succeed in fixing the notion of the integral. The realm of integrable functions is now identical with the realm of those which have points of continuity in any arbitrarily small interval. I have to talk to you about this on another occasion; I have become fully clear about it as late as last night."[28]

To Kovalevskaya, Weierstraß wrote on 16 May, 1885:

> "Riemann's definition of $\int_a^b f(x)\,dx$, which was usually considered to be the most general possible, is insufficient. Let $f(x)$ be a uniquely defined function of a real variable in the interval $a \leq x \leq b$. We allow infinitely many points [Werthe = literally values] between a, b where $f(x)$ is not defined at all. In addition there can be points of discontinuity [Unstetigkeits-Stellen] in countable or non-countable numbers. We only assume that in any arbitrarily small part of the interval $a \ldots b$ there are points where the function exists and where the value of the function does not exceed a fixed limit."

He added:

> "One can conclude this very easily from Cantor's notion of content [Inhalt] of an arbitrary point set, formulated in volume 4 of Acta."[29]

---

26 Weierstraß's at the time unpublished talk of 1872 at the Prussian Academy of Sciences, which also contains that example, is published and commented upon in an appendix to my edition (Weierstraß 1988, 190–193, 262–263).

27 The following is quoted in German original in (Siegmund-Schultze 1988, 303), using Mittag-Leffler's 1923 edition of Weierstraß's letters to du Bois-Reymond in Acta Mathematica (Weierstraß 1923) as well as commentary in (Hawkins 1970, 67–70).

28 (Weierstraß 1923, 219), partly quoted in German in (Siegmund-Schultze 1988, 303).

29 The German original is quoted in (Bölling 2015). The last sentence is also in (Siegmund-Schultze 1988, 306). Cantor's French article in Acta Mathematica reproduces some passages of his German article in the Mathematische Annalen (Cantor 1884), which contains (p. 473) the notion of content (Inhalt).

Thus it is clear that – compared to his letter to du Bois-Reymond from 20 April 1885 – Weierstraß had further generalized the notion of the integral, because he had now weakened the stipulation of continuity even more. Finally he wrote to Schwarz on 28 May 1885:

> "In addition, I have to finish my paper on the representation of arbitrary functions by trigonometric series by the 25th of the coming month. The paper is connected to important investigations. I have e. g. found out that Riemann's definition of $\int_a^b f(x)\, dx$, which previously was considered the most general possible, is neither sufficiently general nor even acceptable.[30] On the contrary [vielmehr], it has to be replaced by a totally different one, in which I have found substantial support in Cantor's recent investigations (not those related to transinfinitive[31] numbers)."

The use of the wrong word "transinfinitive" for what Weierstraß's former student Georg Cantor had called "transfinite" seems to indicate that Weierstraß was less familiar with, or less convinced by, Cantor's more general (by some contemporaries even considered as too philosophical) parts of set theory, while he could make good use of Cantor's relatively more traditional notion of the "content" (Inhalt) of a point set (Figure 7.4).

According to (Bölling 1997, 70), Cantor had sent Weierstraß his first systematic, if introductory and partly philosophical paper (Cantor 1883) on the theory of transfinite cardinal and ordinal numbers in December 1882, and Weierstraß had not expressed reservations against it.[32] In the resulting publication in the Mathematische Annalen, one finds one of the most famous quotes by Cantor which the latter immediately related with a respectful nod to his teacher:

> "The *essence* of *mathematics* lies precisely in its *freedom*… Had Gauss, Cauchy, Abel, Jacobi, Dirichlet, Weierstrass, Hermite, and Riemann always been constrained to subject their new ideas to a metaphysical control, we should certainly not now enjoy the magnificent structure of the modern theory of functions."[33]

---

30 One may wonder what Weierstraß means by "not acceptable" here, given that the Riemann integral is fully sufficient for proving WAT for continuous functions.

31 In my publication of the German quote in (Siegmund-Schultze 1988, 303) I had replaced the word "transinfinit" which occurs in Ludwig Bieberbach's transcription of Weierstraß's letter (reproduced in (Dugac 1973, 141)), by Cantor's notion "transfinite", introduced in 1883 (Cantor 1883). Re-reading my 1988 publication, I wondered whether this mistake was already in Weierstraß' original letter. I asked Reinhard Bölling (Berlin), who is in possession of copies of Weierstraß's letters to H. A. Schwarz (which are in the Schwarz-Nachlass of the BBAW), to check this for me. He kindly told me that Weierstraß did not write "transinfinit" but "transinfinitiv" which is even farther from Cantor's word than "transinfinit". He also discovered that the word "vielleicht" (perhaps) in the Bieberbach transcription has to be replaced by "vielmehr" (on the contrary). This of course gives Weierstraß's conviction of the need for a new integral an even stronger note. I reproduce in Figure 7.4 the relevant page from Weierstraß's letter with kind permission from BBAW.

32 In the publication in the Mathematische Annalen (English for instance in (Ewald 1996)), Cantor speaks of a "Transfinitum" (Cantor 1883, 557). Cantor wrote to Mittag-Leffler on 6 February 1883: "Weierstrass has no reservations against my introduction of transfinite [überendliche] numbers." (Bölling 1997, 70).

33 (Ewald 1996, 896/97), which translates from (Cantor 1883, 564).

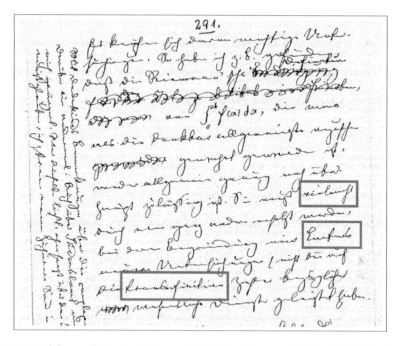

Fig. 7.4 Detail from a letter by Weierstraß to H. A. Schwarz 28 May 1885. W. alludes to Georg Cantor's set theory and uses the wrong word "transinfinitiv" instead "transfinite". This word as well as "Cantors" and "vielmehr" are emphasized by me. Courtesy Berlin-Brandenburgische Akademie der Wissenschaften, Schwarz Nachlass.

Somewhat contrary to the announcement in his letter to Schwarz, Weierstraß did not include his generalization of the integral in the 1885 publication. I will come back to this at the end of my paper in connection with the discussion of the content of the 1886 lecture course.

7.3 Weierstraß's personal and professional situation in 1885/86, and his planned 1886 course as well as its accidental realization

In the mid-1880s Weierstraß's conflict with Leopold Kronecker over the foundations of analysis and the reliability of mathematical idealizations such as the notion of real numbers had sharpened. Also in his private life the septuagenarian mathematician, who was afflicted by frequent health problems, was in a difficult situation. His worries for the future of his young adopted or natural son Franz Weierstraß stressed him emotionally.[34] However, Weierstraß's proof of his approximation theorem in 1885 and his ensuing lecture

---

34 For both the mathematical-philosophical and private stress which weighed upon Weierstraß at the time see (Bölling 2015).

course during the summer of 1886 are examples of an unabated mathematical creativity in Weierstraß even at his rather advanced age. As we will see, the 1886 lecture course with the title "Selected chapters from the theory of functions" („Ausgewählte Kapitel aus der Funktionenlehre") can be partly understood as a reaction to Kronecker's criticism. The course was apparently the last but one which Weierstraß ever gave.[35] What is more, Weierstraß's very last lecture was probably devoted to the same topic, the foundations of real and complex function theory.[36] Weierstraß's lecture course of 1886 can therefore be considered as a very substantial part of his legacy.

Already for the winter semester 1885/86, Weierstraß planned a lecture course of four hours per week, „Ausgewählte Kapitel der Functionenlehre," i. e. with a title which is almost identical with the course actually given in the summer 1886. However, from the list of lectures in Weierstraß's Mathematische Werke it can be concluded that the course was "only announced" (Verzeichniss 1903, 360). As a matter of fact, in late July 1885 Weierstraß had applied to the Prussian education ministry for vacation "for an indefinite time-span," as is documented by his letter to Kovalevskaya on 22 September 1885.[37] In the same letter from September 1885 Weierstraß also said that he had "come to the decision to leave Berlin and to move to Switzerland,"[38] and there are indications in the letter that his conflict with Kronecker was one of the reasons for the decision. It was apparently the preparation for the celebration of Weierstraß's 70th birthday on 31 October 1885, in which above all Carl Itzigsohn[39] was heavily involved, that caused Weierstraß to postpone his decision and to leave for Switzerland only in December. In any case Weierstraß did not give the planned lecture course during that semester. Neither did he plan the course for the summer term 1886 because he had apparently decided to stay in Switzerland. In "Index lectionum quae … habebuntur per semestre aestivum 1886" (28.4.–15.8.1886), i. e. the printed announcement of lectures issued by the University of Berlin for the summer semester 1886, we read p. 43 under Weierstraß's name: "Lectiones non habebit." As late as 26 March 1886 Weierstraß wrote to Kovalevskaya from Montreux: "In any case, we are going to stay in Switzerland until October."[40] Three days later, on 29 March 1886, Weierstraß writes from the same place to Schwarz:

---

35 The last course which can be reliably documented as having actually taken place is the 1886/87 course "Theory and Application of linear and quadratic forms" („Theorie und Anwendung der bilinearen und quadratischen Formen"). This follows from C. Michaelis' letter to Gösta Mittag-Leffler of 6 February 1887, letter 1 (see Library IML). The year 1886 in the letter must be a typographical error. In (Bölling 2015) it is documented that the last lecture listed in (Verzeichniss 1903, 360), namely "Variational Calculus," planned for the winter semester 1889/90, was in all likelihood not given due to Weierstraß' sickness.

36 However, L. Schlesinger's recollection in his letter to Mittag-Leffler from 26 September 1921 (see Appendix 3), according to which Weierstraß gave the 1886 course a second time in the winter 1888/89, is true only in a very limited sense. In (Verzeichniss 1903, 360) the lecture is listed under the title "Fundamental notions and main theorems from the theory of functions" („Grundbegriffe und Hauptsätze der Funktionenlehre"), but with the addition "only announced". In his letter to P. Du Bois-Reymond from 13 January 1889 – that means in the middle of the semester – Weierstraß says that he has just begun a "small lecture course" („ein kleines Kolleg") and that he hoped to be able to finish it in spite of health problems (Weierstraß 1923, 222/23).

37 Following R. Bölling's exemplary edition (Weierstraß 1993, 346).

38 Ibid. p. 345.

39 See Appendix 4 on Itzigsohn.

40 This quote and the following letter to Schwarz are documented in original German in (Weierstraß 1988, 13).

"By the way I have been unable to work much. The winter was not favourable, and I have suffered much from digestive trouble, haemorrhoids and swelling of the veins. Next month we will go to another place, probably to the Lake of Thun."

A sudden change of mind is revealed in Weierstraß's letter, to Mittag-Leffler dated 7 May 1886, also from Montreux:

"My dear friend and colleague.... The 20th this month I will probably go to Berlin to give yet another [noch ein] small lecture course [Colleg], because I am not yet [noch nicht] willing to sever my connection with the University altogether."[41]

Writing still from Montreux, Weierstraß also informs Schwarz about this decision and announces the first lecture for 25 May.[42] To Mittag-Leffler Weierstraß writes on 31 May 1886, i. e. one week after starting his lectures:

"As you see I am back in Berlin (now 8 days, alone, and I stay in the Hotel Bauer Unter den Linden which is known to you). I had indeed reasons, to shorten my vacations and even to start yet another [noch ein] lecture course 'Selected Chapters from the Theory of Functions', where I will support [vertreten] with decisiveness the standpoint which I have taken in the theory of analytic functions."[43]

Mittag-Leffler replied from Stockholm, 4 June, 1886. Reiterating Weierstraß' words "yet another" [noch einmal] sounds very much like a premonition of his teacher's impending final retirement from teaching:

"I am glad to hear that your health allows you to give yet another lecture in Berlin. It is very good that you will once again personally support your mathematical views. I will write to Hettner to ask him for notes of your lectures."[44]

The documents quoted so far are sufficient evidence that Weierstraß had planned his lecture course "Selected Chapters from the Theory of Functions" well in advance, but that the course itself nevertheless came about rather accidentally in the summer of 1886.

The fact that the lectures were given rather spontaneously is underlined by a participant in the lecture course, in a report written 35 years after the event. The prominent German-Hungarian mathematician Ludwig Schlesinger (1864–1933) (Figure 7.5) – son in law of Weierstraß's colleague and former student Lazarus Fuchs (1833–1902) – wrote on 26 September 1921 to Mittag-Leffler in Djursholm:

---

41 Weierstraß to G. Mittag-Leffler, 7 May 1886, Handwritten German, Library IML Djursholm.
42 See the text of the original German letter in (Weierstraß 1988, 13) and as a facsimile p. 228 in the same edition. The letter, which is dated 15 May 1886, is kept in the Schwarz Nachlass at the Archives of BBAW.
43 The last sentence is quoted German original in (Bölling 2015). The connection between real and complex functions is underscored here as also in the entire structure of the lecture course (see below).
44 Library IML, draft of Mittag-Leffler's letter to Weierstraß, 4 June 1886. For Hettner's reaction to Mittag-Leffler's request, see Hettner's letter from 19 June 1886, which is reproduced below.

LUDWIG SCHLESINGER

Fig. 7.5 Portrait of Ludwig Schlesinger, who attended W.s 1886 lectures and whose lecture notes are lost. Source: portrait collection (Acta Mathematica 1913, 168).

"I personally attended the Weierstraß lectures of 1886, and I have taken notes from them.... The lecture course in the summer of 1886 was ... rather poorly attended ... because it was not announced in the official list and because it began several weeks after the official start of the semester. This explains why the content of the lecture course has not become well known."[45]

During the entire lecture course Weierstraß was apparently occupied with other problems as well. As late as 24 July 1886, in a letter to Schwarz written 10 days before the end of his lectures, Weierstraß seemed to indicate that he was prepared to leave Berlin at any time, but that personal matters, which had originally caused his return from Switzerland, prevented his departure:

"Whether I will see you before the official end of the term [which was 16 August; R.S.] I doubt very much. I am currently fully occupied by an annoying business [saures Geschäft]: I am looking for a flat and will not leave before I have found an acceptable one."[46]

---

45   Library IML, Schlesinger to Mittag-Leffler, 26 September 1921, letter 26. See a longer excerpt from the German original in Appendix 3. Easter Sunday 1886 was the 25th of April, and the summer term usually started the week after Easter. On 3 May 1922, Schlesinger sent a copy of his lecture notes written with Latin letters for a fee to Mittag-Leffler (see IML Correspondence Mittag-Leffler). This copy as well as the original now seem lost, according to communications by Mikael Rågstedt (IML) and Olaf Schneider (University Library Gießen).

46   The original German of this passage of the letter, which is in the Schwarz Nachlass of BBAW, can be found in (Weierstraß 1988), both as transcription (p. 13) and as facsimile (p. 268). In (Bölling 2015) it is explained that Weierstraß's "annoying business" was caused by the need to find a bigger flat where also his son Franz Weierstraß could live. Weierstraß, his two sisters and Franz moved to bigger quarters in Berlin in September 1886.

Weierstraß taught his course "Selected Chapters from the theory of functions"[47] from 25 May until 3 August 1886 with few interruptions four days a week (Tuesday, Wednesday, Friday, and Saturday) for a total of five hours per week. We will probably never find out the names of all the students who were present at the lectures which, according to Schlesinger, were "poorly attended."[48]

7.4 The origin of the lecture notes used for the 1988 edition and the role of the Berlin "Mathematische Verein"

We saw that Weierstraß's former student Mittag-Leffler in Sweden welcomed the lectures and tried to get hold of the lecture notes. Georg Hettner (1854–1914), who had had his Ph. D. with Weierstraß in 1877, produced several sets of notes of various lectures given by his teacher. At times Weierstraß entrusted Hettner with putting formulas on the blackboard during the lectures,[49] because Weierstraß was physically unable to do this as early as 1862/63. Occasionally, Hettner provided colleagues with notes of Weierstraß' lectures, usually for a fee and not restricted to lecture notes prepared by himself. However, in the case of the 1886 lecture course, Hettner replied to a request by Mittag-Leffler with the following letter dated 19 June 1886, when about one quarter of the lectures had been given:

> "Last night I asked Weierstraß, who had been away for a few days at Whitsun, whether he knew a listener who was able to produce reliable notes, such that you could have copies of them. Weierstraß replied he considered the entire lecture course as an attempt, and he did not know yet whether it would be successful. Therefore he would feel uneasy for you to have lecture notes. You are asked to wait, to see whether he might repeat the lectures on a later occasion."[50]

It appears that Weierstraß was soon satisfied by his own lectures. Otherwise Mittag-Leffler would probably not have continued to ask for the lecture notes and thus indirectly promote

---

47 The title varies slightly in lecture notes written from different hands. Most of the latter follow the official title which is in the published list of lectures, i. e. "Ausgewählte Kapitel aus der Functionenlehre" (Verzeichniss 1903, 360). "Lehre" means literally "teaching", which is also the title of the lithograph (194 pp.), i. e. the basis of my 1988 edition. Gutzmer and the long handwritten manuscript (554 pp.) in Weierstraß's Nachlass (probably F. Bennecke) use the word "Theorie" instead of Lehre. F. Bennecke (248 pp.), however, uses "Lehre" in the title. See also below Appendix 2.

48 The printed lists of mathematics students inscribed at the University, which were issued in regular intervals by Berlin University, do not seem to give complete information. In addition, there were guest listeners such as F. Bennecke (see Appendix 2), and Schlesinger, both of whom already had doctorates by 1886.

49 This according to (Lamla 1911, 50).

50 Library IML, G. Hettner to Gösta Mittag-Leffler, 19 June 1886, letter 27, handwritten. The last two sentences in the German original are:

> "Weierstrass antwortete, er betrachte die ganze Vorlesung als einen Versuch, von dem er noch nicht wüsste, ob er ihm glücken werde; es sei ihm daher nicht angenehm, wenn Sie ein Heft über dieselbe sich abschreiben liessen. Sie möchten abwarten, ob er die Vorlesung vielleicht später noch einmal hielte."

the distribution of the lectures of his revered teacher. That Mittag-Leffler did indeed try to get hold of the lectures notes of the 1886 course transpires from his correspondence of November 1886. On 2 November, a certain mathematics student Max Burckhardt (using the title "cand. Math.") offered Mittag-Leffler his own notes, but Mittag-Leffler decided in favor of another offer by a former student of Weierstraß, the doctor of physics Carl Michaelis (1858–?). The latter wrote 9 November 1886:

> "Esteemed Professor,
> I take the liberty to let you know that I succeeded in finding lecture notes of the last course held by Weierstrass. They are not yet fully completed, however they are expected to be finished soon. They have been written by an able member of our club [Verein],[51] Mr. Lohnstein. I am confident the notes will reflect the lectures correctly and completely."[52]

Mittag-Leffler replied with thanks,[53] telling Michaelis that he would now turn down Burckhardt's offer.[54] But he alerted Michaelis to the fact that he needed lecture notes written in Latin letters, because it was "too tiresome" ("zu viel Mühe") for him to read old German script. Michaelis accepted his wish, and two months later, on 19 January 1887, he wrote to Mittag-Leffler the following in German, but in Latin script:

> "Esteemed Professor, I take the liberty to send you the copy which I promised of Weierstraß' lectures. The copy comes a bit late, but the reason is that I produced it myself, because the notes were not very clearly written and an ordinary copyist would barely have been able to do the job correctly. To be sure my hand-writing is not particularly good, but I hope you will nevertheless be able to use the notes. The latter seem to be produced exactly following the shorthand notes made during the lectures. That is why I copied them basically word by word, in spite of the many repetitions and some inaccuracies which you, dear Professor, will recognize much more easily than I could by myself."[55]

There is no doubt, in particular after comparing them with the (by the way rather neat) handwriting of this letter, that the handwritten copy of the lecture notes in the library of the IML in Djursholm "Ausgewählte Kapitel aus der Functionenlehre"[56] is indeed Michaelis' copy. Already in 1988 I had realized that this manuscript is basically a word-for-word copy (with very few differences, among them lack of the dates of the days of the lectures) of another copy of lecture notes which is also in the library of IML. The latter is a lithograph (IML-24821, 194 pages), of which (at least) one more copy exists, namely at the library at the University of Leipzig. It is written by several (at least two) different hands in old

---

51 This is no doubt the Berlin "Mathematische Verein" of students to be mentioned below.
52 Library IML, C. Michaelis to Mittag-Leffler 9 November 1886, letter 3, handwritten.
53 Library IML, Mittag-Leffler's letter drafts, no. 778, Mittag-Leffler to Michaelis, 16 November 1886.
54 This Mittag-Leffler did with a letter to Burckhardt from the same day. See Mittag-Leffler letter drafts, library IML, no. 777.
55 Library IML, Michaelis to Mittag-Leffler, 19 January 1887, letter 4, handwritten.
56 It has 14 §§ and 264 pages, IML-24820.

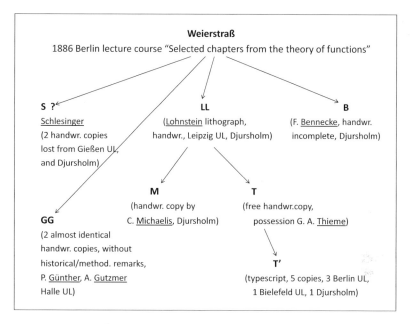

Fig. 7.6   Lecture notes of W.s 1886 course, which could be traced in various libraries. See also Appendix 2.

German letters (Figure 7.2). After studying Michaelis' letters to Mittag-Leffler, I have no doubt that the lithograph contains the lecture notes which Michaelis ascribed to "Herr Lohnstein." It is not clear how the lithograph itself reached the Institut Mittag-Leffler; maybe Michaelis sent it to Mittag-Leffler together with his handwritten copy of it.

I am aware of the existence of four different and largely independent sets of lectures notes for the 1886 course (Figure 7.6).[57] My 1988 edition (Weierstraß 1988), which I am using for the present publication, is based on lecture notes produced by the "Mathematische Verein" of the University of Berlin under the lead of "Herr Lohnstein", as explained above. Michaelis' copy was of great help for completing the 1988 edition. From the Lohnstein Lithograph (LL) at least one other copy has been made as well. This is an abbreviated handwritten copy (carrying the name G. A. Thieme under the title), which contains many errors and is in the possession of the library of the Humboldt University in Berlin.[58] From this handwritten copy a type-written copy (257 pages) has been produced at some point in time. Three copies of this type-script are in the possession of the library of the Humboldt University in Berlin, one is also in IML in Djursholm, one in the library of the University of Bielefeld in Germany.[59] It is possible that still more copies of this type-script exist.

---

57   For the other three, of which Schlesinger's version seems lost, see Appendix 2 below.

58   From Neuenschwander (1981, 243) it follows that the mining engineer and mathematics professor from St. Petersburg G. A. Thieme, cannot possibly have produced these notes. He apparently purchased these and other notes of Weierstraß's lectures at some point from German colleagues.

59   Kind information from G. Schubring.

Before I look for more information about the author Lohnstein and the copyist Michaelis, I briefly point to an interesting and apparently new detail, namely the shorthand notes („in den Vorlesungen gemachten stenographischen Nachschriften") mentioned in the last letter by Michaelis, which were allegedly used to produce the more detailed lecture notes in longhand form. In addition we should look with interest at Michaelis' idealistic motivation which is revealed in his correspondence with Mittag-Leffler. On 6 February 1887 Michaelis wrote to the Swedish mathematician:[60]

> "I received your esteemed letter a few days ago, but I must unfortunately conclude from it that you did not fully understand the meaning of my letter which accompanied the Weierstraß lecture notes.
>
> When I made Weierstraß's lectures available to you, dear Professor, I did not undertake the copying in order to earn money, but only in order to do service to you and thus, at the same time, to science. The confidence to have contributed a little bit with my weak abilities to the progress of the mathematical science is sufficient reward for my efforts. I therefore ask you, from the bottom of my heart, not to think about any further compensation for me."[61]

Mittag-Leffler had to accept this idealistic altruism. The only way in which he could reciprocate was to send Michaelis portraits of Weierstraß and Abel which he had published in previous issues of Acta Mathematica, and to make the following promise in a letter to Michaelis of 20 February 1887:

> "This [idealism] will be a stimulus for me to draw the utmost benefit from the fine expositions of my revered teacher."[62]

In his previous letter to Mittag-Leffler from 9 November 1886 Michaelis had referred to the Berlin "Mathematische Verein (M. V.)", which was involved in the production of lecture notes. The history of M. V. was written by the young physicist Ernst Lamla (1888-1986) in 1911 (Figure 7.7).

This mathematical club of students and of other, mostly younger, scholars had been founded in 1861 and had as its aims both the promotion of social contacts and the deepening of mathematical studies. The "Verein" was partly subsidized by the University and

---

60 Library IML, C. Michaelis to Mittag-Leffler 6 February 1886 (sic), letter 1, handwritten. The content reveals that the letter is mistakenly dated 1886 instead 1887.

61 Library IML, Michaelis to Mittag-Leffler 6 February 1886 (wrongly for 1887), letter 1, handwritten:

> „Ich habe die Abschrift der genannten Ausarbeitung nicht unternommen, um daraus eine Gelegenheit zum Gelderwerb zu machen, sondern weil ich glaubte, Ihnen und damit zugleich der Wissenschaft einen Dienst zu leisten, wenn ich Ihnen, Herr Professor, die Weierstrass'sche Vorlesung in dieser Weise zugänglich machte. Das Bewusstsein, damit meinen schwachen Kräften entsprechend vielleicht auch ein wenig zur Förderung der mathematischen Wissenschaft beigetragen zu haben, ist mir ein hinreichender Lohn für meine Bemühungen. Ich bitte Sie desshalb von Herzen, auf eine andere Entschädigung für mich verzichten zu wollen."

62 Library IML, Mittag-Leffler's letter drafts no. 827, ML to Michaelis, Berlin, 20 Feburary 1887. The original German for "expositions" [Ausführungen?] is difficult to read. Mittag-Leffler has not lived up to this promise as his reaction to Schlesinger's letter in 1921 shows (see below).

Geschichte
des
Mathematischen Vereins
an der Universität Berlin.

-------- Berlin 1911. --------

Fig. 7.7 Title page of (Lamla 1911).

was a complement to the regular mathematical "seminar" for advanced students. In the summer semester 1886, the M. V. had 66 members (Lamla 1911, 85). We learn from Lamla – although apparently indirectly rather than from his own experience – about the involvement of the M.V. with the lecture notes of Weierstraß's lectures:

"Above all there was [around 1875] founded a commission of nine members, which was supposed to produce lecture notes of Weierstraß's course on function theory. Special committees were later founded for the lectures on variational calculus and one for the application of elliptic functions, the so-called 'elliptic commission'. Special stipulations were introduced concerning the lending out [Verleihung] of lecture notes. The University library was given a copy of each, however book sellers did not receive the lecture notes. Interest in this work was general and huge. For example, in 1885 Professor Escherich from Vienna[63] asked to be allowed to copy the lecture notes for the Vienna Mathematical Seminar. The entire work [apparently the writing of lecture notes], which was only carried out after Weierstraß granted permission, enjoyed his favour and support also later on; for instance in 1888 he put at the disposal of the M.V. his own manuscripts in order to complete the notes for the lectures on 'hyper-elliptic functions.'"[64]

---

63   Gustav von Escherich (1849–1935), well-known Austrian mathematician, in 1903 co-founder of the Austrian Mathematical Society.
64   (Lamla 1911, 41).

Weierstraß's close relationship with the "Mathematische Verein" is further described in the following quote from Lamla's history:

> "Quite frequently Professor Weierstraß gave to the Verein books and treatises... He entitled the M. V. to publish... function theoretic theorems of his and spoke occasionally in the [University] senate in favour of the M. V. Thus it is not surprising that the M. V. was glad to find an opportunity, on the occasion of Weierstraß's 70th birthday, to finally show its gratitude to the venerated teacher and patron. ... On 3 November 1885 there was a celebratory meeting in which Weierstraß took part and told in humorous ways something about the fortunes of his life."[65]

In Lamla's book, Weierstraß's former student Michaelis,[66] who held a doctorate in physics from 1883 and was established well enough to be included in the photo album for Weierstraß's 70th birthday,[67] (Figure 7.8) is described as a very active member of the Mathematische Verein.

In 1883, for instance, Michaelis was chair of the M. V. (Lamla 1911, 85). Lamla also describes Michaelis' gregariousness and artistic abilities:

> "Particularly impressive were the [theatrical] performances in the eighties, when a not only poetically but also musically gifted fellow – it was the present professor at the cadet school [Kadettenanstalt] Michaelis[68] – composed several light operas [Singspiele], rehearsed the choirs and brought it all to performance. The one of his pieces that appealed most was 'Nanon, the Polish Princess, or the singing festival of Cracow, a non-mathematical and therefore, even without detailed knowledge of Abelian functions, rather understandable musical drama.' "[69]

If Michaelis copied Lohnstein, who then was "Herr Lohnstein"? There is a problem, because there were two (!) students of Weierstraß by the name of "Herr Lohnstein", the twin brothers Rudolf (deceased 1935) and Theodor Lohnstein (deceased 1942), born 6 June

---

65 (Lamla 1911, 49). The meeting at the M. V. was three days after the official celebration of Weierstraß's birthday on 31 October, to which only his colleagues were admitted. Not even Itzigsohn, the organizer of the event and compiler of the photo album given to Weierstraß on that occasion, was present (see Appendix 4).

66 Carl (Heinrich Friedrich) Michaelis, born Erfurt 17 December, 1858. Doctorate at the University of Berlin 11 December 1883 with a physical or chemical topic: „Über die electrische Leitungsfähigkeit verunreinigten Quecksilbers und die Methoden zur Reinigung desselben, 34 pages". This information is taken from the printed (Verzeichnis der Berliner Universitätsschriften 1810–1885, 1899, 714). Michaelis is not listed in the German Poggendorff dictionary of scientists, and thus does not seem to have published anything scientific after his doctorate. His date of death is not known to me. Some more biographical information on him follows below.

67 (Bölling 1994, volume 1 of 2 albums, 44, no. 5) (see Figure 7.8).

68 Although Lamla does not give a first name there is no doubt that this is Carl Michaelis, particularly when considered together with his letter referring to the Verein (above). Lamla mentions in the preface a 'Johannes Michaelis' as his collaborator in the book, probably in order to distinguish him from the much older Carl Michaelis. There must exist further biographical sources, in particular in connection with Carl Michaelis' work as professor of the Berliner Kadettenanstalt founded in 1717.

69 (Lamla 1911, 48).

Fig. 7.8 Portrait of Carl Michaelis, who copied LL for Mittag-Leffler with Latin letters. Reproduced from (Bölling 1994, volume 1 of 2 albums, 44, no. 5). Courtesy Vieweg publishers.

1866. The twin brothers Lohnstein are not listed in the printed "Amtliches Verzeichnis des Personals und der Studierenden der Königlichen Friedrich-Wilhelms-Universität" for the summer term 1886.[70] But both are registered as members 36 and 37 in the membership list of the "Mathematische Verein" for the summer 1886, kept at the Berlin University Archives (Figure 7.9).[71]

They took their doctoral degrees at Berlin University in mathematics (Rudolf in 1890, supervised by L. Fuchs) and physics (Theodor 1891, supervised by H. v. Helmholtz).[72] Both brothers later became ophthalmologists.[73] Theodor Lohnstein was apparently, in addition, an urologist, as was their older brother Hugo Lohnstein (born 1864). Theodor and Hugo Lohnstein have entries in a biographical dictionary of outstanding physicians.[74] The twin brothers Rudolf and Theodor Lohnstein are included with quite long lists of publications in the German Poggendorff dictionary of scientists. Among these publications there

---

70 However they are mentioned in the same inventory for the summer term of 1890, and registration date ("Immatrikulation") 1888. From records in the Berlin University Archives one can conclude that they had been registered once before in the mid-1880s.

71 AHUB, R/S 559.

72 AHUB, Phil. Fak 294 (for Rudolf L.), Phil. Fak 299 (for Theodor L.). In both cases, Weierstraß was reported to be "sick" and could therefore not sign the form confirming doctoral procedures. This might also explain why Rudolf L. chose L. Fuchs as advisor of his dissertation. The Lohnstein brothers give in their cvs "mosaic" as religion. Their father was the merchant [Kaufmann] Hermann Lohnstein.

73 Rudolf Lohnstein studied medicine in Halle from 1893. AHUB, AZ 102.

74 (Pagel 1901, columns 1040/41). There Theodor is described as student of the pharmacologist Oskar Liebreich (1839–1908) from 1891, finishing 1895. In the same dictionary Theodor is credited with the invention of an "Urometer" which "surpassed all previous instruments of a similar purpose in accuracy by a factor of 20."

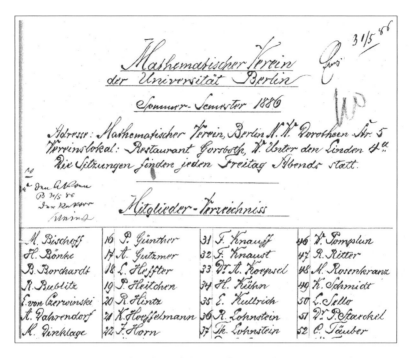

Fig. 7.9 Detail from a member list of the Mathematische Verein Summer 1886. The Lohnstein brothers as well as Günther and Gutzmer are visible who all were involved in W.s lecture course as well. Courtesy Archives Humboldt University Berlin.

are also a few mathematical ones, most conspicuously Theodor Lohnstein with a short note in Mittag-Leffler's journal *Acta Mathematica* of 1892.[75] This publication earned him a place in the collection of portraits of authors of that journal, published as an appendix to the index volume (Acta Mathematica 1913). We do not have absolutely conclusive information about the authorship of the 1886 lecture notes of Weierstraß's lectures, although the handwriting in the first part of the Lohnstein lithograph (Figure 7.2) coincides nicely with the handwriting in a letter Rudolf Lohnstein wrote to the "Rektor" of the University of Berlin on 28 April 1893 from Halle (AHUB AZ 102). The fact that Rudolf, unlike his brother, took his Ph.D. in mathematics might be another reason to assume that he was the main author. However, towards the end of the Lohnstein lithograph the handwriting changes and the author may well have been Theodor Lohnstein, of whom I do not have independent handwritten documents.[76] Anyway, since I do not have a portrait of Rudolf Lohnstein, I reproduce here the portrait of Theodor Lohnstein from Acta Mathematica as the best possible approximation to one or several authors of those notes (Figure 7.10). For the same reason of insecure authorship we denote the lithographed lecture notes at the

---

75 I refer below to the paper (Lohnstein 1892) in connection with the author's interest in numerical analysis.

76 The "theses" for the defence of his dissertation which are published below in Figure 7.11 are written with Latin letters, while the Lohnstein lithograph, except for subtitles, uses older German script.

Fig. 7.10 Portrait of Theodor Lohnstein (1866–1942), later well-known as a theoretical medical doctor, who was probably together with his twin brother Rudolf author of the "Lohnstein Lithograph" (LL). Source: portrait collection (Acta Mathematica 1913, 157).

IML in Djursholm (which also exist in Leipzig) by the double initials "LL", which stands for both "Lohnstein lithograph" and "Lohnstein-Lohnstein" (see below in Appendix 2 for other extant lecture notes, in addition to LL).

7.5 Short overview of the content of the 1886 lecture course

As described above the lecture course in the summer 1886 had something spontaneous about it. This one has to keep in mind when looking at the quality of the lectures notes available to us. Not every insufficiency, redundancy or lack of completeness of argumentation can plausibly be blamed on the authors of the lecture notes. Some imperfections may well be due to Weierstraß himself, who anyway had been sceptical at the beginning of the lectures, as his remark to Hettner (quoted above) shows. (Dugac 1973, 84–89) uses five pages of his article for a very short overview in French of parts of the lectures LL, using a flawed copy with the name Thieme on it, and assuming that Thieme was its author.[77] Dugac refers in particular to Weierstraß's discussion of the Bolzano-Weierstraß accumulation point theorem, which is particularly detailed in the 1886 lectures and which sheds light on Weierstraß's acknowledgment of Bernard Bolzano (1781–1848).[78] Dugac also mentions Weierstraß's theory of real numbers and his alternative approach to Riemann surfaces and to several complex variables which are briefly discussed in the lectures. All these passages of the 1886 lectures mentioned by Dugac go back for the most part to sim-

---

77   See the remark above which refers to (Neuenschwander 1981).
78   (Bölling 2015) discusses this for the 1886 lecture and for previous lectures by Weierstraß.

ilar discussions in previous lectures of Weierstraß and do not really represent the novelty of the 1886 course.[79] However, (Dugac 1973) also mentions WAT and some remarks by Weierstraß concerning the need to generalize the Riemann integral. Dugac refers in this context only to Weierstraß's use of Cantor's notion of a "countable set", while Weierstraß had actually referred in his lectures to much more recent topological notions of Cantor's. In fact, Weierstraß mentioned for point sets in R^n the notions of content [Inhalt] and of "closed set". The latter notion, which was introduced in (Cantor 1884, 470), appears in § 6 of Weierstraß's course in the lecture from 22 June 1886 in the following form:

> "If all points [Stellen] where in each[80] neighbourhood lie infinitely many defined points, belong themselves to the defined, one calls the point set [Punktmenge] closed [abgeschlossene]. If for example all points which belong to the area of a circle are defined, so is also any point on the periphery defined and at the same time a limit point [Grenzstelle], while outside the circle there is no point of which we can say that in each arbitrarily small neighbourhood of it exist defined points. We can now transform any point set into a closed one by simply adding the limit points P' to the point set P." (Weierstraß 1988, 66)

According to his own testimony (in his letter to Mittag-Leffler of 31 May 1886, quoted above) Weierstraß saw a unity in the principles of real and complex function theory and wanted to use the 1886 lecture course to "support with decisiveness the standpoint which I have taken in the theory of analytic functions." In the 1886 lectures Weierstraß discussed his basic principles and fundamental theorems (among them WAT) and notions (among them uniform convergence) first for functions of real variables which dominate the first part (§§ 1-12) of the course.

The first part is also interesting for Weierstraß's occasional remarks about applications of mathematics and the role of WAT and of uniform convergence[81] in this context. We have seen above, from a letter which Weierstraß wrote to Schwarz on 14 March 1885, that one of his motivations for the proof of WAT had been to provide rigor in the "application of Fourier series and Integrals on problems of mathematical physics." In his lecture course Weierstraß argues for the investigation of general continuous functions and on 9 July 1886 he says:

> "With this insight into the origin of the so-called arbitrary functions we have, at the same time, refuted an objection which has been raised against dealing with them in the first place. The main objection has been that one does not need to know the law according to which the function changes, but only that the function is continuous and single-valued. Indeed one can draw conclusions without even knowing a more specific [nähere] definition of the function. One has therefore called such functions "functions without properties",

---

79 See my commentary on these aspects in the edition (Weierstraß 1988). See also remarks by Umberto Bottazzini in his contribution to the present volume concerning this part of the 1886 lecture course.

80 The word "each" (jeder) is missing in the lecture notes.

81 The recent book (Viertel 2014) discusses in some detail the role of uniform convergence in (Weierstraß 1988).

without considering that the condition of continuity and single-valuedness is of great import. One has called them "unreasonable" [unvernünftige] functions as opposed to those which Jacobi called "reasonable" functions. One has declared dealing with them as futile, but already mathematical physics, for example heat theory, provides such functions." (Weierstraß 1988, 109)

Although he did not present the trigonometric version of WAT in his lectures, which, according to Lüroth's review, was of particular "practical interest" (Lüroth 1886, 272) in mathematical astronomy, Weierstraß cited astronomy as one of the possible applications, when relating the general notion of arbitrary (continuous) functions to "The distance between the two planets, measured by the distance of the two centres of gravity, is a variable, which has a clearly defined value at any moment" (Weierstraß 1988, 22). On the importance of the notion of uniform convergence for applications Weierstraß is reported to have said on Saturday 29 May 1886:

"We want to connect some theoretical remarks to the practical application [praktische Anwendbarkeit] of the method discussed. If we knew only that the series is absolutely convergent, we could only calculate the value of the function with prescribed accuracy, for any given value of the argument. The uniform convergence, however – and this is of utmost importance for practice [Praxis] – guarantees that the value of the argument needs not be given with absolute accuracy. Thus one can say that the series represents the function with arbitrary accuracy, if the argument is given with arbitrary accuracy. This is so important for applications, because the arguments to be used are either the result of measurements and observations which necessarily contain errors, or they result from previous calculations, and thus cannot be given with absolute accuracy. If, for example, we demand that the function be calculated with an error less than a prescribed small magnitude g, we may partition g into $g_1 + g_2$. Then we can separate n terms from the series, such that they give us the value of the function for $x = x_0$ with an error less than g_1. If we then choose instead of $x = x_1$ a neighbouring value $x = x_0$ such that $|G_n(x_1) - G_n(x_0)| < g_2$, which is always possible, because $G_n(x)$ is a continuous function of its argument, we find $|f(x_0) - G_n(x_1)| < g$.

From this we realize that we can increase accuracy as much as we want without leaving the realm of rational numbers, because we can always find for a given argument x_0 an arbitrarily close rational argument x_1. We realize at the same time, how little relevance for practice those series have which are not uniformly convergent, because one can never be sure to have an error-free argument." (Weierstraß 1988, 36)

It appears that the spirit of the 1886 lectures helped to instill applied minds in some of Weierstraß's students. As we have seen, the Lohnstein twin brothers went on to practical jobs as physicians. From Theodor Lohnstein we have even some explicit remarks about the "numerical" side of mathematics. When he defended his physical dissertation in a traditional, rather symbolic and solemn ceremony on 3 March 1891 before the Philosophical

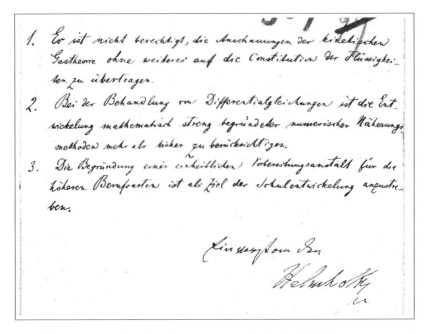

Fig. 7.11 Three theses which Theodor Lohnstein "defended" 1891 in a ceremony before the Berlin Philosophical Faculty. They were approved by Hermann von Helmholtz. The second thesis pleads for the development of numerical analysis. Courtesy Archives Humboldt University Berlin.

Faculty of the University of Berlin he proposed as the second of three theses the following (Figure 7.11):

> "In the treatment of differential equations the development of mathematically rigorous methods of numerical approximation has to be given more consideration than hitherto usual."[82]

Also Theodor Lohnstein's short German publication in *Acta Mathematica* of 1892, mentioned above, refers directly to a numerical paper by Carl Runge, and its title in English translation is: "Note on a method for the numerical inversion of certain transcendents." (Lohnstein 1892).

While the first part of Weierstraß's 1886 lectures is mostly devoted to functions of real variables, in the second, not much shorter part (§§ 13 and 14), complex function theory is

---

82 AHUB, Phil. Fak. 299. „Bei der Behandlung von Differentialgleichungen ist die Entwicklung mathematisch streng begründeter numerischer Näherungsmethoden mehr als bisher zu berücksichtigen." The three theses are approved in the file by Helmholtz' signature. The largely symbolical character of the defense is underscored by the fact that Lohnstein's two brothers Rudolf and Hugo served as "opponents" [Opponenten] at this ceremony. The doctoral exam which really counted, Theodor Lohnstein had passed "magna cum laude" on 15 January 1891 in the Philosophical Faculty, interrogated by, among others, L. Fuchs and H. v. Helmholtz. The protocol is in the same file in AHUB.

in the centre of the discussion. This division of the course in two parts is deliberate. In the lecture of 9 July 1886, which concludes § 12, the aim of the second part of the lectures to

> "turn to the demonstration, that, for functions of complex arguments, one arrives by our method at exactly the same notion of an analytic function which we developed in our lectures on the theory of analytic functions."[83]

The connection between the two parts was apparently important to Ludwig Schlesinger, as we will see in the final part of this paper, which now follows.

7.6   The place of WAT within the 1886 lecture course

7.6.1   Attempts to generalize the Riemann integral

As mentioned before, Weierstraß did not include his generalization of the integral in the 1885 publication. In several points Weierstraß's 1886 lecture course goes beyond his publication of 1885, thus testifying to the well-known fact that Weierstraß and many German university professors of the time quite often presented recent research results in their lectures. This concerns above all the generalization of WAT to continuous functions with several variables.[84] However, there were also some hints in the lectures to weaken the condition of continuity and to generalize the notion of the integral, in the sense of Georg Cantor's notion of "content", to which Weierstraß had alluded in his correspondence in 1885 as discussed above.

As already mentioned Weierstraß's attempt to generalize the integral was never published under his name. We are therefore bound to look at Weierstraß's 1886 lectures and the rudimentary treatment of the topic there (see Appendix 1, lecture Friday 9 July 1886).

In his lecture course of 1886, Weierstraß would say, even before formulating WAT:

> "It will turn out that the function can always be expanded if it is itself integrable and integrable when multiplied with certain powers of the argument between certain boundaries. The integrability follows from the assumed continuity." (Weierstraß 1988, 24)

The "powers of the argument" obviously refer to the factor ψ in the integrands of the singular integrals $F(x, k)$, because ψ as an entire transcendental function has a power series representation.[85] It is clear already from this passage that the emphasis of the investigation shifts from continuity to integrability as the primary notion. The formulation reminiscent of parallel developments in Fourier analysis of the time;[86] one can interpret Weierstraß's

---

83   (Weierstraß 1988, 112). Quoted also below in Appendix 1. This conclusion from WAT, upon which I have further commented in (Weierstraß 1988), was considered by Schlesinger (1921) and by his student M. Kleberger (1921) as the most important result of the 1886 lecture course. In the present publication I will not go into this any further. See also Appendix 3 with Schlesinger's letter to Mittag-Leffler.
84   This first generalization was published only in (Weierstraß 1903a), a revision of (Weierstraß 1885).
85   This is even clearer formulated on page 108 of the same lectures (Weierstraß 1988), see below Appendix 1.
86   (Siegmund-Schultze 1988) and (Weierstraß 1923). See also (Bölling 2015).

quote even as an anticipation of expansion theorems in functional analysis a quarter of century or so later.

Thomas Hawkins, who has written the best book on the history of Lebesgue's theory of integration (1970), had received word about Weierstraß's efforts for a generalization of the integral long before my edition of Weierstraß' lectures appeared in 1988. Hawkins' source was a small excerpt from the lecture notes which Schlesinger had taken during the 1886 course in Berlin. In 1921 Schlesinger had sent Mittag-Leffler the dissertation of his student (Kleberger 1921) who had used Schlesinger's notes.[87] Mittag-Leffler responded immediately. He told Schlesinger in a letter of 23 September 1921 that he had read Kleberger's work with great interest and he added:

> "The entire story was totally unknown to me. Weierstraß talked about such things to us in Wernigerode, but his health was not in such a state at the time that one could have asked for details."[88]

As a reaction to this Schlesinger wrote his letter to Mittag-Leffler dated 26 September 1921 with further information about the 1886 lecture course,[89] and he sent him somewhat later a copy of his lecture notes for a fee. An excerpt from Schlesinger's notes was then published by Mittag-Leffler in 1923 as footnote 16 to his edition of Weierstraß's letters to Paul du Bois-Reymond (Weierstraß 1923, 225), and it was this publication which finally in 1970 Hawkins used for his commentary. Hawkins says:

> "Prior to Lebesgue, the single critic of Riemann's definition was Karl Weierstrass. His dissatisfaction and the alternate theory of integration he proposed are particularly relevant, because Weierstrass attempted to extend the definition of the integral by means of Cantor's theory of content."
> (Hawkins 1970, 67)

Hawkins also referred to Weierstraß's letter to Kovalevskaya from 16 May 1885, which was quoted above. At the end of his discussion of Schlesinger's excerpt, Hawkins mentions the additivity property of the Riemann integral and adds the following conclusion:

> "Because Weierstrass' integral is actually an upper integral, it fails to have this property... It remains unclear whether Weierstrass was cognizant of this fundamental drawback of his definition.
>
> The approach taken by Weierstrass - to extend the definition of the integral by considering it as the area of the ordinate set - was a step in the right direction,

---

87 More on this dissertation below.

88 Library IML, Mittag-Leffler's letter drafts no. 7002, Mittag-Leffler to L. Schlesinger, 23.9.1921: „Die ganze Geschichte war mir vollständig unbekannt. Weierstrass hat uns wohl in Wernigerode über solche Dinge gesprochen, aber seine Gesundheit war damals nicht solche, dass man ihn über nähere Auskunft fragen dürfte." This also shows that Mittag-Leffler had not really read the lecture notes of the 1886 lectures received from Michaelis, contrary to what he had promised. Mittag-Leffler (Mittag-Leffler 1923, 55) reports about a meeting of Weierstraß with several students, which took place in the summer of 1888 in Wernigerode, in the Harz Mountains.

89 This letter is reproduced in excerpts in Appendix 3 below.

but the theory of area that he adopted was not sufficiently refined to impart the essential property of additivity to the resulting integral. Historically it was the introduction of the concept of measurability in the work of Peano and Jordan that was to suggest the manner of insuring the requisite refinement." (Hawkins 1970, 70)

Schlesinger was interested in WAT for at least two reasons, the integral and the new derivation of the notion of a complex analytic function of one variable, which was one central aim of Weierstraß's 1886 lectures. The first of these two interests[90] of Schlesinger's is revealed in his joint book with A. Plessner "Lebesguesche Integrale and Fouriersche Reihen", which he – then professor of mathematics in Gießen – published in 1926 and where he also referred in the preface to the "lack of success" of Weierstraß' effort (Schlesinger and Plessner 1926, iii). It seems to me that Weierstraß himself was aware of this "lack of success", which in a way answers the question posed by Hawkins. Weierstraß carefully prepared a revision of his proof of WAT for his "Mathematische Werke",[91] but he did not go there into the problem of the integral and only remarked with respect to non-continuous functions: "I will not deal with this problem here." (Weierstraß 1903a, 18).

7.6.2   The construction of analytic functions with the help of WAT

As its title reveals the 1903 revision of (Weierstraß 1885) contains the extension of WAT to several variables as did already the 1886 lecture course. Indeed an extension to at least two variables was necessary in order to derive or to redevelop the notion of an analytic function of one complex variable through the detour of WAT.

This was the "second" (additional) interest which Schlesinger took in the 1886 lectures. In fact, he had asked his student Magda Kleberger (1895–?) to use his lecture notes and write her dissertation on both aspects of the lectures, the generalization of the integral and the new notion of the analytic function. Kleberger defended her dissertation "On a definition of analytic functions given by Weierstraß" in October 1920 in Gießen and published it as (Kleberger 1921). Schlesinger used and acknowledged Kleberger's work in a talk at the Jena meeting of the German Mathematicians' Association (DMV) in 1921. The abstract of the talk is published and is entitled: "On the notion of the analytic function of one complex variable" (Schlesinger 1921). There we find the following remarks:

> "Schlesinger attended and took notes of a lecture course which Weierstraß gave at the University of Berlin in the summer semester 1886 under the title 'Selected chapters from the theory of functions.' There Weierstraß gave the following definition of an analytic function. φ and ψ are defined as continuous functions of the two real variables x and y in a continuum (x, y). If it is

---

90   On Schlesinger's "second" (additional) interest in the 1886 lectures a few remarks further below.
91   In the preface to volume 3 of Weierstraß's Mathematische Werke the editor, Weierstraß's former student Johannes Knoblauch (1855–1915) remarked (on page v) that half of the manuscripts, apparently among them the first (Weierstraß 1903a), was finished in early 1897 (by which he apparently meant before Weierstraß's death in February 1897) and had been prepared for print by Weierstraß himself.

> possible to select – among the sequences of entire rational functions [polynomials] of x, y, which approximate $\varphi + i\psi$ – one, where those entire rational functions can be written as functions of $x + iy$, then we call $\varphi + i\psi$ an analytic function of $x + iy$. From Weierstraß's double series theorem [Doppelreihensatz] it follows immediately that $\varphi + i\psi$ in the neighborhood of each point $x + iy$ of the continuum can be represented as a power series. Thus this definition leads to the classical notion of an analytic function." (Schlesinger 1921, 89)

Weierstraß's announcement of the new definition of an analytic function is at the end of § 12 in my edition (Weierstraß 1988) (see Appendix 1). The question under which conditions it is possible to select among the sequences of entire rational functions (polynomials) of x, y those which approximate $\varphi + i\psi$ is discussed in the second part of Weierstraß's lecture course to which I will not refer in detail here.[92]

The discussion has shown that the 1886 lectures contained more of Weierstraß' results than were ever published under his name. Certain changes in the 1903 revised republication of (Weierstraß 1885), which he had approved during his life-time and which were part of his 1886 lectures, give us confidence that the lecture notes (Weierstraß 1988) are reliable and express Weierstraß's intentions. This concerns also the notion of "representability", which is more detailed in 1903 than in 1885 and bears the marks of the lecture course.

7.6.3 "Representability" and the last lecture on 3 August 1886

Three years before his research on WAT, in his lecture course "Introduction to the theory of analytic functions" during the winter term 1882/83, Weierstraß had still been sceptical with regard to the depth and the mathematical implications of the notion of continuity. He then said:

> "Usually one drops the [too] general notion of dependency and requires continuity. But even then little has been gained, if one looks deeper. What one can derive on this basis of general properties of functions is minimal." (Siegmund-Schultze 1988, 302)

Obviously, Weierstraß had looked deeper since, because in §2 of his lecture course of 1886 titled "On the representability of the so-called arbitrary functions" (Weierstraß 1988, 23/24) he identified (at least temporarily) the notion of "arbitrary" functions with "continuous" functions and said:

> "It will be shown that this notion [of continuity] is identical with that one can represent the function as an infinite series, whose terms are entire rational functions [polynomials] with rational numbers as coefficients." (Weierstraß 1988, 23, see also below in Appendix 1)

---

92 Actually Weierstraß had alluded to the possibility to reconstruct complex analytic functions from continuous functions of real variables as early as in his letter to Kovalevskaya from 6 May 1874, see (Weierstraß 1993, 125). I do not discuss the question to which extent later mathematical work, in particular in function theory, has made use of Weierstraß's alternative definition of analytic functions.

The 1886 lectures also stress the kind and quality of "representability" (Darstellbarkeit) of functions which is accomplished by WAT. As noticed in (Laugwitz 1992), the 1886 lectures do this more forcefully and explicitly than Weierstraß's publication (Weierstraß 1885). In his 1885 publication Weierstraß had used the word "analytic representability" for arbitrary (continuous) functions of real variables. In his 1886 lecture course, however, – and maybe as a reflection of continued pressure from Kronecker – he preferred the notion "arithmetic representability". To be sure by this notion Weierstraß basically meant the same thing as in 1885, namely (finite) polynomials, considered as generalizations of "numbers". And when Weierstraß emphasized in his lectures (as in the quote above) "rational numbers as coefficients" of the polynomials he hastened to add (see Appendix 1), that the possibility to choose rational coefficients is mathematically secondary in importance compared to the representability of the function by series of polynomials.

Let us finally return to Weierstraß's last lecture on 3 August 1886 and to the passage quoted by Laugwitz, namely "But the <u>ultimate</u> goal is always the representation of the function." According to the lecture notes Weierstraß said a few lines later:

> "Only dealing with <u>concrete</u> problems gives us the material [Gegenstände] for such more general investigations. But it can be proven historically that there were problems, which would not have been solved without prior general investigations concerning the form of the functions." (Weierstraß 1988, 176, see also below in Appendix 1)

Weierstraß then refers to his celebrated solution of the problem of the inversion of hyperelliptic integrals, and the lecture notes apparently quote him directly, because they use quotation marks. Weierstraß says that that problem was an example, where such general investigations on representations were necessary. Only on this basis one was able to find the *concrete* representation for the solution of the problem in question.

So it seems to me that the discussion in (Weierstraß 1988) is not so much about a preference for either "properties" (like continuity) or "representations",[93] than about the difference between general theorems, which involved both properties and general representations on the one hand, and the need to find "concrete representations" in each particular case and problem on the other.

The same is valid for WAT. Both in his lecture course of 1886 and in the extended form of his 1885 article in the Mathematische Werke (1903) Weierstraß emphasizes the need to find "a real representation"[94] for the appropriate F.[95] He adds that this concrete

---

93 As mentioned before, (Laugwitz 1992) seems to suggest such a priority of "representations" in Weierstraß's mind.

94 „wirkliche Darstellung" (Weierstraß 1903a, 29).

95 In the 1903 publication Weierstraß makes a remark on the last page, which is also made in the lectures but is not in his original publication of 1885:

> "The main result is that there exists ('existirt') for any function of the assumed properties an arithmetic representation in the form of an infinite series whose terms are all entire rational functions [polynomials] of the arguments of the function. However, by this result we have not derived yet how one can really produce the expansion of the function into such an infinite series." (Weierstraß 1903a, 37)

representation is not yet given by the proof. This should, however, not be misinterpreted to the effect that Weierstraß's proof of the WAT in 1885 was "not constructive" or that it was a "pure proof of existence." What Weierstraß probably meant with his quote is that any concrete given continuous function $f(x)$ would have to provide the concrete data to find a particular series of polynomials for its representation according to the general theorem WAT.[96]

In the last words of his 1886 lecture course, Weierstraß sums up his conviction of the need for an interplay of general methods and concrete investigations in mathematics when he says:

> "This is therefore an example for investigations where genuinely general ana-
> lytic problems have led to the representation of the function which one wished
> to find. That afterwards, after having found the results, one could use other,
> maybe simpler ways to reach them, is another matter. We may doubt, how-
> ever, if one would ever have solved the problem by the latter means, if the
> problem had not been treated before."[97]

Acknowledgments.   I thank all archives and libraries mentioned for giving me access to their material and granting publication rights. I am grateful to Mikael Rågstedt from the Institut Mittag-Leffler in Djursholm for relentless help and guidance to the great resources of the Institute. Tom Archibald (Vancouver), June Barrow-Green (London), Rolf Nossum (Kristiansand), and Gert Schubring (Rio de Janeiro) gave me advice both on content and the English. I profited much from discussions with Reinhard Bölling (Berlin) during writing the manuscript.

Appendix 1: Excerpts in English translation from the 1886 course (Weierstraß 1988), with particular emphasis on historical and methodological remarks, and on Weierstraß's attempt to generalize Riemann's integral.

(Short remarks by the editor, some German words in the original language, and end-of-page numbers in the 1988 edition are added in brackets. Emphasis (underlined) is by the author of the lecture notes (Lohnstein). A few remarks by the present editor are added in footnotes. Further and more detailed commentary is in the original edition of 1988.)

[Tuesday], 25.5.86
The following lectures shall supplement to a certain degree the course on "Elements of the theory of analytic functions" given in the winter term 1884/85. The purpose of that course has been basically accomplished though in a rather synthetic way. This leaves the matter

---

96   The "real representation" could be as concrete as a numerical algorithm to approximate a function, which
     leads finally back to the "applied aspects" of Weierstraß's 1886 lecture course, as discussed above.
97   (Weierstraß 1988, 177, see also Appendix 1). The words are put in quotation marks by the author of the
     lecture notes underlining their authenticity.

somewhat unsatisfactory, because the generality of the results has not been fully demonstrated. It therefore appears useful to connect to those lectures, and follow historically and critically the various methods which allow establishing the foundations of function theory, to present diverging views and to try to find a compromise between them. In short, our tendency is to base our discussion on the historical development of the mathematical sciences, in particular analysis, and then show, how it is possible to give a basis to the fundamental notions of science. Our aim is to secure the establishment of firm principles [feste Grundsätze] with respect to the mathematical sciences. In order to enter into the mathematical sciences it is imperative to look for particular problems, which really show us the scope and substance of science. The final goal [Endziel], however, which always has to be kept in mind, is to reach a safe judgment about the basic principles [Fundamente] of science.[98] [page 20 of (Weierstraß 1988) ends here]

§1 Historical remarks on the origins of the notion of a function

Historically, today's theory of functions has slowly developed. The first to use the word 'function' was Leibnitz. However, with him, the notion of a function is not a fixed one. Originally he called functions certain magnitudes which occurred as arithmetical expressions of the abscissa during the investigation of algebraic curves, as for example the ordinate, the length of the tangent until its intersection with the axis of the abscissa. Further he called functions such magnitudes, which were defined by simple arithmetical operations performed on other magnitudes. James [Jacob] Bernoulli alerted him to the usefulness of generalizing this notion and to call function those expressions [Ausdrücke] which are defined from other magnitudes through simple arithmetical operations.[99] Leibnitz adopted this proposal, and this definition of a function remained dominant for a long time. The only progress was that one accepted roots of the above expressions as functions. This led to calling such roots of algebraic equations, whose coefficients were rational functions of a variable magnitude, functions of this magnitude. At that time one still believed in the possibility to express roots of arbitrary algebraic equations by complete [geschlossene] arithmetical operations. Thus we find with Euler in the Introductio, and with Lagrange in his Theory of Functions as well as with many other important mathematicians each expression declared as a function which is arithmetically composed of certain magnitudes.

However, alongside this definition of a function as an arithmetical expression one finds early another one which on first glance seems quite different from the former. John [Jean] Bernoulli, James's brother, considered the latter's definition as too narrow. He pointed to the fact that in geometry and in nature dependences occur, of which one only knows that to each value of the one magnitude corresponds one or several values of the other, such that a continuous change of one magnitude implies the continuous change of the other, without being able to find a arithmetical expression for that dependence or to prove that such an expression exists at all. Therefore he [John Bernoulli] stressed the need to define

---

98   The last two sentences have been chosen as the epigraph of this article and are also quoted in their German original in (Kopfermann 1966, 76), as discussed above.

99   The only difference compared to the sentence before is apparently the notion 'expression' [Ausdruck]. One may hesitate calling this a 'generalization'; a mistake in the script cannot be ruled out. In any case the notion of expression was not (!) restricted to finite formulas, and transcendent functions were included at the time.

the notion of a function in a more general way, securing that the old [21] definition was included in the new one. This opinion has later been shared above all by Cournot, Cauchy, Dirichlet and others. If thus one variable magnitude is related to another in a way, that to each value of the first corresponds a determinate value of the second, one calls - in this second version - that second magnitude a function of the first. Pursuing this definition one soon arrives at the insight, that one can define such functions only in so far as infinitely small changes in the argument result in changes of the same kind in the function, such that the function is not defined for singular points [singuläre Stellen]. As an example we may discuss the generalization of the notion of a function which we have just given. Let us imagine the mutual impact of two planets. Each of the two has a mathematical centre of gravity which is variable, because no planet is in a steady state [beständigen Zustand], but at any moment it has a clearly defined position in the planet's body. The distance between the two planets, measured by the distance of the two centres of gravity, is a variable, which has a clearly defined value at any moment. Thus if one has fixed a point from which one counts the time, and also has fixed the time-unit, any moment of time will be represented by a determinate number, and to each moment of time corresponds a determinate value of distance. The latter is also expressed by a number, related to a given unit of length. Thus we have to do with two dependent [voneinander abhängigen] magnitudes. It corresponds to each value t of time a determinate value r of the distance of the two centres of gravity. If we now know the law, according to which the planets act on one another, and if one assumes them to be rigid such that the positions of the centres of gravity in the bodies are fixed, one can represent r as a function of t, provided that the law can be expressed arithmetically. But this does not even need to be possible, without r ceasing to be a well-defined function of t. In reality the law according to which the planets act on one another is not known; even if one assumes Newton's hypothesis as secured, there act so many forces of resistance and friction during motion, which we even do not fully know, such that the description of the motion can only be approximate. One may now ask, if one assumes the mutual dependence of r and t, and if one does not know the law of the mutual impact of the two planets, whether one can still assume the existence of an arithmetical expression, which, if one would have found it, would allow to calculate r for any value of t with arbitrary accuracy. [22] In other words, the question is whether the assumption of continuity of the function implies the existence of such an arithmetical dependence, regardless whether we can produce [herstellen] it or not. This is a question which hardly anybody will want to decide a priori. One should even be inclined to doubt that this question could be answered in the affirmative. In this case the definition of John Bernoulli would have the advantage of the greater generality compared to Leibnitz' definition. If, however, one can show that to each dependency between two variable magnitudes as in the above example corresponds an arithmetical expression, one would be obliged to accept both definitions as equivalent. This problem is the first to be discussed in our lectures.

§2. On the representability of so-called arbitrary functions

We now start not from the arithmetical definition of a function but take the opposite way: we assume the existence of a magnitude which depends on one or several variables in such a manner that it changes continuously with the latter. We will prove that a magnitude thus defined can be represented arithmetically in a quite determinate manner [bestimmten Weise]. This happens in the following way. There shall be given any unrestrictedly variable magnitude t, which can assume any value from $-\infty$ to $+\infty$. If r is a function of the latter which is only given by the condition just explained, and if one has an arbitrary small magnitude δ, then it is always possible to produce an entire [= entire rational = polynomial] function of t with rational number-coefficients, such that the difference between the actual value of r and the one calculated from the named expression for any value of t becomes smaller than δ. Further we will see that this is tantamount to the fact that one can expand the function into an infinite series, whose single terms are rational entire functions with rational number-coefficients. This shows that one can indeed produce an arithmetical expression [arithmetischer Ausdruck], which does exactly what one can possibly expect from it, namely represent the function with arbitrary accuracy for any value of t. Like Bernoulli we will, for the time being, restrict our discussion to real magnitudes. One has previously believed that the representation [23] with a Fourier series solves the problem under discussion. However it has turned out that there are continuous functions which cannot be expressed this way.[100]

What further regards the theorem to be proven in the following, it should be said from the outset that it can be extended without problems to several variables with no change in the form of representation or in the claim of the theorem. We should also already now point to the fact that it would be erroneous to assume that the mode of representation of the function as indicated above can be generally used to convert the function into a power series; on the contrary, this is possible only in very rare circumstances.

[Wednesday], 26.5.1886

To return to the discussion of the theorem formulated above we allow the independent variable to assume all values from $-\infty$ to $+\infty$. This is no restriction of generality, because we can easily reduce to this condition the more general case, where the function is only defined for a particular domain of the independent variable. We further assume that the function is continuous. We also assume the function to be arbitrary or irregular, a name which is not well chosen.[101] The real meaning of the theorem is that it is always possible to find a mathematical expression for a well-defined continuous function. The benefit of this theorem is that one realizes that one can derive from the fundamental notion of continuity properties, which each such function possesses. In each scientific discourse it is essential to draw conclusions from certain fundamental notions. After one has realized the possibility of a representation of the function, one has to find this representation in each particular case. One will then see what one really needs to know about the function, in order to expand it analytically. It will turn out that the function can always be expanded if is itself integrable and, in addition, integrable when multiplied with certain powers of the argument between certain boundaries. The integrability follows from the assumed continuity. [24]

---

100 For more discussion of this see (Siegmund-Schultze 1988).

101 The last sentence is not fully clear to me. Why is "arbitrary or irregular [gesetzlos: literally lawless]" considered as an additional condition? The criticism of the name is apparently based on that it contradicts "well defined" in the following.

...

§12. Extension of the theorem from §4 to functions with arbitrary many variables

...

[Friday], 9.7.1886

...

Now one can – based on the assumed properties – always arrange for the representation of the function to use only coefficients without irrationalities for all terms, ... [107] ... However, more important for the usability of the representation is the property of uniform convergence [gleichmäßige Konvergenz], which allows us to reach with approximate values of the arguments prescribed degrees of accuracy in the calculation of the values of the function. Thus, when applying our representation, we remain fully in the realm of rational operations of calculation. The result of our discussion up to this point is the conviction that a single-valued continuous function is always capable of an arithmetical representation. However, this does not yet show how to find this representation in an expedient [zweckmäßig] manner. It does not tell us either that all these representations have to start with the [particular] notion of an integral which we used. But in any case it could be shown that such a representation exists and it has been given a method, to always find one. What one had to know about the function is that its integration is possible if one multiplies it with an entire function of the $(x_1, \ldots, x_n)$. This was one of the reasons why we started with the integral formula.

...

Further we have assumed that the function $F(x_1, \ldots, x_n; k)$ is an entire transcendental function under the condition that the integration[102] is fully restricted to a finite domain. If one wants to extend it to the entire domain of the x, one has to impose further conditions on ψ, conditions which are completely fulfilled by e^{-x^2}, from such functions the $F(x_1, \ldots, x_n; k)$ always emerge as entire transcendental functions. They have a meaning not only for real values of x but also for complex, they are therefore basically [geradezu] analytic functions of the x. [108]

This result is of great interest because it shows that the origin of the so-called arbitrary functions lies in ordinary analytic functions, which can be expanded into powers of $x_1, \ldots, x_n$ and whose coefficients are continuous functions of k. If k approaches zero, $F(x_1, \ldots, x_n; k)$ approaches for real $x_1, \ldots, x_n$ the limit $f(x_1, \ldots, x_n)$. The latter can be a function which in different intervals assumes the values of different, for example analytic functions, if only it changes continuously everywhere. ...

We first considered only functions which have no discontinuities. The question arises whether the representation of the function f remains, if the function has discontinuities [Unstetigkeiten]. Discontinuities can first be defined only negatively. If we have explained what it means that a function changes continuously, all points [Stellen] where the condition of continuity is not fulfilled are points of discontinuity. Therefore [sic: daher, meaning thereby?] the function can always remain finite in spite of the discontinuity [109], but it can also happen that the function becomes infinite [unendlich groß] at such points. Now

---

102 Obviously the integration over the product $f\psi$.

no one will try to a priori determine which kind of discontinuities can occur. First one observed that there are functions which are discontinuous at singular points. However, one has learned very quickly that there are functions which have an infinite number of points of discontinuity such that the latter must necessarily accumulate at certain limit points [an einigen Grenzstellen häufen müssen]. One has even found functions, which contain in any arbitrarily small interval points of discontinuity mixed with points of continuity. For points of continuity one has to distinguish between isolated points of continuity and lines of continuity [Stetigkeitsstrecken]. As a matter of fact, if $f(x)$ is continuous at $x = x_0$, it does not follow that this is the case for all neighbouring points. If this, however, is the case, one says that the function has a line of continuity. One may now ask whether one can draw similar conclusions about representability as previously, if one makes no assumption about the kind of discontinuity. This is an investigation which we do not want to go into at this point, we only want to reveal the result: If $f(x)$ is always finite [endlich: means here 'bounded'], it can always be represented by an infinite sum of entire functions [= entire rational = polynomial], with the condition that this series delivers the value of the function at each point of continuity. For the lines of continuity the functions converges uniformly; thus our former theorem is contained as a special case. One can derive all this without making any assumptions about the kind of discontinuities. As regards the points of discontinuity the series – as one should expect – does not represent the values of the function. The proof of the theorem relies on some extensions of the notion of the definite integral in cases where according to the traditional views one could not talk about definite integration. Prof.[103] Weierstraß has found that any function with arbitrary discontinuities – if only it remains finite [means bounded] can be integrated; thus the criteria which for instance Riemann posed, are too narrow. If we think about a function of a variable geometrically represented by ordinates, the representing curve can undergo sudden interruptions, with the function not being defined at all at certain points. In the general case which we now consider, one cannot define the integral as a piece of area, which is limited by the curve, two ordinates and the abscissa axis. After all the function may be defined for infinitely many values of the argument along a line AB, but not for all which are continuously connected [stetig aneinander schließen], [110] for instance if the function is only defined for the rational values of the argument along that line. One has to extend the notion of the definite integral in a manner such that also the ordinary cases are included as special ones. This is done in the following way: We assume each ordinate, which represents a value of the function, contained in an infinitely thin rectangle with basis 2δ and a height which is by δ bigger than the ordinate. (We are reminded of Leibnitz who even defined the ordinate as an infinitely small rectangle and denoted by $\int y$ what we today call $\int y dx$).[104]

---

103 The academic title is not in the Lohnstein lithograph LL but in Michaelis' copy.

104 The script uses the $\sum$ sign for the second symbol which is apparently a historical mistake. The point to make here was the addition of the dx. The 'δ bigger than the ordinate' is not in the excerpt from Schlesinger's script of the lecture in *Acta Mathematica* 39 (1923), p. 225, and (Laugwitz 1992, 344) calls it 'obscure' [dunkel].

Now we define a continuum [Continuum] by containing everything which lies in one of these rectangles. If the rectangles overlap we take every point only once. This continuum is a two-dimensional domain [Fläche] and has a content [Inhalt], which is a function of δ, as long as we consider δ to be finite [apparently > 0]. If we now assume a function which is continuous for each value of the argument between a and b one has for $\delta = 0$ indeed what one usually calls an area [Flächeninhalt]. If we further assume that the ordinate along the line considered is always positive, one can show that S_δ, by which we denote the above sum, decreases with δ, from which follows that this sum approaches a definite limit [bestimmte Grenze] with $\delta = 0$. We call this limit as the area defined by the curve $f(x)$, even there where $f(x)$ becomes discontinuous, in other words, the definite integral of $f(x)$ between the borders [Grenzen] a and b. If $f(x)$ is continuous this definition coincides with what one has denoted by $\int_a^b f(x)\,dx$. The essential properties [wesentliche Eigenschaften][105] are retained which one finds with the definite integral. Basically all these properties can be derived from

$$\int_a^c y\,dx = \int_a^b y\,dx + \int_b^c y\,dx \quad \text{and} \quad \int_a^b y\,dx = -\int_b^a y\,dx$$

Thus we count $S_\delta > $ or < 0 depending on $b > $ or $< a$. Further the value of the integral is equal to $(b - a)$ multiplied with a value which lies between g_1 and g_2, the biggest and smallest value of y between the borders. Finally one needs the following theorem:

If we have a $g(x) > 0$ between the borders, so follows[106]

$$\int_a^b f(x)g(x)\,dx = f_1 \int_a^b g(x)\,dx, \quad \text{where} \quad g_2 < f_1 < g_1$$

Thus we have to prove that these fundamental theorems remain valid for the extended notion of the definite integral. Let us remember [111] that it was exactly these theorems which played an important role in the above proof of the representation of a function. Thus – if these theorems remain valid for the extended notion of the integral – the proof must also hold for discontinuous functions, if only they are finite [bounded] in the domain considered. Also in this case the integral formula is meaningful only for those values of the argument where $f(x+h)-f(x)$ becomes infinitely small together with h; if this condition is not fulfilled one simply cannot draw any conclusions from the integral. Thus we find indeed that the series delivers an analytic representation of our function only for those points which are no points of discontinuity. Also here an extension to functions of several variables is not difficult.

Also the points where the function becomes infinite are generally no obstacle. If their number is finite, the theorem remains completely valid, the points of infinity [Unendlichkeitsstellen] then simply belong to those which we have always excluded. If their number

---

105 Obviously W. does not count here 'additivity', i. e. $\int_a^b (y+z)\,dx = \int_a^b y\,dx + \int_a^b z\,dx$ among the essential properties.

106 Michaelis in his copy makes clear that the g_i are the lower and upper limits of f and are not related to the function $g(x)$. Our edition follows here the original LL.

is infinite, the theorem remains valid if they are countable [in abzählbarer Menge vorhanden], such that they can be put in the form of a sequence [Reihe], where each element is defined by its point number [Stellenzahl]. Only one cannot expect that the series represents the function also for the points of discontinuity. And now we realize why we ignored the points of discontinuity in our generalized definition of the integral. One can for instance show that – if the points of discontinuity are countable – they[107] can be changed in many ways without changing the value of the integral. From this one clearly recognizes that the series cannot possibly represent the function for the points of discontinuity. Sometimes the series approaches definite values for arguments, which correspond to points of discontinuity in the function. This is analogous to the fact that the Fourier series for such points approaches the arithmetical mean of the values of the function on both sides. However, we do not want to go further into the investigation of the representation of discontinuous arbitrary functions. Instead we now turn to the demonstration, that, for functions of complex arguments, one arrives by our method at exactly the same notion of an analytic function which we developed in our lectures on the theory of analytic functions. [112]

…

[Tuesday], 3.8.86

End[Schluss]…

The aim of our lectures was first to define properly the notion of analytical dependence. We proceeded with the task to find the analytic forms in which functions with certain properties can be represented. In this respect the introduction of essential singularities [wesentlich singuläre Stellen] has been a very important principle of categorization and representation, because the representation of a function is closely related with the investigation of its properties. It might be interesting and useful to find properties of functions without looking for its representation. But the ultimate [letzte] goal is always the representation of the function.

At the end [Zum Schluß] we may be allowed to add some general remarks about the usefulness of such investigations as performed in these lectures. This is the more justified as there are still people [solche] who do not attach great value to investigations of this kind. Indeed it is not desirable that mathematicians, in particular young ones, should be exclusively occupied with such problems. After all, only dealing with concrete problems gives us the material [Gegenstände] of such more general investigations. But it can be proven historically that there were problems, which would not have been solved without prior general investigations about the form of the functions. Among those was in particular the problem of the inversion of hyper-elliptic integrals,[108] "a problem which had been posed by Jacobi and which I tried to solve early in my career. [176] It was by this problem that determinate [bestimmte] functions of several variables were introduced for the first time into analysis. Previously one had believed that functions of several variables did not require separate treatment because the assumption of a constant [konstant] number of

---

107 Apparently the value of the function at these points.

108 The following concluding passage in the lecture course has apparently to be considered as a direct quotation from Weierstraß.

variables should allow a reduction to the case of functions with one variable. This was, of course, an error. The problem in question was the following. There are certain functions $x_1, \ldots, x_\rho$ of as many variables $u_1, \ldots, u_\rho$ given in a definite manner. An investigation of the analytical dependence of these magnitudes showed that $u_1, \ldots, u_\rho$ considered as functions of the $x, \ldots, x_\rho$ are infinitely multi-valued [unendlich vieldeutig]. However, to one system of the $u_1, \ldots, u_\rho$ belongs only one system of the $x, \ldots, x_\rho$ such that the <u>symmetric</u> functions are single-valued functions of the $u_1, \ldots, u_\rho$. Further one could show that these symmetric functions can be represented as quotients of <u>everywhere convergent</u> [beständig convergent] power series of the $u_1, \ldots, u_\rho$. In order to show this <u>one did not have any existing means at all</u>. One had to resort to those general function theoretic investigations. It turned out that numerator and denominator were defined by certain differential equations and that the functions in the numerator and in the denominator were actually only different forms of one and the same function. One also succeeded in giving a general representation of the functions under discussion by means of the so-called Theta-series, and the coefficients could be easily determined.

This is therefore an example for investigations where genuinely general analytical problems have led to the representation of the function which one wished to find. That afterwards, after having found the results, one could use other, maybe simpler ways to reach them, is another matter. We may doubt, however, if one would ever have solved the problem through the latter ways, if the problem would not have been treated before."
[End of Weierstraß's quote]
End of the lectures. [177]

Appendix 2: Further independent lecture notes of the 1886 course[109]

So far I have discussed the Lohnstein lithograph LL and its various copies. I have mentioned that independent lecture notes were written by Ludwig Schlesinger, which are apparently lost and survive only in short excerpts. The third independent set of lecture notes of the 1886 course are handwritten notes in Latin letters which exist in two differently sized copies from different hands but with nearly identical content in the library of the Martin-Luther Universität Halle (Germany). They carry the names of the mathematicians and brothers in law Paul Günther (1867–1891) and August Gutzmer (1860–1924). The former was mainly a student of L. Fuchs and became private docent at Berlin University at the early age of twenty-four before his untimely death. Gutzmer became a rather influential German mathematician, professor at the University of Halle 1905–1924. Both were registered as students at Berlin University in the printed "Amtliches Verzeichnis des Personals und der Studierenden der Königlichen Friedrich-Wilhelms-Universität" for the summer term 1886, and they were also members of Mathematische Verein at the time (see above Figure 7.9). The two closely related versions by Günther and Gutzmer (abbreviated as GG in Figure 7.6 above) agree in content, however not in wording, largely with the

---

109 See also Figure 7.6 above.

Lohnstein lithograph. Exceptions are the preface to the first lecture, the entire last lecture of 3 August 1886 and several historical and methodological reflections, all of which are missing from the GG lecture notes. I used the GG-notes occasionally for my commentary in (Weierstraß 1988).

There is a fourth independent set of notes which was apparently written by Fritz Bennecke, born 1861 in Potsdam.[110] He was a mathematics student in Berlin between 1880 and 1882, and among other things, attended Weierstraß's lectures on elliptical functions in the summer term 1881. Bennecke took his doctor degree in physics at Göttingen University in 1886 and came back to Berlin in the summer of 1886, followed by a probationary year as teacher at the Friedrichs-Werdersche Gymnasium (high school) in Berlin where he continued to teach for several years before he finally went to Potsdam as a high school teacher.[111] Bennecke must have attended Weierstraß's 1886 course as a guest listener because the library of the Institut Mittag-Leffler has a handwritten copy of "Ausgewählte Kapitel aus der Funktionenlehre" with F. Bennecke as author (IML 24822, 248 pp.). Opposite the title page, one finds the following handwritten commentary: "Already the dividing up of the chapters shows that the editor has no idea at all what Weierstraß aimed at in these lectures."[112] The signature under this unabashed remark is difficult to read, but it can be identified as belonging to Carl Itzigsohn,[113] when comparing the latter's correspondence with Mittag-Leffler in IML. The reader can easily agree with Itzigsohn. The division of the chapters in Bennecke is much more detailed than in the Lohnstein lithograph (64 §§ compared to 14§§), but this seems only to show that the writer did not understand the main unifying viewpoints in Weierstraß's lecture. The lecture notes do not include many of the historical and methodological reflections of LL and, above all, they cover only the first two thirds of the lecture course, until July 3, 1886. They thus skip, for instance, the remarks about the generalization of the integral which followed in the course on 9 July. What makes Bennecke's lecture notes nevertheless worth mentioning is that they apparently were made from extensive original notes taken by Bennecke directly during the lectures, and which are now kept in the "Weierstraß Nachlass" in Djursholm. The Nachlass has been catalogued in the 1990s by Reinhard Bölling in an exemplary manner. The Bennecke notes are there registered as no. 153 in the inventory and comprise two folders of material (594 pp.). These original notes are dated and carry on until 3 August of 1886 thus giving another, independent confirmation of the time schedule of Weierstraß's 1886 lectures. One finds the name Bennecke on the folder in which they had originally been collected. One can infer from marks with pencil in these extensive, though difficult to read notes that Bennecke produced his incomplete lecture notes from this more complete material. It is not known how this material came into the possession of the Institut Mittag-Leffler. One might conjecture that it was through the mediation of Carl Itzigsohn, although information to that effect is not contained in the correspondence between Itzigsohn and Mittag-Leffler, kept at the institute in Djursholm.

---

110 AHUB, AZ 680 and Studentenverzeichnis (list of students) 1882, also in UAB.
111 (Kössler 2008).
112 „Schon die Paragraphen-Einteilung beweist, dass der Bearbeiter keine Ahnung davon hat, was Weierstraß mit dieser Vorlesung bezweckte."
113 More on Itzigsohn below in Appendix 4.

Appendix 3: Excerpts from a letter, written by Ludwig Schlesinger to Gösta Mittag-Leffler in 1921, and pertaining to the 1886 course

(Library IML, Schlesinger to Mittag-Leffler, no. 26, 26 September 1921, typewritten German, 2 pp., excerpts, courtesy IML)

„Es freut mich ganz außerordentlich, dass Sie die Arbeit meiner Schülerin interessiert hat; ich habe jetzt auf der Versammlung der Deutschen Mathematiker Vereinigung in Jena auch über den Gegenstand vorgetragen und viel Interesse gefunden. Es ist merkwürdig, dass die neuere Theorie der reellen Funktionen für eine scharfe Begriffsbestimmung der analytischen Funktionen in dieser Weise benutzt werden kann. Die betreffende Vorlesung von Weierstraß habe ich im Jahre 1886 selbst gehört und ausgearbeitet, meine Ausarbeitung, die ich Frau Kleberger zur Verfügung gestellt habe, umfasst etwa 190 Seiten in dem üblichen Pandekten-Quartformat mit ziemlich breitem Rand. Wenn es Sie interessiert, so will ich Ihnen gern das Heft zur Einsicht schicken. Mit Rücksicht auf die Not der Zeit würde ich mich sogar entschließen, es zu verkaufen. Ich bemerke übrigens, dass die Sache und zwar sowohl die neue Definition der analytischen Funktion als auch die Verallgemeinerung des Integralbegriffs, auch in Deutschland fast ganz unbekannt geblieben ist, trotzdem Weierstraß diese Definition der analytischen Funktion auch noch ein zweites Mal, im Wintersemester 1888/89 vorgetragen hat.[114]

Die Vorlesung im Sommer 1886 war übrigens recht schwach besucht; Weierstraß war ja nach der Feier seines 70. Geburtstages nach Montreux gegangen, wo er den Winter zubrachte und auch noch den Sommer über zu bleiben gedachte. Plötzlich kehrte er im Mai 1886 zurück, wohnte im Hôtel St. Petersburg Unter den Linden,[115] und hielt die gedachte Vorlesung, die, weil sie im Lektionsverzeichnis nicht angekündigt war, und auch weil sie schon mehrere Wochen nach dem offiziellen Semesterbeginn angefangen wurde, nur von wenigen Zuhörern besucht worden ist. So ist es zu erklären, dass ihr Inhalt wenig bekannt wurde.“

Appendix 4: Carl Itzigsohn: Weierstraß's little-known student and strong supporter in the years 1885/86

The main mathematical events discussed in this paper are Weierstraß's proof of WAT of 1885, and his 1886 lecture course. A third major mathematical event in those years, the publication of Weierstraß's collection "Abhandlungen aus der Functionenlehre" (Weierstraß 1886) with Springer in 1886 has been mentioned in passing, as well as conditions for Weierstraß's work at the time, among them Weierstraß' growing estrangement from Kronecker, Weierstraß's concern for his son Franz, and the celebration of his 70th birthday on 31. October 1885.

---

114 This is probably an error of memory as argued above.
115 This is incorrect. According to Weierstraß's letter to Mittag-Leffler, 31.5.86, which is quoted in the text above, he stayed at Hotel Bauer, Unter den Linden.

One student of Weierstraß, who has not become known for mathematical results of his own and who apparently never had a position as a scholar, was very much acting in the background of all these events, including those which are not in the focus of this article. This is Carl Itzigsohn who was a key supporter of Weierstraß for many years.

Most of what we know so far about Itzigsohn, in particular several letters written by him, we find in Reinhard Bölling's publication of the Photo Album, presented to Weierstraß on the occasion of his 70th birthday. The man who not only collected the photographs but stood behind the whole birthday celebration was Carl Itzigsohn:

> "It was ... probably in June [1885] that the idea first came about to give him a photo album containing pictures of his students, friends and colleagues. The main responsibility for the plan lay with Carl Itzigsohn, and it was possibly even his original idea. Very little is known about Itzigsohn. Weierstrass said he was 'a peculiar person, who is listed in the Wohnunganzeiger [a register of the inhabitants of Berlin] as a 'businessman, agent and mathematician', and has visited every single lecture of mine in the last 20 years. One of them he has attended 10 times, and nevertheless claims to still profit from it.'[116] He studied at Berlin University from the winter semester 1868/69 to the summer semester of 1870, and was a member at the same time (summer 1869 – summer 1870) of the Berliner Mathematischer Verein. He helped Weierstrass in the completion of practical duties, e. g. packing, and lent support to the 1886 work 'Abhandlungen aus der Functionenlehre'." (Bölling 1994, 13)

Itzigsohn was obviously a man of independent means and was prepared to underwrite any additional costs in the preparation of Weierstraß's birthday celebration. At the same time he insisted on staying modestly in the background; he did not include his own portrait in the photo album and did not take part in the celebration itself on 31 October.[117]

Itzigsohn took the responsibility for organizing and proofreading of "Abhandlungen aus der Functionenlehre" (see Figure 7.3 above), which contains a paper, unpublished paper until then, which Weierstraß called his "function theoretic profession of faith,"[118] namely the paper (Weierstraß 1886a).

On 16 August 1885 Itzigsohn sent first proofs of the "Abhandlungen" to Mittag-Leffler (maybe in order to get help with the proof reading). In the same letter Itzigsohn took a stance in Weierstraß's conflict with Kronecker. He wrote to Mittag-Leffler with respect to the imminent birthday celebration:

> "It seems to me that there will soon be a fierce fight with the opponents of Weierstraß's school, a fight which is already making itself felt. Please do not

---

116 Bölling quotes here from a letter by Weierstraß to his brother Peter, written on 23 October 1885, a week before the birthday. The source was confirmed to me in an email by R. Bölling from 17 October 2004.

117 A somewhat melancholic letter of congratulation written by Itzigsohn to Weierstraß on the latter's birthday 31 October 1885 seems to show that he would have liked to receive a signal to be welcome at the celebration. The letter is published in (Bölling 1994, 20).

118 As Weierstraß called it in a letter to H. A. Schwarz, dated 28 May 1885. See above. This article contains the famous "Vorbereitungssatz" for multidimensional function theory. See remarks on this theorem in Umberto Bottazzini's contribution to the present volume.

believe that I am intolerant with regard to scientific views, I appreciate any sober and objective opposition. However, during the impending celebration we should only focus on acknowledging the search for truth. And even the opponents of Weierstraß's mathematics will have to admit that Weierstraß has served science purely objectively and whole-heartedly – without personal ambition – and that he, who does not have a family, deserves to be deeply honored by his mathematical children. (Whether one will succeed to build mathematics exclusively on the notion of the unnamed [unbenannte] entire rational numbers, or whether one should not rather be in need of the broader notion of number magnitudes composed of infinitely many elements, which W. uses, does not appear doubtful to me. But this only as an aside.)"[119]

It appears that Itzigsohn was in close contact with the Springer publishing house which at the time did not have the standing in mathematics and the sciences which it enjoys today. Itzigsohn had several projects for the promotion of mathematics, in particular providing translations of classical mathematical text books for the use of students. In the same letter to the publisher in which he negotiated the conditions for the collection (Weierstraß 1886), Itzigsohn also pleaded strongly for the publication of a German translation of Gauß' Latin *Disquisitiones Arithmeticae*.[120] In the same year 1885 Itzigsohn himself published his German translation of Augustin Louis Cauchy's *Algebraic Analysis* at Springer, a translation which (Viertel 2014, viii) recommends as "highly authentic".

We do not know (yet) Itzigsohn's exact year of death (before 1909) nor do we have a portrait of the man. But I add finally some biographical information about Itzigsohn, which I was able to collect during the preparation of the present paper.

I mentioned in Appendix 2 Itzigsohn's sarcastic commentary on F. Bennecke's lecture notes of the 1886 course. These remarks, together with Weierstraß' testimony of Itzigsohn's frequent attendance of his lectures, make it very likely that Itzigsohn himself attended the 1886 course as well. In addition, one might assume that he sent the Bennecke notes to Mittag-Leffler at some point or that parts from Itzigsohn's estate somehow ended up at the IML. From a letter of a certain Henri Lienau (Berlin) to Mittag-Leffler dated 19 June 1908 we can conclude that his school-friend Itzigsohn was meanwhile deceased and that Itzigsohn had once (after 1900) sent lecture notes of Lienau's brother to Mittag-Leffler, which the former had taken at Weierstraß's lectures at the Berlin Business School (Gewerbeschule).[121]

The Archives of Berlin University (UAB) contributed from the student lists the information that Itzigsohn was from Neudamm (near Brandenburg) with his father being "factory owner here" (Fabrikbesitzer, hierselbst),[122] i. e. apparently in Berlin. (This in addition

---

119 In German original in (Bölling 1994, 19). Emphasis by Itzigsohn. It finally turned out that Kronecker did take part in the celebration.

120 I communicated this letter, which is dated 23 March 1885, to the editors (Goldstein, Schappacher and Schwermer 2007), who published the passages concerning the *Disquisitiones* in German and in English translation pp. 69/70.

121 The letter is (together with several others by Lienau) in the library of IML. I thank Mikael Rågstedt for alerting me to it.

122 AHUB, 57-59 Rektorat, Itzigsohn, Carl, no. 787.

Fig. 7.12 Detail from an 1898 article by Carl Itzigsohn (1840–?) the student and inveterate follower of Karl Weierstraß, trying to use his teacher's mathematics within the "German Association of Ethical Culture".

to what Bölling had found before, namely being student 1868–1870). My assumption of Itzigsohn's Jewish denomination was confirmed by the Archives of the Jewish Community (Jüdische Gemeinde) in Berlin. I was informed that there exists a card file of those who left the Jewish community, where a "Karl Itzigsohn" is listed, born 9 July 1840 in Neudamm, who left the community on 9 March 1897. His profession is given as mathematician.[123] Due to the coincidences with previous information there is no doubt that this is our Carl Itzigsohn.

By a good stroke of luck I got hold of the following additional information, an article by Itzigsohn with the rather sensational title: "A contribution to the theory of scientific knowledge in order to found sociology on Weierstrassian mathematical principles," which is published in the *Naturwissenschaftliche Wochenschrift* in 1898 (Itzigsohn 1898), see Figure 7.12. In this article Itzigsohn reveals himself to be a follower of the Deutsche Gesellschaft für Ethische Kultur (German Association of Ethical Culture) a liberal political movement which pleaded for separation of ethics from religion, and in which the famous astronomer Wilhelm Förster (1832–1921) had a leading role. Förster, in partic-

---

123 Email Ms. B. Welker to the author, 6 March 2015.

ular his campaign for introducing the eight hour work day, is discussed and supported in Itzigsohn's article. The paper is, however, and not surprisingly, not very specific with respect to mathematics, let alone Weierstraß's theories. The passage which comes closest to mathematics is one towards the end of the article. It shows Itzigsohn, the selfless supporter of his recently deceased teacher and role model, once again as a man of passion and idealist opinions, but also of some scepticism and of somewhat lesser analytical abilities:

> "If one tries to discover the connection of appearances and uses theoretical and analytical thought operations then one is on safe ground if one is able to reduce such deliberations to the simplest notions, which are provided by the general theory of magnitudes, both discrete and continuous. Only on this basis one should be able to show the agreement of the arithmetical, geometrical and physical notions of dependency. … Whether the reduction to more composite notions … can provide the material for a deeper and more detailed insight into the connection of the appearances of the universe, mankind included – Herr Geheimrath Förster alludes to Plato's theory of harmonies – this is a question which apparently still has no scientific-mathematical answer."[124]

Frequently used abbreviations

AHUB   Archives Humboldt University Berlin
BBAW   Berlin-Brandenburgische Akademie der Wissenschaften
IML   Institut Mittag-Leffler, Djursholm
LL   Lohnstein lithograph which is the basis of the edition (Weierstraß 1988)
UL   University Library

References

Acta Mathematica (1913). Acta Mathematica 1882–1912. Table générale. Berlin, Uppsala, Paris.

Behnke, H., Kopfermann, K. (eds.) (1966). Festschrift zur Gedächtnisfeier für Karl Weierstraß 1815–1965. Köln, Opladen: Westdeutscher Verlag.

Biermann, K.-R. (1966). Karl Weierstraß. Ausgewählte Aspekte seiner Biographie. Crelle-Journal 223, 191–220.

---

124 (Itzigsohn 1898, 89). "Wenn man den Zusammenhang der Erscheinungen klar zu legen bemüht ist und sich dabei als Mittel thetischer [sic für theoretischer] und lytischer [sic für analytischer] Gedankenoperationen bedient, so stehen derartige Betrachtungen auf sicherem Boden, sobald man sie auf die einfachsten Begriffe zurückzuführen vermag, welche die allgemeine Grössenlehre, und zwar sowohl die discrete, wie die continuirliche uns bietet, weil nur alsdann der Nachweis der Uebereinstimmung des arithmetischen, geometrischen und physikalischen Abhängigkeitsbegriffs möglich sein dürfte. … Ob die Zurückführung auf zusammengesetztere Begriffe … geeignet sein dürften [sic] das Material für tiefere und feinere Einsicht in den Zusammenhang der Erscheinungen des Kosmos, den Menschen eingeschlossen, abzugeben – Herr Geheimrath Förster weist auf die Plato'sche Harmonielehre hin – das ist eine Frage, deren naturwissenschaftlich-mathematische Beantwortung noch ausstehen dürfte."

Biermann, K.-R. (1973). Die Mathematik und ihre Dozenten an der Berliner Universität 1810–1920. Berlin: Akademie-Verlag.

Bölling, R. (1994). Das Fotoalbum für Weierstraß – A Photo Album for Weierstrass. Braunschweig, Wiesbaden: Vieweg.

Bölling, R. (1997). Georg Cantor – Ausgewählte Aspekte seiner Biographie. Jahresbericht der Deutschen Mathematiker-Vereinigung 99, 49–82.

Bölling, R. (2015). Zur Biographie von Karl Weierstraß und zu einigen Aspekten seiner Mathematik. [in this volume]

Bottazzini, U. (2003). Complex Function Theory, 1780–1900. In: H. N. Jahnke (ed.), A History of Analysis, 213–259. Providence: AMS/LMS.

Butzer, P. L., Görlich, E. (1966). Saturationsklassen und asymptotische Eigenschaften Trigonometrischer singulärer Integrale. In: (Behnke and Kopfermann 1966, 339–392).

Cantor, G. (1883). Ueber unendliche, lineare Punktmannichfaltigkeiten [no. 5]. Mathematische Annalen 5, 545–591.

Cantor, G. (1884). Ueber unendliche, lineare Punktmannichfaltigkeiten [no. 6]. Mathematische Annalen 6, 453–488.

Dugac, P. (1973). Éléments d'analyse de Karl Weierstrass. Archive for History of Exact Sciences 10, 41–176.

Ewald, W. B. (1996). From Kant to Hilbert: A Source Book in the Foundations of Mathematics, volume II. Oxford: Clarendon Press.

Fréchet, M., Rosenthal, A. (1923). Funktionenfolgen. In: Encyklopädie der mathematischen Wissenschaften, vol. II, part 3, second half, 1137–1187. Leipzig, Berlin: Teubner.

Goldstein, C., Schappacher, N., Schwermer, J. (eds.) (2007). The Shaping of Arithmetic after C. F. Gauss's Disquisitiones Arithmeticae. Berlin: Springer.

Hawkins, T. (1970). Lebesgue's Theory of Integration: Its Origins and Development. Madison: The University of Wisconsin Press.

Itzigsohn, C. (1898). Ein Beitrag zur naturwissenschaftlichen Erkenntnisstheorie behufs Begründung der Sociologie auf Weierstrass'scher mathematischer Grundanschauung. Naturwissenschaftliche Wochenschrift 13 (8), 81–89.

Kleberger, M. (1921). Über eine von Weierstraß gegebene Definition der analytischen Funktion. Mitteilungen des Mathematischen Seminars der Universitat Gießen 1 (2).

Kopfermann, K. (1966). Weierstraß' Vorlesung zur Funktionentheorie. In: (Behnke and Kopfermann 1966, 75–96).

Kössler, F. (2008). Personenlexikon von Lehrern des 19. Jahrhunderts: Berufsbiographien aus Schul-Jahresberichten und Schulprogrammen 1825–1918 mit Veröffentlichungsverzeichnissen. Universität Gießen http://geb.uni-giessen.de/geb/volltexte/2008/6106/.

Lamla, E. (1911). Geschichte des Mathematischen Vereins an der Berliner Universität. Berlin.

Lampe, E. (1899). Karl Weierstraß. Jahresbericht der Deutschen Mathematiker-Vereinigung 6, 27–44.

Laugwitz, D. (1992). Das letzte Ziel ist immer die Darstellung einer Funktion: Grundlagen der Analysis bei Weierstraß 1886, historische Wurzeln und Parallelen. Historia Mathematica 19, 341–355.

Lohnstein, T. (1892). Notiz über eine Methode zur numerischen Umkehrung gewisser Transcendenten. Acta Mathematica 16, 141–142.

Lüroth, J. (1886). Review of (Weierstrass 1885). Vierteljahrsschrift der Astronomischen Gesellschaft 21 (4), 271/272.

Mittag-Leffler, G. (1923). Die ersten 40 Jahre des Lebens von Weierstraß. Acta Mathematica 39, 1–57.

Neuenschwander, E. (1981). Über die Wechselwirkungen zwischen der französischen Schule, Riemann und Weierstraß. Eine Übersicht mit zwei Quellenstudien. Archive for History of Exact Sciences 24, 221–255.

Pagel, J., ed. (1901). Biographisches Lexikon hervorragender Ärzte des neunzehnten Jahrhunderts. Berlin, Wien: Urban & Schwarzenberg. http://www.zeno.org/Pagel-1901/K/pagel-1901--001-1040

Richenhagen, G. (1985). Carl Runge (1856–1927): Von der reinen Mathematik zur Numerik. Göttingen: Vandenhoeck & Ruprecht.

Runge, C. (1885). Über die Darstellung willkürlicher Funktionen. Acta Mathematica 7, 387–392.

Schlesinger, L. (1921). Über den Begriff der analytischen Funktion einer komplexen Veränderlichen. Jahresbericht der Deutschen Mathematiker-Vereinigung 30, 2. Abt., 89/90.

Schlesinger, L., Plessner, A. (1926). Lebesguesche Integrale und Fouriersche Reihen. Berlin: de Gruyter.

Schubring, G. (1998). An unknown part of Weierstraß's Nachlaß. Historia Mathematica 25, 423–430.

Siegmund-Schultze, R. (1988). Der Beweis des Weierstraßschen Approximationssatzes 1885 vor dem Hintergrund der Entwicklung der Fourieranalysis. Historia Mathematica 15, 299–310.

Stone, M. H. (1937). Applications of the theory of Boolean rings to general topology. Transactions of the American Mathematical Society 41, 375–481.

Verzeichnis der Berliner Universitätsschriften 1810–1885 (1899). Berlin: W. Weber.

Verzeichniss der von Weierstraß an der Universität zu Berlin gehaltenen und angekündigten Vorlesungen (1903). In: (Weierstraß 1903, 355–360).

Viertel, K. (2014). Geschichte der gleichmäßigen Konvergenz. Ursprünge und Entwicklungen des Begriffs in der Analysis des 19. Jahrhunderts. Wiesbaden: Springer.

Weierstraß, K. (1885). Über die analytische Darstellbarkeit sogenannter willkürlicher Funktionen einer reellen Veränderlichen. Sitzungsberichte Königl. Preuß. Akademie der Wissenschaften, 633–639, 789–805.

Weierstraß, K. (1886). Abhandlungen aus der Functionenlehre. Berlin: Springer.

Weierstraß, K. (1886a). Einige auf die Theorie der analytischen Functionen mehrerer Veränderlichen sich beziehende Sätze. In: (Weierstraß 1886, 107–167).

Weierstraß, K. (1895). Mathematische Werke, vol. 2. Berlin: Mayer u. Müller.

Weierstraß, K. (1903). Mathematische Werke, vol. 3. Berlin: Mayer u. Müller.

Weierstraß, K. (1903a). Über die analytische Darstellbarkeit sogenannter willkürlicher Functionen reeller Argumente. In: (Weierstraß 1903, 1–37).

Weierstraß, K. (1923). Briefe von Karl Weierstrass an Paul du Bois-Reymond [edited by G. Mittag-Leffler]. Acta Mathematica 39, 199–225.

Weierstraß, K. (1988). Ausgewählte Kapitel aus der Funktionenlehre. Leipzig: Teubner. [Lecture of 1886, edited with commentary by Reinhard Siegmund-Schultze.]

Weierstraß, K. (1993). Briefwechsel zwischen Karl Weierstraß und Sofja Kowalewskaja [edited and commented by Reinhard Bölling]. Berlin: Akademie Verlag.

Counterexamples in Weierstraß's work **8**

Tom Archibald

Department of Mathematics, Simon Fraser University, Burnaby, V5A 1S6 Canada

Abstract

One of the best-known of the contributions of Karl Weierstraß concerns his critical legacy, associated with specific counterexamples. In this chapter we examine three such counterexamples, looking at the importance that they had for Weierstraß and his school as well as some of the impacts they produced in the mathematics of the decades that followed.

8.1   Introduction and background

8.1.1   A role for counterexamples

In his 1883 Sommersemester lectures at the Universität Berlin, Karl Weierstraß treated problems associated with minimal surfaces. Already in 1861 he had presented results on this subject in the same context, later expanded and published as (Weierstraß 1866). As so often in Weierstraß's work and teaching practice, in 1883 he took the opportunity to re-examine his earlier work on the problem, criticizing the extent to which his 1866 paper had been rigorous in its formulation.

> Man hat bei allen Aufgaben immer stillschweigend analytische Flächen und Curven angenommen. Das geht schon daraus hervor, daß man die Coordinaten ohne weiteres differenziert. ... In dem Ausdrucke für die mittlere Krümmung kommen aber erste und zweite Ableitung vor, deren Existenz man eben stillschweigend vorausgesetzt hat. Wir werden die Aufgabe, die Flächen zu finden, deren mittlere Krümmung Null ist, lösen, indem wir geradezu voraussetzen, daß es monogene analytische Flächen sein sollen, und dies wird die Lösung ermöglichen.

> Allein in dem Begriffe der Minimalfläche liegt nichts, was nötigte, daß die gesuchte Fläche eine analytische sein soll. Aber selbst wenn wir sprechen von mittlerer Krümmung, so setzen wir stillschweigend voraus:

> 1. daß die Fläche in ihrer ganzen Ausdehnung eine Normale besitzen soll,

2. daß jeder Hauptschnitt durch eine Normale eine Krümmung besitzt,

3. daß das Eulersche Gesetz

$$\frac{1}{R_\omega} = \frac{\cos^2 \omega}{R_1} + \frac{\sin^2 \omega}{R_2}$$

über den Zusammenhang der Krümmung der Hauptschnitte gilte.

...Darin liegt aber noch nicht, daß die Fläche eine analytische ist. Und dennoch müßte eine richtig geführte Untersuchung ergeben, daß es andere Fläche dieser Art außer den analytischen nicht giebt. Dann erst wäre die Untersuchung vollständig abgeschloßen. Dies ist bis jetzt noch nicht geschehen. (Seminar notes by Stäckel, MLI 24841 1883, 19-21.)

Weierstraß goes on to reiterate – it had long been a theme in his work – that one may not assume that there is a minimum for every bound (Begrenzung), "*es könnte ja dieses Minimum niemals erreicht werden*".

The fact that there did not need to be functions that minimized an integral over a given domain had been raised by Weierstraß in connection with his critique of the Dirichlet principle, 13 years before this, likewise in a lecture. The point was at the time a subtle one, and needed to be illustrated in order to produce conviction.

Such an illustration takes the form of what we would now conventionally refer to as a counterexample, that is, one that shows that a certain object is contrary to an assumption, frequently tacit, about a supposedly "general" case. Such counterexamples are now familiar to every mathematics student from an early point in their career. In the first instance the student encounters very simple examples illustrating the precise meaning of a definition, such as a function that is continuous at a point but not differentiable there. One soon encounters "monsters" that require relatively elaborate construction and which themselves rest on subtle concepts, such as the now-familiar examples of a function everywhere continuous on some interval but nowhere differentiable in that interval.

For a counterexample to have the kind of function we now attribute to it required a general understanding that a definition is precisely intended. This was not the case in any general sense until the middle years of the nineteenth century. A mathematics of the kind we now think "normal", in which theorems are proved on the basis of definitions intended to contain exactly the essential features of the object at issue in the theorem, dates from this period, and Weierstraß was one of its most important architects, not only in Germany but elsewhere. This contrasts with an earlier form of mathematics in which definitions were descriptive in force. The Euclidean definitions illustrate this notion. Extreme examples are: a point is that which has no part, while a straight line is one that lies evenly with the points on itself. While some definitions are identical to the modern definitions, such as that of a circle, their force is different.

From this point of view, the fact that Cauchy expressed the theorem that every convergent series of continuous functions has a continuous sum while knowing counterexamples is much less surprising than it has sometimes seemed to mathematicians and historians. For this type of description is embedded in a notion of generality that is different from the one mathematics now uses. It is generally the case that a calf has one head. The fact that some calves, that is, living beings given birth to by cows, have two heads does not affect the truth of the general case. This is a monstrous occurrence, and for most purposes it can be ignored, just as scientists and engineers will often quite happily ignore cases where functions fail to be continuous. The older concept of generality was often allied to the notion that the study of mathematics had aspects that were identical to practices in both natural history and natural philosophy. The identification of objects of study in mathematics was a research into some kind of nature.

It is significant that at least one of the most enthusiastic – and influential – partisans of Weierstraß's achievements in analysis, Charles Hermite, articulated this kind of view clearly. While Weierstraß's creation of a theory in which definitions are precise in the contemporary sense, and lead to theorems that are proved rigorously to modern eyes, it is likewise true that Weierstraß's work in analysis is transitional between the view of mathematics as natural science and mathematics as human creation. It was the generations following Weierstraß that pioneered the latter view. Emile Picard, prompted by his mentor Hermite to study Weierstraß's work, saw it in an older and more conservative style, leading him to describe René Baire's work in the more modern vein as being closer to metaphysics.

In this paper we do not take on the general question of how this transition occurred, as this covers a number of mathematical cultures and locales. Instead we adopt the more modest aim of illustrating aspects of the evolving function of the counterexample in the work of Weierstraß, as it pertained to the work of his predecessors. Some examples of this kind were more telling to Weierstraß's contemporaries than others, and the counterexample to the Dirichlet principle was doubtless one of the most important. Not only did this implicate the work of such predecessors and contemporaries as Gauß, Dirichlet, and Riemann. It also had an impact on both pure mathematics, notably the theory of algebraic functions, and applied mathematics, in the theory of boundary value problems. The former case touched on Weierstraß's own work directly. The latter was a locus of activity for a number of his younger contemporaries and students, among them Carl Neumann and Hermann Amandus Schwarz. We will compare the nature and function of the counterexample in this case with two other prominent examples due to Weierstraß, that of the everywhere continuous, nowhere differentiable function, and that of an function whose region of analyticity has a natural boundary.

These three cases will permit us to develop a slighly more nuanced idea about how such examples worked in the context of Weierstraß' research and teaching, and hence to appreciate the similarities and differences between the mathematics of Weierstraß' day and that of today.

8.2   The "Dirichlet" principle: The 1870 lecture and the counterexample

Weierstraß lectured on the counterexample on July 14, 1870. The presentation was noted in the Berlin Academy's *Monatsberichte* (p. 575) but only the title appears, and the details were published only with his collected works. At the beginning Weierstraß notes:

> Über die Zulässigkeit dieses «Princips» haben sich seitdem [that is, since the
> lectures of Dirichlet] manche Zweifel geltend gemacht, welche, wie ich im
> Folgenden zeigen werde, durchaus begründet sind. (Weierstraß 1894–1927,
> vol. 2, 49)

Since the Dirichlet lectures were not to be published until 1876 in a transcription by Grube,
Weierstraß first provided one he had obtained himself from Dedekind, of the 1856 version
of these lectures. I come to this in a moment, but first let us note that to students of this
period in Berlin, some of the work of Riemann which made use of Dirichlet's approach
announced a somewhat unwelcome modernism, at least in the vision presented by Leo
Koenigsberger.

> Auch wir jungen Mathematiker hatten damals sämtlich das Gefühl, als ob die
> Riemannschen Anschauungen und Methoden nicht mehr der strengen Ma-
> thematik der Euler, Lagrange, Gauß, Jacobi, Dirichlet u. a. angehörten – wie
> dies ja stets der Fall zu sein pflegt, wenn eine neue große Idee in die Wissen-
> schaft eingreift, welche erste Zeit braucht, um in den Köpfen der lebenden
> Generation verarbeitet zu werden. So wurden die Leistungen der Göttinger
> Schule von uns, zum Teil wenigstens, nicht so geschätzt… . (Koenigsberger
> 1919/2004, 29, 54 in original)

This is a retrospective view that describes the author's recollections of the early 1860s, but
Casorati, writing in 1868, also described the Dirichlet principle as a tool of the "Göttingen School." (Casorati 1868, 132). To modern eyes this is a remarkable statement, since
Euler is frequently thought of by mathhematicians as an example of non-rigorous mathematics, while Dirichlet was ranked as the most rigorous of this group in a famous remark
attributed to Jacobi. The feeling of a lack of rigour that Koenigsberger alludes to appears
to have had roots in an unease with Riemann's basing existence arguments for things that
seemed relatively simple (such as functions of a complex variable) on ideas that called for
"transcendental" concepts (such as those involved in the notion that the Cauchy-Riemann
equations be satisfied.) In any case the reaction of Weierstraß and his school to such arguments was consistent with such an interpretation of Koenigsberger's remark.

8.2.1   Dirichlet on the Dirichlet principle

In order to see clearly the older form of mathematical writing while Weierstrass's style of
argument replaces, and to make it clear what his achievement is, we give a partial transcription of Dirichlet's 1856 lecture quoted by Weierstraß, based on the *Nachschrift* of
Dedekind.

> Ist irgend eine endliche Fläche gegeben, so kann man dieselbe stets, aber nur
> auf eine Weise, so mit Masse belegen, dass das Potential in jedem Punkte der
> Fläche einen beliebig vorgeschriebenen (nach der Stetigkeit sich ändernden)
> Werth hat.

> Zum Beweise schicken wir den folgenden Satz voraus: Ist irgend ein endli-
> cher zusammenhängender Raum t gegeben, so giebt es stets eine, aber nur

eine einzige Function w, welche sich nebst ihren ersten Derivirten überall in t stetig ändert, auf der Begrenzung von t überall beliebig vorgeschriebene (stetig veränderliche) Werthe annimmt und innerhalb t überall der Gleichung

$$\frac{\partial^2 w}{\partial x^2} + \frac{\partial^2 w}{\partial y^2} + \frac{\partial^2 w}{\partial z^2} = 0$$

Genüge leistet. – Dieser Satz is eigentlich identisch mit einem anderen aus der Wärmelehre, der dort Jedem unmittelbar evident erscheint, dass nämlich, wenn die Begrenzung von t auf einer überall beliebig vorgeschriebenen Temperatur constant erhalten wird, es stets eine, aber nur eine Temperaturvertheilung im Inneren giebt, bei welcher Gleichgewicht stattfindet; oder dass, wie man auch sagen kann, wenn die ursprüngliche Temperatur im Inneren eine beliebige war, diese sich einem Finalzustande nähert, bei welchem Gleichgewicht stattfinden würde.

Wir beweisen den Satz, indem wir von einer rein mathematischen Evidenz ausgehen. Es ist in der That einleuchtend, dass unter allen Functionen u, welche überall nebst ihren ersten Derivirten sich stetig in t ändern und auf der Begrenzung von t die vorgeschriebenen Werthe annehmen, es eine (oder mehrere) geben muss, für welche das durch den ganzen Raum t ausgedehnte Integral

$$U = \int \left\{ \left(\frac{\partial u}{\partial x} \right)^2 + \left(\frac{\partial u}{\partial y} \right)^2 + \left(\frac{\partial u}{\partial z} \right)^2 \right\} dt$$

seinen *kleinsten* Werth erhält. Wir wollen eine solche Function gerade mit u und das Minimum des Integrals mit U bezeichnen. Sei nun u' irgend eine andere Function, welche dieselben Grenz- und Stetigkeitsbedingungen wie u erfüllt, and U' der entsprechende Werth des Integrals, so kann $U' - U$ nie negativ sein. Setzen wir nun

$$u + hw = u',$$

wo h einen unbestimmten constanten Factor bezeichnet, so ist w eine Function, welche dieselben Stetigkeitsbedingungen wie u und u' erfüllt und auf der Begrenzung von t überall gleich Null wird, sonst aber ganz willkürlich ist. Dann findet man leicht

$$U' - U = 2hM + h^2N,$$

wo

$$M = \int \left\{ \frac{\partial u}{\partial x} \frac{\partial w}{\partial x} + \frac{\partial u}{\partial y} \frac{\partial w}{\partial y} + \frac{\partial u}{\partial z} \frac{\partial w}{\partial z} \right\} dt \qquad (8.1)$$

$$N = \int \left\{ \left(\frac{\partial w}{\partial x} \right)^2 + \left(\frac{\partial w}{\partial y} \right)^2 + \left(\frac{\partial w}{\partial z} \right)^2 \right\} dt$$

ist. Durch theilweise Integration mit Rücksicht auf die Grenz- und Stetigkeitsbedingungen für w und die Stetigkeitsbedingungen für die ersten Derivirten von u findet man leicht

$$M = - \int w \left\{ \frac{\partial^2 u}{\partial x^2} + \frac{\partial^2 u}{\partial y^2} + \frac{\partial^2 u}{\partial z^2} \right\} dt.$$

Da nun $U - U'$ für jedes auch noch so kleine h niemals negativ sein kann, and N eine endliche positive Grösse ist, so folgt, dass M nothwendig gleich Null ist; und da dies der Fall sein muss, wie auch w beschaffen sein mag, so müssen wir schliessen, dass überall innerhalb t (höchstens mit Ausnahme einzelner Flächen, Linien, Punkte)

$$\frac{\partial^2 u}{\partial x^2} + \frac{\partial^2 u}{\partial y^2} + \frac{\partial^2 u}{\partial z^2} = 0$$

sein muss; denn wäre dies Trinom in einem körperlichen Raume von Null verschieden, so brauchte man nur w überall dasselbe Zeichen wie jenem Trinom zu geben, um einen von Null verschiedenen Werth für M zu erhalten.

Es giebt also jedenfalls eine solche Function u, welche die angegebenen Grenz- und Stetigkeitsbedingungen erfüllt und der partiellen Differentialglechung genügt. Aber es giebt auch nur eine einzige solche Function, welche dieselben Grenz- und Stetigkeitsbedingungen erfüllte, so ist das entsprechende Integral

$$U' = U + \int \left\{ \left(\frac{\partial w}{\partial x} \right)^2 + \left(\frac{\partial w}{\partial y} \right)^2 + \left(\frac{\partial w}{\partial z} \right)^2 \right\} dt,$$

und folglich ist U wirklich ein absolutes Minimum; und sollte etwa $U' = U$ sein, so müsste, wie leicht zu sehen, im ganzen Raume t

$$\left(\frac{\partial w}{\partial x} \right)^2 + \left(\frac{\partial w}{\partial y} \right)^2 + \left(\frac{\partial w}{\partial z} \right)^2 = 0$$

sein. Daraus wird folgen, dass w constant ist; und da es stetig und auf der Begrenzung von t Null ist, so muss es überall Null sein, d. h. u' muss mit u identisch sein (Weierstraß 1870, 49–51).

Thus Dirichlet in his lectures. The modern mathematical reader will see many differences between this exposition and the way it would be presented today. Perhaps the most striking is the statement that the theorem is "identisch" with another from the theory of heat conduction insisting on the necessity of passage to equilibrium. Today this would be seen as an empirical rule rather than a mathematical theorem, at least in the way it is expressed here. This is of course in tune with the general impression that in the old days things were less rigorous. What is perhaps surprising is that this occurs despite the general view of his day that Dirichlet was the strictest of rigorists.

8.2.2   Weierstraß's counterexample

Weierstraß then provides a class of counterexamples.

Let $\phi(x)$ be a real single-valued function of a real variable x such that ϕ and its derivative are continuous in $(-1, 1)$ [his notation is actually $(-1 \cdots + 1)$] and that $\phi(-1) = a, \phi(1) = b, a \neq b$. If the Dirichlet "Schlussweise" were correct then among such ϕ there would be one that would minimize the integral

$$J = \int_{-1}^{1} \left(x \frac{d\phi(x)}{dx} \right)^2 dx.$$

Now, the [greatest] lower bound of this integral on the interval is 0. For if one chooses for example

$$\phi(x) = \frac{a + b}{2} + \frac{b - a}{2} \frac{\arctan \frac{x}{\varepsilon}}{\arctan \frac{1}{\varepsilon}},$$

where ε is an arbitrary positive value, this function fulfils the conditions: in particular note the endpoint values. Now

$$J < \int_{-1}^{1} (x^2 + \varepsilon^2) \left(\frac{d\phi(x)}{dx} \right)^2 dx,$$

and

$$\frac{d\phi(x)}{dx} = \frac{b - a}{2 \arctan \frac{1}{\varepsilon}} \cdot \frac{\varepsilon}{x^2 + \varepsilon^2},$$

yielding

$$J < \varepsilon \frac{(b - a)^2}{(2 \arctan \frac{1}{\varepsilon})^2} \int_{-1}^{1} \frac{\varepsilon \, dx}{x^2 + \varepsilon^2}$$

and hence

$$J < \frac{\varepsilon (b - a)^2}{2 \arctan \frac{1}{\varepsilon}}.$$

Clearly then the lower bound is zero. But J can't attain that bound, for if $J = 0$, it follows from the continuity and differentiability conditions that $\phi'(x) = 0$ on the interval, implying that ϕ is constant. This is incompatible with the condition that a and b are distinct.

8.2.3   Responses to the Weierstraß's counterexample

Both inside and outside Weierstraß's own circles the specific response to this criticism was one of acceptance, and acceptance that took the form of efforts to determine sufficient conditions under which the Dirichlet problem for the Laplace equation would have a solution. Thus, on one hand, Carl Neumann – a partisan and popularizer of Riemann's theory of algebraic functions – devised his so-called "method of the arithmetic mean" exactly for this purpose, in 1870. On the other hand, Hermann Amandus Schwarz, emerging from the Weierstraß school, provided his "alternierendes Verfahren" in the same year for similar purposes.

But a more general response perhaps may be seen in the validation of the decisive counterexample as a mathematical tool, to which we return in the conclusion.

8.3 Continuity and differentiability

Both Riemann and Weierstraß had created an example of an everywhere continuous, nowhere differentiable function. Riemann's example, lost, was produced in lectures in 1861 or possibly earlier. We know this from Weierstraß, who heard oral testimony from some who had attended Riemann's lectures. As Weierstraß puts it, even the most rigorous of mathematicians (his examples are Gauß, Cauchy, and Dirichlet) assumed that a single-valued continuous [*continuirliche*, he says, perhaps in order to eliminate any vagueness associated with *stetig*] function will have a first derivative except "an einzelnen Stellen" where it can be "unbestimmt oder unendlich gross" (Weierstraß 1872/1895, 71). He continues:

> Erst Riemann hat, wie ich von einigen seiner Zuhörer erfahren, mit Bestimmt-
> heit ausgesprochen (i. J. 1861, oder vielleicht auch schon früher), dass jene
> Annahme unzulässig sei.… . (Weierstraß 1872/1895, 71)

Riemann's example, according to Weierstraß, is the function

$$\sum_{n=1}^{\infty} \frac{\sin(n^2 x)}{n^2}$$

but Riemann's proof had not survived either in written form or in oral transmission, and he had not been able to prove it himself, as he notes. He then notes a sort of majority view with respect to the correctness of the conjecture:

> Die Mathematiker, welche sich, nachdem die Riemann'sche Behauptung in
> weiteren Kreisen bekannt geworden war, mit dem Gegenstande beschäftigt
> haben, scheinen (wenigstens in ihrer Mehrzahl) der Ansicht gewesen zu sein,
> es genüge, die Existenz von Functionen nachzuweisen, welche in jedem noch
> so kleinen Intervalle ihres Arguments Stellen darbieten, wo sie nicht diffe-
> rentiirbar sind. (Weierstraß 1872/1895, 72)

He continues, without offering a proof himself, by saying that it is extraordinarily easy to prove that such functions exist, and that he believes this is the kind of function Riemann had in mind. This is exactly the view pronounced in 1875 by Du Bois-Reymond when he published the Weierstraß 1872 example of a function that is everywhere continuous but nowhere differentiable (Du Bois-Reymond 1875, 28–29). In fact Riemann's example is only correct in the following sense: Hardy proved in 1916 that it fails to be continuous for irrational values of the argument, though only in 1969 it was shown by Gerver to be differentiable at a set of isolated points (Hardy 1916, Gerver 1969).

Now, it isn't entirely clear which mathematicians Weierstraß is talking about, when he learned of Riemann's example, or even when he wrote these words, but since Du Bois-Reymond says something similar it is at least possible that they were part of the original memoir of Weierstraß read to the Berlin Academy in 1872. Such functions were discussed among a few people in Germany prior to 1872, but were not by any means universally known in the German community or elsewhere. The rather complex history of such efforts has been discussed in detail in the book of Hawkins (Hawkins 1973, 45–48).

In fact, the existence of such an example was undiscoverable by reading the published note of 1872. The entire announcement of the paper is as follows: "Hr. Weierstraß las über stetige Functionen ohne bestimmte Differentialquotienten." (Weierstraß 1872, 560) We give an account of the Weierstraß example here, as published in his collected works in 1895, noting once again that it is difficult to be sure what was changed from the original. For brevity's sake I will not adhere completely to his notation. The familiarity of the style and notation of the argument to even a beginning analysis student of today is naturally one of the most important of Weierstraß's legacies.

8.3.1 Weierstraß's everywhere continuous, nowhere differentiable function

Weierstraß says that it is easy to find such functions and that the properties required may be proved "*mit den einfachsten Mitteln.*" The example he provides is the function

$$f(x) = \sum_{n=0}^{\infty} b^n \cos(a^n x \pi)$$

where x is real, a is an odd integer and $0 < b < 1$. Weierstraß simply states the continuity of f, though it follows at once from the continuity of the individual terms and the uniform convergence (to be shown for example by the Weierstraß M-test). The idea, as we shall see, is that if the product ab is too great differentiability will fail. In the event, Weierstraß chooses the constants so that $ab > 1 + \frac{3}{2}\pi$.

Let x_0 be a fixed real. Then there is an integer α_m such that

$$x_{m+1} = a^m x_0 - \alpha_m \in \left(-\frac{1}{2}, \frac{1}{2}\right]$$

and we can choose m sufficiently large that $x' < x_0 < x''$ where

$$x' = \frac{\alpha_m - 1}{a^m} \quad \text{and} \quad x'' = \frac{\alpha_m + 1}{a^m}$$

since

$$x' - x_0 = -\frac{1 + x_{m+1}}{a^m} \quad \text{and} \quad x'' - x_0 = \frac{1 - x_{m+1}}{a^m}.$$

The interval (x', x'') can thus be made as small as we wish.

Calculating the differential quotient from the left directly, Weierstraß splits the resulting sum into two parts, so that he obtains

$$\sum_{n=0}^{m-1}\left((ab)^n\,\frac{\cos(a^n x'\pi)-\cos(a^n x_0\pi)}{a^n(x'-x_0)}\right)$$
$$+\sum_{n=0}^{\infty}\left(b^{m+n}\cdot\frac{\cos(a^{m+n}x'\pi)-\cos(a^{m+n}x_0\pi)}{x'-x_0}\right).$$

In the first term on the right, Weierstraß employs a trigonometric identity, noting that

$$\frac{\cos(a^n x'\pi)-\cos(a^n x_0\pi)}{a^n(x'-x_0)}=-\pi\sin\left(a^n\frac{x'+x_0}{2}\pi\right)\cdot\frac{\sin\left(a^n\frac{x'-x_0}{2}\pi\right)}{a^n\frac{x'-x_0}{2}\pi}.$$

Now

$$\left|\frac{\sin\left(a^n\frac{x'-x_0}{2}\pi\right)}{a^n\frac{x'-x_0}{2}\pi}\right|\le 1$$

so the first sum on the right is bounded above in absolute value by

$$\pi\sum_{n=0}^{m-1}(ab)^n=\frac{\pi}{ab-1}(ab)^m.$$

Because a is an odd integer, the second sum becomes

$$(-1)^{\alpha_m}(ab)^m\sum_{n=0}^{\infty}\frac{1+\cos(a_n x_{m+1}\pi)}{1+x_{m+1}}b^n.$$

But all the terms in the last sum are positive, and the first term is greater than or equal to $2/3$ since $1/2<1+x_{m+1}<3/2$.

This means that the differential quotient from the left at may be put in the form

$$\frac{f(x')-f(x_0)}{x'-x_0}=(-1)^{\alpha_m}(ab)^m\cdot\eta\left(\frac{2}{3}+\varepsilon\frac{\pi}{ab-1}\right)$$

where $\eta>1$ and $\varepsilon\in(-1,1)$. The right hand differential quotient winds up with the opposite sign:

$$\frac{f(x'')-f(x_0)}{x''-x_0}=-(-1)^{\alpha_m}(ab)^m\cdot\eta_1\left(\frac{2}{3}+\varepsilon_1\frac{\pi}{ab-1}\right)$$

with the same conditions on η_1 and ε_1.

But if we now choose the constants a and b in such a way that $ab>1+\frac{3}{2}\pi$, we have immediately that

$$\frac{2}{3}>\frac{\pi}{ab-1}$$

which ensures that the expression in the rightmost bracket in each term, in the first case $\frac{2}{3} + \varepsilon \frac{\pi}{ab-1}$, remains positive.

Hence the left and right differential quotients increase without bound as m increases, but have opposite sign.

Weierstraß then concludes

> Hieraus ergiebt sich unmittelbar, dass $f(x)$ an der Stelle $(x = x_0)$ weder einen bestimmtem endlichen, noch auch einen bestimmten unendlich grossen Differentialquotienten besitzt. (Weierstraß 1872/1895, 74)

We note in passing that the understanding of uniform convergence (and its implication for continuity of limits of series of continuous functions) is necessary to make the argument rigorous. The general idea of the argument is not especially opaque, but Weierstraß's facility with this technology of estimation arguments is clearly in evidence. This is certainly one of the reasons for the success of this aspect of Weierstraß's program, since such techniques can be learned and indeed were learned by his pupils and readers. While we see the technique in use here for a single example, it often was of decisive theoretical importance. For instance, the Hölder condition for the existence of solutions of partial differential equations, first formulated by Weierstraß's student Otto Hölder in his 1882 doctoral thesis, is the key to exactly this kind of argument. Indeed the widespread use of such techniques in all areas of analysis in the generation following did much to bring the subject into its modern, familiar form.

As for the influence of the actual counterexample, it is difficult to isolate it from the influence of Riemann's statement. What is certain is that by 1880 the notion that such functions were indeed common and that one could not treat "most" continuous functions as having a derivative. This stimulated much research, by Hankel, Dini, and others, in a sense culminating in the 1900 hierarchy of Baire that is now familiar in the C^n notation (Hawkins 1973).

8.4 Natural boundaries

As Bottazini and Gray have observed, Weierstraß appears to have had the idea that analytic functions may have natural boundaries to their domains as early as 1842 (Bottazzini and Gray 2011, 355), (Weierstraß 1894–1927, vol. 1, 75–84). In this work, unpublished until 1894, it is merely noted as a possibility that it could be impossible to continue a function analytically beyond the boundary of a bounded region (83-84). No example is given. In (Weierstraß 1866, 617) Weierstraß revives this point, noting:

> Denn bei einer analytischen Function ist der Bereich ihres Arguments nicht immer ein willkürlich auszudehnender, sondern vielmehr in vielen Fällen ein bestimmt begrenzter – ein Umstand, der bis jetzt nicht beachtet worden zu sein scheint, obwohl er für die Functionen-Theorie von großer Bedeutung ist.

This point was apparently later included in Weierstraß's lectures, his student Schwarz noting that Weierstraß had "some years ago" insisted on the fact that the domain of the argument of an analytic function cannot always be continued arbitrarily, citing the Weierstraß 1866 paper already mentioned (Bottazzini and Gray 2011, 399), (Schwarz 1870, 151–152). Schwarz, on the other hand, does give an example, exactly the one that was to be later developed by Weierstraß in his *Werke*. Given that the example is presented by Weierstraß as his own in 1894 it seems fair to conclude that it was due to Weierstraß. A formula employed in the proof is associated with the name of Schwarz in the 1894 publication, but this association comes up through the joint book of Weierstraß and Schwarz, (Weierstraß and Schwarz 1883–1885). The title of this work indicates both the close association between Weierstraß and Schwarz in these years and the relative contributions of the two: *Formeln und Lehrsätze zum Gebrauche der elliptischen Functionen, nach Vorlesungen und Aufzeichnungen des Herrn K. Weierstraß, bearbeitet und herausgegeben von H. A. Schwarz*.

Weierstraß's example emerged, conjecturally, from the clever idea to select a function for which $F(x) = F(1/x)$ formally, but which is undefined when $|x| = 1$. It is intended to illuminate the relation between a function and power series representations. As he noted in 1880 (Weierstraß 1880b, 211) he had found "years ago", and communicated in his lectures a particular example that clarified the relationship between the monogenicity of a function and its arithmetic/algebraic expression. This function is

$$F(x) = \sum_{n=0}^{\infty} \frac{1}{x^n + x^{-n}}$$

which is uniformly convergent for both $|x| > 1$ and $|x| < 1$. Here it is presented as a counterexample to the notion that the concept of monogenic function is identical to that of a formula expressed arithmetically, since this same series represents two distinct functions. This contradicted a statement in Riemann's thesis, and thus once again sharpened considerably the more intuitive Riemannian approach. By monogenic function, a term going back to Cauchy, we mean a function that has a unique derivative at a point. It is used somewhat ambiguously in connection with the function itself being single-valued, multiple-valued functions (analytic on each branch) not being monogenic.

Here we let Weierstraß express the significance of his example in his own words:

> Angenommen, der Convergenzbereich der betrachteten Reihe bestehe aus mehreren Stücken $(A_1, A_2, \ldots)$, so ist es möglich, daß sie in denselben Zweige einer und derselben monogenen Function darstellt. Es fragt sich nun, ob sich dies in allen Fällen so verhält. Muß diese Frage verneint werden, wie dies wirklich der Fall is, so ist damit bewiesen, *daß der Begriff einer monogenen Function einer complexen Veränderlichen mit dem Begriff einer durch (arithmetische) Größenoperationen ausdrückbaren Abhängigkeit sich nicht vollständig deckt*. Daraus aber folgt dann, daß mehrere der wichtigsten Sätze der neuern Functionenlehre nicht ohne Weiteres auf Ausdrücke, welche im Sinne der ältern Analysten (Euler, Lagrange, u. A.) Functionen einer complexen Veränderlichen sind, dürfen angewandt werden. (Weierstraß 1880b, 728–29)

A footnote points out that Riemann expressed the opposite view in his thesis of 1851, though Weierstraß notes that functions of a complex variable as Riemann defined them are in fact monogenic. Thus this distinction is necessary for the theory as approached by Weierstraß – his foundational approach for function theory took the operations of arithmetic between variable quantities (ordinary algebra) as the route to defining a function.

The proof, the details of which are given only in an *Anmerkung* to the version in the collected works, rests on an identity of Jacobi from *Fundamenta Nova*, as well as on the application of Weierstraß's own apparatus for the investigation of elliptic functions, the $\wp$-function. Jacobi had shown that, for the same function F of the previous equation,

$$1 + 4F(x) = \left(1 + 2\sum_{n=1}^{\infty} x^{n^2}\right)^2, \quad |x| < 1.$$

Using an identity pertaining to the linear transformation of periods of elliptic functions, to be found in the Weierstraß -Schwarz compendium, Weierstraß was able to argue using an appropriate choice of the period ratio that in any neighbourhood of a point with modulus 1 there are points where the value of F becomes infinite, and hence that no such point can be in the domain of analyticity. But an argument with theta-function identities shows that the period ratio must then be negative in one of the two regions, while in the other it is positive. Hence the function is not monogenic despite the identical arithmetic expression.

8.5 Conclusion

All three of these examples are rather famous cases, not least because they are all in a sense responses to work of Riemann. Riemann's brilliance was legendary already in his lifetime, and the depth and various emerging mysteries surrounding his results provoked a great deal of interest as unpublished papers of his began to appear after his death in 1866. Weierstraß addressed these questions with the fundamental authority associated with his Berlin position and his editorship of Crelle's Journal. He also was associated with a large school of increasingly influential mathematicians, including Schwarz, Fuchs, Mittag-Leffler, Hölder and Du Bois-Reymond, to name only a few. These students and many others had become acquainted with the Weierstraßian approach to analysis in the context of their studies or by reading transcriptions.

And yet outside his school, in the mid-1870s Weierstraßian foundations for analysis and methods of argument were in general not well-known, as they had not been published. The situation in 1879 was described as follows in a letter of Gösta Mittag-Leffler to Hermite:

> Les Allemands eux-mêmes ne sont pas en général assez au courant des idées de Monsieur Weierstraß pour pouvoir saisir sans difficulté une exposition qui soit faite strictement d'après le modèle classique qu'a donné le grand géomètre. Regardez par exemple Monsieur Fuchs… il regarde la méthode de [Weierstraß] comme bien supérieure à la méthode de Riemann. Et pourtant il écrit

toujours dans le genre de Riemann. Tout le mal vient de ça que M. Weierstraß n'a pas publié ses cours. C'est vrai que la méthode de Weierstraß est enseignée maintenant dans plusieurs universités allemandes, mais tout le monde n'est pas pourtant l'élève de Weierstraß ou l'élève de quelqu'un de ses élèves. (Dugac 1973, Appendice XI, 154)

With this in mind, we consider the effect of counterexamples on the impact of Weierstraß.

Weierstraß had worked in areas close to those of Riemann, notably the theory of Abelian functions, and was uncomfortable with Riemannian methods as well-founded. He also had been quite clearly outdone as regards the successes of Riemann's theory, not least in the impact that Riemann's works had. He clearly regarded his own efforts to create a foundation for analysis as utterly counter to Riemann's free-wheeling approach. However, programmatic argument about the philosophically correct approach appears to have been less successful at attracting attention to his efforts than were his solid achievements in various fields.

The counterexamples we have cited did, however, contribute to Weierstraß's renown and provided evidence of the fruitfulness of his way of thinking. In the cases of the Dirichlet principle and the theory of functions of a complex variable, they necessitated a rethinking of the Riemannian work with the end in mind of correcting the hypotheses. In this way they generated research programs both inside and outside his school.

Befitting the pedagogical aims of Weierstraß, it's also clear that the force of the counterexamples he created had an impact on his student listeners and readers. The three examples given all aim at simplicity, the least simple being the one on natural boundaries. This makes them relatively easy to retell. All three of the examples given likewise provoked other mathematicians to come up with still simpler and more telling examples of the same kind, or to simplify proofs. We give in the appendix an example from lectures of Hilbert on the calculus of variations, which contains a different example due to Weierstraß of an integral that has no minimum, with a simplified proof due to Hilbert.

These counterexamples thus were part of Weierstraß's general efforts at correct mathematical methodology. By illustrating the weakness of what may be termed a Riemannian approach, they provided evidence of the advantages – and superior correctness – of his own way of thinking. Recall that the context is one in which Weierstraß felt he was aiming to provide a lasting foundation for a body of knowledge, an analysis that is true and enduring. In the term used by Moritz Epple it is a science of quantity, seeking both fact and method as part of an investigation into fixed aspects of the subject quantity (Epple 2003).

This vision of mathematics was coming to an end. Many younger contemporaries of Weierstraß felt themselves engaged in something rather different. If mathematics is a human creation, subject of course to rules, the force of counterexamples remains critical, but in a different way. They reveal, not methodological error, but the scope and force of definitions. The 1880s are a transitional period in this regard, in which increasingly mathematicians realized that what a theory is to be depends on us. Weierstraß's counterexamples could readily be interpreted in the light of this new vision of mathematical activity. As such, they remain to us as far more than historical objects. Jacques Hadamard once commented that most mathematical theories are destined to be only museum pieces, falling on deaf ears. That this was not the fate of Weierstraß's counterexamples, either those actually produced or the general idea of their importance, reflects the imaginative scientific and pedagogical aplomb that characterized much of Weierstraß's activity.

Appendix: An example due to Hilbert

I include this as showing the ongoing influence of Weierstrass's counterexamples and their continued stimulus at provoking easier proofs that display the ideas more clearly. The following is taken from p. 136 of a *Nachschrift* of lectures of Hilbert on calculus of variations, undated, that is in the library of the Mittag-Leffler institute. The author is not identified with certainty.

Wir haben nun auseinandergesezt, wie die Variationsprobleme linearen partiellen Differentialgleichungen entsprechen. Dirichlet stellte das Princip auf, daß jede Variationsaufgabe eine Lösung besitzt; daß dieses Princip, das sogenannte Dirichletsche Princip, vollständig falsch ist, hat zuerst Weierstraß bemerkt und ein Beispiel gegeben für ein Dirichletsches Integral, welches durchaus nicht ein Minimum hat. Daß es Variationsprobleme gibt, welche keine Lösung besitzen, ist gar nicht merkwürdig, denn unter unendlich vielen Zahlen braucht es keine zu sein, welche die kleinste ist. So hat z. B. die Reihe

$$1, 1/2, 1/3, 1/4, \ldots, 1/n, \ldots$$

keine Zahl, die die kleinste von allen ist.

Wir werden nun das Beispiel von Weierstraß mittheilen. Weierstraß betrachtet das Integral

$$\int_0^1 \left(x \frac{dy}{dx} \right)^2 dx$$

und zeigt, daß es keine Lösung gibt, welche für $x = 0$ gleich 0 ist, und für $x = 1$ gleich 1 ist, und für welche das Integral einen kleinsten Werth hat, mit a. W. [anderen Worten, TA] es gibt keine stetige Kurve $y = f(x)$ durch die Punkte $(0,0)$ und $(1,1)$, die das Integral zum Minimum macht.

Wir werden nicht den ziemlich complicirten Beweis von Weierstraß herstellen, sondern einen höchst einfachen Beweis dieses Satzes von Hilbert mittheilen. Als die Funktion $y = f(x)$ wählen wir uns eine Kurve, die folgendermassen definirt ist.

$$y = -\left(\frac{x}{\varepsilon} - 1 \right)^2 \quad \text{wenn } 0 \leq x \leq \varepsilon$$

$$y = 1 \quad \text{wenn } \varepsilon \leq x \leq 1$$

Die Kurve besteht also aus einem Parallelstück, wenn x geht von 0 bis ε und von $x = \varepsilon, y = 1$ bis $x = 1, y = 1$ ist die gerade Linie gewählt. Wir haben also eine Kurve, die überall stetig ist und 2mal stetig differentiirbar, und werden den Werth des Integrals für die so gewählte Funktion y berechnen. Es wird

$$\int_0^1 \left(x\frac{dy}{dx}\right)^2 dx = \int_0^\varepsilon \frac{4}{\varepsilon}x^2\left(\frac{x}{2}-1\right)^2 dx$$

Nun führen wir die Transformation $x = \varepsilon z$ aus und erhalten:

$$\int_0^1 \left(x\frac{dy}{dx}\right)^2 dx = 4\varepsilon\int_0^1 z^2(z-1)^2 dz = \frac{2\varepsilon}{15}$$

Hieraus sehen wir, daß bei genügend kleinem ε kann der Werth des Integrals beliebig klein gemacht werden. Den Werth Null kann das Integral aber nie annehmen, weil die Funktion unter dem $\int$ auf dem ganzen Integrationsweg positiv ist. Wir haben also hier einen Fall, wo der Werth des Integrals beliebig klein gemacht werden kann, ein kleinster Werth wird aber nie erreicht.

Acknowledgements.   Research for this paper was funded in part by the Social Sciences and Humanities Research Council (Canada), which assistance is gratefully acknowledged.

References

Bottazzini, U., Gray, J. (2013). Hidden harmony – geometric fantasies: the rise of complex function theory. New York: Springer.

Casorati, F. (1868). Teorica delle funzioni di variabili complesse. Fusi: Pavia.

Du Bois-Reymond, P. (1875). Versuch einer Classification der willkürlichen Functionen reeller Argumente nach ihren Änderungen in den kleinsten Intervallen. J. für die reine u. angewandte Math. 79, 21–37.

Dugac, P. (1973). Éléments d'analyse de Karl Weierstraß. Archive for History of Exact Sciences 10, 41–176.

Epple, M. (2003). The End of the Science of Quantity: the Foundations of Analysis 1860–1910. In: (Jahnke 2003, 291–324).

Gerver, J. (1969). On the differentiability of Riemann's function at certain rational multiples of π. Proc. Nat. Acad. Sci. 62, 668–670.

Hardy, G. H. (1916). Weierstraß's Non-Differentiable Function. Transactions of the American Mathematical Society 17, 301–325.

Hawkins, T. (1973) Lebesgue's Theory of Integration: Its Origins and Development. Madison: University of Wisconsin Press.

Jahnke, H. N. (2003). The History of Analysis. Providence: American Mathematical Society.

Koenigsberger, L. (1919/2004). Mein Leben. Heidelberg: Carl Winter. Neu herausgegeben von Gabriele Dörflinger, Heidelberg: Universitätsbibliothek Heidelberg http://www.ub.uni-heidelberg.de/helios/fachinfo/www/math/txt/koenigsberger/leben7.htm

Lützen, J. (2003). The Foundations of Analysis in the 19th Century. In: (Jahnke 2003, 155–196).

Schwarz, H. A. (1870). Über die Integration der partielle Differentialgleichung $\partial^2 u/\partial x^2 + \partial^2 u/\partial y^2 = 0$ unter vorgeschriebenen Grenz- und Unstetigkeitsbedingungen. Monatsberichte der K. preussischen Akad. der Wissenschaften, 767–795. In: (Schwarz 1890, 2, 144–171).

Schwarz, H. A. (1890). Gesammelte Mathematische Abhandlungen. Berlin: Springer.

Weierstraß, K. (1866). Untersuchung über die Flächen, deren mittlere Krümmung überall gleich Null ist. In: (Weierstraß 1894–1927, vol. 3, 39–52). This is a revision of a paper that appeared in the Monatsberichte der K. preussischen Akad. der Wissenschaften, 1866, 387 (25 Juni), 612–625 (15 October), 855–856 (20 December). It is not clear when the Umarbeitung was undertaken, but it seems likely that it was undertaken by Weierstraß in the period between 1889 and 1894 when he prepared his collected works for publication.

Weierstraß, K. (1870). Über des sogenannte Dirichlet'sche Princip. In: (Weierstraß 1894–1927, vol. 2, 49–54).

Weierstraß, K. (1872). [Announcement of a lecture]. Monatsberichte der K. preussischen Akad. der Wissenschaften, Gesammtsitzung vom 18. Juli 1880, 560.

Weierstraß, K. (1872/1895). Über continuirliche Functionen eines reellen Arguments,die für keinen Werth des letzteren einen bestimmten Differentialquotienten besitzen. In: (Weierstraß 1894–1927, vol. 2, 71–74).

Weierstraß, K. (1880a). Zur Functionenlehre. Monatsberichte der K. preussischen Akad. der Wissenschaften, Gesammtsitzung vom 12. August 1880, 719–723.

Weierstraß, K. (1880b). Zur Functionenlehre. In: (Weierstraß 1894–1927, vol. 2, 201–223), reprinted from Monatsberichte der K. preussischen Akad. der Wissenschaften.

Weierstraß, K. (1883–1885). Formeln und Lehrsätze zum Gebrauche der elliptischen Functionen, nach Vorlesungen und Aufzeichnungen des Herrn K. Weierstraß, bearbeitet und herausgegeben von H. A. Schwarz. Göttingen: Kaestner.

Weierstraß, K. (1894–1927). Mathematische Werke, 7 vols. Berlin: Mayer & Müller.

Addresses and Curricula Vitae of the authors

Prof. Dr. Tom Archibald
Department of Mathematics, Simon Fraser University, Burnaby, V5S1A6 Canada
E-Mail: tarchi@sfu.ca

Tom Archibald received his Ph. D. in the History of Mathematics from the University of Toronto and held various professorships at Canadian universities in Mathematics and Statistics. He became interested in the work of Karl Weierstraß as an undergraduate, when he used some of Weierstraß' articles as practice for a course in the German language. After becoming a professional historian of mathematics he returned to issues related to Weierstraß and the foundations of analysis many times, becoming most deeply involved in it through the work of his graduate student Laura Turner. The interest and role of counterexamples was drawn to his attention by Umberto Bottazzini in a paper around 1991, and the contribution to the present volume endeavours to articulate this interest in the context of existence theory for solutions of partial differential equations, on which he has written several papers.

Dr. Reinhard Bölling
Institut für Mathematik, Universität Potsdam, Potsdam, Deutschland
E-Mail: boelling@uni-potsdam.de

Reinhard Bölling received his Ph. D. from the University of Berlin in 1973. He worked until the unification of Germany at the Karl-Weierstraß-Institut für Mathematik in Berlin and then he taught at the University of Potsdam; he retired in 2009. His research interests were in his „first period" algebraic number theory and changed around 1985 to the history of mathematics, especially of the 19th century in Berlin. He edited the correspondence between Weierstraß and Kovalevskaya, gave talks on Weierstraß, so, for instance, on the Killing-Weierstrass Colloquium 2010 in Braniewo (Poland), the former Braunsberg where Weierstraß once was a gymnasium teacher. He is the author of several articles on Weierstraß, Kovalevskaya, Kummer, Cantor.

Prof. Dr. Umberto Bottazzini
Department of Mathematics 'F. Enriques', University of Milan, Milan, Italy
E-Mail: umberto.bottazzini@unimi.it

Umberto Bottazzini received his mathematical education in Milan and held various academic positions at various Italian universities. Since 2004 he is professor for the history of mathematics at the University of Milan. He was several times visiting professor at universities in the US, France and United Kingdom. He is fellow of the American Mathematical Society, and in 2015 he was awarded the Albert Leon Whiteman Memorial Prize of the AMS for the history of mathematics. His main research interests are in the history of mathematical analysis. Thus, he became naturally interested in Weierstraß's work, and devoted to it a number of papers as well as large chapters of his books on the history of real and complex analysis.

Prof. Dr. Fabrizio Catanese

Mathematisches Institut, Universität Bayreuth, Bayreuth, Deutschland
E-Mail: fabrizio.catanese@uni-bayreuth.de

Fabrizio Catanese received his mathematical education in Pisa and was full professor of Geometry in Pisa, of Complex Analysis in Göttingen and, since 2001, of Algebraic Geometry in Bayreuth. He was several times visiting professor at renowned universities in the US and Switzerland, and at prestigious research institutes in several countries throughout the world. His main interests lie in Complex and Algebraic Geometry. His historic interest in the work of Karl Weierstraß arose during his studies on various topics that were shaped by him, like periodic meromorphic functions of several variables, complex uniformisation, monodromy, Weierstraß points, normal forms of elliptic and Abelian integrals.

Prof. Dr. Jürgen Elstrodt

Mathematisches Institut, Universität Münster, Münster, Deutschland
E-Mail: elstrod@math.uni-muenster.de

Jürgen Elstrodt received his academic education in Münster and Munich and held chairs at both universities. His main field of expertise is real analysis, in particular real-analytic automorphic functions on hyperbolic spaces. In recent years he developed a deepened interest in the history of mathematics and co-authored a book on the history of the mathematics department of Münster University and co-edited the manuscript of the third volume of Fricke's book on elliptic functions. Moreover, he gave several invited talks on Karl Weierstraß. In particular, he delivered a speech on the occasion of the unveiling of the commemorative plaque for Karl Weierstraß at the place of the former gymnasium at Braunsberg (now Braniewo, Poland), where Weierstraß held a position as a gymnasium teacher.

Prof. Dr. Eberhard Knobloch

Institut für Philosophie, Literatur-, Wissenschafts- und Technikgeschichte,
Technische Universität Berlin, Berlin, Deutschland
E-Mail: eberhard.knobloch@mailbox.tu-berlin.de

Eberhard Knobloch, Jg. 1943, studierte Mathematik, Klassische Philologie und Wissenschafts- und Technikgeschichte. 1972 promovierte er mit einer Arbeit über die nachgelassenen, lateinischen Schriften von Leibniz zur Kombinatorik, 1976 habilitierte er sich für Geschichte der Mathematik und exakten Naturwissenschaften. Seit 1980 ist er Universitätsprofessor für Geschichte der exakten Wissenschaften und der Technik an der Technischen Universität Berlin, seit 2002 zusätzlich Akademieprofessor an der Berlin-Brandenburgischen Akademie der Wissenschaften (der früheren Preußischen Akademie der Wissenschaften). Er ist Mitglied diverser renommierter wissenschaftlichen Akademien und erhielt 2014 die Blaise-Plascal-Medaille für Geistes- und Sozialwissenschaften der Academia Scientiarum Europaea. Er ist vor allem an der Geschichte und Philosophie der mathematischen Wissenschaften, an der Renaissance-Technik, am Werk von Kepler, Leibniz, Euler, Alexander von Humboldt interessiert. Er wies nach, dass sich die Weierstraß'sche Epsilontik implizit in Leibnizens exakter Grundlegung der Infinitesimalmathematik findet, und untersuchte Weierstraß' axiomatische Einführung des Determinanten-Begriffs im wissenschaftstheoretischen Kontext. Zu diesen Themen hat er mehr als 350 Aufsätze und Bücher veröffentlicht.

Mikael Rågstedt (Librarian)
Institut Mittag-Leffler, Auravägen 17, SE-18260 Djursholm, Sweden
E-Mail: ragstedt@mittag-leffler.se

Mikael Rågstedt (born in 1957) studied mathematics at Uppsala University and obtained his Bachelor's degree (B.A.) in 1977. He joined the Institut Mittag-Leffler (in Djursholm, in the northeastern suburbs of Stockholm) in 1980, first mainly as technical editor of Acta Mathematica, later as librarian. The library includes several special collections, among them the Weierstraß Nachlass, which also fall under his responsibility.

Prof. Dr. Reinhard Siegmund-Schultze
Faculty of Engineering and Science, University of Agder, Kristiansand, Norway.
E-Mail: reinhard.siegmund-schultze@uia.no

Reinhard Siegmund-Schultze studied mathematics at the University of Halle (Germany) in the 1970s and has been a historian of mathematics at Humboldt University (Berlin) between 1978 and 1990. In that period he worked and published on Weierstraß' approximation theorem (1885) and edited Weierstraß' lecture "Ausgewählte Kapitel aus der Funktionenlehre" (1886). From 2000 Siegmund-Schultze has been professor for history of mathematics at the University of Agder in Kristiansand (Norway).

Prof. Dr. Peter Ullrich
Mathematisches Institut, Universität Koblenz-Landau, Koblenz, Deutschland
E-Mail: ullrich@uni-koblenz.de

Peter Ullrich received his Ph. D. from Münster University. Besides his research work on the complex analysis of several variables, he got increasingly interested in the didactics and in the history of mathematics. He held academic positions at various German universities. Since 2005, he is professor for mathematics and its didactics at the University of Koblenz-Landau. His activities in the history of mathematics are comprehensive; in particular he published several research articles on Karl Weierstraß. Among others, he edited the notes taken by Adolf Hurwitz from Weierstraß' lecture in 1878 introducing to the theory of analytic functions. Currently he is working on the Schwarz-Weierstraß correspondence and on the notes of the 1865/66 Weierstraß lecture taken by Moritz Pasch.

Printed in the United States
By Bookmasters